商务印书馆文库

THE COMMERCIAL PRESS LIBRARY

中国自然地理纲要

（修订第三版）

任美锷　主编

图书在版编目（CIP）数据

中国自然地理纲要/任美锷主编. —修订第三版. —北京：商务印书馆，1999（2023.5 重印）
（商务印书馆文库）
ISBN 978-7-100-02627-7

Ⅰ. ①中…　Ⅱ. ①任…　Ⅲ. ①自然地理—中国
Ⅳ. ①P942

中国版本图书馆 CIP 数据核字（98）第 03970 号

商务印书馆文库
中 国 自 然 地 理 纲 要
（修订第三版）
任美锷　主编
协助编写人：杨纫章　包浩生
雍万里　周舜武　倪绍祥

商　务　印　书　馆　出　版
（北京王府井大街 36 号邮政编码 100710）
商　务　印　书　馆　发　行
北京虎彩文化传播有限公司印刷
ISBN 978-7-100-02627-7

1992 年 4 月修订第 3 版　　开本 880×1230　1/32
2023 年 5 月北京第 9 次印刷　　印张 13 7/8
定价：65.00 元

《商务印书馆文库》编纂大意

本馆自 1897 年始创，即着意译介西学，编纂课本，以昌明教育、开启民智为务。

迨五四新文化运动起，学界亟需高等书籍，本馆张元济、高梦旦诸先生乃与蔡元培、梁启超等学界前辈擘画宏图，组编诸科新著，以应时需。是为本馆出版学术著作之始。

尔后数十年，幸赖海内外学人伐山开辟，林林总总，斐然可观。若文学，若语学，若史学，若哲学，若政治学，若经济学，若心理学，若社会学以及其他诸科学门类，多有我国现代学术史上开山之著、扛鼎之作。学术著作的出版使本馆进一步服务于中国现代教育事业的培植和民族新文化的构筑，而分享中国学界的历史光荣。

五十年代以后，本馆出书虽以移译世界名著、编纂中外辞书为先，而学术著作的出版亦未曾终止。近年来已先后有多种问世，今后拟更扩大规模，广征佳作，以求有为于未来中国文化的建树。

转瞬百年。同人等因念本馆素有辑印各种丛书的传统，乃议无论旧著新书，凡足以反映某一时期学术思潮、某一流派学术观点、某一学科新的建树、某一问题新的方法以及其他足资长期参阅的作品，均拟陆续选汇为《商务印书馆文库》而存录之，俾有益于文化积累而取便学林。顾兹事体大，难免力不从心，深望各界读者、学界通人共襄助之。

商务印书馆编辑部

1997年10月

前　言

我国位于亚洲东部，幅员广阔，自然环境有许多明显的特点。随着我国社会主义建设事业的发展和科学技术的不断进步，以及我国与世界各国人民交往的日益频繁，编著、出版一本篇幅适当、能科学地反映我国自然地理面貌的专著，对于适应我国经济建设的需要，促进国际友人对我国的了解，增进国内外地理学界的学术交流，都是十分有意义的。中国科学院副院长竺可桢教授在世时曾多次对作者提到过这种迫切需要。本书就是在竺可桢教授的启发下，根据作者多年来在南京大学地理系教授中国自然地理课程及在中国各地进行地理考察的经验，编著而成。

中华人民共和国 1949 年成立以来，地理研究和考察有了很大发展。建国以前，地理资料十分缺乏，甚至空白的地区，如西藏、新疆、云南等，现在都积累了大量的地学资料和数据。因此，编著《中国自然地理纲要》这样一本专著的时机已经成熟。

作者在编著本书过程中，曾参考我国地学工作者及其他有关科技人员编写的专著和论文数百种（其中有些尚未出版），本书仅列出主要参考文献目录，其他能说明某一特殊问题或地区的资料则作为脚注，注在文内。但挂一漏万，在所不免，谨在此向有关作者致谢。又作者在编写本书时，承许多科学家个人提供宝贵资料，我们也在此向他们表示衷心的谢意。因此，本书在一定意义上，可以说是中国地学和其他有关科技工作者的集体劳动的成果。

我们在长期从事地理教学和科研工作中，足迹曾遍及除西藏以外的中国各省区，特别是曾对云南、贵州、柴达木、内蒙古等地区作过长期的调查。本书是根据我们实际调查的体会，对大量文献作了分析研究，书中所提出的看法和见解都是我们自己的，有的在我国还是第一次提出，不一定完全正确，欢迎国内外地理学家提出意见。

本书初稿完成于 1965 年，由于“文化大革命”，未能正式出版。初稿第一、二、五、六、十、十一章由任美锷编写，第三、四、七、八、十二、十三、十四章由杨纫章编写，第九章由包浩生编写。1978～1979 年，将初稿完全重新改写，由于杨纫章同志当时已经逝世，故改写工作除第三、四章由包浩生担任外，其余均由任美锷一人执笔，并新增了第十五章小结。

本书于 1979 年 7 月初版，不久即已售完，故于 1980 年 6 月重印，但内容没有修改。1981 年再版时，对原书内容作了一些修改和补充。其中第三章气候由雍万里同志改写；第四章陆地水由倪绍祥同志改写；其他各章的内容，也在我的指导下，由倪绍祥同志作了若干必要的修改和补充；周舜武同志对全书文字进行了加工。

1981 年至今，我国自然地理和自然资源的研究已有重大进展。故此次重印时，又对内容作了必要的修改，特别是更新了基本数据，增补了一些重要的新成果，使本书能符合时代的需要。修订工作第一、二、十、十一、十四章由包浩生同志担任；第三、四、五、七章由雍万里同志担任；第六、八、九、十二、十三章由倪绍祥同志担任。全书再全部由任美锷审阅订正。编辑加工仍由周舜武同志负责。因此，这个重印本实际上是第二次修订本。

任 美 锷

1989 年 2 月于南京

目　　录

第一篇　总论

第二篇　区域分论

第一篇

总　论

第一章　绪论

我国是世界上面积最大的国家之一，自然环境复杂多样，自然资源比较丰富。毛泽东同志对我国自然地理特征曾作过精辟的评述，指出："我们中国是世界上最大国家之一，它的领土和整个欧洲的面积差不多相等。在这个广大的领土之上，有广大的肥田沃地，给我们以衣食之源；有纵横全国的大小山脉，给我们生长了广大的森林，贮藏了丰富的矿产；有很多的江河湖泽，给我们以舟楫和灌溉之利；有很长的海岸线，给我们以交通海外各民族的方便。从很早的古代起，我们中华民族的祖先就劳动、生息、繁殖在这块广大的土地之上。"①这段著名论述，说明面积是决定一个国家自然地理特点的重要因素之一。

一、面积、位置与疆域

我国领土面积约为 960 万平方公里，约占世界陆地面积的 1/15，占亚洲面积的 1/4，仅次于苏联和加拿大，居世界第三位。

我国位于亚洲的东部和中部，面临太平洋，是一个海陆兼备的国家。

我国国土四面伸延十分遥远。就南北位置而论，北起漠河附近的黑龙江江心，南达南海南沙群岛南缘的曾母暗沙，南北伸延

① 毛泽东："中国革命和中国共产党"，《毛泽东选集》第 2 卷，人民出版社，1966 年，第 584 页。

约 5500 余公里。由于南北纬度的不同，太阳入射角的大小和昼夜的长短就有差别，如广州和漠河两地，太阳入射角相差达 30°左右。海南岛一年内最短的白昼为 11 时 2 分，最长为 13 时 14 分，相差约两小时。但在漠河附近，一年中最长的白昼达 17 小时以上，最短为 7 小时多，相差约 10 小时。就东西位置而言，西起新疆维吾尔自治区乌恰县以西的帕米尔高原，东至黑龙江省抚远县境黑龙江与乌苏里江汇合处，东西相距亦有 5200 多公里，东西两端的时差在 4 小时以上，当东北松花江上将近中午的时候，帕米尔高原还是旭日初升的曦晨。

我国陆疆长两万多公里。同我们相邻的国家，东北面有朝鲜，北面有苏联和蒙古，南面有越南、老挝和缅甸，西面和西南面有阿富汗、巴基斯坦、印度、尼泊尔、锡金和不丹。

我国东部面临海洋，大陆海岸线北自鸭绿江口，南至中越边境的北仑河口，长达 18000 多公里。日本、菲律宾、马来西亚、文莱、印度尼西亚等国家，与我国大陆隔海相望。

我国大陆所濒临的海洋，由北至南分为黄海、东海和南海三个海区，渤海为我国的内海。这四个海中，除南海具有大洋海盆特征、深度较大外，大部为深度较浅的大陆架，最适于鱼类繁殖回游，为海洋水产事业的发展提供了有利条件。我国有广阔的大陆架并蕴藏着丰富的石油，在经济上具有重要意义。台湾岛的东面为陡急的大陆斜坡，下降至 4000 米以下的太平洋深海。

我国沿海岛屿共有 6500 多个，其中约 85%分布在杭州湾以南的大陆近岸和南海之中。台湾是我国第一大岛，面积约 36000 平方公里。海南岛次之，面积 32200 平方公里。钓鱼岛等岛屿位于台湾省东北的海面上，是我国最东的岛屿；南沙群岛则是我国最南的岛屿群。

辽阔的疆域，巨大的纬度和经度差异（南北跨纬度 49 度多，东西跨经度 60 多度），以及欧亚大陆东部、濒临太平洋的位置，使我国具有独特的自然地理特点。

二、中国自然地理总特点

我国领域十分广阔，各地区所处的地理位置不同，自然条件多有差异，劳动人民利用、改造自然，也因地而异。简言之，我国自然地理总的特点是：

1. 我国土地辽阔，随着纬度的改变，自北向南跨越寒温带、温带、暖温带、亚热带、热带和赤道带。其中，以温带面积最广，占全国总面积的 32.7%；暖温带和亚热带的面积约占 43.2%；热带的范围仅占 4%左右。由沿海向内陆，自东向西有从湿润、半湿润过渡到半干旱和干旱的水分递变规律。其中湿润地区面积最广，约占全国总面积的 35%。我国大部分地区热量和水分以及它们在季节上的良好配合关系，为发展农业生产提供了优越条件。在我国东部，自然植被和土壤类型呈现相应的地带性分布规律。

2. 我国位居欧亚大陆东部、太平洋西岸，冬夏高低气压中心的活动和变化显著，季风影响最为强烈，范围亦最广。季风环流使东亚大气运行发生明显改变。我国广大的亚热带地区不但不像世界同纬度许多地区那样表现为荒漠或干草原，而且由于夏季风在高温季节带来丰沛的降水，形成温暖湿润气候，成为世界上著名的农业发达地区，最适合于种植水稻。季风在一年中的交替和南北进退，对我国自然景观的形成和发展起着重要作用。我国东部和西部的差异以及东部地区自然地带的南北递变，在很大程度上受着季风的控制。

3. 我国地形十分复杂，山地和高原面积占有很大比重。号称“世界屋脊”的西藏高原雄踞西部，高原上耸立着多条著名的高大山系。位于中尼边界上的珠穆朗玛峰海拔 8848 米，是世界第一高峰。我国西北为高山与巨大盆地相间分布的干旱区，有低于海平面的吐鲁番盆地，也有世界最大沙漠之一的塔克拉玛干沙漠。我国东部有宽广的冲积大平原和散布着的许多中山、低山和丘陵。不同水平地带内的山地各具不同的景观垂直带结构，从而加深了我国自然条件的复杂性和多样性。特别是西藏高原海拔 4500 米以上，面积将近全国总面积的 1/4，它的存在明显地干扰了通常的水平地带结构，使我国自然地理分异具有世界罕见的独特性。研究中国自然地理和各地区农业生产配置，不能忽视地形条件的作用。

4. 我国历史悠久，早在 6000 年前已开始从事耕作。长期的人类经济活动已使自然界发生了深刻变化，在很大程度上加速或延缓了自然景观的演变过程，强烈地改变着自然面貌。在我国土地上，几乎无处不有我国劳动人民的足迹和生产活动。我国东部平原低山丘陵地区，在过去长久的年代里，天然森林植被早已破坏，仅在山区保留着小片次生林，或为经济林和果树所代替。广大平原已成为连片的耕地，丘陵也辟为梯田，发展了农业生产。在西北的荒漠大盆地内，利用源自高山冰雪的河流，引水灌溉，建立绿洲。在内蒙古高原、青藏高原和许多山地，利用天然草原发展畜牧业。我国劳动人民在数千年生产活动过程中，不断地改变着自然环境，积累了丰富的利用和改造自然的经验。新中国成立后，大规模的造林、水土保持、水利建设和各种改造自然活动，使祖国的自然面貌日新月异。但是，在改造自然过程中，由于对自然环境的演变规律认识不够，水土流失、次生盐碱化、沙漠化等土地面积不断扩大，农林牧用地的质量逐渐减退，人类生态环境日益恶化，影响着经济和社会的发展，亟待解决。

第二章　地貌

一、地貌的基本轮廓

我国是一个多山的国家，山地和高原所占面积很广。如以海拔高度计算，海拔 500 米以上的，约占全国总面积的 73%，500 米以下的仅占 27%（表 1）。

表 1　我国领土面积按海拔高度分配的比例

海拔高度（米）	<500	500～1000	1000～2000	2000～3000	>3000
占全国总面积%	27.1	15.6	24.3	7.0	26.0

（据中国科学院自然资源综合考察委员会资料，1985 年）

我国地貌的基本类型，按形态可分为山地、高原、丘陵、盆地和平原五大类型。极高山海拔超过 5000 米，有永久积雪覆盖，并有现代冰川发育。海拔高度在 5000～3500 米间的高山，大都没有永久积雪和冰川，但冻裂风化作用强烈，并有古冰川作用形成的地貌。中山的海拔高度为 3500～1000 米，一般山坡陡峻，河谷深切。低山的海拔在 1000 米以下，在我国东部温和湿润的气候条件下，化学风化作用显著，并在强烈的流水侵蚀作用下，河谷渐宽，山坡变缓，地形破碎，山体受构造走向的影响已不甚明显。丘陵的地势起伏较小，相对高度一般不到 200 米。必须指出，山地垂直作用带的幅度在我国不同地区有所不同，例如西北地区的高山干燥剥蚀作用带可上升到 3000 米以上；东北大兴安岭海拔 2000 米左右就出现寒冻风化作用；西南地区的山地化学风化作用特别强烈，可到达海拔 2500 米以至 3000 米的高度。

我国陆地地势高度相差悬殊。位于中尼边界的珠穆朗玛峰海拔 8848 米，而新疆盆地中最低的艾丁湖湖面却低于海平面 154 米。西藏高原海拔大都在 4000～5000 米以上，而东部平原海拔大部在 50～100 米以下。横断山脉的许多山峰海拔超过 5000～6000 米，一般也在 4000 米左右，与邻近的河谷相对高差达 2000 米以上，形成陡峻的“高山深谷”地貌。位于喜马拉雅山东端的南迦邦瓦峰，海拔 7782 米，其南部位于雅鲁藏布江谷地内的墨脱县，海拔为 700 米，两地水平距离约 40 公里，高差竟达 7000 多米，形成极为完整的垂直景观带序列，实属世上罕见。

我国的地貌总轮廓是西高东低，自西向东逐渐下降，构成巨大的阶梯状斜面。长江、黄河等主要大河均沿此斜面自西向东流，汇入太平洋。我国地貌骨架主要由三个阶梯所构成：高级阶梯是青藏大高原，由极高山、高山和大高原组成，海拔平均达 4000～5000 米，有“世界屋脊”之称。青藏大高原的外缘至大兴安岭、太行山、巫山和雪峰山之间，为第二级巨大的阶梯，主要由广阔的高原和大盆地组成。从青藏大高原向东有内蒙古高原、黄土高原、四川盆地和云贵高原，向北则为高大山系所环抱的大盆地，包括昆仑山与天山之间的塔里木盆地、天山与阿尔泰山之间的准噶尔盆地。我国东部宽广的平原和丘陵是最低的一级阶梯，自北向南有东北平原、华北平原、淮河平原、长江中下游平原，它们从东北向西南，几乎相互连接，是我国最重要的农业区。此外，我国东部海岸带以外，分布着广阔的大陆架，水深不过 200 米，宽度 400～600 公里，其外缘以陡急的边坡转入深海盆地。

各级阶梯地势都是东坡陡峻，西坡和缓，即呈阶梯状上升。例如，从华北平原经张家口到内蒙古高原，从两湖平原经湘西到贵州高原，或从广西盆地至贵州高原，都显著地上升一级，高出

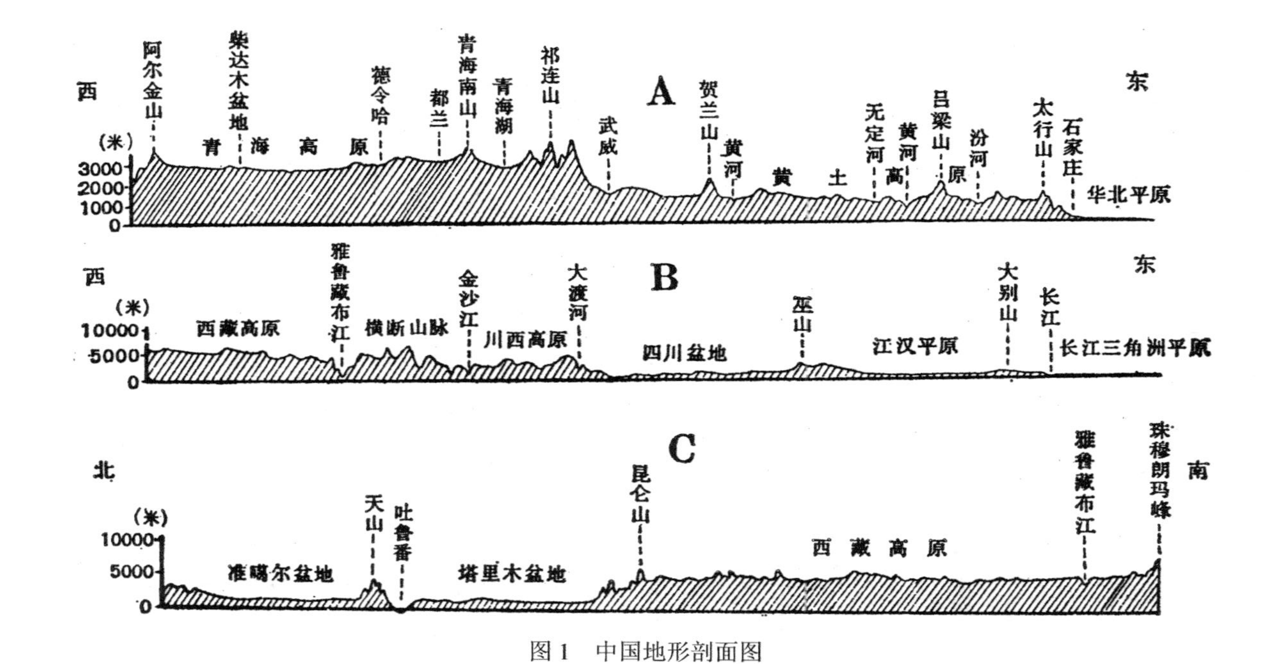

图 1　中国地形剖面图

A—青海高原至华北平原，B—西藏高原至长江三角洲平原，C—西藏高原至准噶尔盆地

东部平原约1000～1500米。再往西，从云贵高原上升至海拔5000米左右的西藏高原，则又升至更高的一个阶梯（图1）。

二、地貌的形成因素

我国地貌的形成是内力、外力和地表组成物质相互作用的结果。

（一）地质构造对中国巨地貌轮廓形成的作用

中国巨地貌轮廓，即主要山脉、高原、盆地、平原等在平面上的组合形式，其形成主要受地质构造的控制。我国的山脉按走向可分为下列几种主要类型（图2）：

1. 东西走向的山脉：主要有天山—阴山—燕山，昆仑山—秦岭—大别山和南岭。其中天山—阴山和昆仑山—秦岭，反映纬向构造体系最为明显，南岭则因受华夏和新华夏构造体系的干扰，走向变化较大，但总的看来，仍呈东西向。这些山脉都是我国地理上的重要界线，例如阴山构成了内蒙古高原的边缘，天山是南疆与北疆的分野，昆仑山是南疆与西藏高原的界限，秦岭是长江和黄河、淮河水系的分水岭，南岭是珠江与长江水系的分水岭。习惯上，华北、华中和华南就是分别以秦岭和南岭为分界的。

2. 南北走向的山脉：主要有贺兰山、六盘山和横断山脉等。川西、滇北的横断山脉由许多条成束的南北向断裂，夹着非常紧密的褶皱组成，地貌上为一系列平行的高山和深谷，相对高度极大。至滇中以南，横断山脉逐渐向南撒开，伸入越南、老挝境内。

3. 北东走向的山脉：分布于我国东部，即南北向构造带以东地区。主要受新华夏构造体系的控制，形成一系列拗陷和隆起带，地貌上为盆地、平原与山地相交错。自西至东有：（1）呼伦贝尔盆

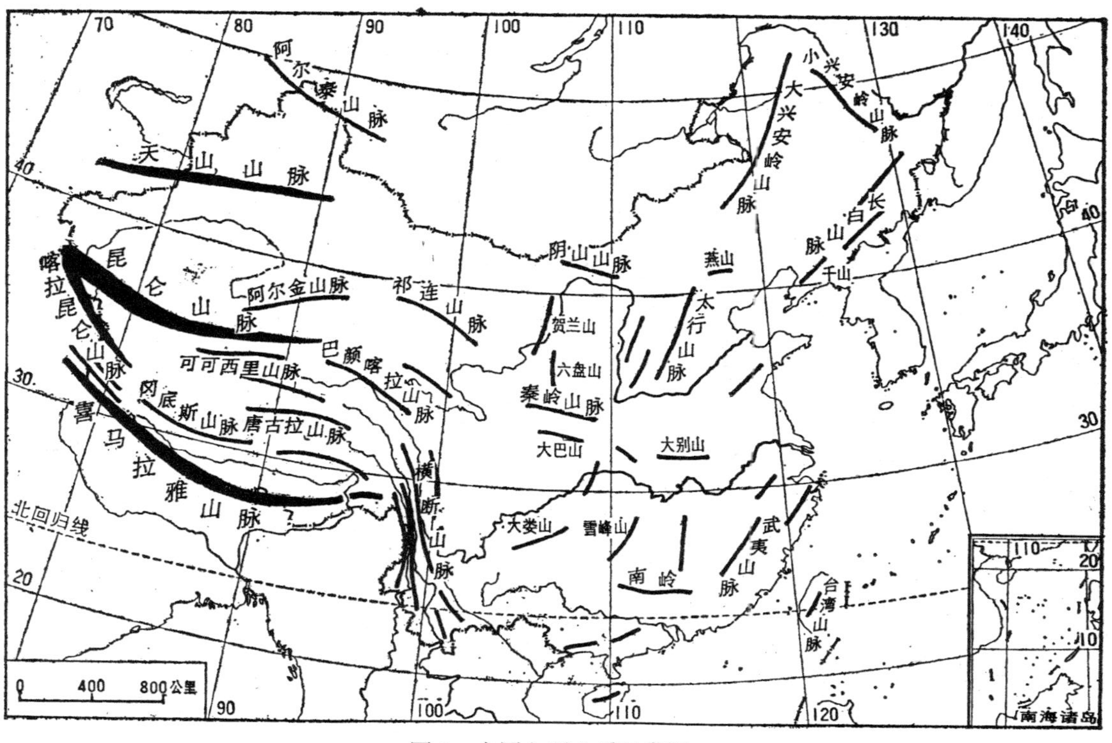

图2　中国主要山系示意图

地—鄂尔多斯盆地—四川盆地；（2）大兴安岭—太行山—吕梁山—鄂西、黔东、湘西山地；（3）松辽平原—渤海和华北平原—江汉平原—北部湾；（4）吉辽东部山地、山东山地及浙、闽、粤沿海山地，其中的局部坳陷表现为苏北平原及黄海南部；（5）东海和南海的海盆。

4. 北西走向的山脉：主要分布在我国西部，山体展布受西域式（或称华西式）构造体系的控制，形成一系列大型褶皱山地，发育着现代冰川，为西北干旱地区的重要水源地。主要有准噶尔山地、祁连山、巴颜喀拉山等，其中，巴颜喀拉山是长江与黄河的分水岭。

5. 弧形山脉：主要是喜马拉雅山脉和台湾山地。喜马拉雅山脉呈弧形向南凸出，其东端在察隅附近突然向南转折，成为横断山脉；其西端在印度河上游，亦突然折向南行，成为南南西走向的苏里曼山脉。台湾山地是东亚大陆沿海的边缘弧（西太平洋岛弧）的一部分，从日本列岛、琉球群岛经台湾岛至菲律宾群岛，大致成向东凸出的弧形，故称为岛弧。

上述东西走向的山脉、南北走向的山脉、北东走向的山脉和北西走向的山脉，在大地构造上大致与李四光教授的经向、纬向和扭动构造体系相符合。

我国巨大的弧形山脉以及其他一些巨地貌，一般可用板块构造学说来解释。喜马拉雅山脉是两个大陆板块——印度板块和亚洲板块互相顶撞造成的，前者以很小的角度斜插到后者之下，两个大陆板块的重叠，形成西藏地区的巨厚地壳（地壳厚达70公里，是世界地壳最厚的地区之一）和高峻地势。印度和亚洲板块互相顶撞所产生的南北向的巨大压力，使我国西部山脉作近似东西的走向。准噶尔、塔里木和柴达木都是比较刚硬的地块，它们在这样巨大压力的作用下，碎裂成为菱形断块，长轴走向亦近似东西。同样，印度板块向北顶撞，受到亚洲板块向南运移的抵抗，自然要向东西两方寻求应力的释放，由于西藏高原以东的古扬子准地台受到释放应力的巨大挤压力作用，必然产生强烈的反作用力，于是造成了喜马拉雅山脉东西两端的突然向南转折。台湾岛山地以及东亚大陆沿海的边缘弧，则是太平洋板块（海洋板块）以较大角度斜插到亚洲板块之下所造成的，由于海洋板块的地壳厚度很小，所以在我国东部没有造成巨大、高峻的高原和加厚的地壳。我国东部的一系列北东向隆起和坳陷，也可能是受太平洋板块对亚洲板块的挤压和扭动的影响所造成。

从发展历史来看，我国山脉大都经过多次造山运动，是多旋回性的。但中生代以前的地壳运动，与现代地貌一般已很少直接联系，只通过出露在地表的岩石性质和走向、褶皱程度等影响现代地貌的发育。如我国西南区的岩溶地貌，与古生代沉积的石灰岩相联系；现代的秦岭、祁连山、天山与阿尔泰山的走向，则又同加里东与海西运动的褶皱带有继承关系。

中生代燕山运动使中国大地构造轮廓基本定形，对完成巨地貌格局方面，也具有决定性的意义。经过燕山运动，除喜马拉雅山地等个别地区外，海水撤出了中国大陆，分散的陆块互相联结起来。上述我国山文的几个主要方向，即纬向的、经向的、北东的和北西的都在燕山运动中奠定基础。华中和华南地区的许多红岩盆地，也都在燕山运动中形成。

新生代的喜马拉雅运动对我国现在巨地貌结构的形成，有特别重大的意义。它除形成巨大的喜马拉雅山脉和台湾山地外，并产生普遍的断裂活动，引起大幅度的垂直升降，这是造成我国目前地势差别的最重要的力量。所谓新构造运动主要就是指喜马拉雅运动（特别是上新世到更新世喜马拉雅运动第二幕）中的垂直升降。一般说来，新构造运动隆起区现在是山地或高原，沉降区是盆地或平原。

我国新构造运动的强烈隆起区主要分布在西部，造成我国现在地势西高东低的总趋势。西藏高原、喜马拉雅山、昆仑山、天山等是我国最强烈的隆起区，如喜马拉雅山轴部从第三纪末以来，上升近 3000 米。天山和昆仑山的山前坳陷盆地中，第三系一直是细颗粒沉积，只有到上新世和更新世才突然出现粗大的砾石层，其厚度可达 6000～7000 米，这说明天山和昆仑山等的高峻海拔，只是上新世以来强烈上升的结果。这些山脉在巨大隆起的同时，还发生强烈的局部断陷，造成一些高差很大的地堑型山间盆地，例如天山山地中的吐鲁番盆地。此外，云贵高原也是由于上新世以来的隆起，才达到现在海拔 2500 米左右的高度，因为高原面上有些地方残留着上新世的砖红壤型古风化壳，表那里在当时还是低地。太行山、大青山、秦岭等在新构造运动的作用下继续断块隆起，它们的一侧常为高峻的断层崖，陡立于附近平原之上。

我国东部华北平原及渤海、南黄海，均为新构造运动大面积沉降区，故华北平原的第四系厚度达 500～600 米，渤海和南黄海的上第三系和第四系共厚 1500 米左右。

由此可见，我国地貌格局是燕山运动奠定的，而现在的地势差别主要是喜马拉雅运动的结果。如以贺兰山—六盘山—龙门山—哀牢山的南北走向山脉为界，则此线以东和以西，巨地貌有十分明显的差异：东部山文方向以北东到北北东占优势，新构造绝对和相对升降运动一般比较微弱（华北地区除外），故地势的绝对和相对高度都不大，地貌组合以平原、海拔不高的高原、丘陵和中低山为主。西部山文方向以北西到北西西占优势，新构造绝对和相对升降运动很强烈，故地势的绝对和相对高度都很大，地貌组合以大型盆地、海拔很高的大高原和极高山为主。

两个板块的接触带和深断裂带是地壳运动最活跃的地带，也是地震、火山最多，地热最强的地带。如我国大地震以台湾省东部（包括台湾以东的海底）为最多，地震频度也最高，就是由于这里是太平洋板块与亚洲板块的接触带。新构造差异升降运动强烈的大断裂带附近，也是大地震经常发生的地带，如六盘山、川西、云南、太行山东麓和燕山南麓等都是我国著名的大地震带；1970 年云南通海的大地震，1966 年太行山东麓邢台的大地震，以及 1976 年燕山南麓唐山的大地震，都是全国著名的。大地震往往引起地面的明显形变，如邢台地震后，在较大面积内出现幅度达 40～50 厘米的地面升降。通海地震时，在原曲江断裂带发生了一条延伸 60 公里的新断裂，切过山岭与河谷，平移错动达 0.14～2 米。

我国历史上曾经活动的活火山，其分布与地震大致相似。最高的火山是中朝边境的长白山顶白头山，在 1597 年、1668 年、1702 年曾三次喷发，并留有完整火口湖——天池。嫩江支流纳漠尔河上游 1720 年火山喷发，熔岩流阻塞白河，形成 5 个湖泊，称为五大连池。台湾的大屯火山群由 16 个火山组成，迄今活动犹未歇止，山坡上常可见到硫磺气体喷出。台湾以东海区还有四座海底活火山，其中有一座曾于 1927 年爆发。一般说来，我国活火山数目不多，海拔通常仅数百至千余米，相对高度也只有百米左右，所以在全国地貌上不居重要地位。

地震和火山分布区常有温泉，并有地热显示。我国温泉共约 1900 处，主要分布于云南、广东、福建和台湾四省。云南南部西双版纳有两处过热水泉，水温高达 103℃和 104℃。西藏高原也有不少温泉，有的水温达 90℃以上，超过了当地的沸点，最高一处温泉位于昂仁县的冈底斯山上，海拔达 5500 米。日喀则地区并发现了我国罕见的间歇泉，每天喷水 4 次，喷发时水柱冲出泉口，高达 20 多米。

（二）气候对中国地貌形成的影响

除地质构造外，地貌形态也深受外营力的影响。外营力的性质和强度在很大程度上取决于气候条件，其中降水多寡和气温变化，综合地影响着风化、剥蚀、搬运和堆积的过程和强度。

在降水多寡对地貌形成发育的影响方面，一般说来，在我国东部地区以流水作用为主，随着降水量向西北方向的减少，干燥剥蚀作用逐渐占有优势。西北地区干旱的大盆地中，年降水量大都不到 200 毫米，地面植被稀疏，温度变化急剧，机械风化强烈，风力吹蚀与堆积作用明显，分布着大面积的沙丘、戈壁及岩石裸露、干沟纵横的干燥剥蚀山岭，山麓洪积平原断续相连。我国沙漠（包括戈壁和沙漠化土地）总面积有 128.24 万平方公里，约占全国土地总面积的 13.35%，其中沙质荒漠占 45.3%，沙漠化土地（沙地）占 10.3%，戈壁占 44.4%。[①]

在我国东部秦岭—淮河一线以北，蒸发量超过降水量，地表径流不足，河网密度不大，但暴雨洪水的冲刷以及河流的切割作用和泥沙堆积作用仍然十分强烈，风的蚀积作用也表现了一定的影响。秦岭—淮河一线以南，降水增多，有发育良好的水文网，流水侵蚀切割作用，使地表破碎起伏，而流水的冲积作用又不断使平原堆积加高。华南湿热地区，化学风化作用较盛，广泛地发育了深厚的红色风化壳，如海南岛某些地区的红色风化壳厚达 30 米左右。在植被稀疏的地方，红色风化壳受暴雨强烈冲刷，往往发育“暴流地形”，形成华南丘陵地分割特别破碎的地貌特征。

从气温上看，我国西部分布着极高山、高山和大高原，气候寒冷，现代雪线高度约在 4200～5000 米以上，并有现代冰川发育，冰舌下端沿河谷可下降至 3000 米左右。这些极高山和高山受现代冰川和第四纪古冰川的作用，冰川地貌发育。在缺乏雪覆盖的地方，寒冻风化作用广泛而强烈，岩石崩裂，往往在谷坡形成倒石

---

① 朱震达等：《中国之沙漠》（英文版），1986 年。

堆和石流。雪线以下气温稍高，出现稀疏低矮的高山植被，并有残积和坡积表土积聚，每年有相当长时间积雪。春夏积雪液解，往往形成泥流和泥石流，猛烈冲向山麓。例如祁连山西段的党河南山，现代雪线高度为 4300～4500 米，冻裂风化作用的下限为 4000 米左右，而泥流作用下伸至 3200～3500 米。

我国现代冰川分布范围，北起阿尔泰山，南至喜马拉雅山和云南丽江的玉龙山，西抵帕米尔和昆仑山慕士塔格，东到四川西部的贡嘎山，纵横各达 2500 公里。据估算，我国现代冰川有 43000 条，总面积约 58700 平方公里，冰储量 52000 亿立方米，为亚洲冰川总量的一半多。冰川大部为山谷冰川和冰斗冰川类型。高山冰雪溶水对我国西北干旱地区的农牧业生产有着巨大意义，提供了沙漠绿洲灌溉和城市供水的重要水源。

我国多年冻土面积达 215 万平方公里，占全国总面积的 22.3%，主要分布在东北区的北部和青藏高原。冻土的存在使地表水不能顺利下渗，地表因过度湿润形成沼泽；流水的下切作用受到限制，旁蚀作用得以发展，使河谷具有平浅宽阔的形态特征。冻土区还有各种冻土丘、局部融解陷落等地貌现象，对交通和生产是不利的。

此外，在近代地质发展史上，中国气候曾有过不同程度的变迁，古气候条件下所产生的地貌在一些地区遗留下来，表现着与现代营力作用不相适应的形态。例如在我国西部海拔 2700～3500 米的山地，常可见到第四纪古冰川作用的遗迹；在干旱和半干旱地区，还发现若干与近代流水侵蚀作用不相适应的宽阔河谷、湖滨和河流阶地、发育良好的水文网等地貌现象，反映了曾经历过比较湿润多雨的气候阶段。这些残留地貌的存在，使我国地貌更加复杂。

（三）地表物质对地貌的影响

我国地貌形态的细节还深受地表物质的组成成分、坚硬程度和物质结构的影响。一般地说，巨大的花岗岩体因垂直节理特别发育，往往形成奇峰林立、陡峻高耸的山地，如华山、黄山等；大面积玄武岩熔岩流常构成阶梯状的熔岩台地，如长白山地、内蒙古南部张北一带、海南岛北部等；古老的结晶岩大多为高峻的山地，如泰山、秦岭、横断山脉等；中生代红色岩层比较易于侵蚀，多构成波状起伏的丘陵，如华中、华南的红岩丘陵、四川盆地中部丘陵等。在干旱地区，地表缺乏植被覆盖，洪积—冲积物质在风力作用下形成沙丘。我国境内，由于地表组成物质而形成的大面积特殊地貌，要算华北的黄土地貌和西南的岩溶地貌。

我国黄土大致分布在昆仑山、秦岭和大别山以北，位于温带荒漠地区的外缘，大致作东西向的带状分布。据量算，我国黄土分布面积达 44 万平方公里，次生黄土分布面积约 20 万平方公里。若将华北和黄淮平原亦作为次生黄土覆盖区，则我国黄土和次生黄土的分布面积约 100 万平方公里，约占全国总面积的 10%。甘肃中部和东部、陕西北部以及山西西部是著名的黄土高原，黄土连续覆盖面积约 27 万平方公里，其厚度约 100～200 米，构成了独特的黄土地貌区，是世界最大的黄土高原。黄土疏松，易被雨水冲刷和流水切割，沟壑十分发育，地表被分割得支离破碎，水土流失现象十分显著。黄河泥沙 90% 即来自黄土高原。因此，黄土高原的存在，对于华北平原的形成具有十分重要的意义。

我国碳酸盐类岩石面积有 130 万平方公里，占全国总面积的 14%，所以岩溶发育强烈，是世界岩溶面积最大的国家，其中尤以广西、贵州和云南东部岩溶面积最广。我国地跨热带、亚热带和温带，故岩溶地貌类型繁多，甲于世界：有两广的热带峰林，有华中的亚热带岩溶丘陵和洼地，有华北的温带岩溶泉和干谷。广西桂林一带的峰林，即所谓“桂林山水”，尤举世驰名。碳酸盐类岩石不但形成了独特的岩溶地貌，而且还发育有特殊的土壤和植被，对我国区域自然景观的分异有重要影响。

三、中国地貌对自然景观形成的作用及其在国民经济发展中的意义

中国地貌复杂，地势高度相差很大，高原与山地占有面积甚广，平原辽阔，因此，作为自然地理物质基础的地貌，对中国自然景观的形成与演变有着深刻的影响。

1. 地貌轮廓及其组合形式是自然区域特征形成发展的主要因素之一，同时对自然区域分异也有其重要作用。广大的青藏高原耸立于我国西部，形成具有高寒特征的自然区；并且通过对气流运行的阻障或加强作用，和作为江河源地，影响到我国广大范围内的自然地理过程。在我国西北部，高大山岭与大盆地相间的形式使盆地更为干旱，而山地有冰雪积累，形成径流，下注盆地，提供了水源，造成荒漠大盆地自山麓洪积平原至盆地中心的景观结构图式。我国东部地区，地势比较低平，低山丘陵分布甚广，只在较小的范围内影响到景观的分异。但一些山脉如南岭、秦岭、大兴安岭等，往往导致了两侧气候条件的差异，而成为区域分异的明显界线。

山地对生物、气候有深刻影响，形成自然景观垂直带谱。由于山地所处的地理位置、绝对高度与相对高度、山体的大小和形状、坡向坡度等的不同，山地有着不同的垂直带结构。我国山地面积广、类型多，分别位于不同的水平地带内，因此，我国山地垂直带谱类型十分复杂多样，大大地丰富了自然地理的内容，而

且与水平地带相互交错，加强了我国自然景观地域分异的复杂性。

2. 我国山地由于具有多旋回性的地质历史发展过程，在不同时代的地壳运动中有大量火成岩体侵入，形成极其丰富而多样的金属矿产资源。一些大型坳陷和盆地（包括大陆架）中，堆积了巨厚的沉积层，蕴藏着十分丰富的石油和天然气。这些都为我国实现四个现代化提供了雄厚的物质基础。

3. 我国山地和丘陵面积广大。山地有利于土地利用的多种经营和农、林、牧合理结合，因此，充分合理利用山区自然条件和克服不利条件，发展山区经济，是我国社会主义建设的一个重要方面。

我国平原面积虽然只占全国总面积的 12%，但仍有 110 多万平方公里。北起松嫩平原，南至两湖平原，绵延 3000 多公里，此外还有珠江三角洲等面积较小的河口三角洲平原和山间盆地。平原地表平坦，土壤肥沃深厚，水网发育，在我国劳动人民长期耕作经营下，成为粮食和多种经济作物的主要产区。

此外，我国西高东低的地势，特别是西南地区的巨大的垂直高差，使河流水力资源十分丰富，有多级开发利用水能的条件。

4. 地貌条件对经济建设的不利影响主要表现在：山地崎岖，交通建设困难；岩溶地区地表水大量渗漏，地下溶洞有坍陷危险；荒漠地区风沙活动危害生产；黄土及红壤地区易被暴雨冲刷，造成水土流失等方面。但勤劳勇敢的中国人民克服了自然条件带来的困难。在著名的“蜀道”天险上，在溶洞发育的岩溶地区，在有风沙威胁的戈壁滩上和沙漠中，都已经成功地修建了铁路；很多山地已实现了梯田化、果园化，水土流失现象正在逐步得到遏止；西北风沙线上防风固沙林的营建，大大地削弱了旱风作用的势力，促进了农牧业生产的发展。

第三章　气候①

我国幅员辽阔，气候复杂，基本情况是：东部广大地区，一年中盛行风向的季节转换明显，冬季比较干冷，夏季湿热，雨量集中，是世界上季风发达区域之一，属于季风气候；西北部，深居内陆，水分循环很不活跃，降水稀少，是典型的干旱气候；青藏高原，海拔过高，大部分地区的年平均气温低于0℃，属于高寒气候。

一、气候形成的主要因素

我国气候的形成因素主要是：

1. 太阳辐射。我国南北跨纬度将近 50°，太阳辐射量的纬度差异显著，这是我国热量分布自南向北递减的基本因素。冬季，太阳辐射总量由南向北迅速减少；夏季，随纬度增高白昼时间延长，在一定程度上弥补了正午太阳高度角偏小的影响，故南北差异不大。

表 2　我国东部几个台站的最大日射强度

（单位：卡/厘米^2·分）

月　份	沈　阳	北　京	郑　州	汉　口	广　州
1月	0.7～0.8	0.8～0.9	0.9～1.0	1.0～1.1	1.1～1.2
7月	1.4～1.5	1.6～1.7	1.6～1.7	1.5～1.6	1.6～1.7

（据李立贤："我国的太阳能资源"，《自然资源》，1977年第1期）

① 主要数据引自气象出版社：《中国地面气候资料（1951～1980）》。

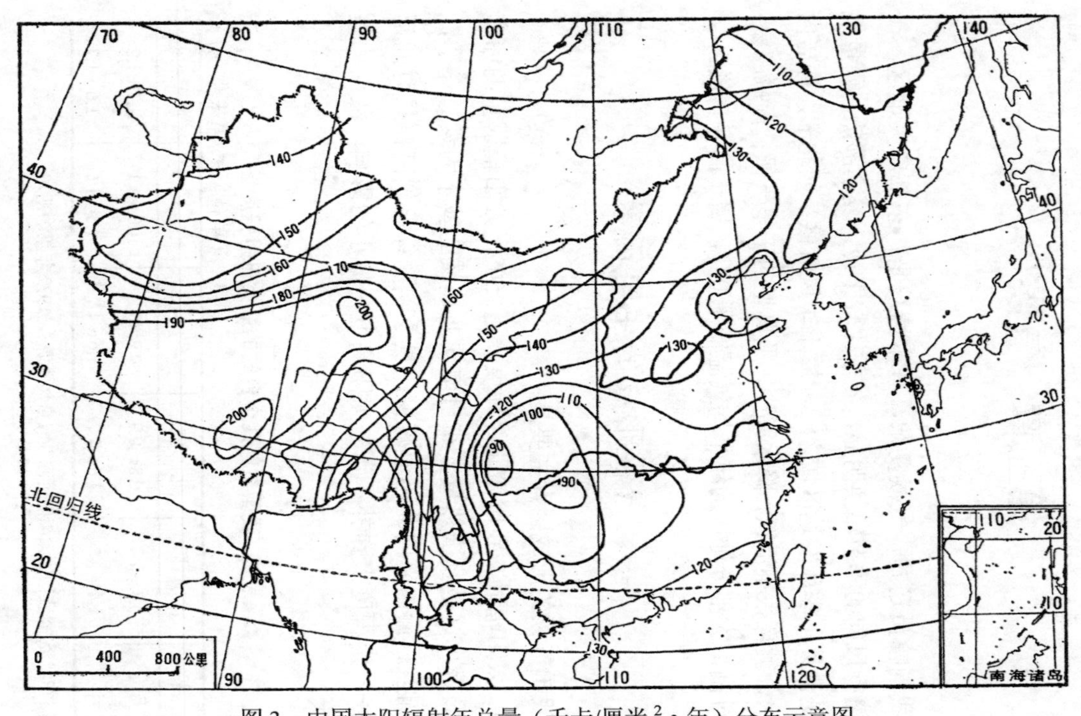

图 3　中国太阳辐射年总量（千卡/厘米^{2}·年）分布示意图

（据李立贤：“我国的太阳能资源”，《自然资源》，1977 年第 1 期）

我国各地太阳辐射年总量大约为80～200千卡/厘米^2。其中，140千卡/厘米^2·年等值线大致从大兴安岭西麓向西南延伸到云南和西藏交界处。以该线为界，西北部高于东南部（图3），这是由于东南部阴雨日数较多的缘故。由于我国天气与气候的地区差异，地形状况不一，太阳年辐射量的分布，西北部为170千卡/厘米^2，青藏高原高达170～200千卡/厘米^2，而贵州高原与四川盆地以及南岭山地则少于100千卡/厘米^2。

表3　中国太阳辐射分布类型

类型	太阳辐射指标		主要分布区
	全年日照时数（小时）	太阳辐射总量（千卡/厘米^2·年）	
1	2800～3300	160～200	西藏大部、新疆东南部、青海西部、宁夏与甘肃北部
2	3000～3300	140～160	内蒙古、宁夏南部、甘肃中部、青海东部、西藏东南部、新疆南部、河北西北部、山西北部
3	2200～3000	120～140	山东、河南、云南、辽宁、吉林、北疆、陕北、山西南部、甘肃东南部、广东南部、闽南、河北东南部
4	1400～2200	100～120	湖北、湖南、广西、江西、浙江、闽北、皖南、苏南、广东北部、陕南、黑龙江
5	1000～1400	80～100	贵州、四川

（据李立贤："我国的太阳能资源"，《自然资源》，1977年第1期）

我国各地辐射平衡值除北纬40°以北冬季月份出现负值外，大部分地区全年均为正平衡，其值一般为50～70千卡/厘米^2·年。海南岛地区纬度低，日照时间较长，辐射平衡值最大，达70～80千卡/厘米^2·年。川黔与南岭山地冬半年多阴雨，辐射平衡值最小，只有30～40千卡/厘米^2·年。这说明我国境内大部分地区热量资源比较丰富，为农业生产提供了有利的热量条件（图4）。

2．海陆位置与季风环流。我国位于世界最大的大洋——太

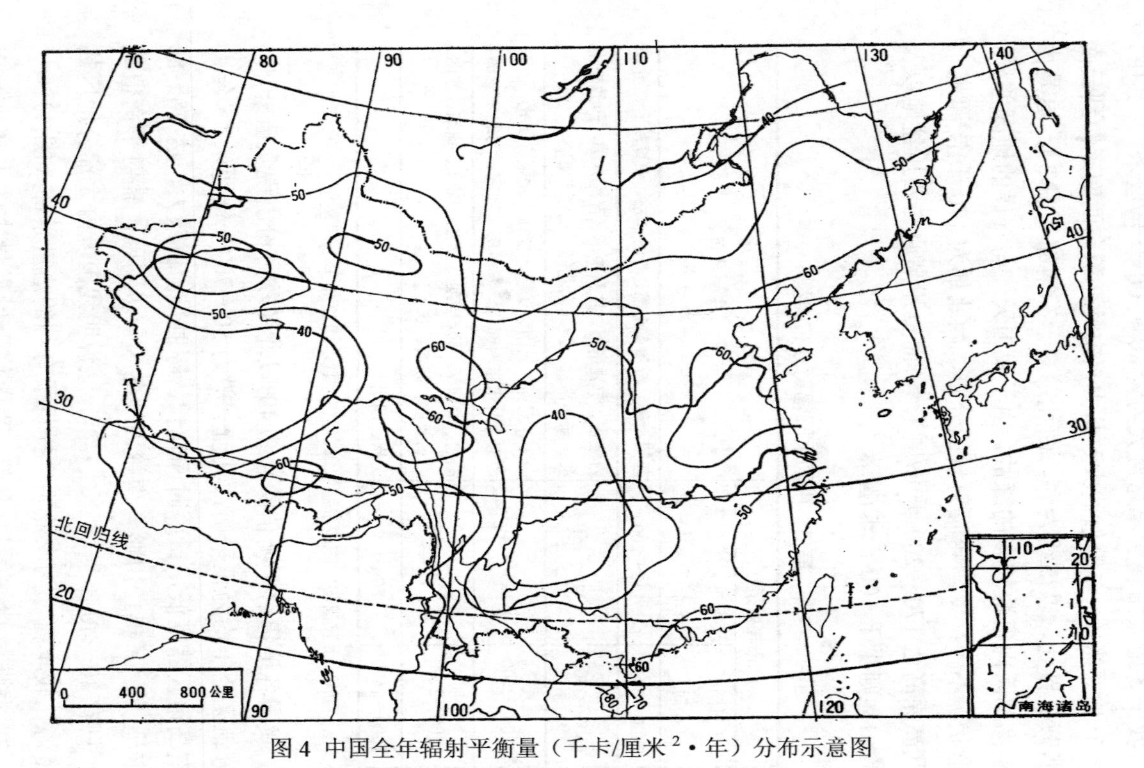

图 4 中国全年辐射平衡量（千卡/厘米^2·年）分布示意图

（据高国栋等："我国太阳辐射能量的研究"，《自然杂志》，2 卷 2 期，1979 年）

平洋和世界最大的大陆——亚欧大陆之间，印度洋也为我国西南部输送水分和能量。北非大陆对我国气候也有一定的影响，如冬半年比较活跃的西南暖流（即热带大陆气团）。

我国所处的海陆位置，由于海陆物理的热力学性质的不同，引起海陆表面热状况的差异，导致温压场的变化，从而为我国季风环流的建立提供了基本条件。在冬季，东亚热力差异十分显著，蒙古高压势力强大，阿留申低压发育，冷高压几乎控制全国，气压梯度由大陆指向海洋，盛行偏北气流，是为冬季风。夏季，海陆热力差异的作用方向与冬季相反，北太平洋高压势力大为增强，印度热低压最为发展，气压梯度由海洋指向大陆，盛行偏南气流，是为夏季风。春秋两季是冬夏大气活动中心更迭、相互消长时期。上述四个活动中心的盛衰，中心势力的强弱，位置的年际变动，是制约我国气候季节变化的基本因素。同时，随着太阳辐射的季节变化，高空行星风系及其强度的变动，影响着对流层低层大气环流，从而也影响到我国各地的天气和气候。例如，江淮梅雨的出现和持续期长短，与副热带高压脊线的位置、稳定程度以及北跳时间早晚有重要的联系。①西南边疆受到南亚热带季风环流的影响，每年干湿两季分明。

3. 地形。地形对水热状况起着重新分配的作用，从而影响到天气与气候。我国境内山地分布很广，有不少绵延百里、千里的巨大山脉走向与气流运行方向近于直交，对气流起屏障与抬升作用。北方来的冷空气受到层层山地阻障，行径迂回曲折，大大削弱其强度，只是在穿越低平山口和东部平原时，冷空气势力才显现其强大。夏季暖湿气流在翻越山地时，迎风坡因气流抬升多雨，背风坡与谷地则因气流下沉，焚风效应显著，降水大为减少，例

---

① 王运旭：“梅雨结束前的三个特征”，《气象》，1977年第5期。

如西南峡谷区，这种现象就很明显。

青藏高原隆起后，对我国天气、气候乃至自然环境都产生重要的影响。高原所处纬度大致是北纬28～36°，属高空西风带范围，平均海拔超过4000米，达到对流层中上层，高原本身实际上是一个隆起而宽广的大陆面。研究结果表明，青藏高原的存在，通过它的动力分支和阻挡作用以及高原地面冷热源作用，对我国天气和气候产生多方面的影响。

高原的动力分支作用是，由于冬季高空西风带南移，控制着中国广大地区上空，高原本身巨大海拔高度迫使4000米以下的高空西风分为南北两支，北支在大高原的西北侧成为西南气流，绕过新疆后又转为西北气流；南支在大高原的西南侧成为西北气流，绕过高原南侧后又转为西南气流。这两支气流物理属性不一，并在高原东侧汇合东流，从而影响到我国东部地区天气和气候。高原的分支作用，扩大了高空西风带的影响范围，其南界可达北纬15°～20°，使我国江南地区冬季经常受到来自热带暖湿气流的影响。

高原的阻挡作用是，由于高原本身巨大海拔高度，从而阻挡高原低空南北气流交换。在冬季，高原阻挡着西北冷空气南下，这既有利于冷空气在高原北侧堆积，又迫使冷空气行径偏东，从而加强了东部地区冷空气势力；在夏季，南支西风消失（高原本身不再起分支作用），西南季风盛行，这大高原既阻挡了西南季风北上，使高原内部和西北地区干旱程度加强，导致荒漠伸展到更高的纬度，又迫使西南季风绕大高原东南侧循河谷北上，输送大量的能量和水汽，加强了高原东侧降水过程，使高原东侧热带范围循南北向河谷伸展到北纬29°附近。

高原的冷热源作用是，在冬季，因高原海拔高，冰雪覆盖面广、大气透明，地面长波辐射强烈，广大高原面是个冷源，近地面形成低温高压中心，它叠加在蒙古冷高压之上，从而大大加强了蒙古冷高压势力，使我国东部地区冬季更加寒冷，以致我国亚热带北界比同纬度大陆西岸要向南推移4～5个纬度；在夏季，正午太阳高度角增大，太阳直接辐射大为增强，裸露的地表吸热迅速，地面增温很快，低空气温高于四周同高度自由大气温度，高原近地面形成高温低压中心，它叠加在印度热低压之上，从而大大加强了印度热低压势力，对越过赤道的东南信风转向为西南气流具有更为强大的吸引力，这是夏半年西南季风势力强大的重要原因。因此，青藏高原的冷热源作用，对我国季风环流起着维持和加强的作用。夏季高原200毫巴上空则形成高温高压，称西亚高压或青藏高压，它的位置相当稳定，范围较广。由于它的存在，使青藏高原等压面分向高原南北两侧倾斜，其北侧维持一支强劲的西风气流，是夏季华北、华西降水条件之一；南侧维持一支东风气流，同副高南侧偏东气流一致，它们与西南季风交绥，形成热带辐合带，为夏半年台风的形成和发展提供了有利的环流条件。

在环流转变期间，某些重要的环流现象几乎同时或有顺序地出现。例如，西南季风的爆发与长江流域梅雨开始的时间几乎同时。青藏高压是夏季东亚大气环流中的一个重要系统，它对我国东部地区的旱涝有一定影响。据研究，7、8月份，东经120°和东经110°上空高压脊线位置如果偏北，长江中下游大范围地区将出现干旱，华北多雨；高压脊线位置如果偏南，长江流域多雨，华北将出现干旱。[①]青藏高原的动力和热力作用的综合影响，扩大了高原地形作用的有效高度，高原地区准静止气压系统可以发展东移，使高原以东地区产生暴雨和洪涝。

---

① 柯甫：“青藏高压”，《气象》，1976年第3期。

二、大气环流与季风进退

东亚海陆分布所引起的热力差异，破坏了高空行星风系的分布，导致季风气压场的建立，这是东亚季风形成的基本因素。高空行星风系季节性位移，青藏高原的作用，加强了我国季风的发展，并使其发生复杂的变化。我国地域辽阔，不同地区所处的位置与地形条件不同，季风现象的显著性与稳定程度，存在着明显的差异。

（一）大气环流基本特征

冬季，蒙古高压中心气压值，极盛时可达1050毫巴，势力强大，控制着亚洲大陆；盘踞在北太平洋北部的阿留申低压，中心气压在1000毫巴以下，势力大为扩展。前者是大陆反气旋中心，中纬度大陆气团的重要源地；后者是西来气旋的归宿。蒙古冷高压活动，影响到我国大部分地区的冬季天气与气候。大致说来，冬季的天气过程，就是一次又一次的冷空气活动，并实现降温的过程。川西、云南高原，冬季主要受热带大陆气团（西南暖流）的影响，成为我国冬季的相对温暖中心。高空西风气流被青藏高原分为南北两支，南支自大高原南侧流过热带印度洋上空，转变为暖湿的西南气流，它与南下冷空气交锋，造成贵州高原、四川盆地等地区的冬季连绵阴雨。

春季是气压场转换的过渡季节。蒙古高压和阿留申低压势力衰退，海洋上副热带高压逐渐加强西伸，大陆热低压开始形成。因此，四个活动中心都参与我国的天气活动，风向多变，南北气流交换复杂，中纬度地区气旋活动频繁。

夏季与冬季相反，亚洲大陆是强盛的热低压，中心气压值约为 995 毫巴，西北太平洋是强盛的高压区，中心气压值常在 1030 毫巴上下。我国大部分地区受热带、副热带气压系统控制，热带海洋气团盛行，影响范围广，历时亦较久。研究结果表明，每年约在 6 月上旬，南支西风气流消失，北支气流迅速北进，副高北移，低纬高空东风推进到青藏高原南缘，就在这时西南季风爆发，江淮梅雨随即开始。当副高再次北跳，长江中下游产生伏旱、酷暑，华北与东北雨季先后开始。此时，副高南侧以南是赤道辐合线的位置所在，为台风的生成与发展提供了更为有利的条件。

秋季是夏季环流转换为冬季环流的过渡季节。9 月上旬，蒙古高压出现，并可南侵到较低纬度，此时副高仍维持在较高纬度，从而形成暂时的高低空高压重合现象。除西南地区仍受西南季风影响多阴雨外，大部分地区呈现秋高气爽天气。10 月份西风带南移，中部对流层西风出现南北分支，随后南支西风增强，西南季风撤离大陆。这时，北太平洋高压向东南退缩，阿留申低压加紧扩展。11 月上旬后，蒙古高压控制着大陆，冬季风迅速爆发南下，出现冬季环流形势。

（二）季风进退

由海陆热力差异引起的气压场转换和气压系统性质、位置及强弱的变化，产生了冬夏季风的进退活动。

冬半年，大陆及沿海岛屿在冬季风影响之下，其南界可达南海中部（图 5 线 1），西界及于青藏高原东缘（图 5 线 3），其东南一段就是“昆明准静止锋”，位置约在云南与贵州交界的昭通—威宁—兴义一线，它是冬季变性的中纬度大陆气团与西南暖流之间的锋面。

3 月上旬，我国南部开始受夏季风（东南季风）的影响。此后，夏季风逐渐北进。4 月下旬华南夏季风盛行，华中受影响。7 月

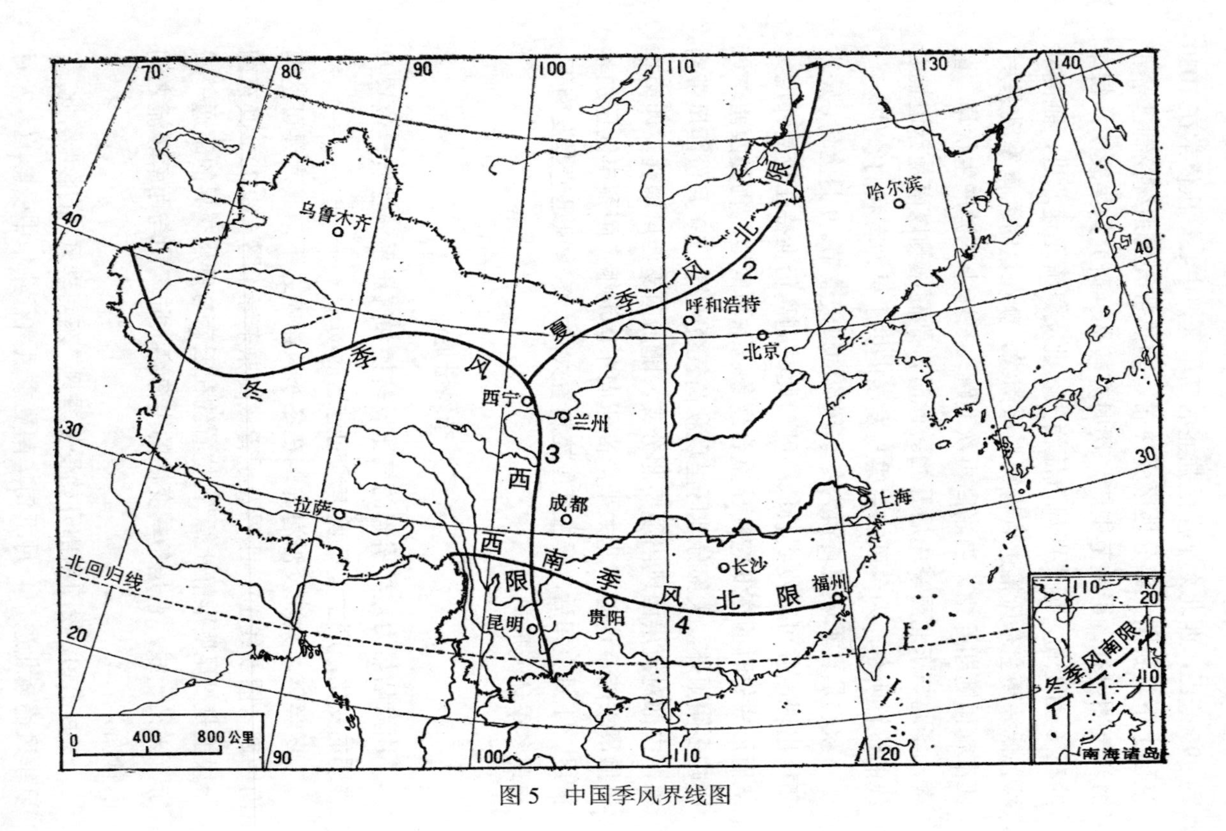
冬季风
夏季风北限
2
西南季风西限
3
西南季风北限
4
冬季风南限
1
乌鲁木齐
哈尔滨
呼和浩特
北京
西宁
兰州
成都
拉萨
上海
长沙
福州
贵阳
昆明
北回归线
南海诸岛
0
400
800公里
70
80
90
100
110
120
130
140
40
30
20
10

图5 中国季风界线图

中旬华北夏季风盛行，内蒙古南部、东北南部受影响。盛夏极锋到达最北位置（图 5 线 2），是夏季风的北界。该线以西，夏季风影响很少或不受其影响。

夏季风自北向南撤退，一般始于 8 月底 9 月初，冬季风随即南下，9 月底或 10 月初到达华南。冬季风自北向南先后不到一个月即可影响全国，而夏季风从开始到全国盛行，历时四个月。这表明，我国夏季风的来临是缓进的，它的退却是相当迅速的。

我国西南部，夏半年受到西南季风的影响（图 5 线 4）。西南季风在 6 月上旬以突然爆发的形式向北推进，极盛时可循青藏高原东缘影响到北纬 30°以北。华南也可受到西南季风影响，但通常只能达到南岭山地附近。

在冬夏季风进退过程中，随着每一次季风进退，气象要素和天气现象都相应地发生变化，其中尤以降水量空间变化为突出。从多年平均状况来说，4 月中旬华南沿海出现雨带，以后有顺序地北移。6 月上旬雨带北进到华南，6 月中旬雨带跃进到江淮流域，7 月中旬雨带越过淮河而达黄河中下游，7 月下旬华北雨季开始，8 月中旬雨带达最北位置。

三、影响我国天气与气候的主要天气系统

寒潮、梅雨是对我国气候有重要影响的天气系统，涉及范围很广，东南沿海还受到台风的侵袭。这三类天气系统与我国国民经济的发展有着密切关系，尤其影响到农业生产。

（一）寒潮

在冬季，一次冷高压活动，同时带来一股冷空气侵袭。当强冷空气南下时，使经过的地区产生急剧降温，出现严重霜冻，并

伴随大风或雨雪的天气过程，称为“寒潮”天气。由于我国幅员辽阔，地形复杂，一次强冷空气活动对各地的影响程度并不相同，我国气象部门规定：就全国来说，一次冷空气的入侵，能使长江中下游及其以北地区 48 小时内降温 10℃以上，长江中下游最低气温≤4℃，陆上有相当于 3 个大区出现 5～7 级大风，沿海有 3 个海区出现 7 级以上大风，则称为“寒潮”。如在 48 小时内降温 14℃以上，大陆上有 3～4 个大区出现 5～7 级大风，沿海所有海区先后出现 7 级以上大风，则称为“强寒潮”。

亚洲大陆北部及其岛屿、海洋，在冬季是个强烈的冷源，有利于冷性反气旋的形成与发展，寒潮爆发与此相关。据 1970～1973 年对 103 次冷空气活动的源地进行追踪研究，结果表明，寒潮源自新地岛以西的北方冷洋面上者次数最多，此外尚有新地岛以东的北方冷洋面上和冰岛以南的洋面上。上述三个源地的冷空气，首先移到西伯利亚中部和西部堆积加强，然后从这里爆发侵入我国境内，其路径有四条（图 6）：（1）西北路或称中路。冷空气主力经蒙古人民共和国中部移到我国河套一带南下，直达长江中下游和华南。这一路出现次数较多。（2）东路。冷空气主力经蒙古人民共和国移向我国华北、东北，然后经黄河下游南下，通常只影响到长江以北地区。（3）西路。冷空气主力自我国西部首先侵入新疆，然后循河西走廊、青藏高原东侧南下，影响西北、西南、长江以南以及华南。这一路寒潮势力最强，是寒潮的主力，影响最大。（4）东路冷空气从黄河下游南下，西路冷空气从青海东部南下，二者在黄河以南到长江一带汇合后继续南下，影响着江南与华南。

寒潮移动速度因气压梯度、冷气团性质以及纬度与地形而不一，一般每小时 20～30 公里。长江以南，因气团变性较深，又受到地形阻滞，移动速度大为减缓。平均状况下，内蒙古到华北 1 天，华北到华中 1 天，华中到华南 1 天，强寒潮在 48 小时内即可

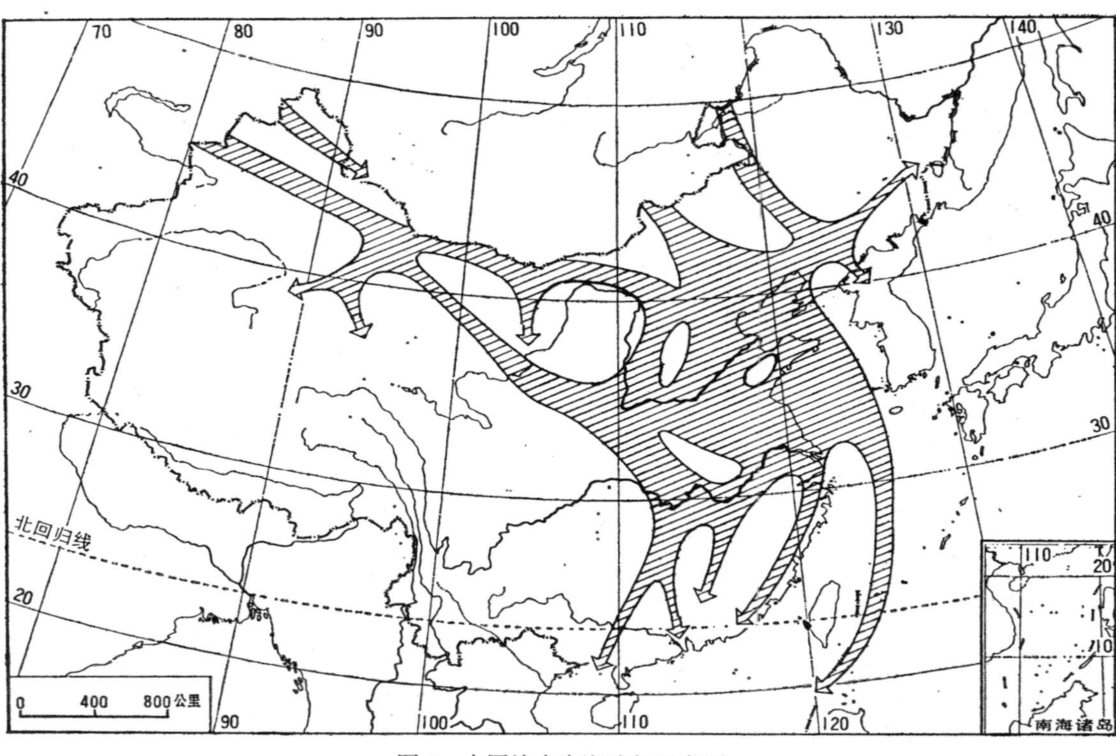

图6 中国境内寒潮路径示意图

影响全国。

冬半年各月中，平均每3～4天就有一次冷空气活动，但多数不足以达到寒潮标准。据统计，每年10月到翌年4月，强寒潮一般只有3～4次。1955年1月强寒潮侵袭，华中、华南出现的最低气温，汉口为–14.6℃，南宁为–2.1℃，阳江（广东省）为–1.4℃。这次强寒潮带来的低温，使我国热带、亚热带经济作物受到严重冻害，华南数十万亩[①]热带作物被冻死。1969年1月24～31日发生的一次强寒潮，由新疆侵入后，经河西走廊直达长江流域，再经湖南、广西进入南海。新疆和江南两个最大降温区，中心地区气温下降26℃之多，新疆伊宁地区出现–40.3℃的低温，打破了历史纪录。

寒潮大风、降温，对农、牧、渔业和交通运输等方面都有很大影响，属于灾害性天气。但寒潮活动有时又会给某些地区带来雨雪，有利于农业生产。例如，东路寒潮经由海上入陆，造成江淮大片雨雪区；西路寒潮南下后，如遇高空西南暖流活动，或进入华南后变性为准静止锋，也能造成江南大片雨雪区。我国气象部门，对寒潮的爆发、移动路径及强度，已经能够准确地发出预报。

（二）梅雨

梅雨是长江中下游和淮河流域每年6月中旬至7月上旬一段时间的大范围降水天气过程，多数年份为连续性降水，少数年份后期多阵雨和暴雨。梅雨开始与结束的早晚，雨期雨量的丰歉以及年际变化均较大（表4）。

按上海地面单站要素，梅雨期候平均气压＜1010毫巴，候平均气温＞19℃，出梅后候平均气温≥25℃。根据最近80年资料分

---

① 1亩等于1/15公顷。

表 4　上海地区 1954～1972 年梅雨期及雨量

年　份	入梅日期	出梅日期	持续天数	上海市雨量（毫米）
1954	6月1日	8月2日	63	515.5
1955	6月17日	7月8日	22	190.7
1956	6月5日	7月19日	45	444.3
1957	6月20日	7月12日	23	461.4
1958	6月27日	6月29日	3	70.3
1959	6月28日	7月7日	10	33.8
1960	6月18日	6月25日	7	57.5
1961	6月6日	6月16日	11	177.1
1962	6月17日	7月7日	21	105.7
1963	6月22日	7月8日	17	173.9
1964	6月23日	6月27日	5	107.5
1965	6月23日	6月27日	5	55.0
1966	6月24日	7月12日	19	329.6
1967	6月24日	7月9日	16	104.3
1968	6月23日	7月11日	19	72.6
1969	6月24日	7月16日	23	187.7
1970	6月18日	7月18日	31	234.9
1971	5月26日	6月23日	29	304.7
1972	6月20日	7月3日	14	134.1
1954～1972 年平均	6月17日	7月8日	约 20 天	

（据南京大学气象系：《天气分析和预报》，1979 年）

析，正常情况下梅雨的开始日期，有 50%在 6 月 6 日～15 日这 10 天内，有 24%出现在 6 月 20 日之后。最早入梅（1971 年 5 月 26 日）和最晚入梅（1947 年 7 月 4 日）相差 40 天。正常梅雨结束日期最多出现在7月6日～10日，其次是6月下旬。最早出梅在6月中旬（1917、1925、1961年），最晚出梅在7月底至8月初（1896、1931、1954年），二者相差一个半月。正常梅雨期长约20天，最长达63天（1954年）。而有些年份（如1893、1902、1934、1958、1978年）梅雨期极不明显，甚至出现“空梅”现象。

梅雨的物理机制十分复杂。一般说来，在一定的环流条件下，中纬度变性的大陆气团南下至江淮一带，与热带海洋气团交绥，形成准静止锋，锋面上相继产生气旋，出现持续阴雨天气。随着大气环流理论的建立，认为大气环流的季节变化与梅雨有联系。此外，海气之间的能量交换，夏季鄂霍次克海上空高压活动南下，北太平洋海水表面温度异常等等，对东亚梅雨都有一定的影响。①

梅雨与我国东部广大地区的农业生产密切相关，我国有“黄梅无雨半年荒”之说。很显然，在黄梅季节，适时适量的降水，十分有利于农业生产，可为广大耕地提供必需的水分，增加江河湖沼与水库的蓄水量，供季节调节之用。而梅雨来临过早，雨期过长，降水量过多（1931、1954年），将造成大范围的洪涝；梅雨来的过晚，雨期过短或出现空梅，又将造成广大地区的严重干旱。因此做好梅雨的中长期预报，有着十分重要的意义。

（三）台风

台风是发生在低纬热带西太平洋和南海的低气压系统，或称热带气旋。它是我国东南沿海夏秋两季有重要影响的天气系统。按其中心最大平均风速的大小，我国气象部门将热带气旋划分为三类（表5）。

台风的发生源地有三：菲律宾以东洋面，加罗林群岛附近洋

① 王继志：“梅雨研究的进展”，《气象》，1977年第5期。

表 5　台风类型的划分

类　　别	风力（级）	最大平均风速（米/秒）
热带低气压	6～7	10.8～17.1
台风	8～11	17.2～32.6
强台风	12	>32.6

面，以及南海。其中，前两个源地的发生次数最多。台风生成后，移动路径的变化很大，对我国有影响的主要有三条（图 7）：（1）西行路径。从菲律宾以东洋面上向西，经菲律宾或穿过巴林塘海峡、巴士海峡，进入我国南海，继续西行至海南岛或越南登陆。这条路线主要影响我国两广和海南地区。（2）西北行登陆路径。从菲律宾以东洋面上向西北方向移动，先在我国台湾省登陆，然后穿过台湾海峡又在福建登陆；或从源地向西北，穿过琉球群岛，然后在我国江、浙沿海登陆，影响我国东南沿海。（3）海上转向路径。从菲律宾以东洋面上向西北方向移动，至北纬 25°附近转向东北，向日本方向前进。这条路线对我国影响不大，

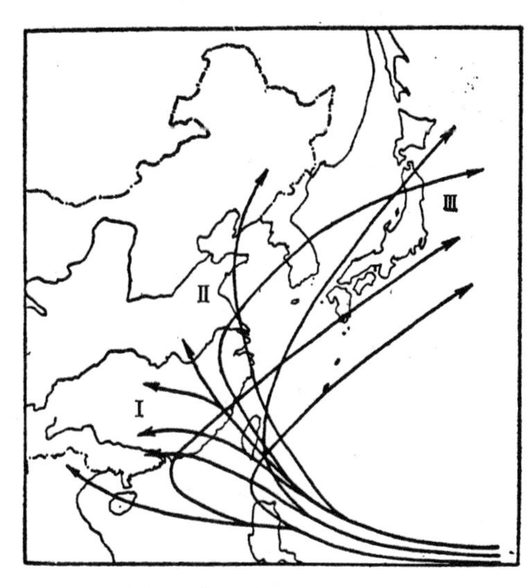

图 7　台风移动路径示意图

Ⅰ西行路径，Ⅱ西北行登陆路径，Ⅲ海上转向路径

但如转向点靠近我国沿海，则对我国沿海地区亦会有较大影响。通常，6 月前和 9 月后，台风主要取Ⅰ、Ⅲ两条路径，7、8 月份以路径Ⅱ为主。

台风移动路线与副高强度、位置及断裂情况关系较大。当副高增强西伸，台风路径则偏南西行；副高东退（在台风北方）或断裂，台风可能在副高西缘向偏北方向移动，或从断裂口北上。据研究，当青藏高压中心位于东经 100°以东我国东部上空时，能阻挡台风转向，并使登陆北上的台风深入内陆，最后消失在青藏高压的南侧；当青藏高压中心位于东经 100°以西高原上空，且我国东部大陆上空没有高压单体存在时，影响我国的台风往往会北上转向。①

台风年年有，全年均可发生，以 5～10 月为多，7、8 月尤常见。根据 70 年的统计资料平均，每年发生 20 次。1939 年最多，共 32 次；1885、1901 年最少，各有 9 次。登陆的台风，以在广东（包括海南）登陆的次数最多，约占 50%，其次是台湾省和福建省。

台风中心气压很低，风力强大，并带来暴雨或大暴雨。例如：1962 年 8 月 5 日强台风在台湾省花莲一宜兰间登陆，14 时中心气压降至 900 毫巴，风速高达 75 米/秒。台风降水的强度亦很大。1963 年 9 月 9～12 日，台风侵袭台湾，台北附近一个山区测站测得这次台风过程降水量为 1684 毫米；1975 年 8 月，受 7503 号台风影响，河南省泌阳林庄 5～7 日三天降水量共达 1605.3 毫米。

台风带来的狂风、暴雨、巨浪，严重地影响着工农业、渔业生产，影响交通运输和港口设施，危及人民生命财产安全，所以属于灾害性天气。但台风主要活动于夏季两季，此时我国东南沿海及长江中下游广大地区，往往在副高控制之下，晴热少雨，出

---

① 赵福集等："南亚高压与台风路径"，《气象》，1977 年第 7 期。

现伏旱。因而，适量的台风降水或台风外围降水，则有利于旱情的缓和，甚至能解除旱情。我国气象部门对台风的生成、移动路径与强度，同样能够作出准确的预报。

四、气温与热量资源

我国陆地面积广阔，位于欧亚大陆东岸，受季风环流影响，在气温上表现为明显的大陆性。例如，我国哈尔滨（北纬 45°41′）比法国巴黎（北纬 48°48′）纬度约低 3°，而气温的年较差，前者为 42.4℃，后者仅 15.2℃。我国各地气温的年振幅，冬季低于纬度的平均值，为负距平；夏季高于纬度的平均值，是正距平。但近海及低纬地区距平值较小，愈向内陆或纬度愈高，距平值则相应增大。

表 6　中国东部四站 1 月和 7 月月平均气温距平值

站　名	1 月（℃）	7 月（℃）
黑　河	–16.8	+5.2
北　京	–9.9	+2.3
汉　口	–10.9	+16.0
琼　山	–4.0	+0.9

（一）气温分布

我国大部分地区处于亚热带和温带，由于所跨纬度广，地势起伏显著，致使南北温差较大，地形影响气温分布极为明显。以年平均气温为例，南海西沙（北纬 16°51′）高达 26.4℃，黑龙江省北部的呼玛（北纬 51°43′）低至–2.1℃，两地相差 28.5℃。气

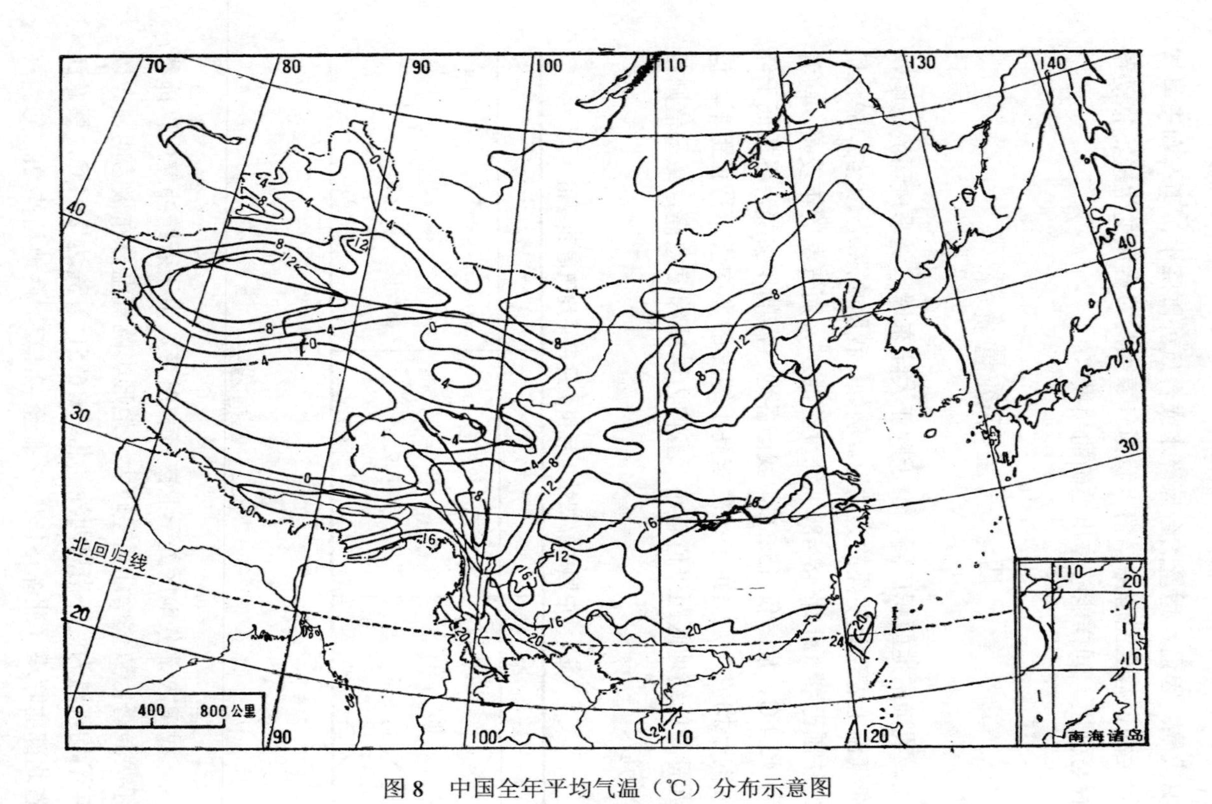

图 8　中国全年平均气温（℃）分布示意图

温分布的基本特征是：东半部自南向北逐渐降低；西半部地形影响超过了纬度影响，例如，青藏高原大部分地区年平均气温低于0℃，而北面塔里木盆地的和田与吐鲁番，则分别为12.1℃和14.0℃（图8）。

应当指出，由于我国深受季风的影响，年平均气温值并不足以表明该地的热量特点，也难以说明对人类经济活动的利弊影响，为此，必须分别阐明不同季节的气温分布状况。

1. 冬季气温

1月是冬季环流极盛时期，除海洋岛屿外，全国各地气温下降到最低值，所以1月气温可以代表我国的冬季气温（图9）。我国东部冬季气温随纬度的增高而迅速降低，西沙比呼玛高 50.5℃，等温线分布相对较密，与纬度大致平行。大致纬度增高1℃，气温降低1.5℃。西部地区的高原和山地，因海拔高，气温偏低，等温线分布比较稀疏。为山岭屏障的盆地，冬季成为温暖中心，例如四川盆地的成都，1月平均气温（5.6℃），比同纬度的汉口（2.8℃）高2.8℃；南疆盆地的于田（–5.8℃）比北疆盆地的克拉玛依（–17.2℃）高11.4℃。云南高原冬季在西南暖流控制下，多晴天，相当温暖，与贵州高原相比（表7），昆明海拔比独山高出近1000米，按气温递减率–0.6℃/100米计算，如果把独山抬高到昆明的高度，再消除纬度因素的影响，则昆明比独山1月平均气温实际高出7.5℃。有寒潮、冷空气侵袭的地区，冬季气温偏低，如东北北部、内蒙古、

表7　云南高原与贵州高原冬季气温比较

地　区	站　名	纬度（北纬）	海拔（米）	1月平均气温（℃）
云南高原	昆　明	25°01'	1,891	7.8
贵州高原	独　山	25°50'	972	4.9

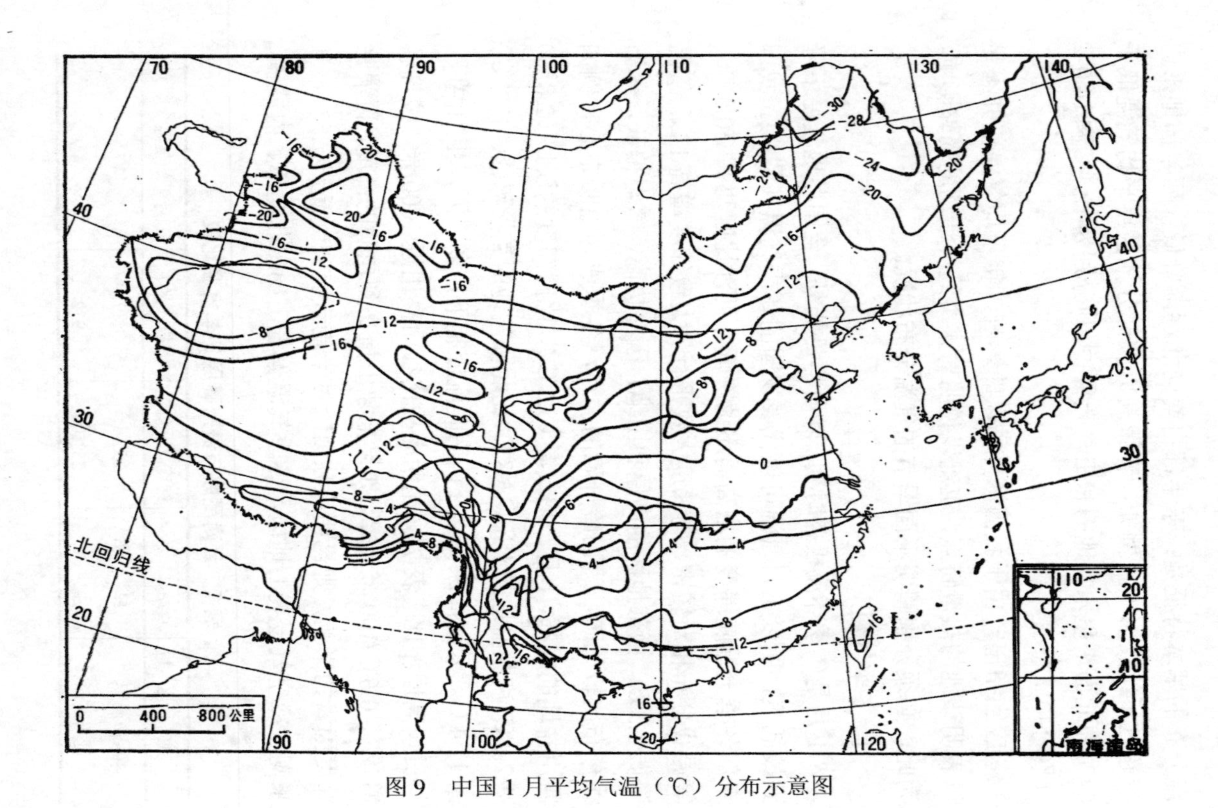

图9　中国1月平均气温（℃）分布示意图

长江中下游平原等。1月平均0℃等温线大致东起淮河下游，经秦岭沿四川盆地西缘向南至北纬27°左右，折向西藏东南角。此线以北基本上都在0℃以下，东北地区大都在–10℃以下，大兴安岭北部低至–30℃，是全国最寒冷的地方；内蒙古、宁夏北部、甘肃北部以及新疆境内，一般都在–10℃～–22℃之间；青藏高原除雅鲁藏布江谷地和横断山脉外，大部分在–10℃～–20℃之间；华北地区为–2℃～–10℃。0℃等值线以南，长江流域在0℃～8℃之间；南岭以南、台湾中部和北部、云南南部大都在12℃～20℃之间；台湾和海南岛南部，已超过20℃；南海诸岛高达22℃～26℃左右。冬季强寒潮侵袭时，除南海诸岛外，各地均可出现低温或极端低温，华南可结冰，甚至海南岛也曾出现过负温。1960年1月21日，新疆阿尔泰山南坡的富蕴，气温曾降至–51.5℃；1969年2月13日，黑龙江省漠河曾出现过–52.3℃的低温，这是我国现有观测资料中的最低值。

2. 夏季气温

除海洋岛屿外，7月份全国各地气温最高，所以可以代表我国的夏季气温。与冬季相反，夏季气温南北差异很小，例如，西沙比呼玛仅高8.5℃。从等温线分布上看，东南部等温线十分稀疏，大致呈东北—西南向，大致纬度增高1℃，气温降低0.2℃；西部地区，由于内陆盆地夏季受热增温强烈，与高山间气温垂直变化大，等温线较密（图10）。全国7月平均气温大都在20℃～28℃，淮河以南大致在28℃～30℃，东北平原为22℃～24℃。青藏高原、天山、大小兴安岭等因海拔影响而低于20℃，其中藏北高原大部低于10℃。四川盆地、长江中下游谷地、渭河谷地等，又受地形影响，绝对最高气温＞40℃，成为我国夏季的炎热中心。鄱阳湖附近，7月平均气温高达30℃；新疆吐鲁番盆地在闭塞地形与干旱气候双重影响下，7月平均气温竟高达32.8℃，最高气温≥40℃的天数，平均每年有

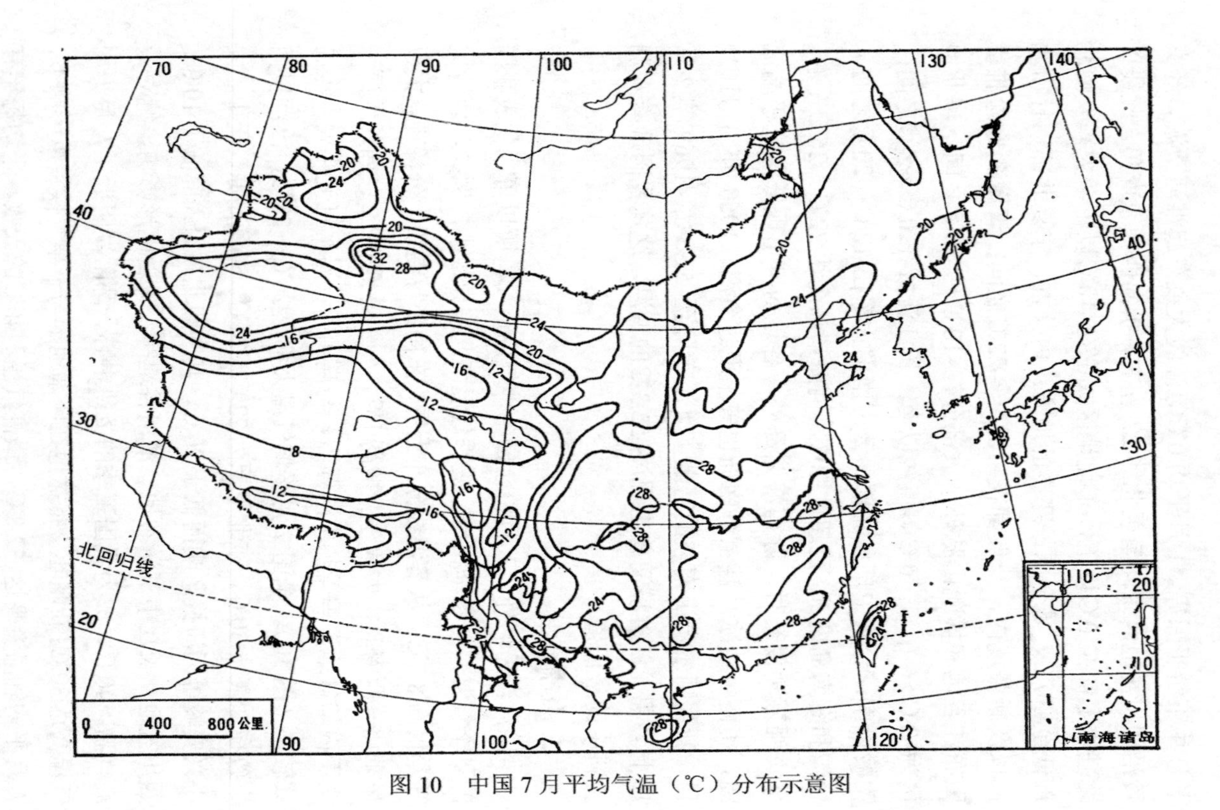

图 10　中国 7 月平均气温（℃）分布示意图

37天，绝对最高气温达48.9℃，是我国现有观测记录的最高值。华南地区高温期虽然较长，平均气温较高，但因午后多云或雷阵雨，并常受台风影响，其绝对最高气温反比上述炎热中心为低，一般都在40℃以下，例如广州为38.7℃，阳江为37.0℃。

现将我国有代表性的城市的冬夏气温状况列表如下。

表8 中国各地冬、夏季气温（℃）状况（1951～1980年）

站 名	纬度（北纬）	海拔（米）	1月平均气温	极端最低气温	7月平均气温	极端最高气温
嫩 江	49°10'	222.3	–25.3	–47.3	20.6	37.4
长 春	40°54'	236.8	–16.1	–36.5	23.1	38.0
呼和浩特	40°49'	1063.0	–12.9	–31.2	22.0	37.3
北 京	39°48'	31.2	–4.6	–27.4	25.8	40.6
郑 州	34°43'	110.4	–0.2	–17.9	27.2	43.0
南 京	32°09'	8.9	2.1	–14.0	28.0	40.7
南 昌	28°40'	46.7	5.0	–7.7	29.5	40.6
广 州	23°08'	6.3	13.3	0.0	28.4	38.7
榆 林	38°14'	1057.5	–9.9	–32.7	23.3	38.6
银 川	38°29'	1111.5	–8.9	–30.6	23.4	39.3
乌鲁木齐	43°34'	2160.0	–14.8	–41.5	24.1	40.9
兰 州	36°03'	1517.2	–6.8	–21.7	22.2	39.1
玉门镇	40°16	1527.0	–10.5	–29.3	21.4	36.7
重 庆	29°35'	200.6	7.3	–1.8	28.4	42.2
昆 明	25°01'	1891.4	7.6	–5.4	19.8	31.5
贵 阳	26°35'	1071.2	4.9	–7.8	24.0	37.5
昌 都	31°11'	3240.7	–2.6	–19.3	16.2	33.4
拉 萨	29°42'	3658.0	–2.2	–16.5	15.5	29.4

（二）气温年变化与四季

我国位于西风带欧亚大陆东岸，受季风环流影响，绝大部分地区最冷月在 1 月，最热月在 7 月，气温的年变化表现为大陆性气候的年变型。沿海地区受海洋热力的调节作用，夏季最热月可推迟到 8 月，如大连、青岛等地，其月平均气温接近或稍高于 7 月；鄱阳湖附近也有类似情况。受西南季风影响的地区，7、8 月份雨日过多，最热月气温出现在雨季前的 5 月，例如云南西南部。

我国各地气温年较差明显地随纬度增高而加大（图 11）。黑龙江省大部、内蒙古东北部和新疆天山北麓的准噶尔盆地，年较差最大，大都在 40℃以上，最高可达 50℃左右。黄河流域、塔里木盆地和柴达木盆地约在 30℃上下。长江中下游和青藏高原部分地区在 22℃～26℃之间，其中四川盆地和雅鲁藏布江谷地只有 18℃左右。珠江流域、云南高原和台湾省大部地区平均在 15℃左右，海南岛南部、南海诸岛和台湾山地则小于 10℃。

我国四季的划分，一般根据实际记录和物候资料，定出每候（5 天）平均气温低于 10℃为冬，高于 22℃为夏，介于二者之间为春秋。例如，北京候平均气温 10℃最早出现于 4 月 1 日，南京始于 3 月 22 日，以这两个日期分别作为北京和南京的春始日期，在物候上与桃花初开的日期大致相符。又如长江下游地区平均在 9 月 23 日候温低于 22℃，作为夏去秋来的日期，在物候上与家燕南归的平均日期大致吻合。按此标准，大致在东北黑河、嫩江直到内蒙古大青山一线以北为无夏区，冬长 255 天以上。青藏高原最热月各候很少升至 22℃以上，所以没有夏季。南岭山地以南大致无冬，海南岛夏长超过 8 个月，南海诸岛全年皆夏。其余地区则四季分明。但我国西部地形复杂，四季分配实际情况比较复杂。全国各地四季的开始与结束，与大气环流、季风进退的年际变化

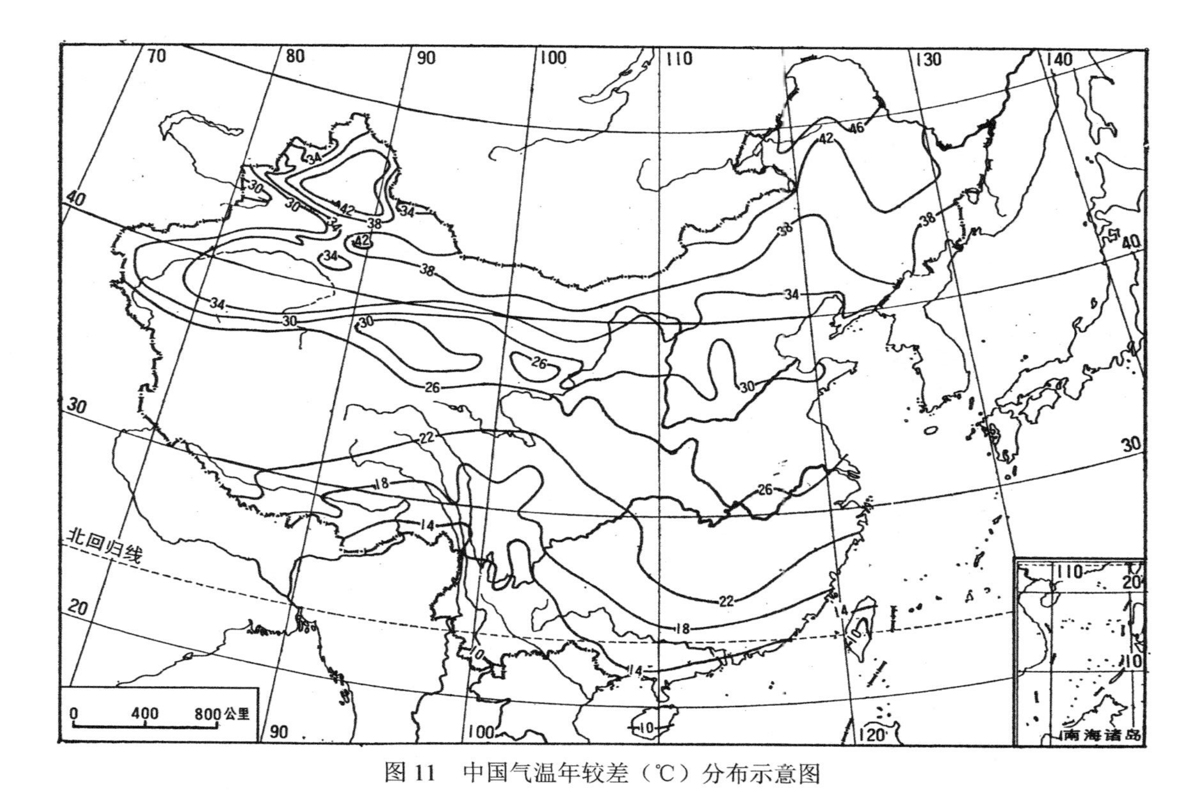

图11 中国气温年较差（℃）分布示意图

也有密切联系。

（三）生长期和霜期

当日平均气温在0℃以下时，土壤冻结，农事休闲，所以日平均气温高出0℃的持续期，可以称为农耕期。秦岭—淮河一线以南的大部分地区，全年都是农耕期；该线以北，农耕期逐渐缩短。从长江中下游、汉水一线向北，农耕期开始日期南北相差约3个月（1月下旬至4月下旬）。西藏北部6月份起日平均气温才开始≥0℃。日平均气温≥0℃的终止日期，从黑龙江省北部10月上旬开始，往南逐渐推迟，至长江流域已是1月上中旬。西藏北部9月开始日平均气温低于0℃。

日平均气温5℃在春秋两季的出现日期，和主要农作物及多数木本植物的生长期相符，因此日平均气温≥5℃的持续期称为生长期。其分布情况是：东北北部约130天，松花江流域和内蒙古北部150～180天，辽河流域到燕山、河套一线为180～210天，辽东半岛、华北北部和汾河流域210～240天，黄淮平原和汉水上游240～270天，长江中下游270～300天，而北纬25°以南地区和温州以南的东南沿海一带，全年均为生长期。在东经110°以西，四川盆地的生长期长达300天，川西高原、河西走廊和北疆不足200天，南疆在200天以上，吐鲁番盆地和塔里木盆地在250天左右，西藏东南部多达270天以上，而藏北高原仅100天上下，为全国生长期最短的地区。

当日平均气温≥10℃时，多数植物的生长才见活跃。这一温度指标称为活动温度，其持续期称为生长活跃期。生长活跃期与活动温度积温对农业生产都有重要意义，它相对地表示着植物生长有效热量的多少。我国境内≥10℃的持续期，大小兴安岭不足120天，东北平原和内蒙古北部为120～150天，黄土高原及河西走廊150～180天，黄淮平原200～220天，长江中下游220～240天，四川盆地250～280天，南岭山地以南超过300天。吐鲁番盆地和塔里木盆地约200天，新疆最北部不到120天。西藏雅鲁藏布江谷地大约150天，随着地势的增高，≥10℃的持续期迅速减少，至那曲一带已不是10天。日平均气温≥10℃的开始日期比生长期开始日期晚半个月至1个月，但二者终止期相差很小，这亦反映出我国冬季风迅速南下的特色。从活动积温来看（图12），青藏高原、北疆、内蒙古东北部和黑龙江北部各在2000℃与1500℃以下，东北及内蒙古大部在3000℃以下，华北在3000～4500℃之间，长江流域大部在4500℃以上，至北纬25°以南升至6500℃以上。西北干旱地区大都在3000℃以上，其中塔里木盆地可高出4000℃，库车为4329.7℃，和田为4297.0℃，吐鲁番高达5464.6℃，热量资源甚为丰富。

我国的霜期，除青藏高原全年都可能见霜外，其他地区都随纬度和海拔的增高而加长，东北与北疆为9月～5月，南疆10月～3月，黄河流域10月中旬～3月中旬，长江流域大部为11月～3

表9　中国各地的霜期

站　名	初　箱	终　箱	霜期（日）	实际有霜日数
温　州	12月10日	3月6日	87.5	20.1
南　京	11月10日	3月25日	136.1	58.6
济　南	10月30日	3月29日	151.2	56.0
北　京	10月11日	4月18日	190.8	86.7
长　春	9月26日	5月2日	219.5	140.3
包　头	9月28日	4月26日	211.2	99.6
兰　州	10月10日	4月13日	186.0	92.2
乌鲁木齐	10月6日	4月15日	192.0	130.0

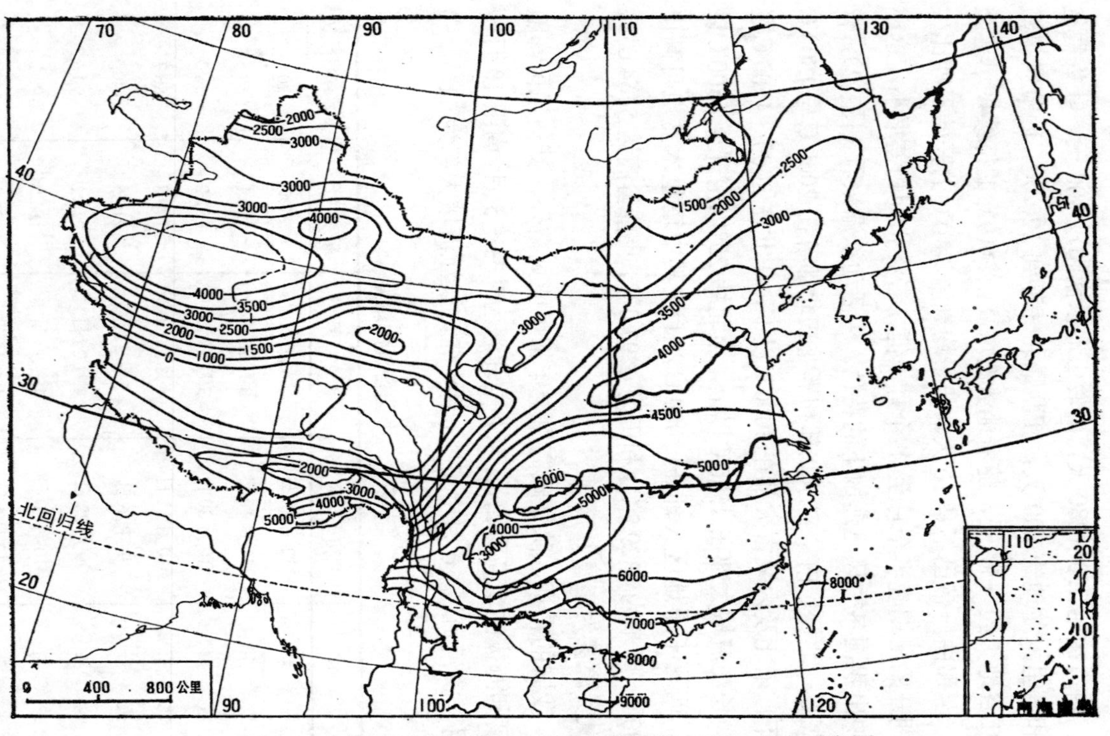

图12 中国日平均气温≥10℃稳定期积温（℃）分布示意图

月，四川盆地 12 月～2 月，南岭以南仅在 1 月出现。各地初霜和终霜的迟早，因各年南下冷空气的早晚而异，同一地点历年出现的初霜和终霜日期，可相差 1～2 个月。

地形及海拔高度对霜期有一定的影响，例如，黄土高原霜期长于华北平原，长江中下游平原易受寒潮影响，霜期长于四川盆地。

五、降水及其动态

中国境内水汽输送主要来自太平洋和印度洋，因此夏季风的来向与强弱，对我国降水量的时空变化有着重要影响。北冰洋输入我国的水汽，为量不多，但对新疆北部降水有一定的意义。

（一）降水量的空间分布

我国降水量空间分布的基本趋势是：从东南沿海向西北内陆递减，愈向内陆递减愈迅速（图 13）。400 毫米等雨量线，从大兴安岭西坡向西南延伸至雅鲁藏布江河谷。以该线为界，可将我国分为两部分，线以东明显受季风影响，属于湿润部分；线以西少受或不受季风影响，属于干旱部分。这与我国内、外流区界线大致相符，在自然景观与农、林、牧业生产上都有重要意义。

在湿润部分，降水量随纬度的增高而递减。800 毫米等雨量线大致与秦岭—淮河一线相符，该线以南，水分循环活跃，长江两岸降水量在 1000～1300 毫米，江南低山丘陵和南岭山地为 1400～1800 毫米，广东沿海、台湾及海南岛大部可达 2000 毫米以上。云南南部及西南部、西藏东南部的察隅、波密一带，受西南季风影响，年降水量达 1500～2000 毫米。在上述多雨区之间，昆明、贵阳以北及四川盆地，是相对少雨区，年雨量一般在 800～1000 毫

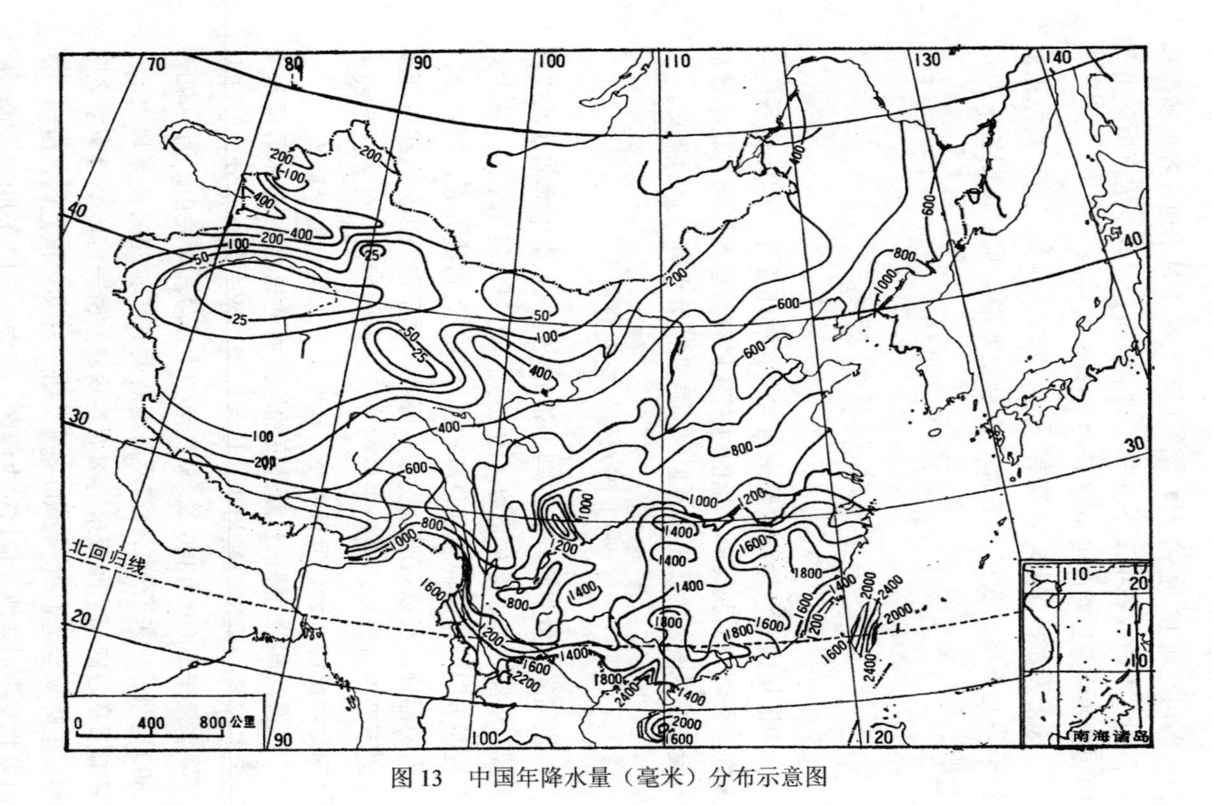

图 13　中国年降水量（毫米）分布示意图

米之间。秦岭—淮河一线以北的黄河下游、华北平原为 500～750 毫米，至东北平原减少为 400～600 毫米，但长白山地、鸭绿江流域可达 800～1200 毫米，为我国北方的多雨区。

我国山地面积广大，对降水有显著的影响，迎风坡多雨，背风坡少雨，从而在我国降水量分布图上出现若干个闭合的多雨中心和少雨中心。例如，台湾岛中央山地南北纵列，迎风坡年降水量超过 3000 毫米，东北部的火烧寮（海拔 420 米）多年平均为 6557.8 毫米（1906～1944 年），最高年降水量达 8409 毫米（1912 年），这是我国现有年雨量的最高值。而处于背风的台湾海峡，降水量不足 1000 毫米，澎湖列岛只有 800 毫米。四川盆地西部的峨眉山，多年平均降水量为 1959.8 毫米。西南峡谷区受西南季风影响，西坡降水量多于东坡，例如高黎贡山西坡的龙陵，年降水量 2160 毫米，而东坡的保山只有 958 毫米，附近的怒江坝（谷地）更少至 750 毫米。

在干旱部分，大兴安岭西部和内蒙古高原年降水量一般在 200～400 毫米。其余地区年降水量少于 200 毫米，并向内陆盆地中心迅速减少。例如，塔里木盆地的且末年降水量 18.3 毫米；新疆的伊吾淖毛湖，年降水量只有 12.5 毫米；而吐鲁番盆地西侧的托克逊，年雨量平均只有 5.9 毫米，是我国现有年降水记录的最小值。新疆地区降水量受到地形的影响，阿尔泰山、天山北坡相对多雨，年降水量可达 500～700 毫米以上，准噶尔盆地的年降水量也比塔里木、吐鲁番两个盆地要多。

（二）降水的季节变化和雨日

季风不仅控制着我国的降水分布，也影响到各地降水的季节分配。在全国范围内，11 月至次年 2 月在冬季风的影响下，除台湾东北部相对多雨外，绝大部分地区降水显著减少。6～8 月夏季风极盛时期，降水明显地增多，成为雨季。随着夏季风的到达时间与控制时期的不同，自南而北，雨季逐渐缩短，雨水愈见集中。东北、华北及内蒙古等地区，夏雨百分率高达 60%～70%左右。在南方多雨区内，夏季风控制的 5～10 月均有一定的降水量。但长江中下游及其以南地区，7 月或 7 月中旬至 8 月，常在副高控制之下，降水相对较少。受西南季风影响的地区，如云南南部、西南部，雨季长达半年（5～10 月），降水量占年总量的 70%～80%左右。我国降水季节分配的主要特点是：（1）春雨最多的是两湖盆地及江浙地区，降水量约占年总量的 1/3 左右；新疆伊犁河谷在 30%以上，秦岭—淮河一线和西北地区约 20%左右，华北和东北在 10%～15%之间，西藏高原最少，不及 10%。（2）夏季是全国大部分地区降水最多的季节，除长江和南岭之间以及新疆北部山地不及年总量的 40%，华北和东北大于 60%，西北和西藏高原大部占 70%以上，拉萨以西的雅鲁藏布江谷地高达 80%以上。（3）秋雨较多的是雷州半岛、海南岛、秦岭山地、渭河及汉水上游，约占年总量的 30%，全国其他地区大都占 15%～20%。（4）冬季全国少雨，大部分地区不足年总量的 10%，西南地区、青藏高原、东北、华北及黄土高原不及 5%。但台湾东北部受东北季风的影响，多地形雨，降水量可占年总量的 30%；新疆阿尔泰山区和伊犁谷地，因来自北冰洋的水汽，冬雨可占全年的 20%以上。

全国雨日的分布，与降水量分布形势相类似。以日雨量＞0.1 毫米算作雨日，冷湖、且末、吐鲁番等地的年雨日大约是 10～12 天，是全国雨日最少的地方。川西和贵州高原的年雨日最多，雅安 219.4 天，毕节 210.3 天，镇雄 232.1 天，峨眉山更高达 264 天，是全国雨日最多的地方。由于地形影响，山上比山下雨日明显增多，例如安徽黄山年雨日 181.9 天，而山下的屯溪只有 155.2 天；峨眉山年雨日比山下的峨眉多 80 天。华南沿海与长江中下游年雨日在 120～140 天，秦岭、淮河一带为 100～120 天，华北与东北为 75～100 天。

（三）降水变率

我国季风性降水不大稳定，具有较大的年变率。这是由于大部分地区的降水属于锋面雨，东南沿海台风雨占有较大的比重，华北与新疆北部秋冬季节降水与寒潮爆发关系较大，因而降水是气象要素中最活跃、多变的要素。我国各地年降水相对变率的基本特点是：降水量多的地区变率小，反之则大；气旋雨、地形雨为主的地区变率小，而稳定性较小的台风雨地区变率较大。我国东半部北纬 30°以南地区年变率最小，大部在 10%～15%（图 14）。这里纬度低、距海近，受热带海洋气团、赤道气团影响，尤以夏半年活跃，所以降水的可靠性较大。但从钱塘江口经福建沿海至雷州半岛一带和台湾海峡，地处气旋活动路径之外，冬季降水依靠寒潮，夏秋降水主要来源于台风，所以年相对变率在 15%以上。北纬 30°以北，年变率随纬度增高而变大，至华北地区，由于夏季以外的降水不可靠，故变率高达 30%～35%。东北地区纬度虽高，但接近海洋，水汽来源较多，气旋活动频繁，因而降水比较稳定，东北平原变率为 15%～20%，长白山地和小兴安岭降至 10%～15%。西南季风比较稳定，因而受其影响的地区，降水变率最小，哀牢山以西年变率小于 10%，为全国最小变率区。西藏高原降水变率为 10%～20%，新疆内流区高达 30%～50%，是我国变率最大地区。

近百年来我国降水变化过程大致是，上世纪末大部分地区降水偏少，本世纪初开始增多。1920 年前雨水普遍较多，以后迅速减少，形成了 1920～1940 年的少雨期。50 年代显著多雨，至 60 年代后半期雨水又偏少。70 年代以来长江中下游等地区雨水开始增多，但有波动，如 1978 年降水显著减少。

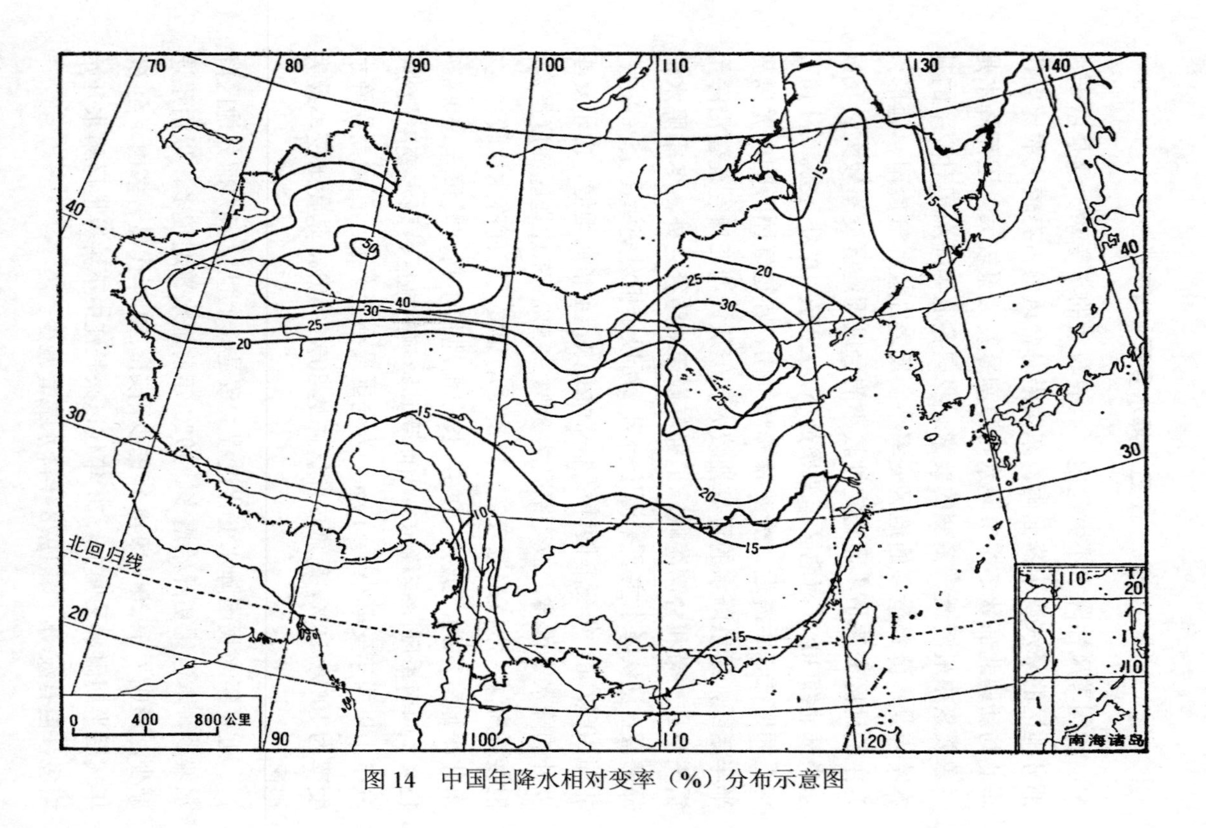

图14 中国年降水相对变率（%）分布示意图

（四）降水强度

降水强度对降水量的有效利用具有重要意义。我国各地降水最大强度一般发生在夏季，往往 1 个月的降水量可占全年降水量的 1/4，甚至一半，而 1 个月的降水量又往往由几次大的降水过程所决定，这种情况华北等地最为显著。而东南沿海一带，降水最大强度一般与台风侵袭有关。在江淮一带梅雨期间，也常常出现暴雨，甚至大暴雨。

我国东部和南部地区，最大日降水量一般都超过 100 毫米，有的甚至达 200 毫米以上。例如，长春 126.8 毫米（1967 年 7 月 11 日），河北遵化 327.9 毫米（1966 年 7 月 29 日），邢台 304.3 毫米（1963 年 8 月 4 日），浙江宁海 253.7 毫米（1961 年 10 月 4 日），安庆 262.3 毫米（1954 年 6 月 24 日），广东阳江 405.5 毫米（1957 年 5 月 26 日），广西梧州 334.5 毫米（1966 年 6 月 12 日）。由台风造成的特大暴雨，其最大暴雨量，广东东部沿海的普宁为 619 毫米，海丰北部的公平镇 582 毫米，江苏扬州六河闸 437 毫米。1975 年 8 月 5～7 日，受台风影响，7 日河南省方城郭林 24 小时降水 1054.7 毫米，泌阳林庄 5～7 日 3 天降水 1605.3 毫米，造成历史上罕见的特大洪水灾害。台湾是我国降水强度最大的地区，据 50 年 71 次台风统计，日雨量超过 500 毫米的有 32 次，其中新寮（1967 年 10 月 17 日）1672 毫米，3 天总雨量 2749 毫米；百新（1963 年 9 月）1248 毫米。此外，川西山地、内蒙古与陕西交界处的半干旱地区，也有大到特大暴雨出现。例如，内蒙古什拉淖海 8 小时降水量达 1050 毫米，乌审旗呼吉尔特公社木多才当 10 小时降水量高达 1400 毫米。

一般地说，5、6 月最大降水多发生在长江以南，鄱阳湖盆地及其周围地区是一个范围较广的暴雨中心，湖北清江、湖南澧水、北江上游和桂北山地也是暴雨中心，它们都和气旋活动有关。7月最大降水主要发生在长江北岸到黄河中下游平原，以及大巴山、巫山以东的江汉平原，暴雨中心在岷江中游、大别山、伏牛山、太行山、大巴山，以及山东丘陵和燕山南麓。东南沿海受台风影响较多，最大降水强度也可发生在8～10月间。

我国暴雨分布广，强度大，是造成江河洪水与特大洪峰的主要原因。我国东部洪水与台风暴雨关系密切；1954年长江流域特大洪水，1963年8月河北南部（太行山东麓）和1975年8月河南南部特大洪水，1981年四川盆地洪水，都和连续暴雨直接有关。

（五）湿润程度

湿润度是降水量与可能蒸发量的比值，其倒数称为干燥度指数。影响蒸发的因素很复杂，蒸发量的精确测定至今还没有一个统一的可靠方法。我国气候工作者曾采用温度与降水的比值来计算全国湿润程度的指标，并考虑到自然景观的地带性规律，定秦岭—淮河一线的干燥度指数为1.0，从而求得计算干燥度指数经验公式的系数①。但这一公式只是按照≥10℃积温的单项要素和采用同一系数来计算蒸发量，因而在实际应用上有一定局限性。

我国干燥度指数的分布，在秦岭—淮河一线以南均≤1.0，属于湿润气候。该线向北逐渐增大。东北与华北大部在1.0～1.5之间，属于半湿润气候。内蒙古1.5～4.0，属于半干旱至干旱气候。贺兰山以西都超过4.0，属荒漠气候。但上述指标与某些地区的自然景观反映并不相符，如西藏即为一明显例子（图15）。

一个地区的干湿程度是反映该地区气候状况的重要特征之

---

① 干燥度指数 $= \dfrac{0.16\Sigma t\text{（日平均气温}\geqslant 10^{\circ}\text{C稳定期的积温）}}{r\text{（日平均气温}\geqslant 10^{\circ}\text{C稳定持续期的降水）}}$

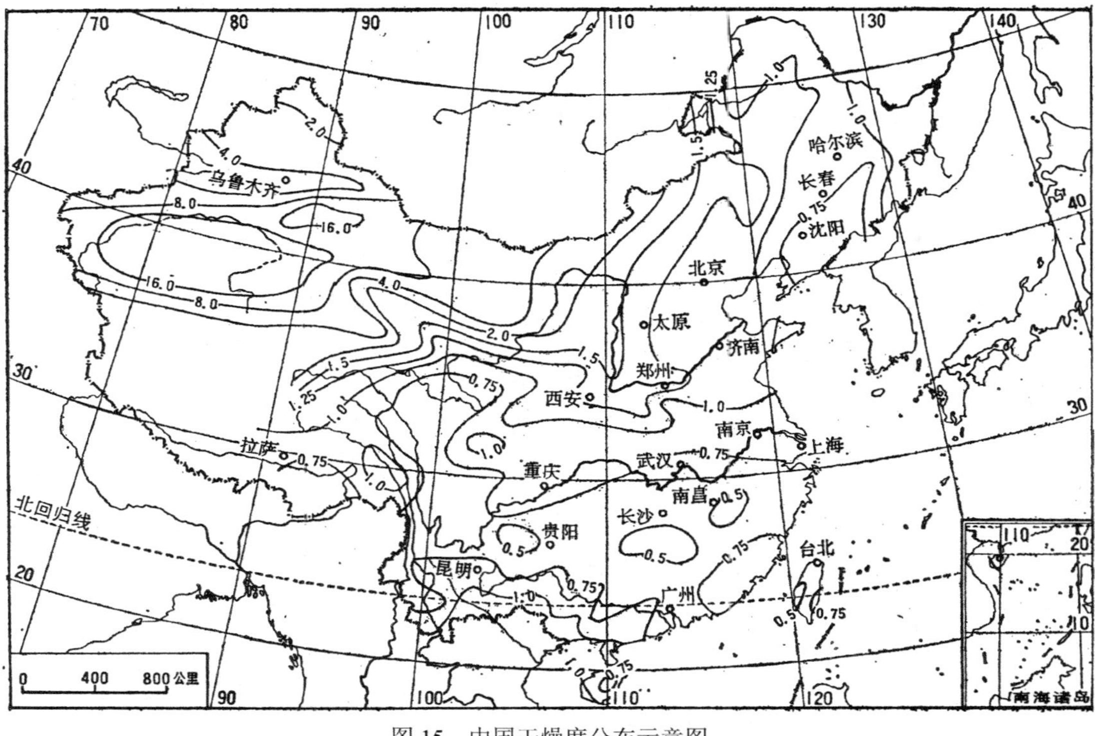

图 15　中国干燥度分布示意图

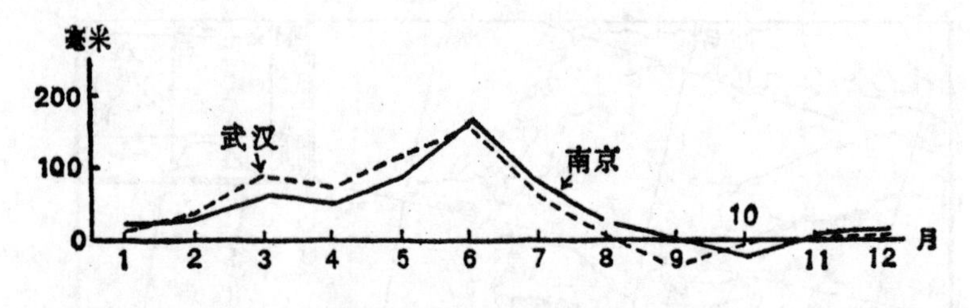

（1）江浙与两湖平原全年水分盈亏量

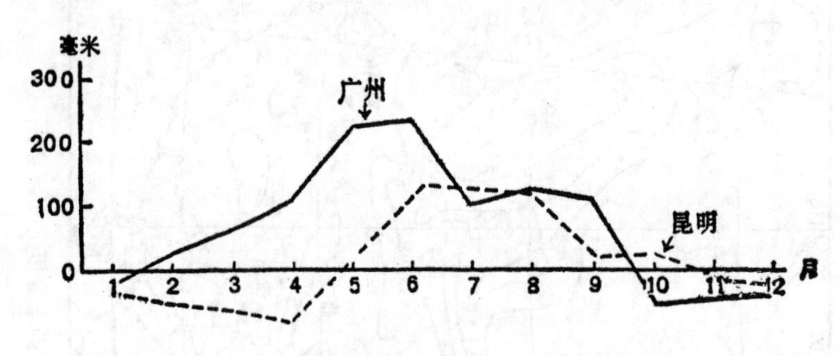

（2）东南沿海与西南地区全年水分盈亏量

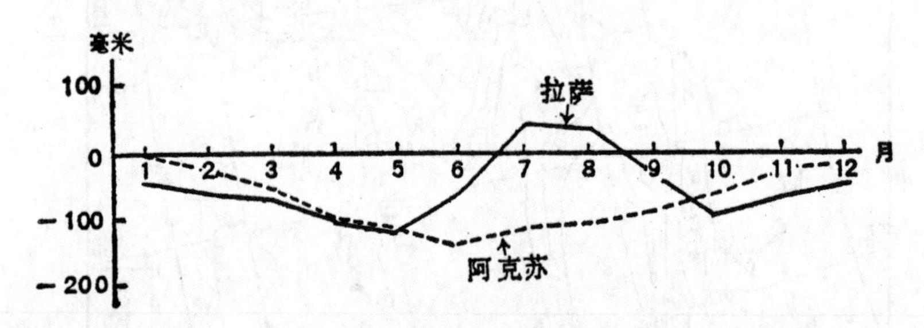

（3）西藏和新疆地区全年水分盈亏量

图 16　中国几个地区的全年水分盈亏量

（据陆渝蓉等："关于我国干湿状况的研究"，《南京大学学报（自然科学版）》，1979 年第 1 期）

一，也是气候区划的主要依据之一。同时，自然景观结构特征，与干湿状况密切相关，或者说，某地区的自然景观特征，也是干湿状况的反映。一个地区的干湿状况，可以通过水分盈亏来表示。

由图16可见，我国江浙地区、两湖平原是最湿润地区，尤以冬春两季最甚，秋季较干；东南沿海也较湿润，以5、6月最湿，10、11月较干；西南地区最湿月出现在盛夏，最干月出现在春季；西藏全年水分盈亏量不大，年变幅不足100毫米；而新疆荒漠区，全年都是亏水月，仅天山北麓的乌鲁木齐、伊宁等地，冬季有一定数量降水，因而较湿。此外，东北中部及西部、华北和内蒙古，夏季是湿月，4、5月最干。[1]

六、中国气候在自然景观形成中的作用及其与农业生产的关系

气候是自然地理过程最主要的因素之一，直接影响到水文状况、地貌外营力和土壤、植被的形成与分布。气候因素在我国自然景观的形成、发展及其利用改造中，起着十分重要的作用。

1. 我国气候复杂多样，水分和热量的分布具有明显的地带性规律

我国地域辽阔，地形复杂，大气环流与下垫面性质不一，在时间上与空间上，气候都有着复杂的变化。气候类型多样，为我国农、林、牧业的全面发展提供了有利的条件。

我国气候有着明显的地带性规律。东部地区，自北而南，依据热量的差异，分为寒温带、温带、暖温带、亚热带和热带，南

---

① 陆渝蓉等："关于我国干湿状况的研究"，《南京大学学报（自然科学版）》，1979年第1期。

海诸岛应属赤道带（西沙群岛≥10℃积温高达9661.4℃）。除中国外，世界上在一个国家范围内能够出现这么多的气候带，是没有的。自东向西，随着离海洋渐远和水分递减，有湿润气候、半湿润气候、半干旱气候与干旱气候之分。相对高度较大的山地，气候的垂直分带十分明显。

随着气候带的递变，土壤与植被也相应呈现有规律地变化。东南部季风区以森林景观为主，西北部非季风区主要是草原和荒漠景观。秦岭—淮河一线以南，热量差异突出，自然景观呈现纬度地带性递变。而在北部温带地区，随着水分的差异或干旱程度的增加，自然景观表现为经度地带性递变，从森林、森林草原、草原、荒漠草原到荒漠，显示出我国境内地域分异的基本规律。

2. 我国气候资源丰富，有利于农业生产

我国季风气候具有夏季高温多雨的特点，丰富的热量与水分相配合，即高温期与多雨期相一致，有利于农业。东部平原地区适宜水稻、棉花、小麦、油菜等作物生产，是我国重要的粮、棉、油基地，其中亚热带地区，还适宜油桐，油茶、茶叶、杉木、毛竹等经济林木的发展。南部热带地区，可以种植橡胶、咖啡、香料等热带经济作物。北方温带草原地区是畜牧业生产基地。西藏高原虽然海拔高，生长期短，但那里辐射强，不仅可以发展畜牧业，也可以发展农业，解放后，不少作物已引进高原，并获得较高的产量。新疆等干旱地区，热量资源丰富，有水即可发展农业，气温日较差大，对某些作物的生长有利。

我国是世界水稻的重要产区之一，这是与我国夏季高温多雨的气候密切相关的。根据水稻生长始期（旬平均气温>10℃）和安全齐穗期（候平均气温22℃以上）计算，我国水稻生长期在黑龙江北部约为100～130天，东北南部为150～170天，华北160～220天，长江流域200～260天，华南在260天以上。我国南方日照虽较少，但光照强度大，可弥补其不足；北方日照时数多，日照率也高，水稻生长期间光合作用条件好，结实率和饱满度反比南方高。另外，长江流域及南方大部分地区太阳辐射量每年为120千卡/米^2（相当于每亩8亿千卡），在优越的土、肥、水等条件下，植物生长平均利用辐射能效率如以1%计算，我国长江流域及其以南地区水稻大面积单季产量，每亩应达到941斤[①]。华北平原如有良好的水利条件，夏季每亩亦不低于940斤。若提高利用辐射能效率达3%，则每亩水稻产量可提高到2823斤。因此，在辐射热量条件充足的南方发展双季稻，在全国范围内推广倒茬轮作，提高复种指数，农业单产大幅度提高是完全可能的。[②]

我国水热条件的地带性差异，提供了不同地带内农业发展的潜力，只有因地制宜地建立农业带，才能充分合理地利用丰富多样的气候资源。

3. 我国气候与旱涝灾害

我国气候也有若干不利的方面，其中影响范围较广的，是降水量在时间上与空间上分配不均匀，年际变化过大，降水量也不稳定。北方春旱比较突出，盛夏常有暴雨、洪水和内涝，而雨季内长期少雨，又会出现夏旱。长江流域梅雨期也不稳定，年际变化较大。梅雨期过长，降水量过大，将出现洪涝；反之，往往发生夏旱连秋旱。此外，夏秋季节东南沿海时有台风活动，强台风带来了狂风暴雨；而冬季强寒潮侵袭，带来了严重霜冻；西北干旱区又多风沙。这些灾害性的天气，对各地的农业或畜牧业生产，都有着不利的影响。从全国来看，旱涝频繁出现地区主要是南岭

---

① 1斤等于0.5公斤。

② 据竺可桢："论我国气候的几个特点及其与粮食作物生产的关系"，《地理学报》，第30卷第1期，1964年，第1～13页。

山地以北、淮河以南和黄淮海平原。据1950～1976年27年统计，长江中下游平原夏旱25年，夏涝17年；黄淮海平原春旱20年，夏旱21年，春夏连旱16年，夏涝年年有。上述地区往往先旱后涝或相反。

解放后，我国进行了一系列的水利工程建设，营造防护林带（网），加强水土保持，推广农业科研成果，气象部门对灾害性天气预报的准确性也显著提高。这些努力，都大大地促进了农业生产的发展。然而，应该看到，在如此辽阔的领土上，发生这样或那样的局部灾害又是不可避免的。只要我们遵循自然规律，加强科学研究和科学管理，做好各种准备，不断加强抗灾能力，我们就可以把灾害所带来的损失，减少到最小程度。大力发展农业生产，扩大稳产高产农田面积，是发展我国国民经济的一项长期而十分重要的任务。

第四章　陆地水

我国河湖众多，径流资源绝对数量比较丰富。据统计，流域面积在 100 平方公里以上的河流约有 50000 多条，1000 平方公里以上的河流有 1600 多条，超过 10000 平方公里的河流尚有 79 条。以径流资源来说，全国径流总量 26380 亿立方米，占世界河川径流总量（397000 亿立方米）的 6.6%，为亚洲全部径流量（134980 亿立方米）的 19.5%，相当于欧洲径流总量（31760 亿立方米）的 81%。如此众多的河流、较多的径流资源，为我国发展生产和改造自然提供了有利条件。

一、流域和水系

（一）流域概况

我国河流的流域包括外流流域和内流流域两大部分（表 10）。外流流域包括太平洋流域、印度洋流域和北冰洋流域，总面积达 6114728 平方公里，约占我国领土总面积的 63.97%。内流流域主要位于蒙新干旱地区和青藏高原内部，面积为 3444642 平方公里，约占我国领土总面积的 36.03%。我国内、外流域的主要分界线，北起大兴安岭西麓，经内蒙古高原南缘、阴山山脉、贺兰山、祁连山、日月山、巴颜喀拉山、念青唐古拉山和冈底斯山，止于西端国境。此线以东，除鄂尔多斯高原和松嫩平原以及雅鲁藏布江南侧羊卓雍湖地区有面积不大的内流区外，其余均属外流流域；此线以西，除新疆西北角的额尔齐斯河流域为外流区外，其余全属内流

表 10　中国河流水系和流域面积

区　城	水　系	流　城	流域面积（平方公里）	占全国总面积（%）
外流河	太平洋	黑龙江及绥芬河	875342	9.16
		辽河、鸭绿江及沿海诸河	345207	3.61
		海滦河	319029	3.34
		黄　河	752443	7.87
		淮河及山东沿海诸河	327443	3.43
		长　江	1808500	18.92
		浙闽台诸河	241155	2.52
		珠江及沿海诸河	578141	6.05
		元江及澜沧江	240194	2.51
		小　计	5487454	57.40
	印度洋	怒江及滇西诸河	154756	1.62
		雅鲁藏布江及藏南诸河	369588	3.87
		藏西诸河	52930	0.55
		小　计	577274	6.04
	北冰洋	额尔齐斯河	50000	0.52
	合　计		6114728	63.97
内陆河		内蒙古内陆河	309923	3.24
		河西内陆河	517822	5.42
		准噶尔内陆河	322316	3.37
		中亚细亚内陆河	79516	0.83
		塔里木内陆河	1121636	11.73
		青海内陆河	301587	3.15
		羌塘内陆河	701489	7.34
		松花江、黄河、藏南闭流区	90353	0.95
	合　计		3444642	36.03
总　计			9559370	100.00

注：本表所列面积系水利部门量算汇总成果，待国家测绘总局最新量算成果审定公布后再作进一步修正。

流域。

我国外流流域中，太平洋流域的面积最大，占全国外流流域总面积的 89%。按各河流注的海域，自北而南又可分为：鄂霍次克海流域（主要包括黑龙江流域），日本海流域（主要包括图们江和绥芬河流域），渤、黄海流域（主要包括鸭绿江、辽河、滦河、海河、黄河和淮河等流域），东海流域（主要包括长江、钱塘江、瓯江、闽江和台湾西部诸河等流域）和南海流域（主要包括韩江、珠江、元江、澜沧江等流域）。台湾东部诸河则直接注入太平洋。

我国的印度洋流域约占全国外流流域总面积的 10.2%，分布在青藏高原的东南部、南部和西南一角，东以唐古拉山、他念他翁山、怒山山脉与太平洋流域为界，主要河流有怒江、雅鲁藏布江、狮泉河、象泉河等，它们的下游都流经邻国，注入印度洋。

我国的北冰洋流域面积最小，约占全国外流流域总面积的 0.8%。它只包括新疆西北角的额尔齐斯河，是苏联鄂毕河的上源，注入北冰洋的喀拉海。额尔齐斯河流域南面以戈壁阶地与我国内流流域分界，北面以阿尔泰山与蒙古人民共和国境内的内流流域分界。

我国的内流流域包括内蒙古、西北、西藏和松嫩 4 个内流区。内蒙古内流区的河流稀少、短促，并有大面积的无流区。西北内流区面积最广，占内流流域总面积的 2/3。区内河流均主要依赖高山冰雪融水补给，山区河段水量丰富，出山后漫流于戈壁滩上，渗漏极为严重。西藏内流区的河流短小，河谷宽浅，分别注入湖泊。松嫩内流区面积不大，只占全国总面积的 0.5%，是个特殊的部分。

我国内流流域的分水界以昆仑山和可可西里山一线最为明显，山南为西藏内流区，山北为西北内流区。内蒙古内流区与西北内流区的分水界在地形起伏不明显的平坦戈壁上。

（二）水系的一般特征

1. 水系的分布

我国绝大多数河流分布在东南半壁的外流流域，内流流域的水系很不发育。水系的这种不均衡分布，主要与气候和地形条件有关。我国外流流域处于东南季风和西南季风的影响范围之内，降水丰沛，水源充足，而且地表起伏显著，极少封闭地形，因而河流众多，形成许多庞大水系。我国内流流域距海较远，又受山地和高原环绕，湿润气流难于深入，降水稀少，蒸发旺盛，除某些山地区域外，河流稀少，水网很不发育。

我国的外流河主要发源于：（1）青藏高原的东、南缘；（2）大兴安岭—冀晋山地—豫西山地—云贵高原一线；（3）长白山地—山东丘陵—东南沿海丘陵山地一线。

发源于青藏高原东、南缘的河流，大都是源远流长的大河，如长江、黄河、澜沧江、怒江、雅鲁藏布江等，它们构成了亚洲东南部河流网的骨架。发源于大兴安岭—冀晋山地—豫西山地—云贵高原一线的河流，主要有黑龙江、辽河、滦河、海河、淮河、珠江的上源西江和元江等，它们亦为我国大河，但除黑龙江外，长度和水量都不及前者。发源于长白山地—山东丘陵—东南沿海丘陵山地一线的河流，主要有图们江、鸭绿江、沂河、沭河、钱塘江、瓯江、闽江、九龙江、韩江，以及珠江的支流东江和北江等，它们的源地离海较近，大多独流入海，长度和流域面积远较以上河流小，但因位于我国降水最丰沛的地带，所以水量都很丰富。例如，黄河与闽江相比，前者长度是后者 9 倍多，流域面积是后者 12 倍，但水量却比后者要少。

我国外流河的流向，除东北和西南地区部分河流外，受我国地形西高东低的总趋势的控制，干流大都自西向东流，这在水文地理上有着重要意义。由于我国夏季风所形成的雨带近于东西向，和这些干流大致相平行，因此当雨带移至或停滞在某一流域时，往往上、中、下游同时接受大量降水，河流水量激增，造成洪水。雨带一过，全流域又常常同时减少流量，从而使河川径流的年内分配比较集中。

2. 河网结构和河网密度

我国自然地理条件复杂，河网结构具有各种不同的形式。由于山地面积很广，树枝状河网非常发育，如长江、西江等大河的中、上游以及一些山地河流。长白山地、东南沿海丘陵以及横断山区的河流，受断层线控制，往往形成格子状河网，如鸭绿江、瓯江及川西、滇北的河流。长江、珠江等大河的三角洲，水道纵横，为网状结构。东北平原和华北平原的河流多成线状结构。台湾和海南岛的河流具辐射状结构。此外，还有扇状河网，如闽江、海河、嘉陵江等，以及羽状河网，如乌苏里江、滦河、湘江、乌江等。

我国内流流域的河流，在山区上源河网较密，形成梳状河网，其下游往往消失在沙漠或戈壁中。西藏内流区的河流往往与洼地湖泊相连，由山岭分割成无数的小流域，形成特殊的水文网结构。

我国河网密度的地区变化很大，总趋势是从东南向西北逐渐减小，与径流量的地域分布大致相适应。

在外流区，秦岭、淮河以南和武陵山—雪峰山以东地区河网密度较大，大都在 0.5 公里/平方公里以上，山区在 0.7 公里/平方公里以上。长江三角洲和珠江三角洲的河网密度高达 1～2 公里/平方公里以上，杭嘉湖平原甚至高达 12.7 公里/平方公里，是我国河网密度最大的区域，显然这与人类活动有着密切关系。云贵高原和四川盆地雨量稍少，云贵高原又有大面积岩溶分布，故河网密度都较小，除成都平原外，大都在 0.5 公里/平方公里以下。在秦岭、淮河以北，渤海滨海低地和东北三江低地的河网密度约0.3～0.5公里/平方公里，其余大部分地区在0.3公里/平方公里以下。

内流地区的河网密度，山区往往高达0.1～0.5公里/平方公里，但至山麓地带河网密度立即减小。内蒙古高原、塔里木盆地、准噶尔盆地和柴达木盆地等是我国河网密度最小的区域，均在0.05公里/平方公里以下。西藏内流区的河网密度为0.1～0.3公里/平方公里，东部稍高于西部。

二、河川径流的主要特征

我国地表径流的形成、分布和变化，主要受气候和地形的影响，人类改造自然活动的影响也不可忽视。各地河川径流均具有一定的区域特性，彼此不尽相同。概括地说，我国河川径流的主要特征是：（1）径流资源地区分布很不均匀；（2）径流的季节分配和年际变化深受东亚季风气候影响，变率较大；（3）地表水流侵蚀活动强烈，多数河川固体径流较多。

（一）河川径流资源

我国河川径流资源多年平均径流总量达26380亿立方米，次于巴西、苏联、加拿大、美国和印度尼西亚，居世界第六位。[①]我国径流资源的地域分布很不均匀（表11）。外流区面积约占全国总面积的64%，其径流量占全国总量的95.65%；而内流区面积约占全国总面积的36%，径流量仅占全国总量的4.35%。

在外流区内，长江流域的径流资源最丰富，约占全国总量的

① 巴西5.19万亿立方米，苏联4.71，加拿大3.12，美国2.97，印尼2.81。据水电部水资源研究及区划办公室：《中国水资源初步评价》，1981年。

表 11　全国各片河川年径流量（1956～1979 年）[1]

分片名称	面　　积（平方公里）	年径流均值		Cv
		亿立方米	毫　米	
黑龙江流域片	896756	1192	133	0.38
辽河流域片	345207	486	141	0.33
海滦河流域片	319029	292	91.5	0.45
黄河流域片	794712	688	86.5	0.20
淮河流域片	327443	766	234	0.45
长江流域片	1808500	9600	531	0.13
珠江流域片	578141	4739	820	0.18
浙闽台诸河片	241155	2714	1125	0.24
西南诸河片	844138	4684	555	0.10
内陆诸河片	3354289	1116	33.3	0.10
额尔齐斯河	50000	103	207	0.32
全　　国	9559370	26380	276	0.10

37%。其次是珠江及广东、广西沿海各河流域，约占全国总量的17.2%。藏南、西南地区和浙闽沿海各河流域的径流总量，各占全国总量的 8%左右。其余各地区径流量很少，其中黄河流域面积约占全国总面积的 7.8%，但径流总量仅占全国总量的 2.6%。

我国的河川径流资源除存在上述明显的地域差异外，各河径流量的差别亦相当悬殊（表 12）。长江是我国的第一大河，也是世界著名大河之一，它全长 6300 公里，流域面积 180 余万平方公里，约占我国总面积的 1/5。长江支流众多，构成庞大的水系。由于长江流域面积广大，而且又处于我国亚热带季风区，降水丰沛，所以

① 表 11 引自水电部水资源研究及区划办公室：《中国水资源初步评价》，1981 年。

表 12　全国四大江河年径流量和输沙量

江河名称	流域面积（平方公里）	河流长度（公里）	1956～1979 年平均年径流量		多年平均		
			亿立方米	毫米	站名	含沙量（公斤/米 ^{3}）	年输沙量（万吨）
黄河	752443	5464	686	91	利津	25.6	110000
淮河	188924	1000	458	242	蚌埠	0.45	1260
长江	1808500	6300	9600	531	大通	0.53	46800
珠江	442487	2210	3380	764	梧州（西江）	0.35	7240
					石角（北江）	0.132	533
					博罗（东江）	0.121	280

注：① 黄河年径流不是根据干流控制断面资料求得，而是由分段计算成果相加求得。

② 本表摘自水电部水资源研究及区划办公室：《中国水资源初步评价》（1981 年）和《全国主要河流水文特征统计》（1982 年）。

水量十分充足。长江的流域面积比黄河只大一倍半，而其径流总量（9600 亿立方米）却相当于黄河实际径流总量的 14 倍。就径流总量而言，长江仅次于南美洲的亚马孙河和非洲的刚果河（扎伊尔河），居世界第三位。长江的水量主要来自上游和中游，占总径流量的 90%以上（其中上游占 46.4%，中游占 47.3%），下游水量仅占 6.3%。珠江是我国南方的大河之一，流域面积为 44.2 万多平方公里[①]，约为长江的 1/4，但因处于我国降水最丰沛地区，径流总量高达 3380 亿立方米，约占全国径流总量的 13%，接近于长江径流总量的 1/3，为黄河的 5 倍，在我国河流中居第二位。黑龙江以与乌苏里江合流处以上河段计算，中苏两国境内的流域面积为 162 万平方公里，支流有 200 余条，其中以松花江为最大。黑龙江

① 不包括珠江流域片中的广东、广西沿海和海南岛诸河。

的径流总量为2709亿立方米，居第三位。雅鲁藏布江径流总量为1167亿立方米，居全国第四。其余河流，多年平均径流总量都在750亿立方米以下。黄河全长5464公里，流域面积75.2万余平方公里，为我国第二大河，也是世界著名的大河之一。但因其大部流经半干旱地区，地表产水量少，径流相当贫乏，径流总量只有686亿立方米，在我国大河中居第八位。目前黄河的灌溉面积已达5000万亩，多年平均灌溉用水量约为90多亿立方米，所以黄河实际年径流只有480亿立方米。黄河的水量有90%来自上中游地区，大约有50%的水量来自兰州以上的上游流域。兰州以下，流量不但未随集水面积的增大而增加，反而有向下游减少的现象。如兰州至包头段，流域面积增加将近20%，而径流量却减少60亿立方米；包头至陕县段，黄河流经黄土高原，接纳了许多支流，流域面积增加44%，但水量只增加32%。至于陕县以下的下游段，河床高出平地，不但没有支流注入，反而向两岸渗漏，水量逐渐减少。

（二）水量平衡

我国年平均降水量为61695亿立方米，折合降水深度为643毫米。全国河川多年平均总径流量为26380亿立方米，折合径流深度为276毫米。从而可求得我国陆面总蒸发量（降水量与径流量的差）为35692亿立方米，折合平均深度为372毫米，径流系数为42%，即每年降水量只有42%成为径流，其余58%通过蒸发又重新回到了大气（表13）。

我国地域辽阔，各地区的自然条件复杂，因此水量平衡在地区上的变化很大。大致在北纬30°左右的长江中下游一带，年径流量与年蒸发量各占一半，即一半左右的降水形成了径流；长江以南，径流量超过蒸发量，山区尤为显著；长江以北，蒸发量超过径流量，愈往内陆蒸发所占比例愈大。长城以北和贺兰山以西，降水几乎

表13　中国水量平衡

流域		面积占全国%	年平均降水		年平均径流		年平均蒸发		径流系数(%)
			总量(亿立方米)	深度(毫米)	总量(亿立方米)	深度(毫米)	总量(亿立方米)	深度(毫米)	
外流流城	太平洋	56.71	49664.34	912	21525.15	395	28139.19	517	43.3
	印度洋	6.52	4994.80	800	3238.94	519	1755.86	281	64.9
	北冰洋	0.53	183.10	360	107.85	212	75.25	148	58.9
	小计	63.76	54842.24	896	24871.94	407	29970.30	489	45.4
内流流域		36.24	6852.83	197	1130.70	33	5722.13	164	16.5
全国		100	61695.07	643	26002.64	271	35692.43	372	42.0

全部耗于蒸发，地表径流极为贫乏，尤其是塔里木等极端干旱的内陆盆地，地表径流几乎为零。

（三）年径流的地理分布

我国年径流的地理分布相当复杂，地域差异极为明显。由于地表径流的形成和变化主要受大气降水控制，所以我国年径流的地理分布总趋势基本上类似于降水量的分布，即南方高于北方，近海高于内陆，山地高于平原。但在降水转变成径流的过程中，受地形、地面组成物质、土壤和植被，以及人类经济活动等因素的影响，所以年径流的实际分布情况比降水量的分布要复杂得多。

在我国年平均径流深度图上（图17），50毫米和200毫米等深线是我国水文地理上两条重要的分界线。50毫米径流等深线，与400毫米降水等值线相近，即自东北的海拉尔起，经齐齐哈尔、哈尔滨、赤峰、张家口、延安、兰州、黄河沿，止于西藏南部，从东北向西南斜贯全国。这条线把我国分为东西两部分，东部湿

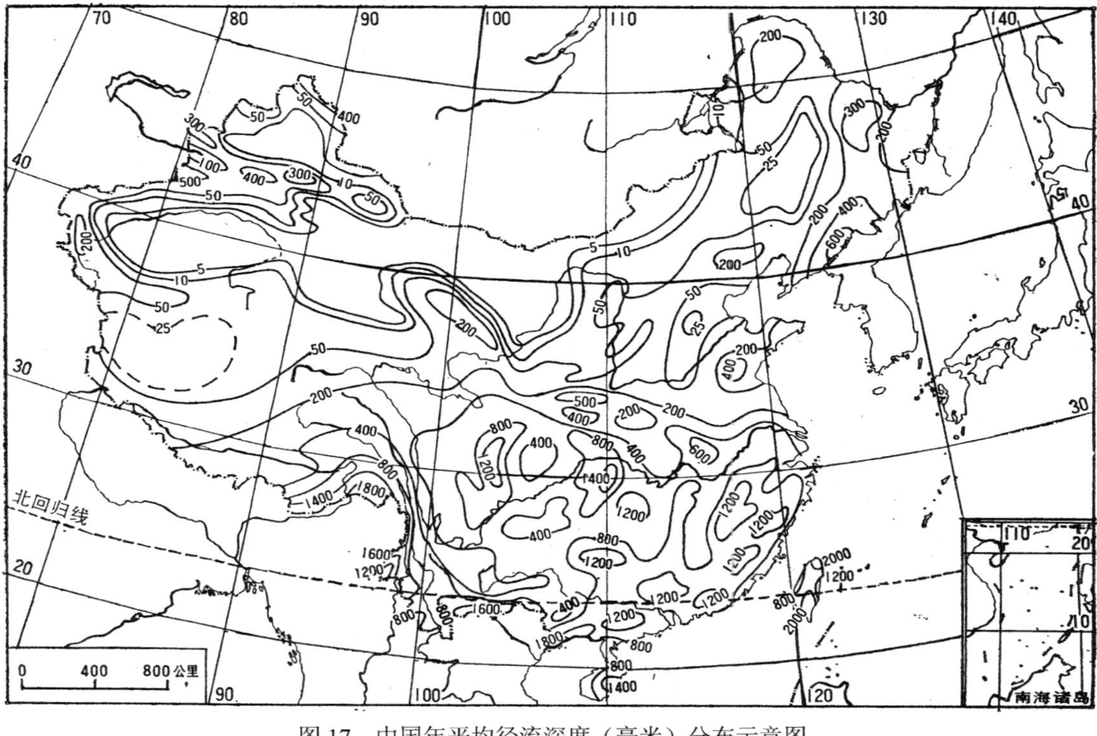

图17 中国年平均径流深度（毫米）分布示意图

润，径流丰富，基本上为农业区；西部干旱，径流很少，主要为牧业区。200毫米径流等深线，大致相当于800毫米降水等值线，即淮河—秦岭一线。此线以南以种植水稻为主，以北以旱作为主。

东南沿海丘陵和台湾山地是我国地表径流最丰富的地区，径流深大都在1000毫米以上。浙闽沿海丘陵山地的迎风坡一般都在1200～1400毫米左右。台湾山地迎风坡大都在2000毫米以上，其中大屯山区超过4000毫米，为全国之冠。但浙闽沿海平原和山间盆地及台湾西部平原地区，地形不利于降水，径流深一般仅700～800毫米。

南岭以南和海南岛地区地表径流也非常丰富，山地径流深均在1400～1600毫米，其中十万大山中心区可高达2000毫米。但沿海平原和谷地，如珠江三角洲、雷州半岛、海南岛西北部等地，径流深一般都不足800毫米。

江南丘陵地形崎岖，成雨机会多，而且红、黄壤透水性差，故径流也相当丰沛。山地是高径流区，如武陵山、雪峰山、九岭山、幕阜山、井冈山等多雨中心的径流深均在1000～1200毫米左右。其间的平原和盆地是低径流区，如鄱阳湖盆地和赣江中下游平原不足700毫米，洞庭湖盆地和湘江中下游平原仅400～500毫米。

四川盆地地形复杂，径流深的地区差别很大。盆地中的东部平行岭谷区径流深超过600毫米，盆地中心部分只有300毫米，其余大都在500毫米以下。盆地周围的山地径流深均超过1000～1200毫米，峨眉山和雅安附近高达1600毫米以上。

云贵高原的西部和南部边缘山地是高径流区，径流深达1000～1800毫米，但背风谷地仅300～400毫米。贵州高原除西部盘县一带山地径流深可超过1000毫米外，其他地区大都为400～600毫米。云南中部及东部岩溶区是明显的低径流区，径流深不足200毫米，是长江以南径流深最小的区域。

华北区的径流深呈现明显的经向分布规律。沿海的山东丘陵径流深在200～300毫米以上。华北平原降水少，蒸发旺盛，覆盖地表的河流冲积层深厚疏松，透水性好，因此自黄淮平原向海河平原，径流深从200毫米降至50毫米以下，最低地区尚不足25毫米。燕山山地成雨条件较为有利，植被稀疏，径流深大都在100毫米以上，迎风地带可高达300～400毫米。黄土高原距海较远，降水少，蒸发强，黄土质地疏松，孔隙率大，渗透性强，故径流深多数在50毫米以下。

东北区的径流分布规律与华北区大致相似。东部的长白山地径流深一般在300～500毫米，鸭绿江中下游的山地高达700毫米以上。小兴安岭降水较少，径流深降至200毫米左右。大兴安岭径流深地区差别很大，北部降水稍多，蒸发较弱，且存在岛状冻土，阻止径流下渗，径流深约在150～200毫米左右；南部已属半干旱地区，降水少，蒸发强，径流深只有50毫米左右。东北区的平原低地是低径流区，如三江平原沼泽区，地表径流大多消失在水泡子中，使蒸发量增大，径流深一般在150毫米以下。嫩江下游沼泽区则不足25毫米。

内蒙古高原距海甚远，气候干燥，大面积草地阻截地面水流，增加集水面积上的蒸发，加上草本植物叶面的蒸腾，径流的补给条件变差，因此径流深均在25毫米以下，并有大面积无流区，尤其是贺兰山以西的阿拉善地区全无表流产生。

新疆位于欧亚大陆中心，气候干燥，径流贫乏。戈壁荒漠雨量极少，而且几乎全部耗于蒸发，径流深大都在10毫米以下，哈密盆地只有8.5毫米。塔里木盆地和准噶尔盆地中的沙漠地区终年无径流。伊犁河流域因受西来水汽的影响，径流深为343毫米。山地有利于降水的形成，并有冰雪融水补给，径流比较丰富。阿尔泰山区径流深高达750毫米，天山一般在200～300毫米，昆仑山区比较干旱，径流深在 50～100 毫米左右。

西藏的径流深自东南向西北递减。藏东南雅鲁藏布江自大拐弯处直至国境一带，西南季风带来大量降水，汇流坡度又大，径流深可达 1000～2000 毫米。戴林、巴昔卡一带多年平均降水量高达 5000 毫米左右，径流深约 3500 毫米，是我国径流深度最大的地区之一。雅鲁藏布江中上游谷地，处于喜马拉雅山北侧雨影区，降水向上游逐渐减少，径流深在 100～300 毫米之间。自黄河、长江的源头到青海省南部，径流深自北而南增加，在 50～300 毫米之间。藏北高原海拔在 4500 米以上，四周受高山阻挡，降水稀少，气候干寒，河床浅平，局部低洼处潴水成湖，径流形成条件较差，径流深在 25 毫米以下。

综上所述，我国年径流的分布具有明显的地域差异，较小地域范围内的变化则更为显著。但是，总的说来，我国年径流分布仍具有明显的地理地带性特点，即与自然地理景观的分布规律相适应。一般说来，径流深在 10 毫米以下的干涸带，大致相当于荒漠地带；10～50 毫米的少水带，大致相当于半荒漠和草原地带；50～200 毫米的过渡带，大致相当于落叶阔叶林和森林草原地带；200～900 毫米的多水带，大致相当于落叶阔叶和常绿阔叶混交林地带；900 毫米以上的丰水带，大致相当于亚热带和热带常绿林地带。

据水利部门初步研究结果，全国多年平均河川径流量 26380 亿立方米，多年地下水补给量 7718 亿立方米，扣除重复水量 6888 亿立方米，全国多年平均水资源总量为 27210 亿立方米。但我国年径流分布很不平衡，外流区约占全国总面积的 64%，径流量约占全国总量的 95.8%；内流区约占全国总面积的 36%，径流量约占全国总量的 4.2%。在外流区，长江及其以南的珠江、东南沿海和西南诸河流域面积约占全国 36%，径流量约占全国 79.7%，水多有余；北方淮河、黄河、海滦河与东北诸河流域面积约占全国 28%，径流量约占全国的15%。按河流来说，长江、珠江和松花江3江有余，黄河、淮河、海河与辽河4河不足。黄、淮、海、滦河流域耕地占全国耕地的39.7%，径流量仅占全国的8.1%，缺水严重。按人均占有水量，珠江流域可达4500多立方米，长江流域为2700立方米，淮河流域为480立方米，而海河流域只有300立方米，缺水相当突出。

（四）年径流的季节分配和年际变化

我国河川径流的季节分配与补给来源有密切关系。

雨水补给是我国广大地区，尤其是东南半壁河流补给的一种最主要的形式。在浙闽丘陵山地、四川盆地和黄淮海平原等地，雨水补给可占年径流量的80%～90%。云贵高原占60%～70%。东北区和黄土高原一般占50%～60%。西北内陆地区，因气候干燥、降水稀少，一般只占5%～30%。以雨水补给为主的河流，径流的年内分配在很大程度上受流域内降雨量的年内分配所控制。我国大部分地区为东亚季风区，降水量的年内分配很不均匀，集中在夏、秋两季，因而洪水期大都发生在5～10月，枯水期出现于1～2月，丰、枯水量相差悬殊。如长江夏、秋季的径流量约占年径流量的70%～80%，冬、春两季只占20%～30%。

在以雨水补给为主的地区，夏季的大暴雨往往造成峰高、量大的全流域特大洪水。如1954年夏季，长江流域发生了面积广、强度大、历时长的特大暴雨，5～7月长江中下游大部分测站的雨量都打破了历史最高记录。6、7月下旬，自江西境内直至四川南部形成了大片暴雨区，笼罩面积达25万平方公里，使长江出现了百年罕见的特大洪水，8月7日宜昌最大流量达66800秒立方米，汉口更高达76100秒立方米。1981年夏季，川西、川北连降暴雨，降雨量达800～1000毫米，超过常年雨量的40%～100%，致使四川盆地洪水成灾。1981年7月，重庆长江流量高达80000多秒立方米，巫山的流量也高达70000秒立方米，洪水量之大，为历史上所罕见。[①]淮河流域降水量也集中于夏季，在汛期各月均可发生暴雨，尤其是在7、8两月。如1975年8月4～7日，在淮河上游洪汝河地区发生了特大暴雨，暴雨中心的河南省泌阳县林庄和方城县郭林，一日暴雨量分别为1005毫米和1054毫米，三日暴雨量分别为1605毫米和1517毫米，为平均年降水量的1.5倍以上。大暴雨引起了淮河上游历史上罕见的特大洪水灾害，洪水退却时间持续了20多天。这次大洪水使两个大型水库和不少中小型水库几乎同时垮坝，给人民生命财产造成了严重损失。此外，如黄河和海河等流域都是以夏季暴雨造成河流特大洪水而著称。

冰雪融水补给对于我国东北、西北和藏北高原的河流有着重要意义。东北的冰雪融水补给主要是季节性积雪融水补给，补给量占年径流量的10%～15%，主要发生在春季，并形成春汛。藏北高原和西北区的冰雪融水补给，主要是指高山地区的永久积雪或冰川融水的补给。藏北高原有些河流的冰雪融水补给量可占年径流量的60%以上，西北区河流普遍占40%～50%以上。以冰雪融水补给为主的河流，汛期出现在气温最高的7、8月份，6、9月次之；枯水期出现在气温最低的冬季。径流的年内变化远较雨水补给的河流为小。

地下水补给是我国河流补给的一种普遍形式，几乎所有河流都有一定数量的地下水补给。长江以南，除四川盆地和浙闽沿海丘陵地区地下水补给量不到年径流量的10%～20%外，其余大部分河流占20%～30%。西南岩溶地区地下水补给丰富，可达30%～40%。黄淮海平原不及20%，山东丘陵约20%～30%。黄土高原沟壑区河床切割深，地下水补给可占40%～50%，无定河中上游高

① 见《光明日报》，1981年8月21日，第1版。

达 60%。内蒙古一般在 20%以下。藏北高原宽谷盆地内的河流一般占 50%～60%以上。西北区山麓洪、冲积扇地带，地下水补给普遍高达 50%～60%以上。以地下水补给为主的河流，水量的年内分配比较均匀。

冬季（12～2 月），由于降水少，气温低，是我国河川径流最贫乏的季节，一般不及年总量的 10%。惟台湾东北部降水较多，是全国唯一冬雨区，径流量可占年总量的 20%～30%。春季（3～5 月），各地河川径流普遍增多，江南丘陵春季径流量可占全年的 40%左右，其中幕阜山、九岭山一带可高达 45%以上。其余大部分地区占 10%～20%，但受西南季风影响的我国西南地区春季较干，只占 6%～8%。由于我国大部分地区雨量集中于夏季（6～8 月），西部内陆盆地的河流在夏季也得到大量的冰雪融水补给，因此夏季是我国河流的高径流时期，大部分地区径流量占全年的 50%～60%，西北地区高达 60%～70%。但江南丘陵地区由于夏季风北移，径流反而减少，只占年径流量的 35%～40%。秋季（9～11 月），河川径流普遍减少，大部分地区只占年径流总量的 20%～30%，其中江南丘陵为 10%～15%。西南地区因西南季风撤退较迟，秋雨较多，秋季径流可占年径流量的 35～45%。台湾东部的河流因受台风影响，可达年径流量的 40%～50%。海南岛更高，可占 50%左右，是我国秋季径流最多的地区。

由于受季风气候降水变率较大的影响，我国河川径流一般也有较大的年际变化。径流的年际变幅通常用 Cv 值（年径流变差系数）表示。我国 Cv 的分布和年径流一样，也有明显的地带性规律，但变化趋势和年径流正好相反，即从东南向西北，Cv 逐渐增大，从丰水带的 0.2～0.3，到缺水带的 0.8～1.0（图 18）。

在以雨水补给为主的东部季风区内，Cv 自南而北增大，山区小于平原，与降水变率分布的总趋势相适应。在秦岭、淮河以南

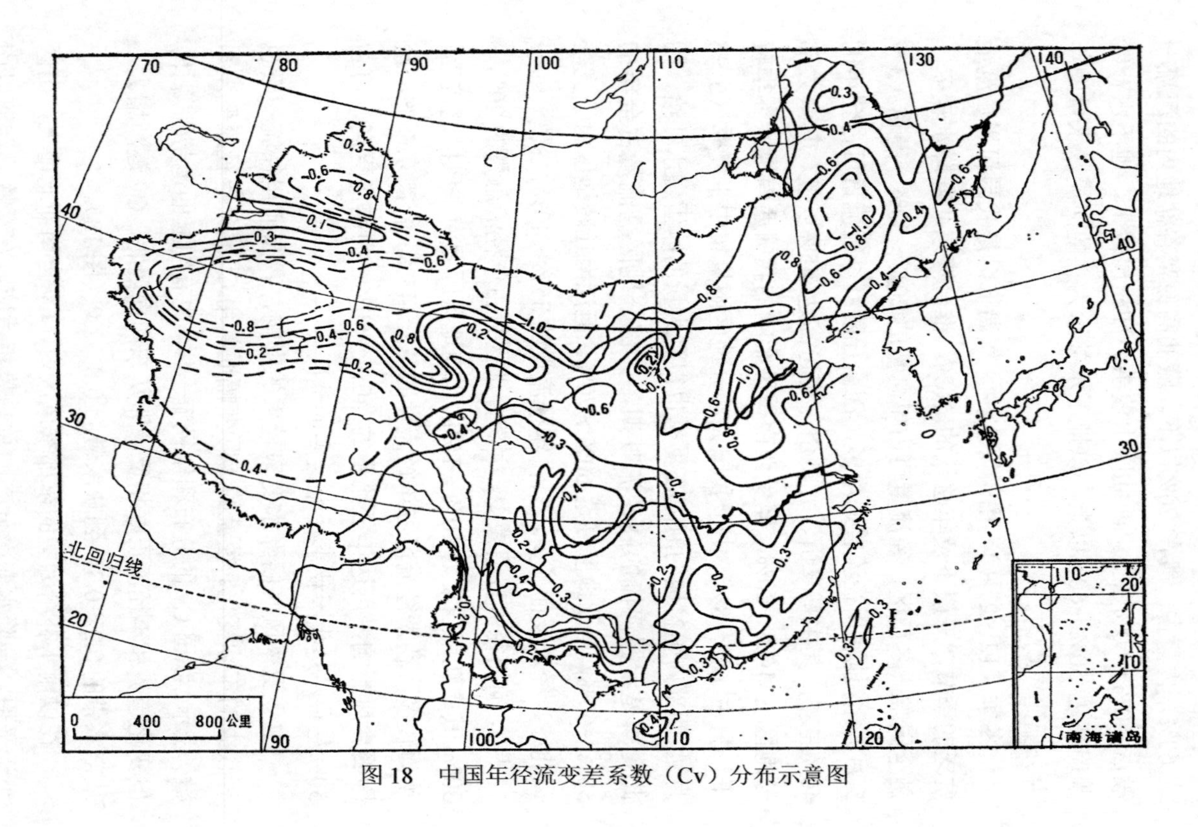

图18 中国年径流变差系数（Cv）分布示意图

地区，降水量较多，且较稳定，Cv 较小，一般为 0.3～0.4。其中南阳盆地至长江中下游平原一带 Cv 较高，达 0.5～0.6。海南岛西部由于台风活动的路径与强弱的变化，Cv 在 0.5 以上。滇东南和桂西南一带以及川西山地、雪峰山等多水地区的 Cv 在 0.2 以下。秦岭、淮河以北的广大地区降水量较少，而且比较集中和不稳定，蒸发量年际变化又较大，因此 Cv 一般为 0.5～0.8。黄淮海平原降水变率大，Cv 在 0.8 以上，徒骇河、马颊河等局部地区甚至高达 1.0，所以这一带是我国历史上水旱灾害最严重的地区。东北区除松辽平原一带 Cv 超过 0.8，其余大部分地区在 0.4～0.6 以下。

在以地下水为主要补给的黄土高原地区，降水变率较小，地下水补给丰富，Cv 仅 0.4～0.5，无定河上游支流的 Cv 在 0.2 以下。

在以冰雪融水为主要补给的我国西部高山地区，由于平均气温的年际变化较小，以及冰雪融水对河流水量的巨大调节作用，Cv 都比较小，天山、昆仑山、祁连山等山地只有 0.1～0.2，阿尔泰山也不过 0.3 左右。但在山地向盆地的过渡地段，随着雨水补给的增加，Cv 可增至 0.6 以上。

在以暴雨为主要补给的干旱地区，因降水量集中且不稳定，Cv 明显增大，如内蒙古和西北干旱盆地大都在 0.8 以上。

西藏高原地区因降水变率较小，地下水和冰雪融水补给在径流补给中占有相当大的比重，故 Cv 也不大，在 0.3～0.4 以下，如雅鲁藏布江的 Cv 在 0.2～0.3 之间。

此外，流域面积大的河流，因流经不同的自然区域，各支流丰、枯水年份可互相调节补偿，且因河床切割较深，地下水补给量多而稳定，因而大河干流的 Cv 一般较支流小。例如长江，从金沙江到大通段的干流 Cv 约为 0.15，两侧支流的 Cv 都在 0.2 以上。黄河干流从兰州以下，Cv 在 0.20～0.25 间，但其两侧支流大都在 0.3 以上。

我国河川径流年际变化比降水更为显著，同样北方大于南方。以历年最大与最小年径流对比，长江以南各河一般在1.7～3.0倍；淮河与海滦河可达10倍或更多。但西南诸河多数河流因受西南季风影响，降水比较稳定，径流年际变化较小。

我国年径流的变化，不仅有时丰时枯现象，还存在着连续干旱和连续丰水年的状况。例如，黄河在最近60年中曾出现过连续11年（1922～1932年）少水期，在此期间平均年径流比正常年景少24%；出现过连续9年（1943～1951年）丰水期，在此期间平均年径流比正常年份多19%。松花江等也有类似情况，海河连丰连旱更为频繁。

（五）河流的泥沙

我国河流众多，地表切割较甚，降水集中、多暴雨，加上历史上人类活动对天然植被的破坏，以致地表侵蚀强烈，河川固体径流较多。据统计，仅我国东部外流区每年被河流带走的悬移质泥沙就达26亿吨以上。但是，由于我国各地区自然地理特点和人类活动的性质与程度的不同，因此各河流的固体径流也有很大的差别（表12）。

黄土高原地区土层疏松，透水性强，抗蚀力差，植被缺乏，水土流失严重，因此发源或流经黄土高原地区的河流，均具有很高的含沙量。如黄河（陕县站）的平均含沙量高达36.9公斤/立方米，是世界各大河中含沙量最高的河流。黄河山陕段及其支流渭、泾、洛河和无定河等流域，黄土深厚，植被很差，地表切割得非常破碎，是黄土高原水土流失最严重的地区，河流的含沙量更高，如泾河为171公斤/立方米，窟野河为174公斤/立方米，祖厉河甚至高达476公斤/立方米。

黄河不仅含沙量高，而且输沙量也很大，陕县站多年平均年输沙量高达16亿吨，约占我国东部外流区河流总输沙量的61.5%。黄河泥沙的来源，在地区上很不均衡，其中大部分来自黄土高原地区。在河口镇以上，黄河的平均年输沙量仅1.4亿吨，占黄河总输沙量的8.8%；河口镇至龙门区间的年输沙量达8.8亿吨，占黄河总输沙量的55%；龙门至潼关区间的年输沙量为5.8亿吨，占黄河总输沙量的36.2%。黄河泥沙的另一个特点，是季节分配高度集中。由于水土流失主要受暴雨的影响，因此泥沙主要集中于汛期几个月，而这几个月内又集中于几场暴雨。以无定河流域为例，年雨量的65%集中于7、8、9月，而且多以暴雨出现。如石湾站1971年7月23日一次暴雨，历时6小时25分，降雨212.6毫米，占全年雨量的43%；1956年8月8日，绥德韭园沟在2分钟内暴雨强度达2.4毫米/分，辛店更高达3.5毫米/分。因此，无定河流域产沙十分集中，汛期3个月输沙量平均占全年的87%。在无定河的小流域内，一次较大的暴雨所产生的径流和泥沙，甚至可达全年的35%～86%。同时，黄河输沙量的年际变化也很大（图19），

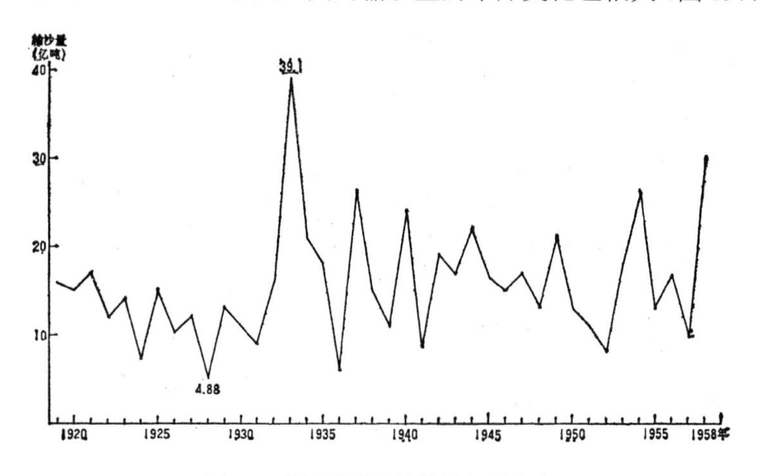

图19　黄河陕县站输沙量年际变化

（据水电部：《全国主要河流水文特征统计》，1982年）

如陕县站最大输沙量为39.1亿吨（1933年），最小输沙量仅为4.88亿吨（1928年），前者为后者的8倍。黄河泥沙的年际变化，主要与陕、晋黄土高原区的降雨量和降雨强度有关。

例如1958年，黄河山陕段及其支流在7、8两月普降暴雨，这两个月内各地降水量均在335～580毫米之间，陕北的延安和关中中部等地区均在500毫米以上，比常年同期增加约50%～80%。因此，黄河山陕段及其支流流域该年的降水量，也普遍超过多年平均年降水量值。如陕北无定河上游的榆林（577.1毫米）超过151.4毫米，延河上游的延安（754毫米）超过219.3毫米，山西昕水河流域的蒲县（871.6毫米）超过243.4毫米，汾河流域的新绛（677.1毫米）超过220.9毫米。暴雨引起的洪峰，不仅输送巨量泥沙，而且还伴随剧烈的冲淤现象。因此该年黄河的泥沙量很大，陕县站年输沙量达29.9亿吨，超过多年平均输沙量13.9亿吨。

黄河下游的径流量和输沙量的年际变化，在极端情况下，可以出现特别大的数值。例如1987年汛期（7～10月），由于降水量特小以及上游龙羊峡水库蓄水等原因，利津站的总来水量仅为正常年的19%，总输沙量仅为正常年的7%（仅0.7亿吨），出现黄河历史上罕见的枯水、枯沙年。

黄河泥沙时空分布的上述特点，是下游河道善淤、善决、善徙的内在原因。黄河出陕县后进入平原，河道宽阔平缓，泥沙在河床中大量沉积，致使下游河床不断抬高成为“悬河”（地上河）。河口段泥沙的淤积，使入海水道变化无常，排洪能力大为减弱。每当夏秋暴雨发生洪水而河堤不能约束时，就会发生泛滥、决口以致改道，在过去3000多年中，黄河下游发生泛滥、决口多达1500余次。直到解放后，黄河两岸修建了大堤和分洪闸、分凌闸等水利设施后，才保证平安地渡过伏汛期和凌汛期，但水患并未根除。

总之，黄河不仅以多沙著名于世，而且流量和输沙量各年变化甚大，年输沙量最多的年份与最少的年份相差几乎可达10倍，这在世界大河中也是罕见的。这不但与华北地区降水量年变率很大有密切关系，而且也与黄土高原地面组成物质疏松，植被覆盖差有关。由此可见，河流水文情况受流域自然地理条件的制约，它本身也是自然景观的一个组成部分，能明显地反映流域的自然地理特征。

辽河和华北各河的含沙量也较大。辽河的含沙量为3.6公斤/立方米，辽河上游支流老哈河高达90公斤/立方米。华北的滦河含沙量为3.96公斤/立方米，永定河官厅站在官厅水库修建前，含沙量高达60.9公斤/立方米。

长江流域各河的含沙量，除金沙江中游、嘉陵江中上游和汉江在1～10公斤/立方米外，多数河流在1公斤/立方米以下，上游各支流大多为0.5～1.0公斤/立方米，中下游各支流只有0.2公斤/立方米左右。长江大通站的多年平均含沙量为0.53公斤/立方米。尽管长江的平均含沙量不及华北诸河，但因其水量浩大，年输沙量有4.68亿吨之多，仅次于黄河。由于多年来在长江中上游山区盲目垦荒和砍伐林木，致使水土流失加剧，长江的含沙量也随之增高。如从50年代到70年代，长江上游支流岷江的枯水期流量减少了10%，而含沙量和输沙量却增加了40%左右[①]。因此，在长江流域，尤其是中上游地区进行植树造林，绿化荒山，防止水土流失，已成为刻不容缓的重要任务。

浙闽沿海、珠江流域以及西南各河含沙量很小，一般在0.3公斤/立方米以下。元江因流域内坡度较陡，植被覆盖度小，含沙量高达4.23公斤/立方米（元江站）。我国南方河流含沙量虽然不高，但因流量丰富，因此输沙量也很可观。如珠江（以西江为代表），输

① 见《光明日报》，1981年8月21日第1版。

沙量仅次于黄河、长江和海河（以永定河为代表），居全国第四位。

东北地区分布着茂密的森林和草原，加之气候冷湿，冻期较长，河流含沙量都很小，如松花江为0.16公斤/立方米；黑龙江更小，只有0.02～0.05公斤/立方米，与黄河（陕县站）相比，相差200多倍。

在西北干旱区，天山南坡和昆仑山北坡的河流含沙量最大。天山南坡的库车河兰干站，1958年的平均含沙量达28公斤/立方米，输沙率为228公斤/秒，年输沙量达720万吨。昆仑山北坡以叶尔羌河为代表，多年平均含沙量为4.56公斤/立方米，年输沙量2910万吨。但西北干旱区一般河流的含沙量只有0.1～0.5公斤/立方米，其中以地下水补给为主的河流含沙量最小，高山冰雪融水补给为主的河流次之。由暴雨形成的临时性河流的含沙量最大，甚至可发生泥石流。

西藏河流的含沙量一般不高，大都在0.5公斤/立方米以下，如藏南宽谷中的雅鲁藏布江，含沙量也只有0.529公斤/立方米，输沙量也比较小。

总的说来，我国北方河流的流量较小，而含沙量较高；南方河流的含沙量虽小，但流量丰富，因此输沙量都相当可观，致使各大河口淤积很快，变迁频繁。据历史记载推算，黄河三角洲平均每年向海延伸46米，长江口海岸平均每年向外伸展25米，珠江的口门平均每年向外延伸80米，海河口新港每年堆积泥沙量接近4万立方米。

三、湖泊与沼泽

（一）湖泊

我国湖泊分布甚广，总面积75610平方公里，总贮水量约

7510 亿立方米。面积在 1 平方公里以上的湖泊，全国共有 2800 余个，面积超过 1000 平方公里的大湖有 13 个（表 14）。

我国湖泊按分布特点，可分为三大类型：

1. 东部的淡水湖泊

我国东部地区的湖泊，大都是吞吐性的淡水湖泊，含盐度一般在千分之一以下。湖盆浅平，平均水深一般在 4 米以内。其中，属于河迹湖、牛轭湖的如长江沿岸的湖泊；属于海迹湖的如华北平原的七里海等；属于洼地湖的如华北平原的白洋淀、文安洼，淮河中游的城东湖、城西湖、瓦埠湖等。还有一些湖泊，其形成与构造运动的沉陷或断裂有关，如洞庭湖、鄱阳湖，云南的滇池、洱海、抚仙湖等。

长江中下游的干、支流沿岸，是我国东部淡水湖泊分布最密集的地区，大小湖泊共有 1200 余个，其中较大的有鄱阳湖、洞庭湖、太湖、洪泽湖和巢湖，为我国著名的五大淡水湖泊。

我国东部的湖泊，许多与河流相通，对江河洪水有巨大的调蓄

表 14　湖泊的面积和水量的分布①

湖　区	湖水面积（平方公里）	湖水贮量（亿立方米）	其中淡水贮量（亿立方米）	占湖泊淡水总贮量(%)
青藏高原	36560	5460	880	40.9
东部平原	23430	820	820	38.2
蒙新高原	8670	760	20	0.9
东北平原	4340	200	160	7.4
云南高原	1100	240	240	11.2
其　他	1510	30	30	1.4
合　计	75610	7510	2150	100.0

① 引自水电部水资源研究及区划办公室：《中国水资源初步评价》，1981 年。

作用。如鄱阳湖可削减江西境内赣、修、饶、信、抚等五河来洪量的 15%～30%；洞庭湖不仅承纳湘、资、沅、澧四水的全部水量，还能分蓄长江四口——松滋、太平、藕池、调弦的来水（调弦口 1958 年堵塞），从而减轻了洪水对长江的威胁；淮河中游及海河平原上的一些洼地湖泊，也都是夏季良好的蓄洪区。

此外，我国东部地区还有若干火山湖，如长白山的天池（中朝界湖）和雷州半岛的湖光岩等。贵州高原上还有一些石灰岩溶蚀湖，如草海等。

2. 西北干旱地区的内陆湖泊

我国西北干旱地区的湖泊，大都是河流尾闾汇集于洼地而成的内陆湖。由于气候干燥，蒸发强烈，湖水矿化度高，多为咸水湖或盐湖。如内蒙古的吉兰泰盐池，柴达木盆地的茶卡盐池、察尔汗盐池等都是著名的产盐湖泊。内蒙古东部的呼伦湖是内蒙古草原有名的大湖，夏季水位升高时，湖水可流出注入海拉尔河。

还有一些湖泊，其形成与构造断陷作用有关，如阿尔泰山西南麓的布伦托海、天山北麓的艾比湖以及天山南麓的博斯腾湖、吐鲁番盆地的艾丁湖等。

3. 青藏高原的湖泊

青藏高原是我国湖泊分布集中的地区之一，湖泊面积达 30974 平方公里，约占全国湖泊总面积的 38.4%。仅西藏就有大小湖泊约 1500 余个，主要分布在喜马拉雅山以北的藏南高原及冈底斯山、念青唐古拉山以北与昆仑山脉之间的藏北羌塘高原面上。

青藏高原上较大的湖泊主要是因构造断陷形成的构造湖，较小的湖泊大多由冰川作用或泥石流阻塞而成。除藏东南外流湖泊为淡水湖外，绝大多数为内陆咸湖或半咸水湖。高原上最大的湖泊是青海湖，面积 4635 平方公里，最大水深 28.7 米，湖水平均矿化度 12.49 克/升，是我国内陆第一大湖，也是我国最大的咸水湖泊。[1]此外，还有纳木湖、奇林湖、唐格拉攸湖、班公湖、羊卓雍湖等。

全新世以来，高原地区气候趋于干燥，不少湖泊有湖面日益缩小、水位下降、含盐量增大的趋势，逐渐变成蕴藏各种有用盐类的矿湖。随着湖面的缩小，湖滨草甸和沼泽广泛发育，水草丰美，成为优良的天然牧场。

（二）沼泽

沼泽是一种特殊的自然综合体。据初步估算，我国沼泽面积约 11 万平方公里（约合 1.65 亿亩），占全国总面积的 1.15%，它是我国一项重要的自然资源。我国的沼泽可分成泥炭沼泽和潜育沼泽两种主要类型。泥炭沼泽分布不广，泥炭层积累不厚，多为几十厘米或 1 米左右。潜育沼泽分布较广，这类沼泽地表长期过湿或有薄层积水，土层严重潜育化，有较厚的草根层，但无泥炭积累。

由于地形和气候条件的差异，我国沼泽的分布很不均衡，主要集中在以下地区：

1. 东北沼泽区

东北地区气候冷湿，蒸发量小，永久性和季节性冻土层广泛分布，地表排水不畅，形成了大面积的沼泽，总计达 5000 万亩，占全国沼泽总面积的 30.3%。本区沼泽主要集中于三江平原，这里处于新构造运动的沉降地带，地势低洼，地表又有较厚的粘土和亚粘土层，因此特别有利于沼泽的发育，沼泽集中连片，大部分为草本潜育沼泽，也有少量的泥炭沼泽，如包括穆棱—兴凯平原的沼泽在内，面积达 1700 多万亩。在大、小兴安岭的缓坡和平坦分水岭，长白山区的沟谷和海拔 800 米以上的熔岩台地上，沼泽

① 中国科学院兰州地质研究所等：《青海湖综合考察报告》，科学出版社，1979 年。

分布也很广泛，它们大都属泥炭沼泽，泥炭层厚度可达1米左右。此外，在嫩江、松花江中上游干、支流的河滩和低阶地上，也分布有大片的草本泥炭沼泽。

2. 青藏高原沼泽区

青藏高原东部冷湿的水热状况、缓和地形及土壤冻层，为沼泽的形成发育提供了有利条件。此区沼泽分布甚广，如黄河上源星宿海、长江上源旋马滩等，草本泥炭沼泽都十分发育。在海拔4500米以上的那曲地区，沼泽面积约1165万亩，主要分布在河漫滩、阶地、湖滨、扇缘洼地等排水不良地段。四川西北部海拔在3400米以上的若尔盖高原，沼泽分布也很集中，面积约400多万亩，含有大量泥炭，厚2～3米，最厚可达9～10米。藏北羌塘高原，海拔高，气候寒冷，也是沼泽分布比较集中的地区。

3. 沿海沼泽区

我国辽宁、河北、山东的渤海湾沿岸，以及钱塘江口以北的沿海新淤滩地都有大片草本潜育沼泽分布。因受海潮作用，它们均属盐化沼泽类型。钱塘江口以南沿海，尤其是广东沿海一带及台湾省西部，也有零星沼泽分布。珠江三角洲河网地区与河口地区，多数沼泽地已改造成为水稻田和鱼塘，成了富庶的鱼米蚕桑之乡。

4. 西北沼泽区

我国西北干旱区内陆河流的尾闾地带，由于洪水汇注和地下水汇集，常分布有内陆盐沼泽。柴达木盆地东部的盐沼泽面积达1650万亩。新疆天山北麓的伊犁河、玛纳斯河、奎屯河等河流的中上游，南麓的开都河、博斯腾湖滨以及塔里木河沿河洼地等，也有相当大面积的泥炭沼泽分布。

除上述地区外，洞庭湖、鄱阳湖、太湖、洪泽湖和青海湖等大湖周围，受湖水浸渍，地下水位高，或由于入湖河流挟带泥沙沉积，以及沿湖水生植物残体在淹水情况下不完全分解，致使湖面逐渐缩小，湖底出露而形成沼泽。

四、中国陆地水在自然景观形成与演变中的作用及其在国民经济发展中的意义

水是自然界分布最广泛和最活跃的物质之一，它在循环过程中积极参与自然地理景观的形成和演变。我国大范围内的水文现象，明显地反映了自然地理的区域特征。西部干旱的高原与大盆地，除新疆北部一角和藏南外，均为内流区，径流十分贫乏，还有大面积无流区。东部季风区则为外流区，径流比较丰富，从南到北，随着夏季风的进退，降水量的分布和变率呈现有规律的变化，从而又形成了不同的水文带。

首先，河流的动力作用对自然景观的形成与演变有重要作用。径流作用于地表，进行着不断的侵蚀和堆积作用，这是我国地貌形成过程中最重要的外营力之一。尤其是在西北黄土高原地区，流水冲刷切割，塑造成千沟万壑的黄土地貌。河水挟带泥沙至下游沉积，又造成了广大的冲积平原。黄河自1947年回归现行河道至1985年底，黄河泥沙填海造陆1220平方公里，平均每年造陆31.3平方公里。干旱地区的径流从高山搬运物质至盆地中沉积，形成了广大的洪、冲积平原，沉积物中的细粒物质被风吹扬，又成为风沙的物质来源。

其次，地表径流对于母岩、风化壳和土壤，具有程度不同的化学淋溶作用。可溶性盐类随径流迁移、淀积，使不同地区的自然景观具有不同的地球化学性质。我国河川径流的矿化度和化学类型也反映了我国的自然地理地域分异特点。大致以淮河、秦岭向西，经武都、阿坝、索县到黑河一线为界，线以南气候比较湿

润，河水矿化度变化较小，大都在200～300毫克/升以下，河水的化学类型变化也不大，大都为重碳酸盐类水；线以北气候比较干燥，河水矿化度的地区变化较大，大都在200～300毫克/升以上，河水化学类型变化也较大，除重碳酸盐类水外，还有硫酸盐类水和氯化物类水。

水又是最重要的自然资源之一，它在灌溉、航运、发电、城市供水等国民经济的许多方面发挥着巨大的作用。我国劳动人民在几千年的生产实践中，早就认识到了利用水资源的重要性，如京杭大运河、四川都江堰、河套引黄灌溉渠系、黄河大堤、新疆和河西绿洲的建立以及引地下水灌溉的坎儿井等等，都是历史上劳动人民利用水资源的宏伟工程。

我国径流资源也存在一些不利因素，如径流的季节变化和年际变率比较明显，绝大部分地区夏季径流集中，洪峰量大、峰高，易泛滥成灾；而枯水季节则往往因水量不足，不能满足灌溉、航运的需要。此外，我国径流资源的地域分布也不平衡，南方较丰，北方较缺。

新中国成立后，国家对发展水利事业极为重视，全国已建成数以百万计的小型水利和水土保持工程，新建了2000多处大、中型水库，整修和新建了总长近16万多公里的江河海堤，发展了大量的机电排灌站和灌溉机井。这些水利设施，对抗洪防涝、发电灌溉、拦泥截沙等都已收到了很好的效果。随着我国社会主义建设事业的不断发展，它们必将发挥越来越重要的作用。

我国水资源并不富裕，全国人均占有量仅2650立方米。今后，在利用我国水资源时，应特别注意节约用水，合理用水，保护水源，防止水质污染，有计划地勘探和寻找新水源等。

第五章　植被和土壤

植被与土壤是自然综合体形成发展的最活跃的因素，直接反映自然综合体的特征。它们共同受水、热条件及其他自然地理因素的制约，彼此联系密切，分布规律也比较相近。我国植被与土壤的形成、结构和分布，深刻地反映了我国各地区自然地理条件的复杂性和规律性。

一、植被与土壤的形成及其主要特征

我国是世界上植物种属和土壤类型最丰富多样的国家之一。在植物方面，北半球所有的自然植被类型在我国几乎都可见到。我国种子植物总计约有 301 科、2980 属、24500 余种。与世界上植物种属丰富的国家或地区比较，仅次于马来西亚（约 45000 种）和巴西（约 40000 种），居世界第三位。[①]仅云南一省的植物种数，就有 12000 种，是整个欧洲植物种数的一倍。若以森林树种而言，我国亦有 2800 种之多。世界上现有被子植物的木本属中，95%可见于我国。我国古遗留种属和特有种属计有 72 种、190 多个属，例如珙桐科、杜仲科、钟萼树科（单科一属一种）等，金钱松、香果树等，以及被称为世界三大活化石的银杏、水杉和中国鹅掌楸，只见于我国；世界现存裸子植物 11 个科，除南洋杉科外，我国都有分布；我国是全球竹类起源中心之一，计有竹类 300 多种。

---

① 据《中国植被》编辑委员会：《中国植被》，科学出版社，1980 年，第 82 页。

上述 3 类都居世界第一位。我国植被类型复杂多样，在森林植被中有针叶林、落叶阔叶林、常绿阔叶林、热带季雨林和它们之间的过渡类型；局部环境出现热带稀树草原（类似“萨王纳”）类型；在草原植被中有温带森林草原、温带草原、高山草甸草原等；在荒漠植被中有干旱荒漠和高寒荒漠。隐域性植被类型中如盐生植被、草甸植被、沼泽植被等，在我国均有分布。

在土壤方面，我国境内除极地苔原土、热带黑土和热带荒漠土之外，世界上各主要土类都有分布，而且具有中国的特色，肥力较高。例如我国北方草甸草原植被下发育的黑土与黑钙土，就有特殊草甸化过程，较北半球其他地区的草原黑钙土，有着更高的肥力。我国南方砖红壤，富铝化作用不如世界其他热带地区那样深刻，肥力较高。例如海南岛澄迈发育在玄武岩台地上的砖红壤硅铝率 1.5～1.54，有机质含量 3.49%（典型热带地区小于 3%）。此外如四川盆地的紫色土、黄土高原的黑垆土等，都是在我国特有环境下发生的土类。

我国境内土壤的形成过程年代十分久远。特别是亚热带和热带地区，迄今还保存着第三纪的风化壳和古土壤，在古代富铝化酸性风化产物及现代土壤作用过程下，红壤、黄壤与砖红壤性土分布甚广。就是我国北方的黑土、棕壤、褐色土等，也有不同程度的粘化。所有这一切，说明我国土壤发育古老。

上述植被与土壤特征的形成，是现代自然地理因素、历史自然地理条件和长期人类经济活动综合作用的结果。

（一）植被与土壤形成的现代作用过程

我国植被与土壤形成的现代自然地理因素中，起主导作用的是气候条件，特别是季风气候更为重要，地形使水热状况产生重新分配过程而引起的变化也不可忽视。

随着夏季风影响范围的不一，植被与土壤形成作用过程在北方和南方、湿润地区和干旱地区，都不相同。

在东半部夏季风影响所及的范围内，夏季降水集中，土壤水分充足，气温升高，日照时间增长，而且日温变化较大，白天有利于植物光合作用，夜晚有利于营养物质的积累。从南到北，植物生长迅速，树木枝叶葱茏，草本植物旺盛，栽培作物也得到良好的生长成熟条件。这时，土壤中下渗的水流占优势，发生强烈的淋溶作用，粘粒向下移动，可溶性盐类和在嫌气还原条件下处于活性状态的铁、锰化合物，大多被下渗水流淋向底层，或受侧流淋洗积聚到更低的地形部位。森林残落物和草本植物残体在生物作用下发生分解，并组成各种腐殖质。

在干燥低温的冬半年内，由于地面蒸发和植物蒸腾大量消耗土壤水分，在多数情况下，土壤处于风干状态，可溶性盐类随毛管水向地表移动，土壤上层盐分含量增高。在这些因素的综合影响下，使植物生长（特别是作物幼苗生长）受到抑制。北方春季的干旱和大风，造成植物凋萎甚至达到枯死的程度。季节性冻层使植物造成生理干旱而发育不良。在大部分地区，为保证冬季作物的正常生长，需要人工灌溉以补充土壤水分的不足。

在冬夏季风进退所造成的干冷和湿热的季节交替下，我国落叶林和草本植物群落分布十分广泛。就是在华南和云南西南部的热带季雨林内，也包含着相当多的落叶阔叶树成分，如木棉、楹树、厚皮树等。而枫香、麻栎成为热带林中落叶成分的代表。北方的落叶主要是由于冬季寒冷，而南方的落叶则主要由于冬季干旱。我国森林多混交林，南北树种渗透混杂，如温暖带落叶阔叶林的榆科、椴树科、桦木科的若干树种，伸至长江以南的亚热带常绿阔叶林中；亚热带针叶树种如华山松、铁坚杉、油杉等，向北分布至秦岭大巴山南坡与落叶阔叶杂木林混交；亚热带南部的常绿阔叶林中混有山龙眼科、五加科等热带性树木。

随着夏季风控制时间不同，植被和土壤在一年中冷和热、干和湿的交替作用过程，在各地区是不同的。南方亚热带和热带暖湿时间长，植物高大，有复杂的层片结构，生长期也长，每年可以创造出大量有机质。但有机质分解很快，土壤淋溶作用十分强烈，参与生物循环的各种元素大量淋失，脱硅和富铝化程度较深，发育了深厚的残积红色风化壳，土壤中铁、锰化合物积聚，在土体中形成结核或硬盘层。北方暖湿时间短，植物生长量少，但有机质分解较慢，生草过程得到发展，淋溶作用只在短暂的夏季进行，因此有机质能在土壤中积累，植物营养元素丰富，具有较高的天然肥力。

我国西北广大的干旱草原和荒漠地区，植被与土壤深受水分不足的影响，发育受到很大限制。森林只在山地迎风坡或阴坡的一定海拔高度有其分布。平地植被自东向西由禾本科占优势的干草原、禾草—灌木占优势的荒漠草原到多年生灌木为主的荒漠。干旱地区植物的覆盖度和生长量都很小，提供给土壤的有机质随着荒漠性的加强而减少。土壤发育程度不高，淋溶作用微弱，近代盐分积聚过程普遍。在干草原地区表现在土壤剖面中有紧实的钙积层或钙质结核，荒漠盆地中则表现为土体中有石膏积聚和盐壳的形成。

我国山地遍布全国，西部还有巨大的青藏高原和高大山系。在这些山地、高原地区，植被与土壤的形成过程与平地是不相同的，并随着海拔高度、山体大小、坡向坡度的不同益趋复杂。其总的特点是：气温低，湿度大，天然排水情况良好，出现各种山地植被类型和山地土壤类型，并形成山地植被—土壤垂直带谱。山地植被以针叶林、山地草甸、山地草原为最主要。在海拔5000米以上的藏北高原和极高山，出现匍匐状或垫状的多年生半灌木。山地土壤一般土层较薄，机械组成较粗，由于淋溶作用强烈，可溶性盐类在不同程度上被淋洗，但又可接受山坡上部淋洗下来的可溶性盐类或活性状态的铁、锰化合物，在整个坡面上有不同于平原的分异过程。山地植被和山地土壤的形成，与较北纬度上水平地带的植被、土壤有相似之处，但有着不同的发生特性。例如海南岛五指山上部的亚热带植被与土壤带，出现与其北方平地亚热带相似的常绿阔叶林，它们的乔木层以樟科、山茶科与壳斗科的种属占优势，但建群种并不相同。平原亚热带南部的常绿阔叶林中，以樟科的厚壳桂、壳斗科的栲属、茶科的木荷为主，林下发育的土壤主要为红壤；而热带山地上部的常绿阔叶林则含有多种热带树种，如五列木科、桃金娘科、番荔枝科等以及亚热带没有的陆均松，林下发育着山地黄壤或山地灰化黄壤。又如温带山地和亚热带高山都有云杉、冷杉针叶林，但亚热带高山针叶林中混有铁杉，林下有松花竹、高山栎，温带山地则没有。反之，温带山地针叶林下的小灌木如牙疙瘩等，在亚热带高山针叶林中则没有。

（二）植被与土壤形成的自然历史因素

我国植被与土壤的形成发育已有长久的历史。在第三纪全球气候转热时，我国大部分地区具有亚热带和热带气候，亚热带植物向北伸延至东北境内，新疆伊犁地区有地中海区系植物分布。新第三纪西藏高原与喜马拉雅山脉隆起，古地中海消失，我国西北地区开始干旱，在东亚形成季风环流，开始了季风气候下的植被与土壤形成过程。第四纪时全球气候转为寒冷，但在历次冰期时，我国未形成大陆冰川覆盖，东部地区山地海拔 2000 米以下并未形成山岳冰川，故第四纪冰川对我国的气候影响较小，加之地形复杂，因此中国不少地区便成为某些地质时期植物的“避难所”。这样，我国不但植物种类丰富，而且各地不同程度地保存有白垩纪、第三纪以来的若干孑遗植物及其形成的植物群落。例如，横断山脉的高山栎林，与现代广泛分布于欧洲南部地中海沿岸的硬叶常绿阔叶林有许多相似之处，它们是渐新世以前古地中海残遗植物演化而成的。中国东部亚热带地区也零星分布有白垩纪和第三纪的残遗树种所形成的森林，如鄂西利川县的水杉混交林，浙江的小片银杏林等，武夷山、梵净山古遗留种多达30余种。这些中生代“活化石”森林和大量的古遗留植物的存在，显然与第四纪冰川对华中无重大影响有关。

我国境内风化作用与成土作用过程的特点反映着古气候的影响。如黄土地区已发现在不同时期的黄土堆积中都有古土壤发育，现代黑垆土还具有某些古代森林草原环境下土壤的特征。在我国季风区，风化和成土作用产物的淋溶过程、残积粘化过程和富铝化过程，都有很长的延续时间，愈向南方，作用过程愈深。从土壤粘粒机械组成与矿物组成，可以看出我国境内土壤粘粒比重较大，矿物分解较强，风化作用程度较深，并向南方加强。据土壤粘粒中小于 5 微米粒级的分析资料，在北方草原土壤中含量就有20%～27%，各类棕色森林土为 24%～38%，亚热带黄壤中为30%～48%，而在红壤与砖红壤性土中，竟达到65%～71%。在粘土矿物组成中，北方土壤以伊利石为主，小于 5 微米粒级的硅铝率为3.5～4.0。南方富铝化作用增强，亚热带红壤与黄壤中的粘土矿物组成中逐渐以高岭石为主，含有少量蒙脱石、针铁矿等，硅铝率为2.0～2.2；热带砖红壤与砖红壤性土则以高岭石、三水铝石、赤铁矿和钛铁矿为主，硅铝率低于1.7～2.0。

第三纪以来的地壳运动，对我国植被与土壤发育也有很大影响。青藏高原上的寒漠植被与高山寒漠土，显然与上新世以来强烈隆起有关。高原由于海拔高，在第四纪冰期时气候严寒，并出现若干小型冰覆盖和山谷冰川，其植被和土壤发育的年龄较轻，在现代严酷的自然条件下，发育程度也很低。希夏邦马峰北坡海拔 5700～5900 米高度上渐新世晚期至更新世初期的砂岩中，含有高山栎化石以及桦、铁杉、云杉等森林植物花粉，而现在这些森林分布于 2500～3500 米之间，说明山地在新第三纪以来强烈上升了 2000～3000 米。我国西北内陆大盆地荒漠植被与土壤的形成，也有相当长久的历史，与盆地的下陷、四周高山的隆起所造成的极端干旱有关。西南山原长期处于热带环境，后期地壳抬升，在滇东高原，第三纪砖红壤型风化壳保存在 1500～2000 米的高原面上，并发育为山原红壤，原来生长在低海拔的植物，在地壳上升和气候变凉的过程中，尚保存着古热带区系的残留植物种属，如黄檀、粗榧、苏铁和古观音座莲属等。

（三）人类经济活动的影响

由于长期的大面积土地垦殖和森林砍伐，植被与土壤的天然发育过程受到了深刻的改变。

我国天然植被经过长期砍伐，面貌大改。东部地区原始森林仅保存于兴安岭、长白山地和武夷山地等，西部地区横断山地和雅鲁藏布江下游山地也有大面积原始林分布。不少林地改变为耕地或砍伐后形成次生林，一些被破坏严重的低山丘陵，成为荒草山或灌木丛。也有很多的林地在人为的选择下，保留或培育了有用树种，如亚热带低山丘陵的杉木林和竹林。山地、丘陵因天然植被的破坏，带来了土壤严重侵蚀的后果，肥力下降，土层变薄，不利于天然植被的恢复。新中国成立后开展了大面积荒山造林和水土保持，过去的荒山逐渐出现了葱绿的面貌。在北方草原和西部高山草原上，畜牧业也有长久的历史。部分草原由于缺乏水源尚能保持其天然草被，但大部分由于牲畜啃食和践踏，出现了放牧过度或草场退化现象，草的高度、密度、产草量都有不同程度的下降，影响载畜量的提高。特别是新中国成立前的掠夺性放牧，新中国成立后某些地区的不合理利用，地表缺乏草被的保护，不少土地沙化了，草原变成沙地。最近若干年，牧区开展了合理利用草原和草原建设工作，一些退化的草场得到封育和播种牧草，一些缺水草场陆续得到开发，畜牧业有了飞速发展。例如内蒙古草原大力发展“草库伦”和人工播种牧草等已获得成功。

另一方面，我国农业有数千年的历史，劳动人民长期的生产实践和创造，把许多野生植物变为栽培植物，建立了各种农业植被。他们在利用和改良土壤中，还培育了多种多样的耕作土壤。

农业植被包括农田、果园、牧草栽培地和经济林等。现在世界上许多著名的栽培植物就起源于中国，如谷物中的水稻、高粱，果树中的荔枝、龙眼，经济树木中的茶、油桐等。我国农业植被分布面积很广，特别是在东半部的人口稠密地区。如南方热带、亚热带低山丘陵，天然植被已显著少于栽培植被；而在黄土高原、华北平原、四川盆地、长江三角洲以及许多人口密集的平原、盆地、河口三角洲和西北干旱区的绿洲，天然植被已全部为栽培植物所代替，种植着水稻、小麦、棉花和各种农作物。我国栽培植物中还有一些是属于外来品种经过引种培育的植物，如早年引进的玉米、西红柿、马铃薯等，已广泛在各地栽培定居；华南植物园目前引种的热带植物已有数百种；西双版纳引种的龙脑香已成为半自然林等。三叶橡胶等也早已在我国华南、西南一些地方引种成功。

农业栽培改变了土壤中矿物质的自然转移过程，也改变了土壤耕作层的理化性质。耕作技术措施和许多土壤改良措施，加强了土壤中物质循环转化过程，从而创造了各种耕作土壤。

我国的耕作土壤以水稻土和黄潮土最为重要。水稻土是由各种地带性土壤经过水耕熟化培育而成的，由于田间经常灌水和一个时期的干燥，土壤中有强烈的氧化还原作用，大量残根和不断施肥增加了有机质，故在人为的耕作、施肥、灌溉等一系列措施影响下，形成了水稻土所特有的形态、理化和生物特性。水稻土在我国的分布几乎遍及全国，南起海南岛，北至黑龙江省最北部的漠河（北纬 53°20′）。北方水稻土具微碱性；南方水稻土呈酸性，每年要施用大量石灰。黄潮土是黄土性冲积物沉积后即行耕种熟化的旱作土壤，主要分布于华北平原，肥力尚高，适种性广，是我国发展农业的重要基地。

二、植被与土壤的分布规律

我国植被与土壤分布的基本规律，深受上述因素的综合影响，具体表现在地带性特征上，包括纬向、经向和垂直带。不同地带内还有隐域性的特征。

（一）水平分布规律

我国植被与土壤水平分布受季风和地形影响，从东南向西北依次出现森林、草原、荒漠三大基本区域。大致从大兴安岭经黄土高原东南边缘到横断山脉，迄于藏南，此线以东为森林区域；从内蒙古自治区中部向西南到青藏高原西部，此线以西为荒漠区域；二者之间为草原和高山灌丛、草甸、草原区域（图 20）。

我国东部的森林区域约占全国总面积的 1/2，该区雨量丰沛，植被—土壤的变化主要受热量的控制，从北到南具有明显的纬度地带性。大兴安岭北部为寒温带落叶针叶林，主要为兴安落叶松林。自此向南，随着热量的递增依次有：温带以槭、椴、桦为主的落叶阔叶林、红松混交林，暖温带以辽东栎为主的落叶阔叶林，亚热带以槠、栲、樟等为主的常绿阔叶林，热带的含许多热带典型乔木（如木棉、龙脑香、蝴蝶树、青梅等）的季雨林等。阔叶树的落叶和常绿现象与气候条件密切有关。寒温带和温带冬季严寒，故阔叶林

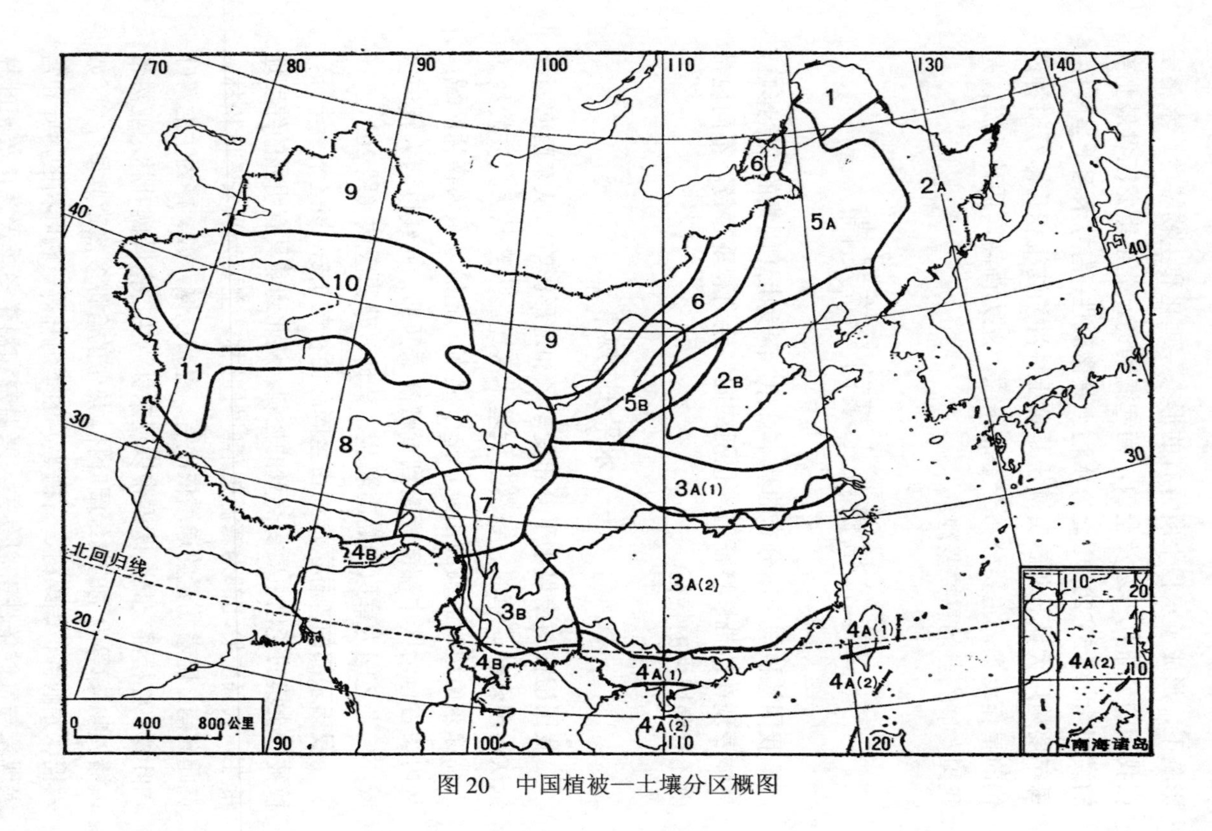

图 20　中国植被—土壤分区概图

图 20

I. 森林区域

1. 寒温带落叶针叶林—棕色针叶林土区

2. 温带落叶阔叶林—暗棕壤、棕壤区

2_A 温带常绿针叶树与落叶阔叶树混交林—暗棕壤（暗棕色森林土）亚区

2_B 暖温带落叶阔叶林—棕壤、褐土亚区

3. 亚热带常绿阔叶林—黄棕壤、黄红壤、红壤区

3_A 东部常绿阔叶林亚区

3_A（1）亚热带北部含常绿阔叶树的落叶阔叶林—黄棕壤、黄褐土小区

3_A（2）亚热带南部常绿阔叶林—红壤、黄壤小区

3_B 西部干性常绿阔叶林—红壤（山区红壤）亚区

4. 热带季雨林—砖红壤性土、砖红壤区

4_A 东部热带季雨林亚区

4_A（1）热带北部季雨林型常绿阔叶林—砖红壤性土小区

4_A（2）热带南部季雨林—砖红壤小区

4_B 西部热带季雨林—砖红壤性土、砖红壤亚区

II. 草原区域

5. 温带森林草原—黑钙土、黑垆土区

5_A 温带森林草原—黑钙土、黑土亚区

5_B 暖温带森林草原—黑垆土亚区

6. 温带草原—栗钙土、灰钙土区

7. 高寒森林草甸—高山草甸土区

8. 高寒草原—高山草原土区

III. 荒漠区域

9. 温带荒漠、半荒漠—灰棕漠土、风沙土区

10. 温带荒漠、裸露荒漠—棕漠土、风沙土、盐土区

11. 高寒荒漠—高山寒漠土区

落叶。亚热带和热带冬季虽然温暖，但由于我国是季风气候，在干季明显的地区，热带季雨林中的一些大乔木也在干季中落叶。

土壤与植被不可分割，其分布也主要与气候有关。东部森林区域在排水良好的情况下，土壤中的可溶性盐类（盐、石灰、石膏）易被淋去，形成各类酸性的森林土。从北到南与上述植被带相适应，依次出现棕色针叶林土、暗棕壤、棕壤、红壤、黄壤、砖红壤等。

东部地势比较平坦，除东西走向的秦岭山脉成为暖温带落叶阔叶林区和亚热带常绿阔叶林区的分界线以外，在平原上，植被—土壤都是逐渐过渡的，因而出现许多的过渡类型。例如，亚热带就是温带与热带间的过渡类型，在我国东部占有很大面积。这些过渡型的植被—土壤属于哪一个带，主要应视其特征与哪一个带比较接近来确定。如热带北部①季雨林型常绿阔叶林，森林的群落外貌和结构具有热带季雨林特征，如板根、茎花（老茎生花）、木质藤本和木本附生寄生植物等，乔术中混生一些热带树种，小乔木和灌木几乎全为热带科属，草本则更属于热带季雨林下的典型种类，如野蕉、海芋、山姜等巨叶或大叶种类。因此，我们把它划归热带。

在秦岭、淮河以北，自东向西降水逐渐减少，植被—土壤随之

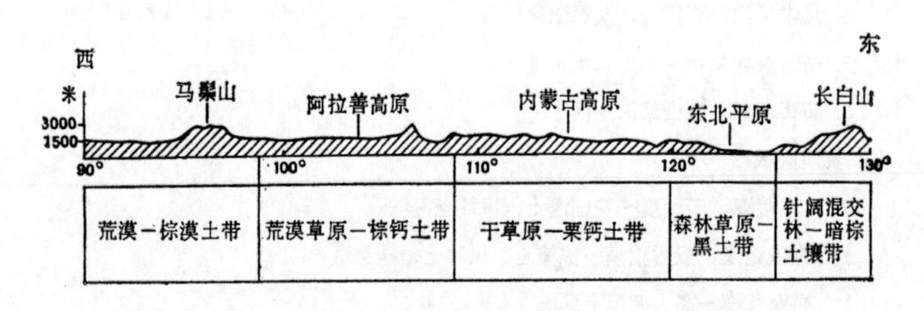

图 21　中国温带沿北纬 42°植被、土壤经向分布图式

① 热带北部亦称“半热带”“准热带”。

发生有规律的递变，经度地带性规律明显，植被依次为森林、森林草原、草原、半荒漠和荒漠。由于降水渐少，土壤中的盐分、石膏虽被淋洗掉，但石灰仍保存在各层中，依次有黑钙土、黑垆土、栗钙土等各类草原土。到最西部的荒漠地区，土壤中的石灰和石膏都保存在表土或接近表土内，出现了各类荒漠土，即灰棕漠土、棕漠土和高寒漠土。其中，荒漠面积的广大（约占全国总面积 1/5）是我国植被—土壤分布的一个显著特点，反映我国西部位于欧亚大陆中心极端干旱的环境，而西藏西北部的大面积高寒荒漠，则是地势极高、降水极少两个因素造成的，成为世界上植被—土壤的一个独特类型。

农业植被虽然是劳动人民在生产实践中创造出来的，但也反映当地的气候、土壤特征，故在我国东部，也具有一定的纬度地带性。例如，果园和经济林，在温带为苹果园、葡萄园、板栗林等，在亚热带为茶园、油茶林等，在热带为荔枝园、橡胶林、八角林等。它们在不同气候带各具有明显的不同特征。水稻土等耕作土壤也是如此。水稻是人为耕种活动的产物，虽有其共同性，但也具一定的地带性烙印。暖温带和温带的北方水稻土，pH7.0 或＞7.0，石灰淋失很少，粘土矿物组成以水云母或蒙脱石为主。热带和亚热带的南方水稻土，pH5.0～6.0，石灰已淋失殆尽，粘土矿物组成主要为高岭石。

（二）垂直分布规律

我国是一个多山的国家，山地植被—土壤类型十分丰富，其分布服从于垂直地带性规律，但它们也深受纬度与经度的影响，与水平地带有密切联系。在一定的水平地带内，山地随着海拔高度的上升，形成一系列植被—土壤类型，构成垂直带谱。由于山地水热条件的特殊性，山地的植被—土壤类型与其相当的水平地带的植被—土壤类型有所不同。一般说来，山地植被—土壤垂直带谱的结构既随水平地带而有不同，也随山地的高度和坡向而有差异。因此，山地植被—土壤垂直带谱十分复杂，可根据基带的水热情况分成若干类型，如热带湿润地区、半干旱地区、温带湿润地区、干旱地区等类型，它们的垂直带谱结构各具特色。一般说来，我国西北部山地，从山麓到山顶，随着高度的增加，气温逐渐降低，湿度增加，在一定范围内还有较多的降水量，因此植被—土壤垂直带的变化，主要受湿润程度的影响，自下而上依次为荒漠、荒漠草原、山地灌木草原或草甸草原、森林、亚高山草甸，土壤则从荒漠土依次递变为山地栗钙土、山地黑钙土、山地灰褐色森林土、高山草甸土等。我国东部的山地，从山麓至山顶，湿润程度的增加不甚显著，垂直带谱结构的形成主要反映热量程度的改变，基本上以各种类型的森林为主。例如温带山地包括落叶阔叶林—棕壤、针叶落叶阔叶混交林—山地暗棕色森林土、冷杉云杉林—山地棕色针叶林土，山顶才有亚高山草甸—高山草甸土出现。又如亚热带南部山地植被—土壤垂直带有着这样的共同特点：山地下部为典型常绿阔叶林—红壤，混有杉木和竹林；高山山坡或中山上部为常绿阔叶与落叶阔叶混交林或含有常绿成分的落叶阔叶林或含有铁杉、柳杉等针叶林—山地黄棕壤；山顶出现南方杜鹃灌丛和中山草甸—山地灌丛草甸土。

热带湿润地区海南岛五指山，最高海拔为1867米，植被垂直带自下到上都有热带科属植物成分，到1800米也没有亚热带的常绿阔叶与落叶阔叶混交林，而是出现了热带所特有的热带山地松林和常绿矮林。其土壤垂直带谱为：砖红壤—山地砖红壤性红壤—山地黄壤—山地灰化黄壤—山顶矮林草甸土。

此外，山地愈高，相对高差愈大，垂直带谱也愈完整，组成也较复杂，如喜马拉雅山东端南迦巴瓦峰南坡的垂直带谱与世界各地比较，最为完整。反之，如亚热带的大别山等，则垂直带谱比较简单。坡向对垂直带谱的组成有明显影响，特别是有些山地界于两个水平地带之间，不同的坡向其所在基带完全不同，因而坡向的影响尤为显著。如五指山的东北坡基带为热带季雨林，西南坡基带为热带稀树草原，故前者的垂直带谱由砖红壤经砖红壤性红壤到山地红壤，后者则由稀树草原土经山地褐红壤、山地红壤到山地黄壤。

我国热带亚热带地区分别受到东亚季风和西南季风的影响，水热状况差异显著，以致山地垂直带谱结构明显不同。例如，东部地区山地基带是湿性常绿阔叶林，分布上限一般为 800～1300 米；同纬度西部地区如横断山地，基带在干热河谷环境下往往出现热带稀树草原，其上才是干性常绿阔叶林带，分布上限可达 2000～2500 米或更高。

青藏高原南缘的喜马拉雅山南坡和北缘的祁连山，由于所在基带和坡向的不同，垂直带谱结构完全不同，突出地表现海洋性和内陆性两种垂直带谱类型。喜马拉雅山南坡受西南季风影响，且由于主脉山体的屏障，气候湿热，山前为热带季雨林和雨林，其垂直带谱结构的特点是各种森林及森林土壤发达，分布界线很高，垂直带中完全没有草原及草原土壤。祁连山则位于内陆荒漠区，受干燥气候的强烈影响，垂直带谱结构中山地草原及山地荒漠分布广泛，而森林及森林土壤很不发达，仅在阴坡呈片段分布。

（三）隐域性植被与土壤的特征及分布规律

我国境内分布面积最广的隐域性植被与土壤，主要有草甸植被—草甸土、盐生植被—盐渍土、石灰岩植被—石灰土等，它们的地理分布虽受地下水、岩性、地表组成物质等非地带性因素的控制，但在形成发展过程中，仍不能脱离地带性因素的影响。

我国天然草甸在各地带内都有分布，多发育于河流三角洲平原、河漫滩或盆地内较低的地方，以及青藏高原长江、黄河源地等，这里地下水位比较浅，矿物质随地下水流汇集，并通过毛管上升浸润土层，为中生草甸植物供应充足的水分。在地下水为淡水的情况下，草甸多已开垦，草甸植被已为栽培植被，特别是水稻所代表，高寒地区则是优良的牧场。但草甸土还反映出不同的水平地带性特征。例如黑龙江省的草甸土有很高的有机质含量（5%～10%～20%）和深厚的腐殖质层（180～200 厘米），无碳酸盐；华北平原的浅色草甸土一般都含有碳酸盐，或多或少地发生盐渍化作用；长江北岸的草甸土含有碳酸盐，但除滨海地区外，不发生盐渍化；长江以南为无碳酸盐的中性草甸土；热带地区的草甸土不但没有盐渍化特征，有时还呈酸性反应。在半干旱和干旱地区的湖滨、河边及局部洼地、地下水较浅之处，大都有盐生草甸分布，生长着马牙头、赖草海乳草、扁蓄、金戴戴等典型的盐生草甸植物，发育着草甸盐土。

我国有漫长的海岸线，海边盐化沼泽植被也随热量变化有着纬度地带性特征。福州以北，沼泽内没有木本植物，只有香蒲、芦苇等草本植物。福州以南进入热带。在热带海岸盐渍化沼泽土上，断续地分布有红树林。由北向南，随着气温的增高，红树林的组成种类逐渐丰富，群落结构由简单变为复杂，高度由矮变高。在热带北部的福建沿海，红树林通常只为高 0.5～2.0 米的灌木层，生长稀疏，组成种类只有 3～5 种。到热带南部的海南岛，即形成茂密的矮林，一般高 4～5 米，最高达 10～15 米，组成种类增至 16～18 种。

石灰岩地区有特殊的岩溶地貌发育和水文特征过程，地表比较干旱，土层亦较薄，发育着石灰性土壤如红色石灰土、黑色石灰土等。因石灰岩透水性强，形成了较干燥的生境，故亚热带和热带石灰岩地区的森林，多为旱季落叶的喜钙的树种，它们的落叶是适应季节性干旱气候及干燥土壤的结果。局部地区因生境特别干燥，森林不能成长，也有一些原生的石灰岩灌丛、矮林。

我国自然环境复杂，古地理条件优越。丰富的植被类型中含有不少珍稀植物种属；在一定的植被条件下，为各类动物栖息、繁衍提供了有利的环境，其中含有若干珍稀或濒于灭绝的动物种，从而为我国建立不同类型的自然保护区创造了有利的条件。我国是世界上自然保护区类型和值得保护的珍稀动、植物种最丰富的国家之一。截至 1986 年底，我国已有各类自然保护区 333 个，总面积 1933 万公顷，约占我国陆地总面积的 2%。其中保护森林生态系统和珍稀动植物类型 329 个，国家一级的保护区 30 多个。截止 1987 年，我国参加联合国人与生物圈保护区网的自然保护区有 5 个，它们是：广东的鼎湖山、福建的武夷山（三港自然保护区）、贵州的梵净山、四川的卧龙和吉林的长白山。这几个保护区，在研究人类与环境关系、陆地生态平衡、古地理环境、拯救濒于灭绝的珍稀动物种等方面都有着重要的意义。

三、中国植被与土壤在自然景观形成中的作用及其在国民经济发展中的意义

我国幅员广大，环境条件十分复杂，又经过数千年人类经济活动的历史，植被与土壤有着不同的形态、组合、分布和演变，它们明显地反映了自然景观的特征，在一定程度上也反映了我国自然历史发展过程。植被与土壤是具体分布于地表的物质体系，其变化和发展较之其他自然地理因素要迅速得多，受人为利用和改变的影响较大、较直接。如森林砍伐和土地耕种就使植被与土壤在较短时间内发生改变，从而也影响到自然作用过程的变化。例如，建国以来，我国的灌溉面积已发展到 7 亿亩左右，约为解

放前的 2 倍多，大大改变了耕作土壤的类型和分布。认识我国境内植被与土壤的分布和它们的发生、演变规律，不仅有助于揭露区域分异的实质，在改造利用大自然的斗争中，更有重要的意义。

我国有着丰富的植物资源与土壤资源。在乔木中，实用价值较高的用材树种就有近一千种，其中最主要的如热带的花梨木（花榈木）、黄檀、红豆树等，亚热带的杉木、柏木、柳杉、马尾松、金钱松、铁杉、油杉、樟、楠木、檫树、苦槠、青冈、桉树、竹等，暖温带的油松、赤松、侧柏、麻栎，温带的红松、鱼鳞松、水曲柳、胡桃楸、黄菠萝，寒温带针叶林区的兴安落叶松、樟子松、兴安白桦，横断山脉亚高山针叶林区的多种云杉、冷杉和红杉等等。在特种经济植物与药用植物方面，可说是不胜枚举，例如油茶、油桐、油棕、乌桕、核桃等油料植物；柴胡、麻黄、冬虫夏草、贝母、当归、人参、肉桂、川芎、黄连、三七、天麻、杜仲等药用植物；以及香茅、熏衣草、樟脑、八角、茴香等香料植物。此外，还有多种多样的鞣料植物、纤维植物、淀粉植物、饲料植物、果实酿造植物等等。

在我国境内，还有大面积的宜耕地、宜林地和牧场有待开发利用，为我国农林牧业生产发展准备了土地资源基础。目前全国耕地 15 亿亩，约占全国土地总面积的 11%，多分布在平原、三角洲、山间盆地和丘陵地。据初步估计，我国还有大面积可垦荒地约 5 亿～7 亿亩，可供近期开发利用，主要分布于东北区和新疆等处，仅新疆就有可垦荒地 1.5 亿亩。我国南方 11 个省区（台湾省未统计在内），红壤（包括砖红壤）面积约 15 亿多亩，其中也有不少荒地可供农、林、牧综合利用。

我国现有林地面积较小，解放初期只有 7.6 亿亩，占全国土地总面积 5.2%，目前已增加 1 倍多，占全国土地总面积的 12.7%，但宜林地面积很广，绿化祖国、人工造林有很大潜力。

我国草原辽阔，全国可利用的草原面积有33亿亩，等于现有耕地的两倍以上。畜牧业是国民经济的重要组成部分，发展农业必须同发展畜牧业相结合。因此必须保护草原，严禁滥垦、滥牧，防止草原退化，并大搞草原建设，使畜牧业加快发展。我国南方还有相当面积的草山，草种丰富，这类草山有的分布于山地顶部，发展林业不利，而发展畜牧业大有可为。例如湘桂交界的湖南省南山（越城岭北坡，海拔1700米，有20万亩草山）牧场，引进国内外优良草种已获得成功。

我国人民长期的生产实践，不仅多种方式地利用了天然植物资源和土壤资源，而且进行了不少改造利用工作。例如，大面积耕作土壤的形成；山区坡地修筑梯田以防止水土流失；填高田面建造台田或条田，以降低地下水位，防止盐分的浸渍；灌溉、排水、增施肥料进行土壤改良；改土、填土以充分利用沙砾质土地；在西北干旱地区又采用田面铺沙的方法（沙田）来防止土壤蒸发；以及大量栽培作物和有用植物，进行引种驯化和选育良种，人工造林及促进天然林地的更新，培育牧草和改良草原等等。“三北”防护林总面积1.1亿亩，已经或即将发挥生态效益和经济效益，是世界上规模最大的人工生态工程系统。

应该指出，从森林资源来说，其地理分布很不平衡，绝大部分森林分布于人烟稀少、交通不便的偏远山区，过熟林占有很大比例，而人口密集、交通便利地区，森林资源短缺，幼林、中年林所占比重过大，采伐量大大超过生长量的现象十分普遍；从草场资源来说，目前某些草场载畜量过大，草场退化现象依然存在。例如内蒙古东部哲里木盟40年代流动沙丘只有100万亩，到80年代已扩大到600万亩。因此合理开发利用森林、草场，保护森林、草场，是保护生态平衡、发展国民经济的重要组成部分，也是一项长期而艰巨的任务。

第六章　综合自然区划

一、综合自然区划的内容和意义

在自然界，各种自然地理因素，如气候、水文、植被、土壤、动物、地貌等，是相互联系、相互制约的，它们构成了一个有内在联系的整体，即自然综合体。我们可以按照地表自然综合体的相似性与差异性，将地域加以划分，并按照划分出来的单位，来探讨自然综合体的特征及发生、发展和分布的规律，这就是综合自然区划的内容。综合自然区划简称自然区划，所研究的对象是自然综合体，所划出的区域称为自然区域。

自然区域是一种复杂的事物。组成自然区域的自然地理因素主要可分为两组：一组是生物气候因素，包括气候、水文、植被、土壤、动物等。它们的发生、发展主要受水热条件的支配，分布具带状规律，故可称为地带性因素；另一组是地质、地貌因素，它们的发生、发展主要受内力的支配，分布一般不成带状，故可称为非地带性因素。在自然区域内部，这两组因素相互制约。所以，地带性因素与非地带因素之间的矛盾，乃是自然区域的基本矛盾。客观存在的自然区域是这两组因素交互作用的结果。因此，每个自然区域既包含地带性特征，也包含非地带性特征；在自然界中，没有纯粹地带性的自然区域，也没有纯粹非地带性的自然区域。地带性规律和非地带性规律是地域分异的基本规律，它们是相互对立的，但又是相互联系、相互渗透的。相互对立在于地带性因素与非地带性因素的本质有差异；相互联系和渗透在于地带性因素的发展受非地带性因素的影响，非地带性因素的发展也受地带性因素的影响。例如，属于地带性因素的土壤包含有属于非地带性性质的隐域性土壤，属于非地带性因素的地貌也具有地带性特征（气候地貌）。因此，把两者割裂开来，显然是不正确的。

地理地带性规律是以热量和水分为主的多种因素作用于地表的综合表现。地理环境的结构和按带、地带、亚地带变化的依据，首先是热量的变化、水分的变化、热量和水分对比关系的变化。

对自然界区域分异有重大影响的除地带性因素外，还有非地带性因素。地质构造、地形轮廓等决定着地形形态结构的基本分异，是自然综合体形成和发展的“固体物质基础”。因此，进行自然区划必须充分地注意地带性与非地带性因素之间的辩证关系。

自然区划是认识自然和改造自然的一项基本工作。为了合理利用我国各地复杂的、优越的自然条件和自然资源，各个地区必须根据因地制宜的原则，规划该地区农业（包括农、林、牧）和其他企业的发展方向。自然区划在生产上的意义主要是：（1）指出各区自然改造利用的可能性，并提出利用和改造的方向；（2）阐明各区自然条件对于生产建设的有利与不利方面；（3）为国土整治、区域规划等提供基础资料。

二、自然区划的基本原则

我们认为，自然区划应当遵循下列几个基本原则：[①]

1. 综合性原则。自然区划是在辩证唯物主义的指导下，研究自然综合体的区域分异。差异就是矛盾，故自然区划的实质在于研究各地区内部以及地区间的各种矛盾和矛盾的各个方面，用全

① 详见任美锷、杨纫章：“从矛盾观点论中国自然区划的若干理论问题”，《高等学校自然科学学报》，地质、地理、气象学版，1965年4月，第245～258页。

力找出其中的主要矛盾和矛盾的主要方面，作为区划的依据。所划出的单位是不同等级的自然综合体，而不是离开对象去划分热量区域单位、水分区域单位、土壤区域单位等等，虽然这些因素是划分自然区域的重要依据。在进行自然区划时，不是对各种因素等量齐观，而是在综合分析的基础上着重于主导因素的探索。主要矛盾与主导因素虽是两个不同的概念，但它们有紧密的联系，即主导因素应体现地域分异的矛盾的主要方面。

事物内部矛盾着的两方面，可因一定的条件而互相转化。毛泽东同志指出："事情不是矛盾双方互相依存就完了，更重要的，还在于矛盾着的事物的互相转化。"[①]因此，自然区域分异的主导因素也不应当看作是绝对不变的，而是可以按时间和地点有所不同。例如，青藏高原在新第三纪以前还没有大量上升，那时，地形显然不是地域分异的矛盾的主要方面。但目前青藏高原地势高峻，在区域分异的基本矛盾中，非地带性因素（地形）居于主要方面。在平原低山地区，地势较低，地带性因素成为矛盾的主要方面。在同样的平原低山地区，气候因素中水热的配合以及它们的有效性对自然地理过程的作用，在不同地区亦有不同的表现。在水分充足的地区，热量差异的影响比较显著；在水分缺乏的地区，虽然有足够的热量，但自然地理特征和农业生产的可能发展却决定于水分的供给程度。在前一种情况下，热量是矛盾的主要方面；在后一种情况下，水分是矛盾的主要方面，热量只是决定地域分异和考虑农业布局的次要因素。前者如我国东部，后者如我国西北部（内蒙古、新疆）。故在我国东部，自然区划的高级单位一般与热量带符合，这是在具体的地质地形基础和水分条件下形成的，离开了这个具体条件，就不一定适用了。

---

① 毛泽东："矛盾论"，《毛泽东选集》，第1卷，人民出版社，1966年，第303页。

区划指标用来表征区域之间的具体界线，可以是积温、干燥度、海拔高度，亦可以是土壤或植被类型界线。它应当是最具有代表性、最能说明区域差异主导因素的某种特征或数值，所以不是任意确定的。任何指标均不能说明区域差异的本质，只能反映主导因素的作用。由于决定区域分异的主导因素在不同地区可以是不同的，因此，就不宜用同一个主导指标来划分全国所有的某一等级的区划单位，而应在全面综合分析的基础上，按照各地区的具体情况，选用不同指标，来划出自然区域，这就是“多指标法”。例如，中国科学院自然区划委员会所划分的东部季风区、蒙新高原区和青藏高原区三大自然区（自然地段），成功地反映了我国自然界最主要的区域差异，这三大自然区，实际上是在综合分析全部自然因素的基础上，分别以热量、水分和地形条件作为区划的主要指标而划出的。

即便是同一种自然因素（例如热量），由于我国各区的自然条件有其特殊性，也往往不能用同一个数值来分区。例如，西藏高原由于其特殊的高原条件，日照时数较多，太阳辐射强，气温日较差大而年较差小，对于植物生长发育来说，其积温值与高纬度低地的寒温带的相同数值具有不同的意义。同一个积温值，由于各地区的热量季节分布和干湿程度不同，对经济树木和作物的有效性也是不同的。例如，云南南部由于冬季基本上不受寒潮影响，且多雾，空气比较湿润，故云南准热带的积温指标可比两广稍低（见第十一章）。

自然区划主要是为大农业服务的。各地区因具体自然条件不同，影响农作物产量的主要因素也有不同。例如，日本与我国东部虽同属季风气候，但我国东部的大陆性较强，夏季温度较高，影响农作物收获方面，雨量比温度更为重要，自古以来，我国农民就希望“风调雨顺，人寿年丰”。日本则受海洋影响较强，雨量丰沛，而夏季温度偏低，故对作物产量来说，温度的影响最大[①]。由此可见，温度和雨量的意义，在中国东部和日本很不相同。如果不作全面的具体分析，不但不能揭露各区的自然环境特征，而且自然区划也难以真正做到为大农业服务。

总之，自然区划的原则就是全面地、综合地分析所有自然因素，在此基础上，找出自然区域的特征及决定区域分异的主导因素，所划出的自然区域具有相似的自然地理特征和共同的利用与改造自然的方向。这一原则我们称为综合性原则。这一原则是符合近年来国外自然区划问题研究的发展趋向的。[②]不同等级的自然区域都是根据这个原则划分的，它们的区别在于内部相似性程度的不同，自然区域的等级愈低，其内部的相似性愈大。

2. 发生原则。一切事物都是不断发展的，在自然地理学中，绝不能把空间和时间割裂开来。自然区域的分异和自然综合体的特性是在历史发展过程中形成的，因此，进行自然区划，必须深入探讨区域分异产生的原因与过程，作为区划的依据之一，这就是已经得到广泛承认的发生原则。发生统一性不仅是自然综合体形成发展的历史过程的相对一致性，还包含着区域逐级分异的产生的历史过程的相对一致性。自然地理过程是综合的，不是某一单项因素的发生与发展。从发生上来说，一个高级自然区域，不但现代自然地理特征的成因是相对一致的，而且这个特征的形成历史和大区内部的次一级区域单位的分异过程也是相对一致的。

例如，我们把云南和四川西南部划为一个一级自然区（即西南区），就是根据发生原则来考虑的，即它是一个“热带的山原”。在昆明准静止锋以西，云南几乎终年受热带气团的控制。从大气环

---

① 竺可桢：“论我国气候的几个特点及其与粮食作物生产的关系”，《地理学报》第30卷，1964年，第1～13页。

② 参看倪绍祥：“苏联地理学界关于自然区划问题研究的近况”，《地理研究》第1卷第1期，1980年，第95～102页。

流影响出发，云南和四川西南部的热带范围可达北纬 28°左右（即西昌附近）。但由于本区是一个山原，地形复杂，随着海拔高度及地貌结构的不同，出现热带、准热带、亚热带和温带景观。在景观发育史上，云南和川西南也大致相似，都由于上新世末期或更新世初期大面积强烈的差别上升，使本区内部的自然景观逐渐变化分异，发展成为目前情况。因此，西南区在发生上有非常明显的一致性，即：（1）景观特征的成因相对一致，都由于它是热带山原，其现代自然地理过程是热带山原上的自然地理过程，在质和量上均不同于东部沿海地区；（2）景观的形成历史相对一致，都由于新第三纪以来，本区大面积上升逐渐形成；（3）次一级区域单位的分异过程相对一致，均主要受地形条件的影响，从热带基础上分异而成，其中垂直地带性规律起着主导作用。本区的东面界线是明显的，在黔滇边境，大致以北盘江为界，即约与昆明准静止锋的位置相当。界线以西，冬日晴和，为云南松、红壤区域；界线以东，“天无三日晴”，为马尾松、黄壤区域。很明显，热带山原是地带性因素（热带）和非地带性因素（山原）在具体条件下的矛盾统一体，只考虑生物气候因素或地质地形因素，都不能得出符合客观实际的区划方案。在农业生产上，热带山原的特征使农业必须考虑立体布局，并着重发展一些热带山原的特有经济作物。在山原的亚热带地区，仍有一些准热带的盆地和河谷适于发展某些热带作物。由此可见，如把云南作为热带和亚热带水平地带的一部分，则不但显然割裂了发生上相同的一个自然区，在规划大农业生产方面也有其不合适之处。

再以柴达木盆地为例，我们把它划入西北区。从地质历史及海拔高度来看，柴达木盆地虽是青藏高原的一部分，但它在长久的僻居内陆、水分缺乏的历史过程中，形成了和塔里木盆地、准噶尔盆地、河西走廊等地相似的内陆荒漠景观。柴达木盆地内陆荒漠盆地景观的形成与发展历史以及现代自然地理过程，都和西北干

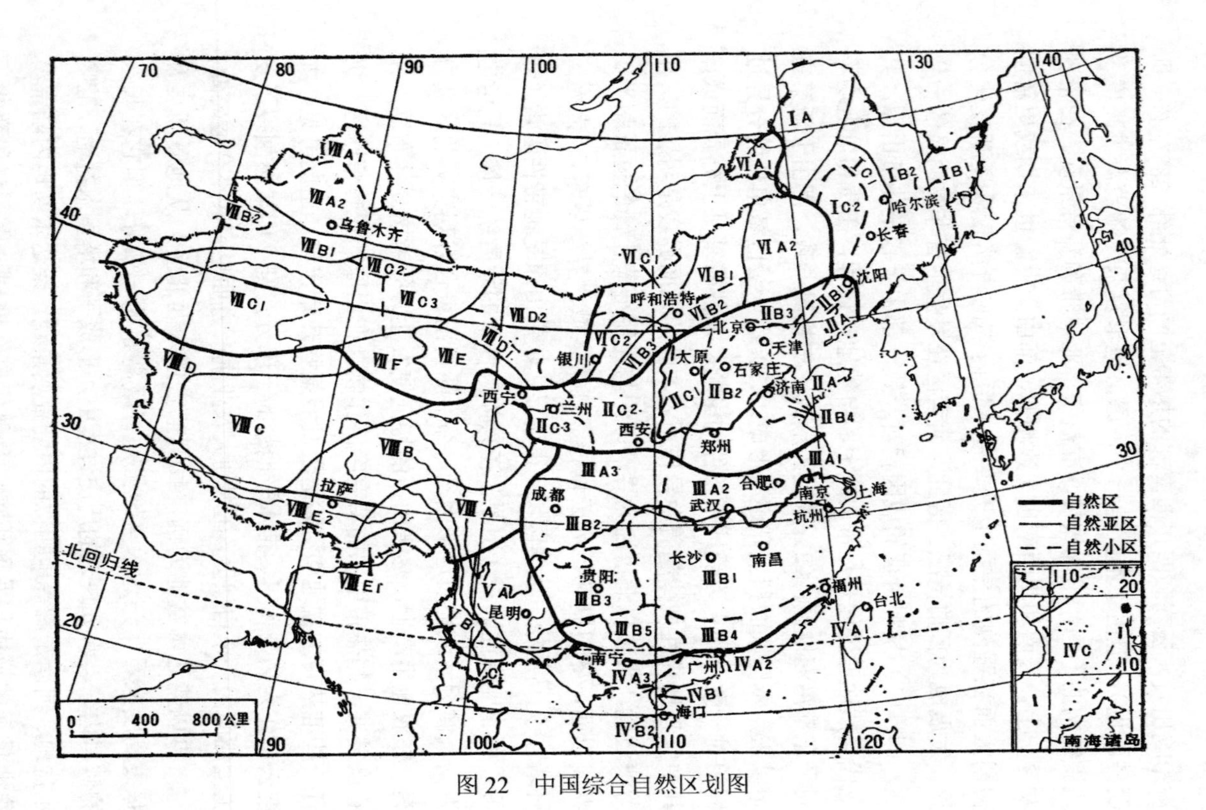

图22 中国综合自然区划图

图22

I 东北区

I_A 大兴安岭北部亚区

I_B 小兴安岭及东部山地亚区

I_{B1} 三江平原小区

I_{B2} 小兴安岭及东部山地小区

I_C 松嫩平原亚区

I_{C1} 山前低山、丘陵、漫岗小区

I_{C2} 松嫩平原小区

II 华北区

II_A 辽东半岛与胶东半岛亚区

II_B 华北平原亚区

II_{B1} 下辽河平原小区

II_{B2} 黄淮海平原小区

II_{B3} 冀北山地小区

II_{B4} 鲁中山地小区

II_C 黄土高原亚区

II_{C1} 山西高原小区

II_{C2} 陕北、陇东高原小区

II_{C3} 陇西高原小区

III 华中区

III_A 江汉、秦岭亚区（华中区北部）

III_{A1} 长江三角洲平原小区

III_{A2} 长江中下游平原、丘陵小区

III_{A3} 秦岭、大巴山地小区

III_B 江南、南岭亚区（华中区南部）

III_{B1} 江南低山、丘陵、盆地小区

III_{B2} 四川盆地小区

III_{B3} 贵州高原小区

III_{B4} 南岭山地小区

III_{B5} 广西北部小区

IV 华南区

IV_A 两广、闽南及台湾亚区

IV_{A1} 台湾与澎湖小区

IV_{A2} 闽、粤沿海丘陵、平原小区

IV_{A3} 桂南盆地小区

IV_B 雷州、海南亚区

IV_{B1} 雷州半岛小区

IV_{B2} 海南岛小区

IV_C 南海诸岛亚区

V 西南区

V_A 云南高原亚区

V_B 横断山脉亚区

V_C 滇南山间盆地亚区

VI 内蒙区

VI_A 内蒙东部亚区

VI_{A1} 呼伦贝尔高原小区

VI_{A2} 大兴安岭南部及西辽河平原、丘陵小区

VI_B 内蒙中部亚区

VI_{B1} 锡林郭勒高原小区

VI_{B2} 集宁、呼和浩特盆地小区

VI_{B3} 鄂尔多斯东部小区

VI_C 内蒙西部亚区

VI_{C1} 百灵庙高原小区

VI_{C2} 河套平原及鄂尔多斯西部小区

VII 西北区

VII_A 北疆亚区

VII_{A1} 阿尔泰山及准噶尔界山小区

VII_{A2} 准噶尔盆地小区

VII_B 天山山地亚区

VII_{B1} 天山山地小区

VII_{B2} 伊犁谷地小区

VII_C 南疆亚区

VII_{C1} 塔里木盆地小区

VII_{C2} 吐鲁番及哈密盆地小区

VII_{C3} 北山戈壁与噶顺戈壁小区

VII_D 阿拉善、河西亚区

VII_{D1} 河西走廊小区

VII_{D2} 阿拉善高原小区

VII_E 祁连山地亚区

VII_F 柴达木盆地亚区

VIII 青藏区

VIII_A 川西、藏东分割高原亚区

VIII_B 东部高原亚区

VIII_C 藏北高原亚区

VIII_D 阿里高原亚区

VIII_E 藏南谷地与喜马拉雅高山亚区

VIII_{E1} 喜马拉雅山南翼小区

VIII_{E2} 藏南谷地小区

旱地区具有共同性，而与青藏高原间存在着较大的差异：（1）柴达木盆地降水稀少，极为干旱，西部年降水量不及20毫米，干燥度数值达10以上，与青海高原降水达200毫米至300毫米以上，干燥度不及1.0～1.5，有着本质上不同；（2）柴达木盆地全部属于内陆水系，山区水源补给比较稳定，且夏季有一定的热量条件，可供灌溉农业的发展，而青海高原或藏北高原则没有这样的水热配合关系；（3）柴达木盆地荒漠景观还表现在荒漠性的土壤与动植物组成方面，它们是在长期内陆干旱条件的历史过程中定居和发展的。柴达木盆地和新疆一样，广泛分布着荒漠型的土壤和植被。其土壤形成过程的许多特征（如有机质少、有石膏积累，甚至可溶性盐积累形成结皮、片状层和壳等）与南疆相似，两者只有程度上的差别。但青藏高原则主要分布着高山荒漠土，高山和亚高山草甸土和草原土，其土壤形成过程与柴达木有着质的区别。柴达木的荒漠型植被特点，如分布稀疏，根深叶小，多年生低矮灌丛占着绝对优势等，说明其不是高寒荒漠，而是与河西一带的温带荒漠相似，故与新疆、河西“应被看作是联系成为一片的荒漠区”，这一点在许多地植物学家的著作中早已阐述得十分清楚。[①]由此可见，柴达木盆地虽然在地形上和海拔高度上与青藏高原相联系，但它与西北干旱区有着发生上的共同性。它不仅在荒漠景观类型上与新疆、河西相似，在地域上也是紧接成片的，因为阿尔金山位居我国最干燥地区的中心，荒漠景观自山麓一直伸延至山脊，是典型的荒漠型山地。因此，假如只从地质地貌发育史出发，柴达木盆地可以划入青藏高原区，但若从整个景观发生及演变的历史过程来考虑，则它无疑应划归西北区。

---

① 李世英等：“从地植物学方面讨论柴达木盆地在中国自然区划中的位置”，《地理学报》第23卷第3期，1957年。

侯学煜：“论植被分区的概念和理论基础”，《植物学报》第9卷第3～4期，1961年。

3. 地域完整性原则。自然区域既然是一个“区域”，那么，在地域上必须连成一片，这是地理科学上的基本概念。区域与类型是不同的。划分类型当然是划分自然区域的基础，但两者不能混淆。如热量带基本上是热量的类型，而不是一个自然区域。我国暖温带，东面包括华北平原及晋、陕、甘 3 省的一部分，西面包括新疆南部，中间隔着柴达木、宁夏和巴丹吉林沙漠等广大地区，故暖温带如果作为一个自然区，其地域并不连成一片，这显然与地域的概念相矛盾。因此，我们并不以热量带作为自然区域。根据具体情况，一个自然区可以只包括一个热量带，也可以包括几个热量带。

例如，西藏东南部察隅一带因海拔较低，为热带雨林和季雨林区，海拔稍高的地方如亚东一带海拔 2500 米左右，为山地亚热带常绿阔叶林区。西藏东南部的热带、准热带区与云南西南部的准热带区在地域上不相连接，中间隔着缅甸，故不能与云南西南部合为一个自然区。西藏东南部为喜马拉雅山地，海拔 1000 米以下的热带和准热带河谷、盆地的面积不大，但山地的垂直自然带谱属于热带山地类型，其形成显然与喜马拉雅山及西藏高原的屏障作用，寒潮很难到达这里有关。因此，喜马拉雅山南翼的自然特点是与西藏高原有密切关系的，地域上也与青藏高原连成一片，故应归入于青藏高原区之内。[①]这样，在中国植被—土壤分区图上，西藏高原东南部虽划出了一个热带区，它的自然景观与高原显然不同，但在自然区划上，仍合归于青藏区，只作为该自然区内一个次一级的自然区来处理。

---

① 郑度等根据对珠穆朗玛峰地区的实地考察，也提出上述看法，见“珠穆朗玛峰地区的自然分带”，《珠穆朗玛峰地区科学考察报告（1966～1968）——自然地理》，科学出版社，1975 年。

三、本书的自然区划方案

根据上述原则，并使区划简明，以便于广大读者易懂、易用，本书的全国自然区划只分三级，即区、亚区和小区。全国共分为8个区、28个亚区和58个小区。各级自然区域的命名一律以常用的地名为主，不加上热量、湿润程度、植被、土壤等专门术语，使自然区域的命名不至过于冗长（图22）。

1. 自然区：全国分为8个自然区，即东北、华北、华中、华南、西南、内蒙、西北和青藏。其中4个区位于我国东部（即东北、华北、华中和华南区），水分比较充足，地形以平原、丘陵和低山为主。这里，自然景观的分异主要由于热量差异，以及由此而引起的植被、土壤等的不同。因此，决定自然界地域分异的主导因素是热量。我们大致按照热量的不同，作为划分上述4个自然区的依据。

划分热量带的主要参考指标是一年内日平均气温≥10℃持续期间日平均气温的总和，即活动温度总和，简称积温。因为它是最简单、最直接表现热量资源的指标。各带的具体标准大致如下：

热量带	活动温度总和（℃）
热带	7000（或6500）～9000以上
热带北部	7000（或6500）～8000
热带南部	8000～9000以上
亚热带	4500～7000（或6500）
亚热带北部	4500～5000
亚热带南部	5000～7000（或6500）
暖温带	3000～4500
温带	1700～3000

寒温带　　　　　<1700

热量对于自然综合体中一切过程都有影响，与土地利用也有密切关系。但温带、亚热带、热带等，如作为自然带来看，则其划分必须根据综合指标，包括植被、土壤、动物等，而不能单纯根据热量指标。竺可桢教授等指出，与农业直接有关的是物候，而温度（或积温）决不是影响物候的唯一条件，其他气候条件，如昼夜长短、雨量多少等，对于物候有时比温度更为重要，因此，进行自然区划时，必须重视物候观测记录，[①]即必须考虑热量及其在植被、土壤、动物和农业植被上的反映，进行综合研究，来确定各自然带的界线。同时，应当看到，以某一积温数值作为划分某一热量带的界线，也含有某些主观、人为的成分，其正确与否，应以客观存在的自然环境及农业植被的特征来加以检验。

我国东部的 4 个自然区，每一个自然区约相当于一个热量带范围：东北区主要是温带，寒温带在东北面积很小，故不另划为一区；华北区大部相当于暖温带；华中区相当于亚热带；华南区大致相当于热带。

寒温带年积温 1100℃～1700℃，但最热月平均气温仍可达20℃，全年无霜期 70～100 天。温带年积温 1700℃～3200℃，全年无霜期 100～180 天。东北区由于冬季长，且气温低，不能从事田间活动，故普遍实行一年一熟的农作制。暖温带年积温 3200℃～4500℃，全年无霜期约 180～240 天，农作制度主要是两年三熟，但黄淮平原（暖温带南部）也有一年两熟的。华北区的南界大致为白龙江、秦岭、淮河一线，这是暖温带与亚热带的分界，也是农作制度上两年三熟地区与一年两熟地区的主要分界。其主要原因就是这条界线两面的热量（积温）不同，因而农业制度也不相同。

① 竺可桢、宛敏渭著：《物候学》（修订本），科学出版社，1980 年，第 143 页。

华中区位于秦岭、淮河与南岭之间，是我国的亚热带地区，年积温 4500℃～6500℃或 7000℃，无霜期 240～300 天，一年四季分明。农作制度北部一年两熟，南部两年五熟或一年三熟，还可以种双季稻。

南岭以南是华南区。竺可桢教授等指出：南岭是我国亚热带的南界，南岭以南便可称为热带。热带的特征是，“四时皆是夏，一雨便成秋”。[①]

我国东部热带和亚热带地区，冬季受寒潮的影响较大，极端最低气温偏低，即在海南岛北部，偶尔还可以出现 0℃以下的低温，这使它与世界其他典型的热带和亚热带地区（如地中海地区）相比较，显得十分独特。尤其是位于寒潮南下通道上的桂林、韶关等处，冬季气温低，自然景观（如天然植被）的特征比较类似亚热带。我们根据气候及整个自然景观的结构特征，拟定我国热带北界的指标为：积温 6500℃或 7000℃以上，最冷月平均气温 13℃以上，大部分地方全年无霜，受寒潮侵袭的地方，每年间或有一两次轻霜。由于冬季暖热，可种冬玉米、冬甘薯，甘蔗也可以越冬，全年生长，与亚热带有显著不同。热带果树如甘蔗、杧果、木瓜等，均广泛栽植、收获，但在亚热带，它们一般则不能生长。

我国热带范围包括台湾、福建沿海、粤、桂、滇的南部、西藏东南部以及南海诸岛。由于大气环流及地形的差异，可分为东西两部分。云南终年受热带气团的控制，无寒潮或受寒潮影响极为轻微，绝对低温较高，日照丰富，热量的有效性较大，植物的越冬条件较好，故从该区热带作物生长的实际情况来看，热带北界的积温指标可以略低，约为 6500℃，热带上限可到海拔 1000～1200 米，其北界在滇西可到北纬 25°以上，在西藏东南部可到北

---

① 竺可桢、宛敏渭著：《物候学》（修订本），科学出版社，1980 年，第 30 页。

纬 28°以北。广西、广东冬季受寒潮影响，越冬条件较差，从整个自然景观及热带作物情况来看，热带北界的积温应为7000℃左右，故热带北界偏南，大致限于南岭山地的南麓以南地区，热带上限仅到海拔 500 米左右。福建沿海和台湾因受海洋调节作用，热带范围也到北纬 25°以北。[①]

上述东部 4 个自然区，由于地形比较平缓，各区间景观的变化是逐渐过渡的，自然区划的界线带有较浓厚的渐变性，图上的一条界线，在地面上却是一个相当宽广的过渡带。例如，亚热带的南缘（南岭山地及福建东南部），天然植被为含热带树种的亚热带常绿阔叶林，在局部小气候良好的地方，也可栽培一些热带性较弱的热带果树，如荔枝、芭蕉等，具有明显的亚热带向热带过渡的性质。暖温带南部黄河与淮河之间的广大地区，天然植被为含亚热带落叶树的暖温带落叶阔叶林，在水肥条件较好的土壤上，一般为一年两熟制，也显然是暖温带向亚热带过渡的一个亚带。

大兴安岭和长城一线的西北，东南季风的影响逐渐减弱，水分条件对自然景观的作用，代替了热量条件而居于主导地位，成为区域分异的主导因素，可划分为以草原景观为主的内蒙区和以荒漠景观为主的西北区。区域界线大致作南北向（经度方向），与东部 4 个自然区之间大体作东西向（纬度方向）的界线完全不同。我国从东向西，由于干燥度的不同，自然景观的递变大致如下（表 15）。

青藏高原海拔在 3000～4000 米以上，是著名的世界屋脊，主要为寒漠和高山草甸、草原。这是由于处于中纬度西风带的地带性因素和巨大的海拔高度的非地带性因素共同作用的产物，但地

---

① 朱炳海认为：用积温表示热量情况，还是经验性的间接方法，因此它的代表性，显然在不同的地理区域而有区别。见朱炳海：《中国气候》，科学出版社，1962 年，第 152 页。关于我国热带北界问题，本书第十章还要详细讨论。

表 15　我国自然特征随湿润程度的变化

名　称	占全国总面积百分数%	干燥度	景观特征（土壤、植被）
温润区	32.2	<1.0	森林植被；土壤无石灰积聚，呈酸性反应
半湿润区	15.3	1～1.5	森林草原和比较干旱的森林；土壤一部分有石灰积聚，中性—微碱性反应
半干旱区	21.7	1.5～2.0	干草原；土壤有大量石灰积聚并有盐渍化
干旱区	30.8	>2.0	荒漠草原与荒漠：土壤普遍盐渍化

形是青藏高原自然地理特征形成和发展的主导因素。如果青藏高原目前海拔不高，而且没有喜马拉雅山等高大山脉的屏障，则印度洋的季风可以长驱直入，以青藏高原所处的纬度，它显然将是一个温暖、湿润地区，其自然景观将与现在完全不同。在大高原的北面，昆仑山脉构成了它与西北荒漠区之间的明显界线。

西南区包括云南和四川西南部，大致位于大、小相岭和北盘江以西。之所以要把它划为一个一级自然区，并不是由于地形的关系，即不是由于它是横断山脉区，因为下关以东的大片云南高原并不属于横断山系。西南区主要是一个海拔 1500～2000 米的山原。地面的气候就热量来说，虽然也可划为亚热带，但只要认真地比较一下，就可以发现这种相似性是一种假象。因为华中亚热带地区的 1500～2000 米山原（如鄂西高原、黔西高原），其气候并不属于亚热带。西南区的最主要特征是热带山原，即它在水平地带（基带）上属于热带[①]，地形上为山原，故具有热带山原所特有的“四季如春”的气候，以及因此而引起的热带山原性的植被

① 与西昌和昆明纬度相似的印度恒河平原和缅甸北部平原，均具热带气候，滇西的芒市、瑞丽，纬度与昆明相近，海拔在 1000 米以下，亦属热带地区。

和土壤。因而可把它与华中区划分开来，成为一个独立的自然区。西南区热带山原景观的形成，主要由于它的大气环流系统，即夏半年受西南季风的影响，冬半年受热带大陆气流的控制。因此，可以热带大陆气流影响的范围作为区划的主要指标，来划定西南区的东界和北界。

2. 自然亚区：以上 8 个自然区的面积都很大，其内部自然景观和土地利用方向还有一定的差异。我们根据各区内部区域分异的规律，可以再分出若干二级区，称为亚区。例如，华中区跨纬度约 12°，南北热量有一定差异，因而自然景观也有一系列明显的不同，主要可分为南部和北部两个亚区，其自然地理特征的差异，列表说明如下（表 16）。

表 16　华中区北部和南部自然特征比较表

名称	气候	植被	土壤	农作物	典型经济作物
江汉秦岭亚区（亚热带北部）	积温 4500℃～5000℃	含常绿成分的落叶阔叶林	黄棕壤	稻米一年一熟	一般不产樟树、柑橘等
江南南岭亚区（亚热带南部）	积温 5000℃～7000℃	亚热带常绿阔叶林	红壤与黄壤	稻米一年可两熟	盛产亚热带的樟树、油茶、柑橘等

又如，内蒙区跨经度约 20°，自东至西，由于水分条件的差异，内部亦可分为东部草甸草原、中部典型草原和西部荒漠草原 3 个亚区。

其他自然区内亚区的划分，一般也是按照综合分析所有自然因素，并找出主导因素和主导指标来考虑的。西北区高山与大盆地的地形，使水分、热量条件的差异有所深化，例如天山山地明显地分隔了新疆南部和新疆北部，南疆热量比较丰富，属暖温带，北疆属温带。柴达木盆地海拔较高，也导致了荒漠景观的内部分异。故可依地形界线将西北区分为北疆、天山山地、南疆、阿拉善与河西、祁连山地以及柴达木盆地6个亚区。

如上所述，本书所划定的亚区，一般只包括一个自然地带，但在个别情况下，也包括两个自然地带。因为一个自然区域应该是地域上完整的单位，例如：台湾应该是一个自然地理单位，但如二级区机械地根据自然地带来划分，则台湾就被割裂成为两个二级区，即热带北部和热带南部。台湾的热带南部地区面积很小，仅限于台湾岛的南角，如果这样划分，则台湾南缘将与相距甚远的南海和海南岛相连，成为一个二级区，这显然是不合适的。

3. 自然小区：第三级自然区域称为小区，仍根据综合分析和主导因素相结合的原则，依不同的亚区内部区域分异规律进行划分。如柴达木盆地是一个发生上和景观上相对一致的内陆盆地，故划为一个自然亚区。盆地内部，根据湿润程度的不同，可划为东部和西部两个小区，前者为荒漠草原地区，后者为荒漠地区。又如华中区的江南南岭亚区，面积较大，地形结构复杂，可根据地形及因此而引起的气候和自然景观的差异，分为江南低山丘陵盆地、四川盆地、贵州高原、南岭山地和广西北部5个小区，各个小区各有其明显的自然地理特征。

第二篇

区域分论

第七章　东北区[1]

东北区位于我国东北角纬度最高部分，北、东、东南三面至国境，西隔大兴安岭与内蒙区的呼伦贝尔高平原相接。大兴安岭北段是一条比较显明的自然界线，这条界线约与干燥度1.2等值线相合，大致自根河河口向东南经海拉尔与喜桂图旗（牙克石）之间，再向南止于阿尔山。东北区的南界不甚明显，约自阿尔山起，向东沿洮儿河谷、乌兰浩特南下，与活动积温3200℃等值线相符，循彰武、法库、铁岭、抚顺一线，再向东南延伸经宽甸至鸭绿江边。在行政区域上，东北区包括黑龙江省的全部、吉林省的绝大部分、辽宁省的北部，以及内蒙古自治区的东北部。吉林省以西，干燥度在1.2以上，有大片沙地，即科尔沁沙地，已属内蒙区范围。

东北区全区地势，形成半环状的3个带，最外的一环是黑龙江、乌苏里江等河谷谷地，其内紧接着高度不大的山地。西部山地以大兴安岭为主干，东与伊勒呼里山、小兴安岭山地相接；东部山地主要有张广才岭、长白山地等。这些山地和丘陵环抱着松嫩平原，而在东部松花江下游及乌苏里江左岸，是低湿的三江平原。

大兴安岭为北北东走向的山系，从黑龙江右岸漠河至西拉木伦河左岸，全长约1400公里，大致以洮儿河为界，可分为南北两段。北段长约670公里，山脉较宽，海拔在1000米左右，个别山峰可达1700米以上，东坡较陡，水系发育，西坡平缓，切割也较弱；南段山势较低，但个别高峰达1950米，具森林草原景观，森林只在山地东坡局部存在。其自然地理特征，西与内蒙古高原、东与西辽河

① 编写时曾参考赵松乔：“黑龙江省的自然地带及其定向改造”（未刊稿）。

平原有较大的相似性。故大兴安岭南段应划属内蒙区。

小兴安岭习惯上指黑龙江省北部具北西走向的山岭而言，平均海拔 500～800 米，西北段平缓，呈台地状丘陵；东南段起伏较大，为低山丘陵。

东部山地为许多北东走向的平行褶皱断块山脉和宽广的谷地所构成，包括完达山、张广才岭、老爷岭、太平岭、长白山等，一般山脊海拔 500～1000 米。山岭为河流切割，山势高耸，而河谷宽坦，常有一些湿地分布。

松嫩平原和三江低地在大地构造上都是凹陷带，沉降和堆积作用迄今仍在继续进行，故地形平坦，低处成为大片沼泽。

东北区大地形的轮廓在不同程度上加强了气候的寒湿性和地带性现象的差异，也是形成东北区内部景观分异的重要因素。山地为森林景观，并有垂直带结构；平原部分山前岗地为森林或森林草原，低平地段为草甸与沼泽交错。

一、温带湿润森林景观和森林草原景观的形成及其主要特征

东北区森林分布甚广，大、小兴安岭与东部山地是我国最重要的天然林区，木材蓄积总量达 30 亿立方米以上，占全国森林总资源的 60%，材质优良，被称为我国“绿色宝库”。松嫩平原是我国最肥沃的大平原之一，草原广袤，农业和畜牧业生产有着很大的潜力。温带森林和森林草原植被类型的广泛分布并交织着草甸和沼泽，表征着东北自然资源和自然景观的主要特征。

东北区温带湿润森林与森林草原景观形成因素中，温带季风气候起着主导作用，它的影响在各种自然地理现象中得到极其深刻的反映。

（一）温带季风气候的主要特点

东北区位于中纬度西风带亚欧大陆的大陆东岸，为东亚夏季风影响的北部边缘地带，地面气流有着明显的冬夏交替，温带季风型大陆性气候特征十分显著。由于本区的行星风系为西风带，大部分天气系统由西向东运行，使冬季的西北季风得到加强，而夏季的东南季风则相应受到削弱。

东北区处于北纬 42°至 53°34′ 之间，为我国最寒冷的自然区。冬季在强大的蒙古高压笼罩下，风力强劲，寒潮频袭，寒冷尤甚。1 月等温线大致和纬线平行，南北梯度很大，自南部的–10℃至北部的–30℃，平均纬度每升高 1°，温度降低 1.5℃。大兴安岭北部山地是全国著名的“寒极”，极端低温曾降至–50℃以下。

冬季漫长，低温持续期相当长。一般而言，大兴安岭地区每年 10 月初，日平均气温即稳定在 0℃以下，到次年 4 月才回升，日平均气温 0℃以下的持续期有 6 个半月之久，松嫩平原与长白山地也长达 5～6 个月。这时土壤冻结，地表雪盖，河流封冻，农事休闲，而林业由于大地封冻，采运方便，则为生产繁忙季节。

春季蒙古高压由于大陆增热，势力大为减弱北退，低压系统常自贝加尔湖移入本区。由于低压前部出现强劲的西南气流，低压后部有强烈冷空气侵入，故东北区春季多偏南大风，冷空气南下降温，又常常造成晚霜。大风以松嫩平原和松辽分水岭出现次数最多，最大风速可达每秒 30 米，如公主岭曾记录过每秒 46.3 米（1919 年 3 月 23 日）的大风。松嫩平原西部，雪盖很薄而地表多沙，春季旱风和沙暴对生产仍有一定危害。

本区黑河以北，基本上没有夏季，即有亦不过 1～2 候。7 月是一年中最热的月份，全区绝大部分气温都升至 20℃以上。等温线在中部平原地区有一致向北弯曲的趋势，等温线稀疏，平均每一纬度只相差0.4℃。在全国来说，本区7月平均气温虽较低，但在太平洋高压伸入本区停滞的时候，也有短时炎热天气，往往出现35℃以上的高温。

秋季在东北区来临是极快的。随着蒙古高压的建立，各地逐月气温下降迅速，8～9月间一般下降7℃～8℃，9～10月间降低9℃～10℃之多，所以10月平均气温大多在10℃以下，最北部可到0℃以下，已进入冬季。

由此可见，东北区全年农耕期（日平均气温>0℃）约190～220天，生长期140～190天，均从北向南，自高地向低地加长。活动温度积温虽少于3200℃，但夏季白昼时间及日照时间都很长，有效温度高，活动温度稳定持续期有4～5个月，可满足一般作物生长成熟要求。如春小麦在平原地区栽培，保证率在95%以上，即黑龙江河谷亦达90%左右。此外，大豆、甜菜、马铃薯等的保证率也在95%以上。延边朝鲜族自治州是我国高纬度大面积种植水稻地区。

东北区降水主要源自东南季风。本区最东端的绥芬河一带，与海洋（日本海）直线距离仅100公里，故东南季风可以直入。夏季降水量全区各地都占到全年的60%左右，多的达70%以上。降水量的分布受地形影响，山地迎风坡降水较多，西侧背风坡则减少很快。如长白山地东南坡最多可达1000毫米，小兴安岭东侧在600毫米以上，到嫩江平原减为400～500毫米，大兴安岭东坡又稍见增多，越过大兴安岭就降至400毫米以下，逐渐进入内蒙古草原区。

东北全区年降水总量不算丰沛，但由于温度较低，蒸发量小，其有效降水量相对较多。干燥度一般在1.2以下，东部山地和大兴安岭北部及小兴安岭山地不及1.0，足以说明东北区气候的湿润程度。冬季降雪和长期积雪使冬季降水得以保存，在春季融化后足以充分湿润土壤，并供给河川径流，形成春汛。夏雨集中率很高，哈尔滨占年总量的 68%。高温与水分充足的气候条件，加上大部分地方土壤肥沃，群众总结为“土肥、水足、日照长”，故在抓紧春播秋收以及选择适宜的早熟品种和作物种类等措施下，有条件获得高产。

（二）季节冻土与多年冻土

东北区由于纬度高、气候偏冷湿以及山地的存在，冻土层有较广的分布。冻土层有多年冻土（永冻土）与季节冻土两种。

多年冻土大致分布于北纬 47°以北的山地（图 23），其南界约与 1 月–26℃等温线（或年平均气温 0℃等温线）相符合。多年冻土的分布主要受纬度地带的控制，从西北向东南，面积逐渐缩小，厚度相应变薄。西北部最冷，年平均气温低于–5℃，多年冻土基本上呈大片连续分布，冻土层厚度可达 50～100 米。到东南部，年平均气温增至–3℃～0℃，多年冻土呈岛状分布，冻土层厚度亦减为 5～20 米。多年冻土的地表土层夏季也发生融化，称为季节融化层。在东北山地，最大季节融化深度在不同土层中约为 0.5～3.5 米。但在季节融化层以下，则仍是永冻的。因此，在暖季多年冻土构成了分布相当广泛的地下不透水层，阻碍了地表水与土壤水自由下渗，使地表处于经常的湿润状态。

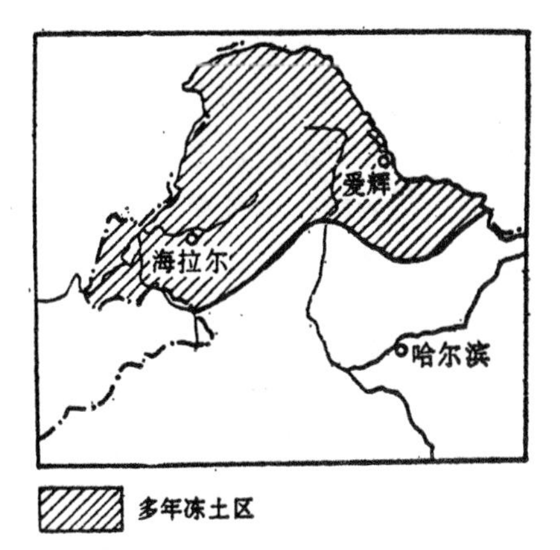

图 23　中国东北部多年冻土的分布

季节冻土是随着季节性气温的改变而冻结或融解，即冬季土层冻结，夏季全部融化。秋季地表温度降至 0℃以下，即开始冻结，随着土壤温度降低，冻结层逐渐加深。在黑河至呼玛间的黑龙江河谷，冻层深度 11 月达 50 厘米，12 月达 1 米，次年 2 月深达 2 米，3 月可达 3 米。一年中仅 8、9 两个月冻层消失。这种季节冻土分布广泛，当暮春地表积雪融化时，土壤上层开始解冻，逐渐向下层融解，这时，地下尚未融解的冻层构成了临时不透水层，土壤上层融水成为“上层滞水”，或随侧流缓慢渗注于较低部位，汇入溪河。夏季冻层逐渐融尽，有利于夏季多量降水的下渗，土壤通气状况良好。季节冻土构成了土壤水分的特殊状况，不仅湿润土壤，有利于春耕，并影响着土壤发育过程。

自然界是一个相互联系、相互作用的整体。东北区的多年冻土和季节冻土的广泛分布是纬度地带所决定的，但它们反过来又对东北区的整个自然景观有重大影响。东北区自然景观的一个重要特征是沼泽湿地广布，所占面积很大。沼泽不仅分布于平原、洼地，也分布于平坦高地及山地局部低洼地段。沼泽的形成除了气候冷湿，蒸发较弱；森林退缩，蒸发减小；地势低洼，下垫面有粘土层，排水不畅等因素外，多年冻土和季节冻土的广泛分布，也是一个重要原因。在地貌上，多年冻土和季节冻土的存在，使地表水的下切作用受到一定限制，河流的旁蚀作用强烈，宽广的河谷与平浅的阶地，是多年冻土区的地貌特征。现代冬季寒冷的气候下，更有冻裂风化作用发生，在缺乏植被保护的山坡，不时发生泥流现象。

土壤冻层与河川结冰现象均加强了东北区地表的湿润程度。黑龙江每年 10 月下旬有流冰出现，半个月后即全部冻结，最厚处 2 米以上。次年 4 月中旬开始化冻，5 月初流冰才完全消失，一年中河川冻结达 6 个月。嫩江与松花江冻结时期也在 5 个月左右。春季地表融雪与河川解冻相结合，往往造成较大的春汛洪水，特别是一些自南向北流的河流，如乌苏里江及松花江南岸支流，春季融冰自上游开始，排泄不畅，使地表过度湿润。

（三）温带湿润森林与森林草原景观

东北区有着温带森林和森林草原植被及其相应土壤的形成发育优良环境。大兴安岭北段为寒温带落叶针叶林集中分布地区，小兴安岭和东部山地广泛分布着温带针叶—落叶阔叶混交林和落叶阔叶林，松嫩平原则由于温度较高，降水较少，草本植物群落占有优势，形成森林草原与草甸草原。山地森林植被的垂直分布如表 17。

表 17　东北区森林植被垂直分布规律

<table>
<tr><th colspan="2" rowspan="2">垂直带（亚带）</th><th rowspan="2">地带性植被</th><th colspan="2">海拔高度（米）</th></tr>
<tr><th>大兴安岭（高台山）
1160
46°48'N，128°50'E</th><th>长白山（白云峰）
2691
41°59'N，128°05'E</th></tr>
<tr><td colspan="2">山地冻原带</td><td>山地冻原</td><td>—</td><td>2100 米以上</td></tr>
<tr><td colspan="2">山地矮曲林带</td><td>岳桦（偃松）矮曲林</td><td>1100～1600</td><td>1800～2100</td></tr>
<tr><td rowspan="2">山地寒温针叶林带</td><td>上部针叶林亚带</td><td>鱼鳞云杉、臭冷杉</td><td>800～1100</td><td>1400～1800</td></tr>
<tr><td>下部常绿针叶林亚带</td><td>红松、红皮云杉、鱼鳞云杉</td><td>700～800</td><td>1100～1400</td></tr>
<tr><td rowspan="2">山地针阔叶混交林带</td><td>上部针叶、落叶阔叶混交林亚带</td><td>红松、紫椴、枫桦林</td><td><700</td><td>700～1100</td></tr>
<tr><td>下部针叶、落叶阔叶混交林亚带</td><td>红松、沙冷杉、千金榆</td><td>—</td><td><700</td></tr>
</table>

东北区夏季多雨，土壤淋溶过程和生草过程显著，反应在钙元素淀积量少和淀积较深，粘粒机械淋溶普遍，呈酸性反应。冬季严寒，土壤冻结，生物活动极弱或几乎停止，有机质的分解受到抑制。这样，在一年中，土壤发育过程随季节变换而交替进行，土壤中得以积累较丰富的有机质，具有较高的肥力，特别是生草

过程特别旺盛的松嫩平原区，发育了肥沃的黑土和黑钙土。

在这样的水热条件和生物—气候条件下，东北区地带性的植被与土壤分布规律是很清楚的。以山地而论，北部主要为寒温带针叶林—棕色针叶林土地带；东部和南部主要为温带针阔叶混交林—暗棕色森林土地带。以平原而论，东部三江平原以沼泽、草甸为主，在低山、丘陵上可见落叶阔叶林和薄层暗棕色森林土，松嫩平原则为草甸草原—黑土地带（图 24）。

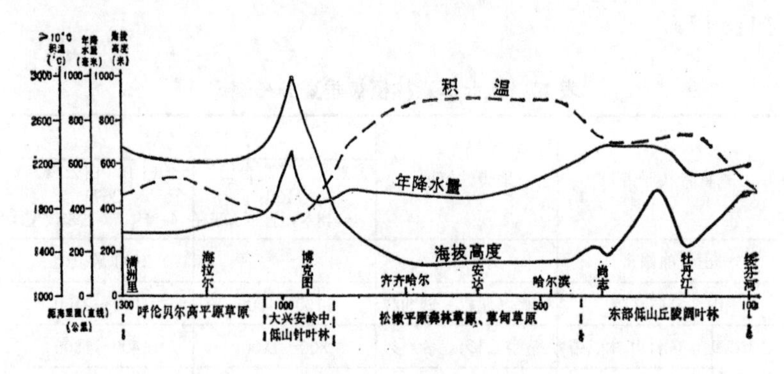

图 24　东北区东西向自然景观综合剖面

（据赵松乔稿，略有删改）

1. 寒温带针叶林—棕色针叶林土地带　寒温带针叶林主要分布于本区的极北部及海拔 800 米以上的大兴安岭北部，因此寒温带在我国除了很小面积属于水平地带以外，其余实际上属垂直地带。它的分布沿大兴安岭山地从北向南，略呈楔形，分布于海拔 800 米以上的地区。建群植物以最耐寒而冬季落叶的强阳性（喜光）的落叶松为主，主要为兴安落叶松，还有一部分樟子松。寒温带针叶林的分布高程，在不同纬度的大兴安岭山地是不同的，如在北纬 47°～48°，大兴安岭东麓（海拔 400～900 米）为温带森林草原，由此向上到海拔 1200 米左右，为温带落叶阔叶林及针阔叶混交林；海拔 1200 米以上，才是寒温带针叶林。但在北纬 51°～52° 的大兴安岭，寒温带针叶林从海拔 700～800 米就开始广泛分布。这种垂直分布现象，反映大兴安岭各段由于所处纬度不同，热量有差异，可见垂直地带也打上了水平地带的烙印。

兴安落叶松对土壤和水分具有很大的适应性，在土层浅、水分贫乏的地方都能生长。土壤水分增多时，兴安落叶松仍可生长，樟子松则有所减少。组成这一类型森林的第二层林木，以落叶阔叶的兴安白桦与山杨为最主要。它们性喜阳光，萌发力强，每年结实，很容易在采伐或火烧的迹地上成长，成为次生林。次生林林冠形成后，为兴安落叶松和樟子松幼树创造了良好的遮阴条件。针叶树幼树的成长又减弱了林下阳光，限制了白桦与山杨的发育。且白桦与山杨的树龄较短，经过相当时间，次生林逐渐又为针叶林所更替。由于阳光充足，林下灌木与草本植物都较多，灌木之中以兴安杜鹃及半灌木越橘为最多，草本层中有鹿蹄草、拂子茅、细叶杜香与藓类等。在 1000～1200 米以上的山顶附近，还有偃松等高山植物。

寒温带针叶林下发育的土壤是棕色针叶林土。由于这里的气候长期湿润而特别寒冷，成土过程以酸性淋溶作用为主，土壤全剖面呈酸性（pH5.0～5.5）。这里是永久冻土分布区，地面土层冻结时间一般有 7 个月，夏季融化。由于季节融化层的影响，土壤中被淋溶的物质在融冻时又随上升水返回上部土层。因此，剖面上各土层中矿物质成分的分异不明显，无明显的淋溶层。

2. 温带针阔叶混交林—暗棕色森林土地带　主要分布在小兴安岭及东部山地。在大兴安岭东坡亦有分布，但它只是垂直地带谱的一个组成部分，出现于落叶松森林带以下海拔较低的山坡。

小兴安岭及东部山地的针阔叶混交林分布于海拔 500～700 米的低山、丘陵上，以落叶阔叶树为主，主要是榆、槭、椴、蒙古栎、枫桦等，含有数量不多的红松。由于地处近海，大气湿度高，林内藤本植物极为丰富，林下还有第三纪残留的草本植物——人参。针阔叶混交林受人为破坏后，常形成纯由落叶阔叶树——槭、椴、榆、桦等组成的森林。阔叶树种类繁多，故当地称为“杂木林”。东北的三大硬木：胡桃楸、水曲柳和黄菠萝即产在这里。海拔 800～1300 米的山地，则有温带常绿针叶林，以红松林最为著名。红松常与落叶阔叶树混交，但有些地方也成纯林。海拔更高的地方，则有云杉、冷杉林，树种以鱼鳞云杉、臭冷杉为主。长白山地海拔 1100～1800 米的高处，常零星分布有黄花落叶松。黄花松的下界可降至山麓，在山地内低湿的沼泽化地段里，常形成纯林，当地称为“黄花松甸子”，林下的草本即为苔草踏头墩子。

东部山地气候极为湿润，如伊春等地，干燥度仅 0.8。山地夏季多云雾，全年平均相对湿度达 70%～80%。故温带针阔叶混交林下，淋溶作用较强，土壤呈弱酸性，透水性良好，氧化作用显著，表土呈棕色，称为暗棕色森林土。其腐殖质含量可达 8%～15%，但土层薄，故一般宜林不宜农。

3. 温带森林草原、草原—黑土、黑钙土地带 大兴安岭与小兴安岭、东部山地之间的松嫩平原，位于雨影区，降水较少，干燥度在 1 左右。在小兴安岭和东部山地的西麓以及大兴安岭东麓的丘陵、漫岗，天然植被为森林草原。从丘陵、漫岗向下，海拔渐低，进入平原，降水量相应减少，天然植被渐变为温带草原、草甸，至平原中心（即安达市一带），干燥度达 1.3 左右。由此可见，由于地形影响，东北区自然地带的分布格局基本上呈同心圆排列。

森林草原的草类多为多年丛生禾草和杂类草，植物种类成分以禾本科、菊科、豆科为主，其中混生有蒙古栎及山杏、胡枝子、刺五加等灌木。相应的土壤为黑土，有深厚的黑色腐殖质层，一般厚 30～70 厘米，个别可达 100 厘米以上，剖面中无钙积层，亦无石灰反应，故其成土过程不仅有草甸形成的腐殖质积累过程，也有一些森林土壤形成过程，如盐基淋溶过程。土壤呈微酸性，pH 值 5.5～6.5。表层腐殖质含量很高，常在 3%～6%，高的可达 15%以上，氮、磷等含量也多，加之有良好的团粒结构，故黑土是我国自然肥力很高的一种土壤，目前大部已开垦。

草原主要是羊草、杂类草草原，建群植物——羊草是高大宽叶的多年生禾草，还有线叶菊、贝加尔针茅等，草高 50～100 厘米，生长良好。草原的外貌十分华丽，在生长期内，随着主要杂类草开花盛期的不同，出现各色美丽的花朵，五彩缤纷，按不同时期呈不同的颜色，季相变化显著，故当地称为“五花草塘”，相应的土壤是黑钙土。由于降水较少，故土体中盐基淋洗不完全，在剖面中（B 层）形成淀积层，碳酸钙积聚明显，这是与黑土显然不同的。黑钙土呈中性一微碱性，pH 值 6.5～8.5，也有相当深厚的腐殖质层。所以，黑钙土具有草原土壤形成的两个最基本的特点，即腐殖质积累过程和钙化过程。它也是我国自然肥力很高的土壤，氮、磷、钾等植物营养元素含量丰富，是很好的宜农土地资源，目前虽已广泛开垦，但仍有大面积土地可以利用来扩大耕地。

（四）沼泽与草甸

东北区自然地理的另一重要特征，是沼泽与草甸广泛而交错地分布。据初步计算，全区沼泽面积近 5000 万亩，占全区土地总面积 2.7%。在山地中，沼泽多分布于沟谷或熔岩台地上，泥炭化过程强盛，泥炭层厚度一般在 0.5 米左右，以长白山区最厚，达 1.0 米。在平原中，沼泽主要分布于旧河道、平浅洼地和湖滨，其中以三江平原分布最广，其次为嫩江平原乌裕尔河、双阳河、阿伦河下游地区，其余呈零星分布，它们的表层泥炭积累薄而有盐渍化现象。

东北区沼泽的形成是多种自然条件共同作用的结果：

1. 温带季风气候下，夏雨集中，土壤的自然透水性能较差，同时夏季的蒸发不足以与降水相平衡，以致引起土壤的过度潮湿。

2. 冻土现象使土壤具不透水性，上层土壤经常处于水分饱和状态。大量土壤水往往以残留冰的状态固定下来，在夏季亦不流失，形成悬着土壤水和上层土壤水等，在一年的大部分时间里处于距地表不到 2 米的深度，因此即使在高阶地、分水岭、山坡上，沼泽化现象也很显著。

3. 黑龙江河谷阶地和松嫩平原的地表组成物质中，具有不易透水的河湖相粘土沉积物所占面积甚大，钻探证明，这些粘土沉积物厚 30～50 厘米以上，形成隔水层。这也是造成沼泽化的主要原因之一。

4. 宽阔的古冲积阶地沿河分布，地形平坦，阶地高出河流平常水位不多，大小河流夏季重复泛滥，地面径流排泄不畅，在夏季甚至河流与沿岸沼泽连成一片。

5. 河床发育过程中，遗留老河床及牛轭湖，逐渐干涸长满植物，发育为沼泽。

6. 森林采伐迹地与火烧迹地因森林被破坏后，表土变为紧实，土壤蒸发和植物蒸腾量减少，使地表过度湿润而形成沼泽，如长白山区的“黄花松甸子”。

东北区的沼泽由于地面长期或周期性积水，发育了湿生多年生草本植物所组成的沼泽植被，草类以莎草科和禾本科为主。苔草沼泽当地称为“塔头甸子”，因苔草等密丛草类枯叶不断累积，形成草丘，故名。草丘之间则有各种藓类、地榆等。在形成时间不久的沼泽上，还长有一些矮灌木。苔草的一种——乌拉苔（即乌拉草）是“东北三宝”之一，可用以充填靴子，保温性强。

沼泽植被与水分多少和水分性质有关。如地面经常积水，积水在 30 厘米以上的情况下为乌拉草群落。积水在 20～30 厘米情况下，形成小叶章群落。乌拉草群落往往由于一时积水过多，上部根层与土壤脱离而漂浮在水面，成为“漂筏甸子”。地面经常积水在10～20厘米时，由于植物蒸腾与地面蒸发，或由于河水涨落使水位变化，则形成苔草草丘。地面仅部分时间积水，土壤经常呈水分饱和状态情况下，则为丛桦—小叶章群落。森林保持较好的，为黄花落叶松甸子。

东北沼泽的水分补给大部为地表积水，部分为地下水，还有一部分受河水影响，绝大部分属于苔草低位沼泽。但在熔岩台地上及分水岭的碟形洼地等处，也有沼泽发育，这就是中位或高位沼泽。低位沼泽多属苔草、小叶章、乌拉草等草本沼泽，而中位沼泽或高位沼泽则有黄花松等乔木和柴桦、杜香等灌丛生长，泥炭藓等藓类植物在群落中占有优势（图25）。

沼泽地区的土壤经常处于水分饱和状态，通气条件差，微生物活动受到抑制，草本植物的大量有机质得不到充分分解，故土层上部形成较厚的泥炭层或腐殖质层泥炭层的有机质含量可高达60%～70%。土层下部由于受积水及有机质分解所产生的还原物质的影响，经常处于还原状态，潜育过程强烈，发育了明显的潜育层，呈灰蓝色或浅灰色，质地黏重。这种土壤叫做沼泽土，一般呈中性或微酸性反应。沼泽上采取适当的排水疏干和改良措施后，可开垦种植农作物或辟为牧场。

东北区的草甸多形成于河流谷地和低阶地上，与沼泽往往交错分布，其地下水位一般1～2米。在植物生长和土壤过程活跃的季节里，地下水可不断上升地表，使土壤保持湿润状态。草甸中植物覆盖茂密，由中生的草甸植物及部分沼泽化草甸植物组成，经常可见到的有小叶章、苔草、地榆、金莲花等。在这种草甸和草甸—沼泽的喜湿植被下，发育了白浆土。白浆土的最重要特征是上下土层性质相差悬殊；上层为腐殖质层，一般厚仅 10～20 厘

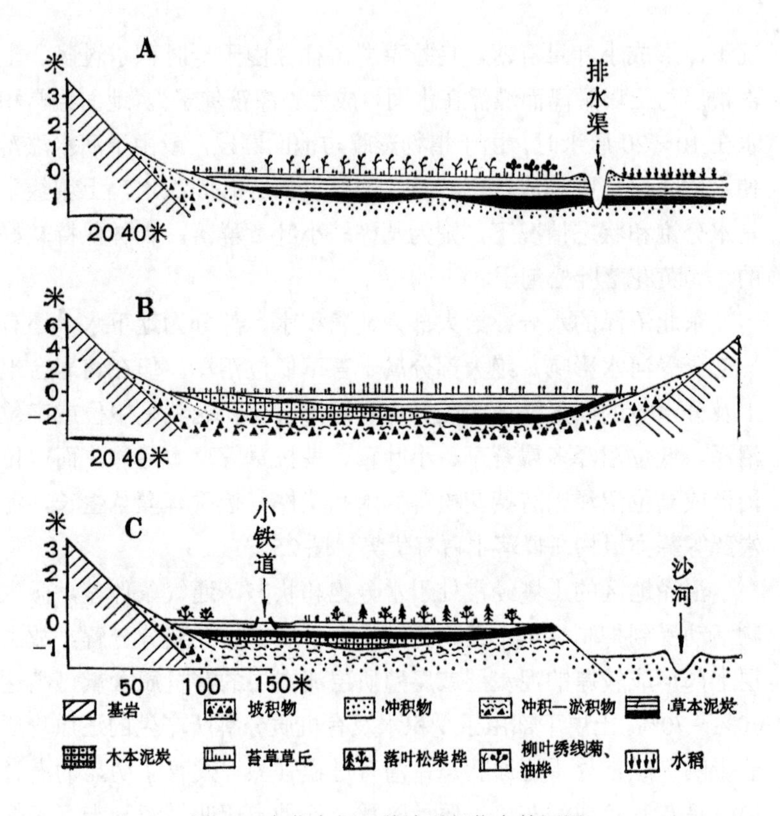

图25 东北东部三种地形部位上的沼泽

A—舒兰县新生农场河漫滩沼泽，B—敦化县大川西北沟坳沟沼泽，C—敦化县大石头沙河下游阶地沼泽

米，疏松，粘粒含量不多；下层呈灰白色，紧实，铁子和锈斑很多，一般都是粘土。白浆土的这种明显的“二层性”，是由于土壤上层有间歇性积水，使土壤中的铁、锰等元素还原而活化，随侧流淋失，使下层脱色，形成了特殊的灰白色白浆层。同时，由于夏季降水较多，上部土层的粘粒有大量的机械淋失，向下移动到下层淀积，使土壤下层十分黏重。白浆土呈微酸性反应，pH 值 5～

6。由于腐殖质层很薄，故土壤整个剖面的腐殖质总贮量并不高。目前，白浆土已大部分被开垦为农田，但因土质比较黏重，透水通气性差，须采用排水及翻地等各种措施加以改良。

二、自然景观的地域分异与自然区划

综上所述可知，东北区自然景观的形成因素中，气候起着主导作用，森林植被广泛地反映了景观的最主要面貌，地形只是在不同程度上加深了气候的冷湿性。虽然大气降水向西有所减少，干燥度向西有所增加，但茂密的植被，大面积草甸和沼泽的分布，却反映了地表水分充足和土壤的过湿状态。因此，东北区自然景观主要是温带湿润森林和半湿润森林草原类型，与内蒙区的干草原景观有明显的差异。

由于地形的影响，东北区自然地带的分布大致作马蹄形，各地带之间分界比较明显，因而可将东北区分为3个亚区、4个小区。在自然景观的地域分异中，地带性因素起着主导作用。在每个亚区内，随着局部地形条件及坡向的不同，自然景观有明显差异，故各种类型的自然景观呈复域分布于一个亚区内，每个亚区可包括两个或两个以上的自然景观类型。

I_A　大兴安岭北部亚区

I_B　小兴安岭及东部山地亚区

　I_{B1}　三江平原小区

　I_{B2}　小兴安岭及东部山地小区

I_C　松嫩平原亚区

　I_{C1}　山前低山、丘陵、漫岗小区

　I_{C2}　松嫩平原小区

（一）大兴安岭北部亚区

大兴安岭山脉走向北北东，与构造线方向一致。山地的东坡较陡，作梯级向松嫩平原降落，西坡则和缓地斜向内蒙古高原。新第三纪以来，由于大兴安岭东侧的走向断层发生间歇性掀升活动，造成目前东西两坡倾斜不对称的地貌。在东北区内，大兴安岭多数山峰海拔1000～1400米，山顶浑圆，山脊线不明显，山峰间有许多山口和横谷。

本亚区是我国最寒冷的地区之一，也是我国唯一的面积较大的寒温带地区。永冻层分布甚广，阴坡盛夏积雪甚至不化，河流封冻半年。按以候温划分的季节来说，本亚区全年无夏，冬季长达 8 个月以上。如大兴安岭中的根河（北纬 50°41′，海拔 979.9 米），曾出现过–37.6℃的月平均最低气温，是东北区的最低记录。极端最低气温可达到–50℃，如大兴安岭西坡的免渡河曾出现过–50℃以下的低温，漠河的极端最低气温曾达–52.3℃（1969 年），是全国最低的温度记录。根河的无霜期全年只有 81 天。年降水量一般 400～500 毫米，由于气温低，干燥度仅 0.7。分水岭上的兴安，由于海拔较高，降水量达 600 毫米，更为湿润。

自然景观主要为寒温带兴安落叶松林，为明亮针叶林，故林内阳光充足，灌木层和草本层都很发达。在排水不良的地方和溪流附近，落叶松几为纯林。在排水良好的北向缓坡上，林内间或伴生有少数白桦、樟子松。根河以北，针叶林基本上从山麓分布到山顶。本亚区的南部，由于热量稍高，海拔 1000 米左右以下的山坡，出现温带针阔叶混交林和落叶阔叶林，但这些在大兴安岭东坡所占面积很狭，是大兴安岭山地垂直带谱的组成部分，故仍划归本亚区。

由于永冻层的存在，且土壤层很薄，兴安落叶松和樟子松均为浅根性树种，风倒木现象非常普遍。林木常随冻土膨胀为冰丘或冻土丘而倾倒，被称为“醉林”。

森林为动物栖息创造了有利环境。这里有野生动物 232 种，是我国重要的毛皮兽产区。因气候寒冷，毛皮兽皮柔毛丰而富有光泽，在产量和质量上都推全国第一，在世界也占有重要地位。毛皮兽中最珍贵的当推紫貂、水獭、猞猁等，产量最多的是松鼠、东北兔、香鼬、狐、麅等。此外，马鹿和梅花鹿的鹿茸、麝的麝香，也有很高经济价值。本亚区还分布有世界最大的鹿——驼鹿（堪达罕）。居住在这里的鄂伦春族一向主要从事狩猎，并畜养驯鹿。

由于生长期短促，土壤瘠薄过湿，对农业并非有利，但很适合于林木生长，因此林业经营占首要地位。目前，铁路线已深入大兴安岭北部林区，这里已成为全国主要森林采伐区之一。今后，本亚区绝大部分土地应继续作为林业用地。为满足林区工人和居民的生活需要，可选择海拔 800 米以下的若干水、热、土壤条件较好的无林地段，种植蔬菜和生长期短的粮食作物，如马铃薯、春大麦等，而大多数温带作物，则因本亚区气候特别寒冷而不能成熟。总之，加速落叶松的天然和人工更新，保护和合理狩猎有用毛皮兽，是发展本亚区经济的重要问题。

本亚区还包括大兴安岭西麓三河—牙克石一带。大兴安岭西坡，由于水分条件较东坡为差，故兴安落叶松带向下直接过渡为低山丘陵的森林草原—黑钙土地带，垂直带谱结构中缺少针阔叶混交林和阔叶林两个带。这里，干燥度大致在 1 左右（牙克石）。整个西麓从东向西，随着干燥度的逐渐增大，自然景观也发生相应的递变：东部是森林草甸阴坡的中上部为白桦、山杨林—灰色森林土，阴坡下部及广大的阳坡和谷地分布五花草塘—淋溶黑钙土；中部为草甸草原，阴坡中上部的森林面积已不多，广大地面以五花草塘—普通黑钙土为主；西部为草甸草原与内蒙古干草原间的过渡地带，已无森林分布，阴坡以草甸草原为主，阳坡为干草原，土壤均为少腐殖质的黑钙土。由此可见，大兴安岭西麓的自然条件对农、牧业都很适宜，因其位置较西，人口不多，现有耕地面积尚少，还有大面积的可垦荒地，是东北区有希望的农垦地区之一。

（二）小兴安岭及东部山地亚区

小兴安岭是黑龙江沿岸至松花江以北的山地总称，从北向南绵延约360公里，宽80～320公里。地势较低，平均海拔500～800米，一般山峰海拔不超过1000米，最高峰对面山也不到1200米。山势和缓，河谷宽展。小兴安岭两侧坡度也不对称，东北坡短而陡，西南坡长而缓。在地质构造上，小兴安岭以铁力—嘉荫一线为界，可分为南北两段：南段主要是古老的花岗岩和变质岩，北段则广泛出露第三纪陆相沉积物，可见在第三纪时这里是与松嫩平原连成一片的低地，只是到上新世末、更新世初，才沿断裂抬升成为山地，使目前小兴安岭的走向呈北西向。

松花江以南的山地，以长白山为主干，总称为东部山地，也叫“长白山地”。多数山峰海拔1000米以上。北段由许多北东—南西向的平行山脉组成，如张广才岭、老爷岭等，山脉之间为牡丹江、穆棱河等宽广河谷。整个山地的最高部分也称长白山，耸立在中朝边境。长白山顶是一个典型的复合式盾状火山锥体，称为“白头山”。山顶群峰耸峙，海拔超过2500米的山峰有16座，我国境内有青石、白云、鹿鸣、龙门、天文、白岩等六峰，中朝边境上还有梯云、卧虎、玉雪等峰。朝鲜境内的将军峰是长白山的最高峰，海拔2749.6米。在我国境内，白云峰最高，海拔2691米，为东北地区第一高峰。白头山顶部的中朝界湖——天池，是典型的火口湖，湖面海拔2194米，面积9.8平方公里，平均水深204米，最深处373米。天池的水从北侧缺口外流，至1250米处坠落深谷，形成高达68米的天池瀑布，这就是第二松花江上源二道白河的源头。白头山为一休眠火山，据历史记载，在公元1597年、1668年和1702年曾有过3次喷发。距天池瀑布约900米处还有温泉水涌出，最高水温达82℃。

长白山地地貌的另一个重要特点是玄武岩分布很广，在敦化、镜泊湖、穆棱、东宁一带，形成广大的玄武岩台地。牡丹江谷地中的玄武岩流堵塞主流，形成了巨大的镜泊湖，湖水从北面的两个出口流出，形成高25～30米的大瀑布，现已利用发电。

上述地貌格局对本亚区的景观结构有很大影响。小兴安岭平均海拔较低，垂直地带现象较不显著。小兴安岭中段和南段海拔多在800米左右，主要为针阔叶混交林，有大片红松林。红松树干高大挺直，材质轻软、耐腐，是世界稀有的珍贵树种，为良好的建筑和家具用材，并可供多种工业用途。这里森林面积大，木材蓄积量多，是我国主要天然林区之一。小兴安岭南段的伊春，是我国重要林业生产基地，有我国“林都”之称。小兴安岭北段，海拔一般500～700米，以落叶阔叶林为主，树种主要为蒙古栎、黑桦、山杨等。长白山比较高峻，垂直带结构是欧亚大陆东岸温带季风气候条件下的典型，自下而上可分为四个垂直带[①]：（1）海拔600～1600米为山地针、阔叶混交林带，主要树种有红松、沙松等针叶树及枫桦、水曲柳、柞树、紫椴、白皮榆等阔叶树。阔叶树在数量上虽超过针叶树，但随海拔高度的增加，针叶树比重增大，除红松、沙松外，还有臭松、鱼鳞云杉和红皮云杉。（2）海拔1600～1800米为山地暗针叶林带，主要由鱼鳞云杉和臭松等组成，杂有落叶松和香杨等。（3）海拔1800～2000米为岳桦林带，这是森林与高山无林地带的过渡带。岳桦林由岳桦组成纯林，呈疏林状或散生

① 据黄锡畴等：“长白山北坡植被生态环境的化学结构”，《森林生态系统研究》，1980年第1期，第181～192页。

状况，林相比较简单。海拔较高处，因受强风袭击，岳桦呈半丛状，树干呈蛇状弯曲，称为“矮曲林”。（4）海拔2000米以上为亚高山苔原带。因风力强、气温低，已无树木生长，主要有笃斯越橘、毛毡杜鹃、苍叶杜鹃、仙女木、松毛翠等小灌木和长白棘豆、轮花马先蒿、高岭凤毛菊、蒿草、龙胆、景天、珠牙蓼、高山罂粟等草本植物，以及砂藓、毡藓、石蕊、冰洲衣等苔藓地衣植物。

长白山地也是我国主要森林采伐区之一。阔叶林内，产五味子、人参、细辛等名贵中药，可开展多种经营，发展柞蚕、蘑菇、木耳、人参（人工栽培）、养鹿等副业，目前穆棱等县已有较好的经验。

本亚区景观的另一特点是：由于山地间谷地广阔，阳坡下部及阶地有肥沃黑土，面积较广，低谷常为草甸或沼泽，这些地区均宜于发展农业，故农业也较为重要。特别是小兴安岭东麓黑河一带的黑龙江河谷平原，海拔 50～100 米，有一定面积，为森林—草甸与黑土、白浆土地区，多已开垦。这里纬度虽然较高，如呼玛（北纬 51°43′），夏季短促，仅有 10 天左右，但 7 月平均气温仍高达 20℃以上，最高温度可达 30℃以上，而且日照时间较长（呼玛 7 月日照时间 292.7 小时，上海 212.3 小时），对农作物来说，可用来补偿温度的不足。因此，呼玛尚可种植水稻，吉林省延边朝鲜族自治州则为我国北方的重要水稻产区之一。

本亚区向东凸出的部分，为黑龙江、松花江与乌苏里江三江交汇之处，是一片广大的沼泽平原，即三江平原（包括穆棱—兴凯湖平原），面积 5 万多平方公里。在地质构造上，它是一个断陷区，第三纪末大规模陷落，并开始堆积作用，现在堆积物厚达千米以上，形成坦荡的平原。三江平原的地下有较厚的粘土层，地面排水不良，沼泽广布。许多沼泽性河流在广阔的河漫滩上曲折徘徊，多无明显河身。完达山作东北—西南走向，横贯三江平原，是一些平缓低山，海拔多在 500 米左右。此外，沼泽平原上还有少数孤立的小山、残丘散布其间，相对高度不过20米。在松花江与挠力河之间，有一不高的阿尔哈倭集岭，其相对高度甚小，在大洪水年（如1932年），洪水可以直接沟通两边的湿地。故三江平原的景观主要是沼泽，杂木林仅作岛状分布。在本亚区广大的山地湿润森林之中，它是一个明显的自然小区。

三江平原内部由于局部地形的不同，自然景观还有一些差异。如完达山的东坡山前平原，包括挠力河、穆棱河上游河谷，海拔在50～70米之间，浅平的岗地起伏，地下水位在1～2米之间，沼泽化程度较低，形成草甸景观，分布着肥沃的黑土与草甸土。三江平原的西南部倭肯河谷地，由于位处老爷岭和完达山的雨影地带，降水量较少，为森林草原及黑土、白浆土地区。

三江平原土地辽阔，无霜期有130天左右，而且雨量充沛，水热同季，对作物生长十分有利，土壤的潜在肥力很高，动植物资源也很丰富，为发展农、林、牧、副、渔业提供了极为有利的条件。新中国成立后，这里建立了若干大型机械化农场，通过排水和调节土壤水分等措施，发展农业。目前，三江平原已成为以大豆、小麦为主的专业化商品粮基地之一，仅1980年国营农场和集体所有制共生产粮、豆91.74亿斤，向国家提供商品粮45.48亿斤。但是，在开发中全面考虑自然和经济规律不够，也有乱垦滥伐现象，导致生态平衡出现失调，表现为土壤肥力下降，水土流失加重，以及珍贵和稀有动植物减少等。

（三）松嫩平原亚区

松嫩平原西、北、东三面都有山地环绕，南面在地形上几乎与下辽河平原连成一片，故在地理上常合称为松辽平原。松花江与辽河间的分水岭非常低矮，在长岭—怀德—公主岭一带，为一条北西西向的低平高地，海拔仅200～250米，由冲积与洪积物组成，上覆黄土。第四纪时，松辽分水岭在法库—铁岭一带，在现在分水岭以南约 150 公里。过去，西辽河向北流入松花江，故长岭—公主岭的分水岭上分布有砾石、沙等古河流冲积物。

松嫩平原从中生代以来就大量沉降，沉积层很厚。沉降幅度以西部较大，目前嫩江干流位置亦偏于平原西侧。松嫩平原的地貌结构基本上呈同心圆形状：（1）周围边缘地区为山麓洪积、冲积裙，因近期上升，已成为丘陵、漫岗和阶地，地面作波状起伏，海拔 250～300 米，黄土状物质堆积较厚，为森林草原地区。东北部小兴安岭西麓的德都一带，还分布着一些小型火山。由于近期（1720～1921 年）玄武岩流喷溢，阻塞了纳谟尔河支流白河，形成五个串珠状的阻塞湖，这就是著名的五大连池。（2）中间为松花江与嫩江的平坦冲积平原，海拔 200 米左右，为草甸、草原。（3）中心部分海拔 150 米上下，地面低洼，沼泽与小湖广布，如我国著名的大庆油田范围内，即有一些封闭的半咸水的泡子。

松嫩平原大气降水较东部山地为少，约在 400～600 毫米之间，集中夏季，河流也多在此时发生泛滥，使嫩江在齐齐哈尔附近宽达十数公里。冬季干燥严寒，河流封冻，大地冻结，蒸发量也很小，所以松嫩平原除西南部外，水分还是充足的。嫩江下游东岸乌裕尔河下游一带，地势最为低洼，雨后连成大片沼泽，地表水不直接经河流排出，称为安达闭流区。以水禽类丹顶鹤为主要对象的扎龙自然保护区即位于齐齐哈尔以东的沼泽地。

松嫩平原南面与华北区，西面与内蒙区，都没有明显的地貌分界，其分界都是气候界线。南面与下辽河平原（华北区）的分界，是积温 3200℃。这是我国一年一作与两年三作区的界线，故在自然地理上有重要意义。松嫩平原南部的长春，以及辽河平原北部的四平（在松辽分水岭以南）一带，积温均在 2700°C 左右，与哈尔滨一带相似。沈阳积温达到 3414.2℃。因此，我们以沈阳以北的彰武—法库—铁岭—抚顺一线，作为东北区与华北区的界线。所以，这里的松嫩平原亚区也包括了辽河平原的北部。松嫩平原西面与内蒙区的分界是干燥度1.2。这条线大致与白城至双辽的铁路平行，铁路以西，有大面积的沙地，并有较大的新月形移动沙丘，沙地上发育暗栗钙土型沙土，植物的旱生特点明显。铁路以东，沙地分布零星，沙地上发育黑土型沙土，植物的旱生特点不明显。松嫩平原中心安达市—大安一带，气候上虽然比较干旱，但水分比较丰富，地面大部为沼泽，现为农牧交错地区，近年安达市附近开垦种植小麦，也获得较好收成，因此，这部分仍划入东北区。松嫩平原地貌上是平原，向南、向西，气候都是逐渐变化的，故图上所划的东北区与华北区、内蒙区之间的界线，实际上并不是一条线，而是一个宽度不等的过渡地带。

松嫩平原气候适宜，土地肥沃，大部已辟为农田，是我国重要商品粮基地之一。粮食作物以春小麦、大豆、玉米、高粱、谷子为主，局部也栽培早熟的粳稻。经济作物以糖甜菜、亚麻为主。松嫩平原的中部和南部，农垦历史较早，现有宜农荒地已不多。北部开垦稍晚，尚有部分可垦荒地。今后农业发展应以提高单产为主。周围边缘地区的一部分漫岗、坡地，垦种以后，风蚀与水土流失较为严重。

三、自然条件改造利用的主要问题

（一）商品粮基地的建设和沼泽的改造利用

根据本区自然条件特点，山地宜林，平原宜农宜牧。截止1980年底，仅黑龙江省尚有宜农荒地5200万亩，是当前全国农垦重点。

东北区气候资源丰富。由于它是温带大陆性季风气候，故与西欧同纬度海洋性气候地区相比较，冬季虽然严寒，但夏季却温度较高，热量丰富，如呼玛位于北纬 51°43′，纬度比巴黎或伦敦高，但 7 月平均气温 20.1℃，却高于巴黎、伦敦。东北区夏季丰富的热量和充足的水分，为一季夺高产创造了有利条件，如喜暖的水稻在巴黎和伦敦均已不能种植，但在东北区的大部分平原地区均可栽培、收获（如齐齐哈尔以北的查哈阳农场，北纬 48°以北，可大面积种植水稻），有的并获得高产。但由于生长期较短，如霜期早来 10 天，就可使农作物大量减产。而季风每年进退时间常有变化，故无霜日期的长短也很不稳定，如海伦（约北纬 47°30′）无霜期平均为 115～120 天，但最少的年份（1976 年），只有 98 天。该县平均每 3 年就有一次低温、早霜。因此，对本区农业来说，要一季夺高产，研究早熟、抗寒品种，就具有特别重要的意义。

东北区沼泽面积甚广，地形平坦，土壤肥力也较高，是今后扩大耕地的主要对象之一。特别是三江平原，现在虽已开垦了 2000 万亩，但尚有可垦荒地 3000 万亩左右，是黑龙江省农垦重点之一，因此，研究沼泽的改造利用，极为重要。

沼泽的主要缺点是水分多，温度低，养分不均。因此，沼泽的利用与改造首先应从排水着手，改善土层内的含气状况和水文情况，提高土温。在这方面，群众已摸索到一些有效办法，如沟渠排水，深翻压土等。

沼泽的利用应视不同类型加以分别对待，如泥炭层厚度超过两米或贫营养的高位沼泽，则不宜改作耕地。而泥炭厚度小于 1 米的低位沼泽，最好是泥炭厚度不及 50～60 厘米的有排水条件的沼泽，最适宜改作耕地。

沼泽改造利用，宜采取综合措施，首先是合理排水，有效疏干。三江平原沼泽的形成主要是由于下垫面有粘土层，排水不畅，故疏干措施除开渠、明沟排水外，也可用井排方法，即打井穿透粘土层，把地面积水排向地下。此外，垫土淤沙，改良泥炭土，进行翻晒，可改为耕地。泥炭土有机质含量高，质地松软，但速效性养分不多。经验证明，用垫土方式改为耕地最为有效，特别是经过几次翻晒混合，效果更好，经过5～7年，可达到一般水田的产量。

新中国成立后，松嫩平原和三江平原相继建立了不少国营农场，进行了大面积的开垦，发展了农业，已成为全国重要商品粮基地之一。但是，由于开发利用与改造保护注意不够，业已导致某些地方的地方气候恶化，降水减少，风蚀与水土流失加剧，土壤肥力明显下降。例如，仅黑龙江省受到风蚀与水土流失的耕地就达3200万亩；三江平原宝泉岭农场，60年代开垦初期的草甸土有机质含量高达8%～10%，近年已下降到1.5%～2.5%。东北西部防护林带虽已建成，开垦后的大面积农田仍需进一步营造农田防护林网，土地园林化，农林牧合理布局，利用与科学治理相结合，以维护农业生态平衡。

（二）森林资源的更新

东北区是我国最重要的林业基地，这里分布有不少经济价值高、用途广泛的用材林，例如兴安落叶松、红松、胡桃楸、黄菠萝、水曲柳等。本区木材蓄积量约占全国1/3，仅黑龙江省包括大兴安岭林区在内，蓄积量达21.7亿立方米，占全国的1/4。因此，本区也是全国最重要的商品木材供应基地。

目前，本区林业生产还存在若干问题。首先，森林面积迅速减少，仅黑龙江省平均每年减少30万亩。森林面积减少的主要原因是：前一时期强调粮食生产，1974～1978年，黑龙江省开垦疏林地达700万亩；其次，因管理不善导致森林火灾，1969～1978年，黑龙江省烧毁森林面积达6137万亩，1987年5月6日至6月2日，大兴安岭林区遭受特大火灾，烧毁森林面积广达17000平方公里，损失巨大；第三，重采伐，轻营造。以伊春林区为例，平均每年采伐量是生长量的1.5倍，如果这样下去，再过十几年将无林可采；黑龙江省平均每年采伐面积大约相当于同期造林面积的2倍；第四，经营方式有待改进。目前，林区以皆伐为主，从而破坏了森林资源。

本区气候寒冷，林木生长周期较长，例如阔叶树需50～60年，红松需100～200年方可采伐。因此，保护现有森林资源，促进森林资源更新十分重要。主要措施是：第一，注意森林更新，合理安排采伐量，使采伐与营造达到平衡；第二，在可能的条件下，营林方式改皆伐为间伐或择伐，这样既可保留一定数量母树，以利天然更新，又能保存一部分幼林或未成熟林，从而有利于分阶段成林；第三，大力促进珍贵树种更新；第四，在可能的条件下，大力提倡人工造林，因为人工造林生长速度一般比天然更新生长快得多；第五，加强经营管理。本区春季多大风，应特别重视森林火灾的防范和增强扑灭森林火灾的能力。

（三）松花江流域的水利建设

松花江干支流在松嫩平原交汇，河床比降都很小，干流三岔口至哈尔滨一段只有万分之0.21，这就造成了洪水汇集而宣滞不畅的水文情势，易致洪水内涝成灾。夏季7、8月间又常发生全区性的暴雨，干支流同时产生洪峰。松花江大洪水年都出现干支流的洪峰遭遇现象，如1956年嫩江与第二松花江洪峰遭遇后，拉林河的最大流量达到4120秒立方米，又与干流洪峰相重合，造成了历史上的最高水位纪录。

松花江洪水主要发生于夏秋季，洪水总量大，高水位历时也很长，这就给两岸生产造成威胁。例如1932年汛期连续4个月，径流量为63.4立方公里，约占年径流总量的73%，为哈尔滨正常年径流量的2.4倍。又如1956年最高水位超出两岸地面的时间长达 76 天。

解放后，松花江两岸修建了坚固的堤防，在 1953 年和 1956 年所发生的两次特大洪水中，由于进行了大力防汛，堤防没有发生严重溃决。但江内洪水高涨，两岸平原上积水不能排出，形成了比较严重的涝灾。松花江两岸是东北区人口稠密、工农业比较发达的地区，必须进一步加强松花江流域的水利建设。根据本区三面环山，平原居中，夏季降水集中，地表径流从三面由山地汇集平原，汇水迅速，排泄不畅的特点，在山地区域应扩大森林覆盖，促进水源涵养，同时建造更多的水库，以拦蓄洪水，增强调蓄能力。平原地区，尤其是松花江两岸，要进一步加强排洪措施，以防止内涝。

第八章　华北区

华北区约位于北纬 32°～42°之间，大部居我国东部暖温带。北部大致沿 3000℃活动积温等值线与东北区、内蒙区相接；西部在黄河青铜峡至乌鞘岭一段与西北区相接，自乌鞘岭以南沿祁连山东麓、洮河以西至白龙江；南以秦岭北麓、伏牛山、淮河与华中区为界；东及于渤海和黄海。东西跨越经度 20°以上，东西长而南北较短。全区面积约 100 万平方公里，占全国总面积 10%左右。华北区是我国重要的农业区域。

秦岭为华北和华中的重要而明显的自然地理界线，它不仅是黄河流域与长江流域主要分水岭之一，而且阻碍了夏季东南季风的深入。在热量与水分的对比关系上，秦岭也是一条主要界线，秦岭以北干燥度大于 1.0，已属水分不足地区。例如：西安年降水量 557 毫米，而秦岭以南的汉中年降水量达到 841 毫米，二者湿润程度大不相同。这样，就影响到植物的生长和土壤的发育，也影响到发展农业生产应采取的不同的改造自然措施。

华北区是我国古代的文化中心，历代封建王朝多以此为根据地，大面积的垦殖和掠夺式的开发，使自然界发生了很大变化。国民党统治及日伪占领华北时期，自然界更受到极严重的破坏。解放后，为了改变穷困落后面貌，华北区人民展开了向自然灾害的顽强斗争，发挥有利因素，克服不利因素，与洪涝、风沙、盐碱、水土流失等自然灾害作斗争，为改造华北区的自然条件，积累了丰富经验。在研究华北区自然地理时，必须特别注意人为因素的影响及其改变自然面貌的巨大作用。

一、暖温带半湿润至半干旱黄土景观

（一）黄土的分布及其形成

华北区最特殊和最重要的地理特征是黄土及黄土状物质的广泛分布，它们对各种自然地理过程都有着深刻的影响。研究华北区自然地理，必须认识黄土的特性和它的形成、分布规律。

黄土是我国北方人民长期以来对黄土状堆积物习用的名称，包括黄土和黄土状物质。前者指扰动较少的、层理不明显的、黄色、粉质、富含碳酸盐、并具有大孔隙的土状堆积物，即分布在山西、陕西和甘肃等地构成黄土高原的黄土；后者为多少经过搬运变化的黄色、常具有层理和沙、砾层的粉土状沉积物，分布于山前老洪积平原、冲积平原或现代阶地上，在华北平原和辽河平原最为常见。

我国黄土面积约 44 万平方公里，基本上分布于秦岭、祁连山和昆仑山以北（图 26）。其中黄河中游地区是我国黄土分布最集中的地区，地理上称为黄土高原，其范围大致北起长城，南界秦岭，西抵日月山，东到太行山，面积约 39 万平方公里。黄土高原内，黄土基本上构成连续的盖层，大部厚 30～60 米，最厚达 200 米以上，两个最大厚度中心为甘肃的董志塬和陕西的洛川塬。黄土分布的高程可达到海拔接近 3000 米的山坡，如六盘山和吕梁山的山顶。

黄土高原的黄土层有上下两套。一套是晚更新世的马兰黄土，颜色淡黄，质地松软，厚度虽较小，却覆盖于所有的塬、梁、峁上。在马兰黄土之下，是另一套含有红色条带，即褐色土型古土壤层的红色黄土，原先称为“红色土”，并自下而上划分为 A、B、C 三层。后来，把绝大部分红色土的 B 层和 C 层归入中更新世，称为“离石黄土”，把相当于红色土的 A 层或一部分归入早更新世，

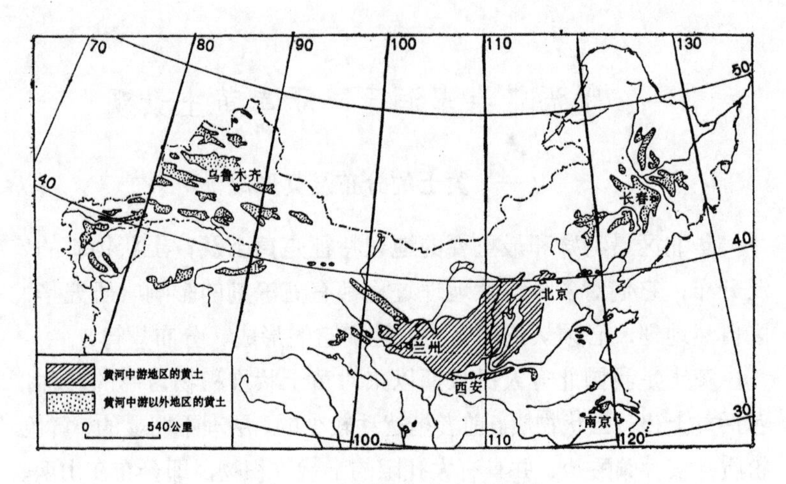

图 26　中国黄土分布示意图

（据刘东生等）

名为“午城黄土”。离石黄土厚度较大，分布亦广，构成了塬、梁、峁的物质主体。午城黄土分布面积较小，目前只在午城（晋西）、铜川（陕北）等某些黄土塬区有发现。

黄土的成因过去曾有许多不同假说。近年来，我国大量研究资料证明，黄土高原的黄土（包括马兰黄土及红色黄土）主要是风成的。

1. 黄土的颗粒成分具有高度的均一性，以粗粉沙(粒径 0.05～0.01 毫米）为主，占 45%，粗、细沙（＞0.1 毫米）含量极少。在地域辽阔的黄土高原上，黄土的颗粒成分十分近似，这说明搬运黄土物质的主要营力非常单一，只能是风。并且黄土物质必须经风的远距离搬运，才能达到这样高度的均一性。

2. 黄土的颗粒成分在地域上有明显的方向性变化：大致从西北向东南，逐渐变细。如果从宁夏的海原经陕西的绥德至山西的静乐划一条线，此线的西北，马兰黄土中的细沙（0.1～0.05 毫米）含量大于 30%，此线的东南，粘土（<0.005 毫米）含量超出 15%。当地群众称前者为“沙黄土”，后者为黄土。黄土颗粒成分的这种有规律的变化，说明黄土物质是西北风从西北广大的沙漠地区吹来的，由于风力自西北向东南逐渐变弱，故颗粒成分也循此方向逐渐由粗变细。

3. 黄土的矿物成分，不论在种类组合上或含量分配上都很均一，但其下伏基岩则多种多样。这也说明黄土物质来源不在当地，而是由风从远处运来，并经过高度的混合。黄土中的一些抵抗风化能力很弱的不稳定矿物，如长石等，表面一般很新鲜，可见黄土堆积时，古气候比较寒冷干旱。根据古生物研究，现有保存在黄土中的脊椎动物化石主要为喜干燥的啮齿类动物。孢子花粉分析结果也表明黄土沉积时的植物以蒿属与禾本科为主。这些都反映当时气候是相当干燥的。这也支持了风是搬运黄土物质的主要营力的说法。

黄土的化学成分与矿物成分一样，也极相似，主要为 SiO_2 和 Al_2O_3。在地域分布上，SiO_2 的含量从西北向东南逐渐减少，而 Al_2O_3 的含量则逐渐增多。这主要受黄土颗粒成分在同方向上的变化所决定。因为 SiO_2 主要来源于石英，Al_2O_3 主要来源于长石。西北部的黄土含沙粒多些，石英含量较多，东南部的黄土含粘粒多些，长石含量较多。所以，黄土化学成分的这种地域上的变化，是与黄土风成说一致的。

对黄土的沉积特征及其所含化石的最新研究进一步表明，黄土是第四纪冰期干寒气候的产物。C^{14} 测定马兰黄土的堆积时期大约距今 3 万～1 万年，那时我国东部海平面约低于现在 130 米。因此，黄土高原距海比现在要远 500 多公里。海陆的这种巨大变化，导致湿润的东南季风的影响大大削弱，西北内陆和黄土高原一带气候明显变得干冷，以致在冬末和春初，盛行西风的发生频率增加，并有利于尘土的产生、搬运和堆积。

风力对黄土的搬运和堆积作用在全新世，甚至到现在仍在进行。在人类历史时期，有许多关于风力搬运和沉积黄土的记载，如1287年曾“雨土”7昼夜，埋死牛畜。在1980年4月17日收集的北京地区风力搬运沉积的尘土样品分析表明，每1平方公里面积上每小时的堆积量可达1吨。这些尘土的矿物组成和形态特征与晚更新世马兰黄土非常相似，这说明它们可能都来源于蒙古人民共和国南部及我国内蒙古中、西部和河西走廊一带。

黄土堆积以后，当地的流水和各种块体运动可把它们从高处搬运到低处，形成黄土状堆积物。黄土状物质多分布在地势较低的部位，在岩性上自分水岭向河谷具有一定的“相”变，并夹有沙砾沉积，可见它是在流水作用下形成的。例如东北平原和华北平原的大河两岸，由于河流携带大量泥沙和黄土，在河流泛滥后，较粗的泥沙在近岸形成自然堤，两侧较低的洼地则为较细的黄土状物质沉积。

（二）黄土对华北区景观形成与发展的影响

1. 黄土地貌有着特有的形态与发育过程。黄土高原主要的地貌形态有黄土塬和黄土丘陵。黄土塬是黄土堆积的高原面，地势平坦，地面坡度不到1°，只有到边缘才有明显的斜坡。泾河中游的董志塬和洛河中游的洛川塬，是现存的面积较大的塬。黄土丘陵按形态可分两种：长条形的称为“梁”，椭圆形或圆形的称为“峁”。梁顶和峁顶的面积均不大，但斜坡所占的面积却很大，坡度一般10°～35°。

目前，广大黄土梁、峁地区的地面非常破碎，沟谷的密度很大（最大可达每平方公里沟谷长度10公里以上）。现代沟谷的沟头不断向上伸长，蚕食塬、梁、峁。塬受沟谷侵蚀切割，渐成为梁，梁受切割破坏，渐成为峁。

黄土具垂直劈理，故黄土沟谷的谷坡往往非常陡峭，成为直立的土崖。黄土由钙质胶结，受水流地下侵蚀，把可溶性盐类带走，常形成陷穴，使上覆土体塌落，促进沟头伸展。

东北平原及华北平原的黄土多分布在山前平原、边缘低山或中山，厚度较薄，在现代流水侵蚀作用下，也表现着冲沟纵横、切割破碎的现象，而黄土状物质沉积地区，则为平坦的低地或阶地。

2. 黄土地区的河流有着惊人的含沙量，已如总论第四章所述。黄河通过陕县站年输沙量达到 16 亿吨，永定河官厅站年输沙量 0.81 亿吨，辽河铁岭站年输沙量 0.21 亿吨。黄河的泥沙约有 90% 来自黄土高原，因此，黄土高原的水土流失是华北全区自然地理过程的一个重要环节。黄土高原与华北平原在自然地理上是一个有机的整体。

黄河中如此大量的泥沙，平均每年约有 11 亿吨输送入海，4 亿吨在下游河道淤积下来。长久以来，我国人民修筑堤防来防止洪水，河流泥沙在堤内大量沉积，河床日益淤高，形成地上河。解放以来，黄河主槽每年约以 10 厘米的速度向上升高，目前河床已高出两岸平原甚多，一般 3～5 米，最大处可达 10 余米。河在地上行，不仅没有支流汇入，且河堤往往成为河道两旁平原上的“分水岭”，形成特殊的河网结构与区域径流。一旦遇有暴雨洪水，极易冲溃堤防，造成洪水泛滥。泥沙随洪水泻出河床，在平原上沉积，形成大面积的沙荒黄泛区。据历史记载，黄河在解放前曾发生不同程度的决口泛滥 1593 次，较大的改道 26 次（图 27），对黄、淮、海平原影响极大。例如 1855 年铜瓦厢决口和 1938 年花园口决口，都形成大面积的黄泛区（图 28）。解放后才完全扭转了过去连年决口的局面，创造了多年安度伏、秋汛的奇迹。

3. 华北区黄土母质的广泛分布，对土壤发育有着深刻的影

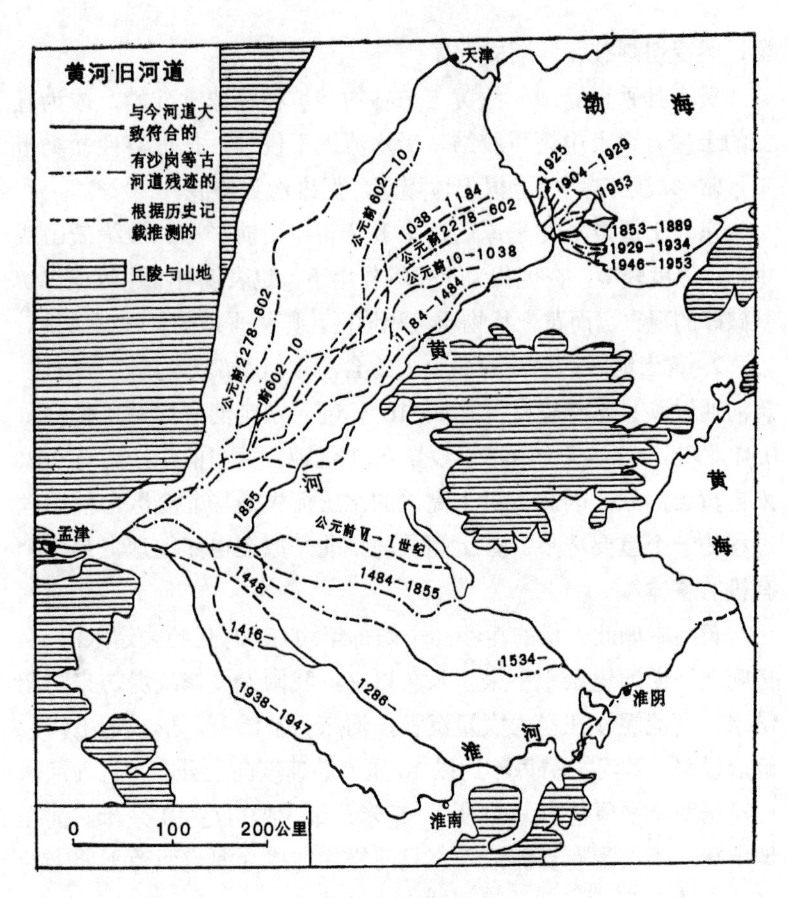

图 27　黄河下游的河道变迁

响。首先是黄土高原地区土壤侵蚀大大改变了自然土壤的形成过程，侵蚀严重之处，土壤不能很好地发育。其次是黄土与黄土状物质都是疏松沉积，因此不需要进一步风化就可以生长植物而发生成土作用。第三，黄土的化学组成的主要特点是含有大量的碳酸钙和一定的碳酸镁，故黄土中的钙含量很高，此外钾、硫、磷含量也较多，黄土母质含有大量的作物营养元素，具有一定的天

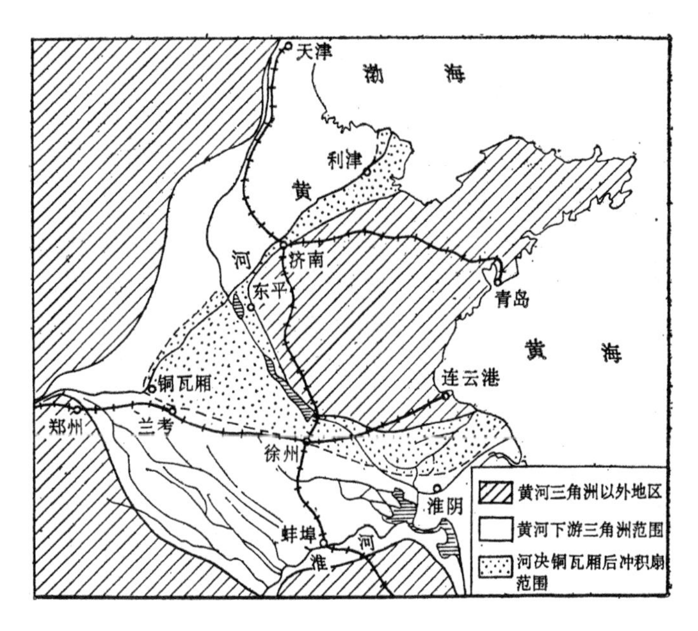

图28　黄河下游改道区域及1855年铜瓦厢决口以后的黄泛区范围示意图

然肥力。第四，黄土的物理性质除其机械组成外，孔隙度高（39%～54%）且具有垂直方向的孔隙和节理，在浸水后易发生沉陷现象，土壤水分在垂直方向既易于下渗，也具有良好的水溶液毛管上升能力，在气候干旱情况下，盐分随毛管水上升至土壤表层，发生盐碱化现象。从黄土或黄土性沉积物母质发育的土壤，由于碳酸盐的迁移，在土层的一定深度内，常形成各种形式的碳酸盐新生体，特别是碳酸盐结核，即砂薑，在黄土高原和黄淮海平原的土壤中广泛分布。

（三）水热条件

华北区位于盛行西风带南部，地面高低气压系统活动频繁，环流的季节变化非常明显，表现着典型的暖温带大陆季风气候特征。冬季在蒙古高压控制下，气温远较同纬度各地为低，1月平均气温在0℃以下，在强大的寒流过境时，即造成各地最低温纪录。夏季在大陆低压范围内，夏季风得以深入。这时气温急速上升，华北平原及渭河谷地为夏热中心，7月平均气温在26℃以上，向黄土高原逐渐降低至24℃。渭河谷地受夏季风越秦岭下沉“焚风效应”的影响，夏温特高，如西安绝对高温曾达45.2℃。

华北区是我国重要的农业区，从农业指标温度来看，全年生长期长，热量资源充足。由于华北区面积广大，各地热量资源有较大的差异，大致自淮北向黄土高原西部逐渐减少。它们的各种农业指标温度列表如下（表18）。[①]

表18 华北区日平均气温≥0℃、5℃、10℃、15℃平均稳定持续期及积温

地　　区	日平均气温稳定持续期（日）				积　温（℃）	
	≥0℃	≥5℃	≥10℃	≥15℃	≥5℃	≥10℃
淮北豫中平原	270	239	201	158	4750～5000	4250～4500
华北平原、汾渭谷地	254	228	181	145	4000～4750	3750～4250
辽东半岛、辽河平原、冀北山地	231	199	163	116	3500～4000	3250～3750
黄土高原	214	174	136	—	<3500	<3250

表列的积温只是平均数值，各年间多寡是有变化的，一般在干旱年份积温增加，多雨年份积温减少。各种积温保证率计算资料表明，华北区热量资源的保证率较高。例如北京平均≥10℃积

① 黄土高原地区的积温和干燥度据甘肃省气象局编：《甘肃气候》，甘肃人民出版社，1965年。

温为4050℃，如保证率为10%时，积温为4410℃，即10年中可以有1年至少等于4410℃。保证率70%的年份，积温为3910℃，即10年中至少有7年可以达到这个数值。

由此可见，华北区各地除山地外，作物生长期中对热量的要求是可以满足的，但应注意霜冻对作物的影响。如根据北京30年的日平均气温资料计算结果，平均≥10℃开始期为3月31日，稳定开始期为4月15日，而霜冻平均终止期为3月29日，故可以推广早春作物的栽培。稳定≥10℃终止期为10月19日，霜冻平均开始期为10月13日，所以作物早霜危害是有可能的。

华北区年平均降水量约在800毫米以下，一般自南向北、自东向西减少，其中以泰沂山地最多。黄河中游年降水量的分布自东南向西北减少，东南部大都在400～600毫米，西北部400毫米左右。渭河平原因秦岭山地对冷锋阻滞作用，降水较多，在500～700毫米间，是华北区除沿海及山地外的一个多雨区。河北省中部石家庄以东平原地区位居泰沂山地与太行山之间，为一显著少雨区，年降水量在500毫米以下，其中献县、深泽与衡水（子牙河上游）一带特少，低于400毫米。

华北区大部分地区干燥度在1.0～1.5间。干燥度大致自东向西增加，辽东、胶东和渤海沿岸在1.0以下，广大的黄土高原均在1.25～1.5间。河南北部郑州—洛阳—开封一带特别干旱，干燥度达1.5以上。

华北区年平均降水量在年内的分配是不均匀的。春秋两季天气波动频繁，但气团含湿量很小，不能产生大量降水。春季降水量平均只占全年10%左右。冬季完全在大陆极地气团控制之下，只有少量降雪。因此华北区降水60%以上集中于夏季。尤其是河北平原，夏季降水量竟占全年的3/4左右，为全国夏季降水最集中的地区。资料统计证明，华北区生长期内（4月至10月）的降水量在大多数年份（75%保证率）不少于400～500毫米，黄土高原也多于 350 毫米。这种降水集中于生长季节的现象，对农业生产是有利的。但由于春季降水不足，春旱频率颇高，对小麦生长有很大威胁。而且春季气温升高迅速，风力强烈，相对湿度很低，春季降水变率很大等，更增加了春旱的严重性，有时会引起农业歉收。夏季多暴雨，土壤冲刷强烈，洪水来去迅速，有效降水不足，在农田水利及水土保持工作中，是应特别加以注意的问题。

（四）暖温带半湿润至半干旱气候条件下的植被与土壤

华北区悠久的耕作历史，大大地改变了自然土壤的性状，天然植被也多已被破坏并为栽培作物所代替。但从现有的天然植被和土壤来看，它们基本上还呈现着地带性的特征。由于热量资源在纬向上的差异较小，华北区植被与土壤的地带性现象主要表现在经向上的递变，即随水分自东向西减少，依次出现湿润落叶阔叶林—棕壤地带、半湿润落叶阔叶林—褐土地带、半湿润森林草原—黑垆土地带和半干旱草原—灰钙土地带。

1. 湿润落叶阔叶林—棕壤地带。分布于气候较为温暖湿润的辽东半岛和胶东半岛。落叶阔叶树以辽东栎为主，其特点是混生有赤松，后者有时形成占优势的林地。此外有槲栎、栓皮栎、枹树、麻栎等。这一地带内还含有若干亚热带喜暖湿的种属，落叶阔叶树如榔榆、朴、槐树、盐肤木等，灌木如天竹、圆叶胡颓子等，藤本植物如葛藤，蕨类植物如裂叶凤尾蕨、全缘贯众等。地带性土壤称为棕壤，主要发育于片麻岩、花岗岩风化残积母质上，质地疏松，排水良好，有很好的淋溶过程。可溶性盐类含量不高，呈中性或微酸性。在落叶阔叶林植被下，有机质含量约 5%～8%。本地带是我国著名的柞蚕饲养区，也是我国出产苹果和梨的重要地区，栽培的农作物以高粱、玉米、花生、小麦等为主，也有水稻和棉花。一些土壤较薄的丘陵，发展落叶果树和栽培柞树最为适宜。

2. 半湿润落叶阔叶林—褐土地带。包括华北平原、冀北山地、山西高原的东南部和渭河谷地。落叶阔叶林主要建群植物为多种栎树，太行山以东种类较多，太行山以西则以辽东栎为主。针叶树以油松为主，侧柏、白皮松也是常见的代表树种。栎树以外的落叶阔叶树亦多为北方树种，如桦、杨、槭、椴等，在低山丘陵形成杂木林，在平原地区则为散生。半栽培与栽培的落叶阔叶树以榆、槐、臭椿、枣、梨、柿、核桃等最为常见，分布于村庄附近和田间荒地。相应的土壤为褐土，主要发育于各种碳酸盐母质上，因此均具石灰性，呈中性或微碱性。但由于受淋溶作用的结果，碳酸盐往往显著下淀，在土层中形成明显的钙积层，这是褐土与棕壤的重要不同之处，反映两个地带湿润程度的不同。褐土土质适中，保水肥性良好，肥力尚高。

3. 半湿润森林草原—黑垆土地带。分布于黄土高原的东部，包括山西北部、陕北及甘肃东部。这里，地面绝大部分海拔1000～1500米，气温已较低，如甘肃的西峰镇积温仅2700℃，实际上已属温带。地带性植被为森林草原，主要为白羊草、黄背草、杂类草草原，由于黄土高原大都已开垦，天然植被只见于局部地段。在海拔1400米左右的山上，则分布有辽东栎、山杨、川白桦、油松、侧柏为主的稀疏森林，树木一般较矮，当地称为梢林。如延安东南的南泥湾，原来就是一片梢林。不过这种梢林仅似绿色孤岛，突起于广大黄土高原的黄土“海洋”之中。

地带性土壤为黑垆土，以具有深厚（厚可达100厘米）的腐殖质层而得名，是森林草原和草原植被下发育的土壤，与黑土、黑钙土同属于黑土系列。黑垆土主要分布于地形平坦、侵蚀较轻的黄土塬区及河谷阶地上。其母质黄土疏松多孔，故土层深厚，全剖面呈强石灰性反应。黑垆土的特点是表面有一耕种熟化层厚约 20～30 厘米；耕种熟化层以下，才是腐殖质层，又称垆土层；腐殖质层下面还有碳酸盐淀积层。黑垆土由于有较厚的耕种熟化层，故有人认为它是经过长期耕作熟化的草原土壤。黑垆土的腐殖质层虽厚，但含量不高，仅 1.0%～1.5%，今后必须在做好水土保持的基础上，进行培肥改土。

4. 半干旱草原—灰钙土地带。分布于黄土高原西部，大致包

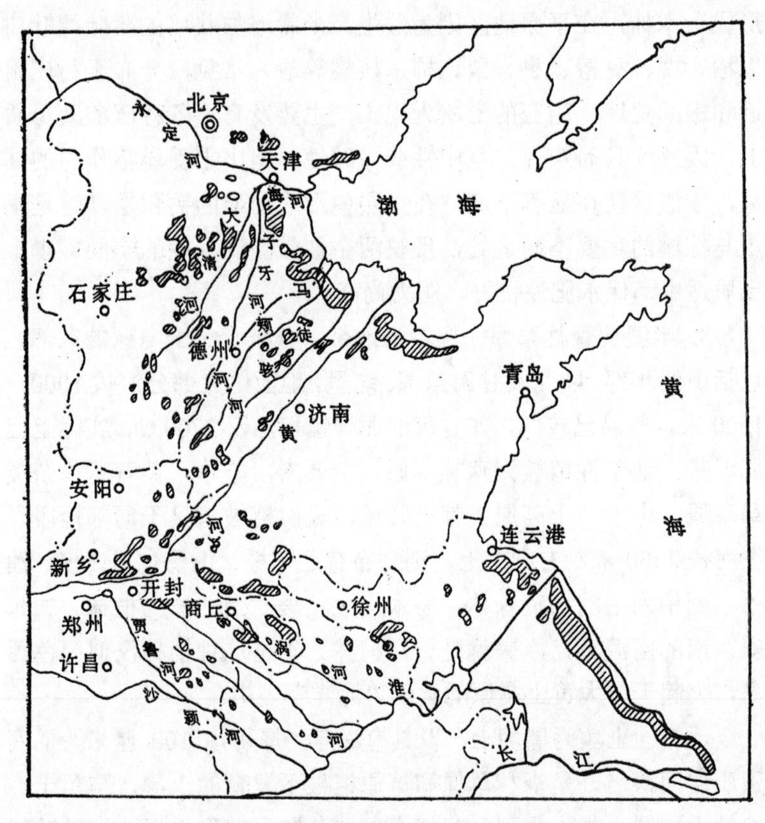

图 29　黄淮海平原盐碱地分布示意图

（据中国农业科学院农田灌溉研究所等编：《黄淮海平原盐碱地改良》，农业出版社，1977 年）

括宁夏的黄河以南，甘肃兰州与平凉间的地区。这里的天然植被属于草原向荒漠草原过渡类型，二者交错分布。一般在丘陵南坡为荒漠草原，北坡为草原。灌木除枸杞、刺锦鸡儿等外，较常见的为阿氏旋花、莳萝蒿、长芒草、甘草等旱生植物。草原以本氏针茅、短花针茅为主，草高 20 厘米；荒漠草原为矮禾草，矮半灌木草原，以短花针茅、小黄亚菊为主，草高仅 10～20 厘米，生长稀疏。由于黄土高原已经长期耕种，故上述天然植被的分布仅限于局部陡坡及丘陵顶部。黄土高原上的个别山地，如兴隆山、马啣山等，因海拔较高（＞3000 米），比较湿润，尚有云杉、山杨林等森林。

相应的土壤为灰钙土，常与黄土状母质相联系，其实际占有面积并不大。灰钙土仍具有草原土壤腐殖质积累和钙积化过程，但由于降水量较少（一般 400 毫米），草矮小稀疏，故腐殖质层薄，颜色淡（浅黄灰色）。由于淋溶较弱，故土壤的剖面分化不如一般草原土壤明显，钙积层出现在 15～30 厘米之间。灰钙土的养分含量较低，利用方向除适当施肥外，应种豆科绿肥，实行粮、草（牧草）轮作，使农、牧业都能较好的发展。

华北区还有很大面积的非地带性土壤，主要有草甸土和盐渍化土壤。诸大河下游广大的冲积平原地区，地势平坦，排水不畅，地下水埋藏深度一般均在 1.5～3.0 米左右，可借毛管上升作用上达地表，形成浅色草甸土成土过程。随着季节变化，地下水升降频繁，土壤中氧化还原作用交替进行，沿土壤孔隙、裂隙形成大量胶膜和锈斑，并在地下水交互升降的深度上形成细小铁锰结核和石灰结核。浅色草甸土地区大都已耕种。实际上，黄、淮、海平原上黄土性冲积物沉积后，往往即行耕种，形成耕作土壤（旱耕土），称为“黄潮土”。黄潮土质地均一，呈微碱至碱性，耕层有机质含量约 1%～2%，肥力尚高，适种性广，是华北区发展农业生产的重要土壤。

华北区气候干旱，在地下水位较浅、土壤毛管水上升作用占优势的地段，盐渍化土壤和盐土分布颇广，特别是华北平原的河间洼地、黄河大堤两岸以及滨海地区（图29）。华北平原的盐渍土分布区由于地形平坦，排水不畅，低地受到弱矿化地下水补给，盐分因蒸发积累于土壤中，地下水埋深愈浅，土壤的盐渍化愈严重。滨海盐土则因受海水或海潮的浸渍而形成，分布于渤海海滨。

二、自然景观的地域分异与自然区划

华北区的自然景观是比较多样的。在热量上，它的东部平地丘陵虽然均属于暖温带，但黄土高原的绝大部分（包括太原、延安、平凉一线的西北），由于海拔较高，积温不足3000℃，实际上属于温带，农作制以一年一熟为主。这部分面积甚广（至少20万平方公里），它与云南高原一样，已不能单纯看作是垂直地带，而应认为是水平地带性的景观。因此，华北区在热量上包括了两个热量带，即暖温带和温带（图30）。

在水分条件上，华北区内各地区的差异更大，包括干燥度<1的湿润地区，干燥度1.0～1.25的半湿润地区，同时也有相当大面积的地区干燥度为1.25～1.5，属于半湿润偏干地区或半干旱地区（图31）。从天然植被和自然土壤的研究结果来看，华北区的绝大部分应在半湿润地区范围内。

因此，很难严格按照积温或干燥度的数值来划定华北区的界线。华北区受人类活动的影响极为深刻而广泛，天然植被保留极少，湿润森林、半湿润森林草原和半干旱草原三个经度地带在景观上的反映不甚显著；而非地带性因素黄土的广泛分布对华北区景观的形成却起着重要的作用。黄土高原（强烈）的沟壑侵蚀与河流含沙量及黄河下游平原沉积均有密切联系，黄河中游的水土保持

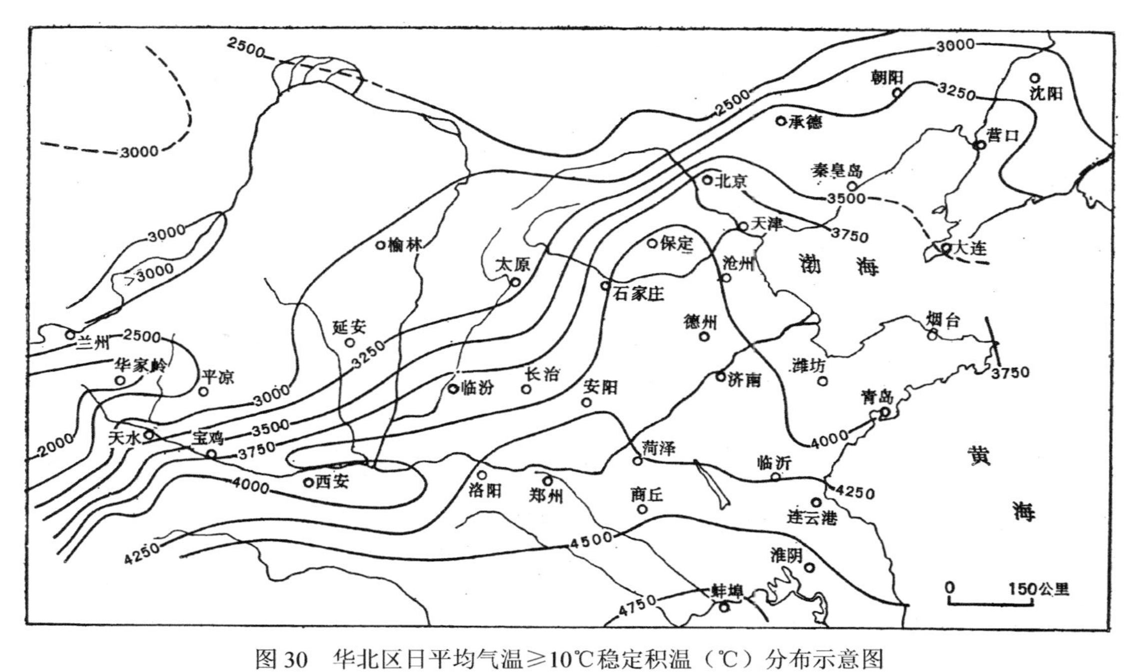

图 30　华北区日平均气温≥10℃稳定积温（℃）分布示意图

（据中国科学院自然区划工作委员会：《中国气候区划》（初稿）图 56，科学出版社，1959 年；略有改动）

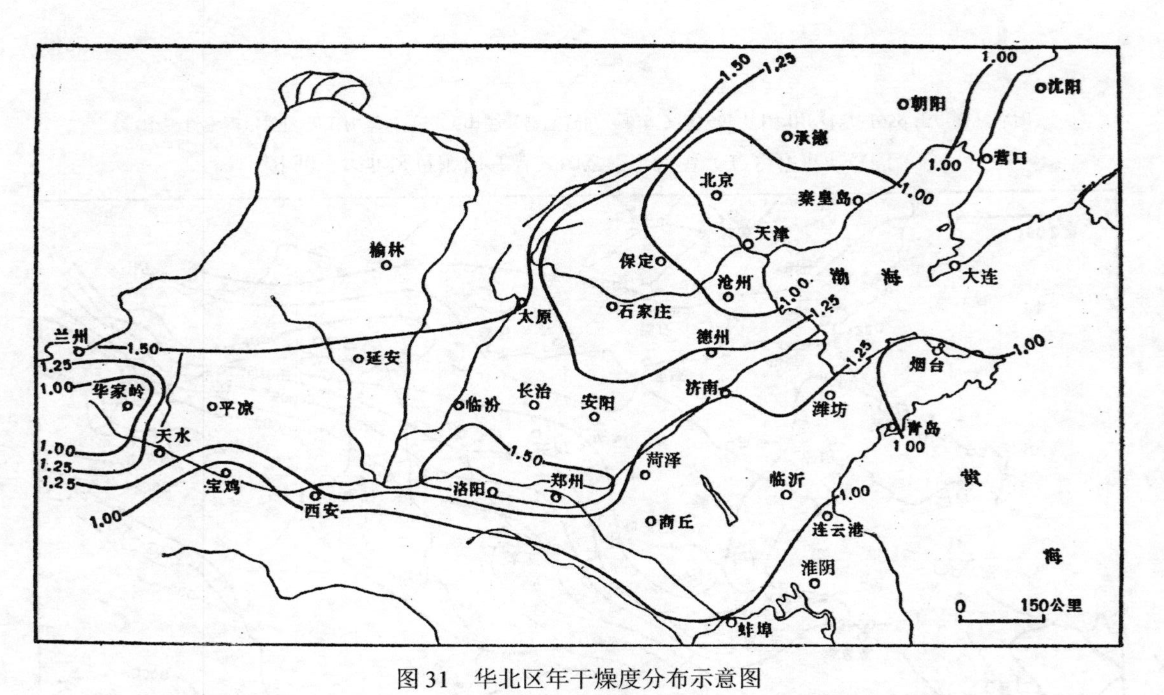

图31　华北区年干燥度分布示意图

（据中国科学院自然区划工作委员会：《中国气候区划》（初稿）图74，科学出版社，1959年；略有改动）

和下游平原的旱涝碱治理是互有联系的。黄土高原的水土流失是华北区自然地理过程中的一个重要环节，控制了黄土高原的水土流失，对于华北平原的自然景观发展将起到积极作用。因此，从现在景观特征和改造利用自然方面来看，整个黄土高原应属于华北区范畴，它的西面包括乌鞘岭以南及青海省日月山以东的地区。兰州附近是典型的黄土高原的一部分，黄土厚达 200 米以上。西宁一带的湟水谷地也是黄土高原旱农区域，它与日月山以西青藏高原草原牧区，在自然景观和农业利用上均有明显不同。甘肃西南部岷县、临洮一带也是黄土高原旱农区，与其西面夏河、卓尼一带的畜牧区完全不同，两者间大致以海拔 3000 米等高线为分界。白龙江是嘉陵江支流，白龙江谷地属华中区，越过白龙江与洮河的分水岭（叠山）至岷县，即属黄土高原。华北区的北界大致与内蒙古高原南缘的地形界线相一致。张家口以北，坝上与坝下的分界，自古以来就是劳动人民习惯上和生产上的一条明显的自然界线。坝上与坝下海拔相差达 700 米以上，热量相差很大。坝上的张北积温 2140℃，属温带，坝下的张家口积温 3300℃，属暖温带。河北省的坝上海拔 1300～1600 米，无霜期只 90～100 天，为草原—栗钙土地区，与华北区完全不同。从栽培植物来看，坝下能栽培玉米、高粱和水稻，而坝上这些作物不能成熟。

华北区面积较大，区内根据热量、水分、地貌条件及农业利用上的差异，可分为下列二、三级自然区域：

II_A 辽东半岛与胶东半岛亚区

II_B 华北平原亚区

II_{B1} 下辽河平原小区

II_{B2} 黄淮海平原小区

II_{B3} 冀北山地小区

II_{B4} 鲁中山地小区

II_C 黄土高原亚区

II_{C1} 山西高原小区

II_{C2} 陕北、陇东高原小区

II_{C3} 陇西高原小区

（一）辽东半岛与胶东半岛亚区

辽东半岛与胶东半岛虽然为渤海海峡所分开，但它们无论在地质构造上或气候湿润程度上都有着很大的相似性，干燥度≤1.0，因此合为一个亚区。

本亚区的地形主要是丘陵起伏，高度大都在 500 米以下，平原甚狭。这些丘陵往往伸入海中，故海岸线曲折，多深水港湾，如大连、青岛等。千山山脉为辽东半岛的骨干，主峰海拔超过 1000 米。胶东半岛的花岗岩构成一些较高山岭，如青岛附近的崂山（1130 米）。

由于滨海的地理位置，本亚区水热条件较下辽河平原或华北平原都要优越，气温变幅较小，冬季比较暖和，夏季无酷暑。1 月平均气温在 0℃以上，7 月在 25℃左右，全年无霜期约 165～250 天，其中又以胶东半岛南部沿海条件最好，积温可达 3900℃，年平均降水量约 600～700 毫米，辽东半岛东部和胶东半岛南部迎风部位则可达 800 毫米以上，局部迎风山区还可达 1000 毫米左右。但半岛的西北方向背风坡，降水量则显著减少。在年降水总量中，约 85%以上降于日平均气温≥10℃的持续期内。干燥度≤1.0，是华北区最湿润的地区。而且，本亚区降水量的变率不大，相对湿度又比较高（大连、青岛均在 70%以上），故春旱现象不严重，这是本亚区的特点，也是与华北区其他亚区之间的重要差异。

植被和土壤也反映本亚区比较湿润的特点。天然植被由于数千年的开发、破坏，现在已极少保存，仅在千山山地尚有比较完好的森林，海拔较高的地方以沈阳油松为主，较低的地方以辽东栎为主。崂山的森林，海拔较高的地方为赤松林，较低的地方为栎类、榆、楝与赤松的混交林，山麓与河谷则为落叶阔叶林。由此可见，本亚区的原有天然植被应该是暖温带落叶阔叶林，主要林木为栎属与松属。松属中以赤松为主，沈阳油松只见于辽东而不见于胶东，马尾松则见于胶东而不见于辽东。这也反映了辽东与胶东之间的热量差异。

地带性土壤为棕壤，又叫棕色森林土。本亚区因温暖季节较长，冬季土地冻结不深，故土壤黏化过程较温带湿润地区为强。易溶盐类和碳酸盐受强烈淋溶，形成淀积粘化土层（B 层）。由于气候温暖、潮湿，微生物的作用几乎可以全年不断地进行，有机质多受分解、破坏，故棕壤的腐殖质含量不高。

本亚区气候条件比较优越，农作物可以一年两熟，目前耕作制度主要是冬小麦与大豆、玉米的一年两熟制。果树栽培已得到大量发展，以梨、苹果、葡萄为最重要。苹果主要栽植于丘陵山坡，胶东半岛集中于北部烟台、福山、牟平等地，辽东半岛以西部复县和盖县栽培最盛。梨的主要产区在胶东半岛的莱阳。用柞树叶饲养柞蚕，也是本亚区的著名副业。

（二）华北平原亚区

本亚区主要是广大的平原，并包括河北省北部、辽宁省西部和内蒙古自治区东南部的山地，称为冀北山地；山东省中部山地，称为鲁中山地。平原可分下辽河冲积平原及黄（河）、淮（河）、海（河）冲积平原，山东南部及江苏省徐州一带，则为波状起伏的准平原。

华北平原亚区在气候上为暖温带半湿润地区，与辽东、胶东半岛相比较，干燥度较高，降水量变率较大，春旱比较严重，无霜期也较短，故大部分地区农业为两年三熟制。天然植被为中生落叶阔叶林及旱生落叶阔叶林，地带性土壤为褐土。由于淋溶作用的结果，土壤中的碳酸盐明显下移，在土壤剖面中形成钙积层，这是褐土和棕壤的一个差别，也反映华北平原亚区的湿润程度不如辽东、胶东。

在地貌上，华北平原的东南部在安徽和江苏北部完全与长江和淮河下游平原相连。这里，华北区与华中区间约以淮河及废黄河为界，它大致与积温 4500℃，1 月平均气温 0℃，年降水量 900 毫米，干燥度 1.0 等值线相符，是我国自然地理上的一条重要界线。

本亚区面积较大，可分为 4 个小区。各小区的自然地理特征是：

1. 下辽河平原，以山海关与黄淮海平原相分开，由于它在热量条件上亦属暖温带，故划为本亚区内的一个小区。下辽河平原在地质构造上属于渤海拗陷带，因地面长期沉降，故第三系、第四系的松散沉积物厚达 2000 米以上。该区目前仍在不断沉降，导致松花江与辽河的分水岭逐渐向北推移，现在的分水岭位置已比过去向北推移了 150 公里左右（分水岭原在法库—铁岭一带）。

辽河下游河曲发达，堆积作用旺盛，河道中沙洲众多，河道变迁频繁。由于河床不断淤积，辽河下游宣泄不畅，常造成洪灾与内涝。辽河下游的盘锦地区（以盘山为中心的农垦区）过去十年九涝，有“东北的南大荒”之称。经过整治，盘锦地区已成为东北的水稻集中产区，辽宁省商品粮基地之一。

2. 黄淮海平原是我国主要农业区域和人口集中分布区之一。平原北部是海河平原，中部是黄河平原，南部是淮河平原。由于历史上黄河多次改道，黄河曾经流过的地区，北到天津，南至淮阴，故黄河冲积物分布到黄淮海平原的绝大部分地区。黄淮海平原是新构造运动强烈沉降区，全新世沉积物厚度最大可达

3000 米。

黄淮海平原海拔一般不到50米，地势十分平坦。但平原上微地貌结构仍比较复杂，随着微地貌的变化，地表组成物质、地下水化学成分、土壤、植被以及农业也发生相应的变化。平原地势主要自西、西南向东、东北倾斜，自然景观相应地可分为山麓洪积、冲积扇平原，冲积平原和滨海平原三个带，从山麓向海，大体呈半环状分布（图 32、33）。

山麓洪积、冲积扇平原海拔30～100 米，坡度 1/200～1/2000，排水良好，地下水矿化度<1 克/升，水质优良，水量丰富。土壤不受盐碱化。如北京市即位于永定河

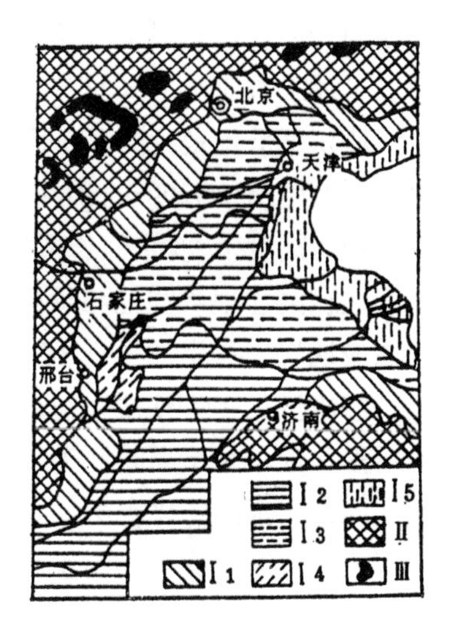

图 32　华北平原及其毗邻山地景观类型图

I_1 山麓洪积—冲积平原，I_2 冲积平原，I_3 排水不畅的低冲积平原，I_4 长期地表积水的洼地，I_5 滨海盐土低地，II 栎林、油松林、灌丛—褐土低山，III 具垂直带结构的中山

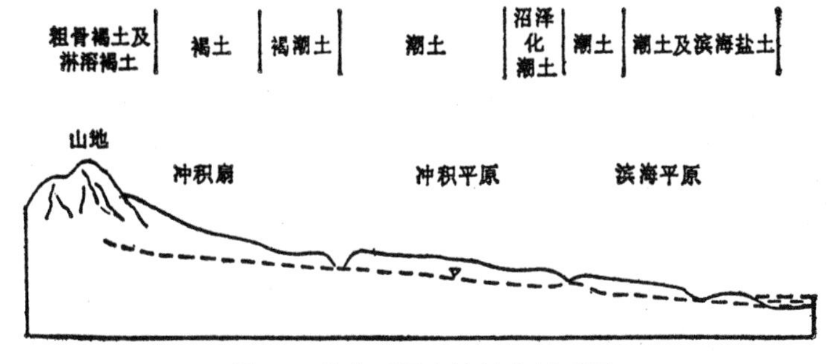

图 33　华北平原土壤组合剖面图

（据中国科学院南京土壤研究所主编：《中国土壤》，科学出版社，1978 年，第 452 页）

的冲积扇平原上，冲积扇的顶端在石景山附近，向东、东北及东南方向倾斜扩展。目前，这里丰富的地下水，已成为北京市重要的城市及工农业用水水源。

冲积平原也是黄淮海平原的主要组成部分，海拔大部在50米以下，坡度约1/5000～1/10000。冲积平原的微地貌比较复杂，有多条相对高度1～5米的长条状缓岗，缓岗旁常有带状沙丘，缓岗之间往往为洼地。洼地与缓岗间则为倾斜很小的平地（群众称为“二坡地”）。与上述微地貌变化相适应，沉积物也呈有规律的变化：缓岗沉积多为沙质，洼地为粘土，微斜平原则为夹有粘土层的粉沙。地下水水质也随着发生变化，缓岗的地下水多为淡水，洼地的地下水则矿化度高，往往为2～5克/升。以上特点对黄淮海平原的土壤和作物分布有很大影响。一般在天然堤、古河床及缓岗部分，土壤质地轻，耕性好，无盐化，肥力较高。在粘质浅洼地，常因季节性积水，土壤有局部潜育现象，并有不同程度的盐化。在“二坡地”，因有粘土（胶泥）夹层，如地下水位高，则形成盐化黄潮土。上述不同的微地貌单元，由于土质和地下水水质的不同，农业利用也有明显差异。如河南省封丘县，在地势稍高的缓岗上主要是一年两熟制，在缓斜平原轻度盐渍化的潮土上主要是两年三熟制，局部盐碱较重的洼地则栽种耐盐的柽柳、扫帚菜等，而在黄河决口泛滥后的老河床所形成的沙地上，则多为花生或大豆的一年一熟制，并种植枣、梨、苹果、杏等果树。

长条状缓岗是黄河和海河的古河道。这些河流含沙量很高，河床淤高很快，多成为“悬河”，高出于两岸平原地面很多。目前黄河河床已高出两岸地面几米至10余米，成为横亘华北平原的分水岭。漳河也是如此，河床滩地已比堤外高出3～4米，成为平原上的悬河。由于黄河、漳河、滹沱河等多次改道，故本小区内古河道交叉重叠，大部成为长条状缓岗，如河北省南部黑龙港地区，地面古河道的面积达 12000 多平方公里，约占全区面积的 1/3。古河床高地及近代黄河等大河决口泛滥处，沉积物多为细沙，受风力吹扬，常形成沙丘，如郑州、开封一带黄河南岸的巨大沙丘群，高可达 30 米左右。

平原上还分布有许多湖泊，如以白洋淀为中心的冀中洼、淀区域，山东西部的东平湖—南四湖区域等。

滨海平原西以 4 米等高线为界，东至渤海海岸。地面坡降不到 1/10000。其形成除受河流冲积作用外，也受海洋沉积作用的影响。地表组成物质以粘土为主，地下水矿化度高，可达 20 克/升左右。土壤为盐土，表层的含盐量 1%～3%，以氯化物为主。渤海沿海盐渍土地区最宽可达 60 公里以上，其上生长盐生和耐盐性强的植物，主要为小獐茅草、盐地碱蓬等，间或散生有盐生灌木如柽柳、白刺等。本小区包括海河与黄河三角洲。现代黄河三角洲以利津为顶点，面积约 5400 平方公里，主要是黄河 1855 年改道重新流入渤海以来造成的，由于黄河大量泥沙在河口淤积，使河口尾闾改道频繁，自 1855 年至今，已发生重要改道 11 次，平均约每 10 年改道一次，现在河口仍以平均每年 1.4～1.8 公里的速度，向海延伸。现代黄河三角洲现在大部仍是盐碱荒地，地势低洼，排水不良，在全国三大三角洲（长江、珠江和黄河三角洲）中，开发最差。但它是我国第二大油田——胜利油田所在，在国家经济建设中也有重要地位。

3. 冀北山地包括燕山和辽西一带山地，海拔最高达 1000 米以上，走向多作东西向或北东向。山地内有一些断陷盆地，如密云、怀来等盆地。山地余脉直入渤海。人类建筑史上的一个伟大奇迹——万里长城（全长 6700 公里），其东段就是利用冀北山地的地形修建的。它东起于渤海之滨山海相接的山海关，山海关雄关屹立，向有“天下第一关”之称，为东北与华北的天然分界。向西，在迁安、遵化、兴隆一带，震旦系石英岩岩性坚硬，形成高脊，沿东西方向延伸很远，这一段长城即利用此高脊建筑。滦河及其支流横切这个山脊，形成喜峰口、董家口等缺口，为古代军事要隘。到北京市西北面，长城仍依燕山而筑，著名的八达岭就是燕山山地的一部分。长城筑在燕山山脊上，随着山脊起伏而蜿蜒上下，形势十分雄伟。居庸关和八达岭是中外游人游览长城古迹的著名胜地。潮白河和永定河的上游流经燕山山地内的密云、怀来盆地，现已修建了密云水库和官厅水库，可供首都城市和工农业用水。因此，保护这两个水库的自然环境，保证水库清洁，是十分重要的。

冀北山地为内蒙古高原与华北平原间的巨大斜面，有的山岭海拔较高，具有明显的植被垂直分带。如北京市西北的小五台山（2870 米），1600 米以下为落叶阔叶林，主要是栎、桦、椴等，1600～2000 米为云杉林，除云杉外还有青扦、臭冷杉等。2000～2500 米为华北落叶松林。2500 米以上已越出树木分布上限，为亚高山草甸，以禾本科短草为主。

4. 鲁中山地包括泰山、沂山和蒙山等，最高峰海拔 1000 米以上，如泰山海拔 1524 米，兀立于华北平原之上，为平原上的最高山峰，所以古代有“登泰山而小天下”之说。其余山地海拔一般在 500～600 米左右，多由前震旦纪的变质岩系组成，上有寒武—奥陶系石灰岩盖层。在鲁南，灰岩多近似水平地分布于山顶，形成坡陡、顶平的“方山”地形，群众称为“崮”，如孟良崮等。石灰岩地区有许多岩溶泉流出，尤以济南的趵突泉群最为著名，济南有“泉都”之称。

鲁中山地的气候条件大致与胶东相似，但春季偶然可有干旱。基本上无涝、盐灾害，这是它与黄淮海平原的不同之处。植被以松类与栎类为主，北坡生境比较湿润，森林较好，南坡比较干旱，植被较稀。泰山、沂山和蒙山有油松林，油松或与栎类混交。丘陵及山岭下部多栎树散生。

（三）黄土高原亚区

本亚区由于地形及黄土覆盖层的不同，内部景观有明显差异，可分为 3 个小区，即山西高原、陕北陇东高原和陇西高原。在山西和陕北，本亚区与内蒙区大致以长城为界，这条界线相当于积温 3000℃、干燥度 1.5 等值线。本亚区的干燥度绝大部分在 1.25～1.50 之间，属半湿润偏干的气候。

1. 山西高原包括吕梁山以东、太行山以西的地区。它并不是一个平整的高原，而是由一系列褶皱断块山岭与陷落盆地组合而成的高地，由于其东侧与南侧都有陡峭山坡，俯瞰华北平原与黄河谷地，故称为高原。山岭多作北北东走向，有太行山、五台山、恒山、吕梁山等，主峰海拔均超过 2000 米。山地的上部出露基岩，下部则为黄土所覆盖，但海拔 2500 米以上的吕梁山山顶，有时也有片状分布的黄土。高原中的许多山间盆地，均堆积有较厚的黄土，故山西高原虽岩石山岭较多，在大地貌上仍属于黄土高原的范围。黄土塬、梁、峁主要分布于漳河和沁河的中上游流域。山间盆地以汾河谷地为最大，下游海拔不过 400～500 米。山西的一些主要城市如太原、临汾均位于汾河谷地内。

山西高原的另一特点是石灰岩出露面积较广，达 6 万多平方公里，为我国北方最大的岩溶区域。在高原的深切河谷和山前地带，往往有大型岩溶泉流出，如太原的晋祠泉等，为重要的灌溉水源。

气候条件视海拔高度而有不同，山间盆地由于海拔较低，热量条件较好，积温一般在 3200℃以上。太原—介休的西北，积温一般不足 3200℃。天然植被多被破坏，但有些山地还保存着半自然状态的残存森林，并表现着垂直带变化。例如吕梁山在 1300 米以下为山麓草原；1800 米以下为松栎林类型的落叶阔叶林带；1800～2700 米间为亚高山针叶林带，由华北落叶松、云杉、细叶云杉组成；山顶或风大寒冷的山坡则为亚高山草甸。

2. 陕北、陇东高原位于吕梁山与六盘山之间，黄土广布，海拔 1000 米左右（如董志塬、洛川塬），其间只有少数基岩低山突出于黄土海洋之上，状如孤岛，如子午岭（泾河与洛河之间）、黄龙山（洛河与黄河之间）、崂山（延安西南，1452 米）等。高原的南部，黄土塬保存较好，地面比较平坦；北部则主要为切割破碎的黄土丘陵，即梁、峁区。我国革命圣地延安即为黄土梁、峁区，梁、峁海拔一般 1000～1300 米，相对高度 60～150 米，延安周围的一些著名山岭，如宝塔山、凤凰山等，就是一些梁、峁。覆盖梁、峁的黄土质纯层厚，适宜在坡下开挖窑洞，它们是黄土高原人民因地制宜建造的住宅，是具有自然地理特色的人文景观。位于杨家岭、枣园等地的当年党中央领导同志的旧居，也都是一些窑洞。延河是延安的最大河流，谷底开阔平坦，叫做“川道”，是延安的主要粮食、蔬菜基地，有“米粮川”之称（图 34）。

一些黄土丘陵地区地表十分破碎，如绥德非园沟峁状丘陵区每平方公里沟长 3.47 公里，地面坡度小于 15°的土地仅占 2%，而大于 26°的占到 62%，沟间相距 200～300 米，而沟深超过 100 米。沟头在黄土中溯源伸长迅速，如榆林的一条沟在 10 年内深度由 15 米增至 50 米，沟头每年伸展 10 米；甘肃庆阳西峰镇 1949 年一次暴雨，一条大沟就推进了 25 米。

黄土高原上的积温一般不到 3000℃，在热量条件上应属于温带，只有谷底川道热量稍高，但它们只占了黄土高原地区的很小面积。年雨量 400～500 毫米，大部集中于夏、秋季，且多暴雨，地面植被又少，故河流的洪枯流量相差极大，如延河干流最大流量达 2800 秒立方米，最小流量仅 0.001 秒立方米。子午岭等山岭分布

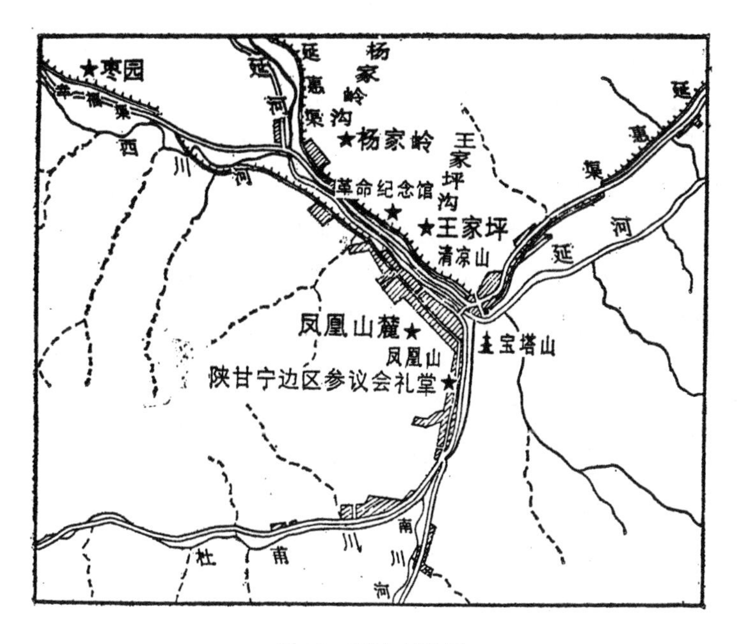

图 34　延安市略图

有次生幼龄林（梢林），组成以落叶阔叶树为主，大部是辽东栎、白桦、山杨等，针叶树以侧柏较为普遍。栽植的果树主要是枣、梨、杏、核桃等，如延安的枣园，即以枣树命名。

高原南侧与秦岭之间的渭河平原，古称关中，是一个地堑平原，可视为陕北黄土高原中的一个大型山间盆地。其北界是渭河北山，为一系列灰岩断块山，南界即秦岭北坡大断层崖。渭河平原海拔较低，水热条件与黄淮平原相似，农作物一年两熟，是我国重要的小麦、棉花产区。

3. 陇西高原与陇东高原以六盘山为界。六盘山古称陇山，故六盘山以东叫陇东，六盘山以西叫陇西。它是一条北北西走向的狭长山脉，主峰海拔超过 2900 米，东坡陡，西坡缓。六盘山以西，黄土高原海拔一般在 2000 米左右，地貌以黄土丘陵为主，如华家岭一带极为典型。陇西高原上也有一些较高的基岩山岭突出于黄土之上，如马啣山（3672 米）等。

陇西高原因海拔较高，热量较低，广大高原地区（榆中、定西等）积温不到 2500℃，较陕北陇东高原为冷。降水仍有 400～500 毫米，干燥度较陕北高原为低。高原中的一些河谷平原，如天水附近的渭河上游谷地、兰州附近的黄河谷地等，地势较低，热量稍高。兰州附近平原雨量少、蒸发高，旱田上常铺一层河流砾石以减少蒸发，景观渐向西北干旱区过渡。高原上的较高山岭目前尚有少数残存森林，如六盘山 2000 米以上有油松、侧柏、山杨、白桦、辽东栎等组成的松栎林；兰州以南的兴隆山有尖叶云杉林及山杨、辽东栎林等。本小区天然植被亦保存无几，水土流失比较严重，自然景观和水土保持问题与其他黄土高原地区相似，故划为黄土高原亚区内的一个小区。

三、自然条件的利用与改造

综上所述，华北区农牧业生产有着悠久的历史，是我国重要的农业区。但由于新中国成立前对自然资源长期的不合理利用，加以华北区自然环境本身的一些缺点，故华北区在改造自然、发展农业生产方面，还面临着一些重大问题，主要是华北平原的旱、涝、盐、碱四大灾害和黄土高原的水土流失。建国以来，毛泽东同志先后发出："要把黄河的事情办好""一定要根治海河"等号召，开展了轰轰烈烈的改造大自然的工作，取得了巨大成就，但仍有一些问题有待解决。

（一）干旱的治理

干旱是华北区气候特征之一，其干旱并不在于年降水量的绝对数值，而在于年内分配不均和较大的变率。多数年份降水量不及平均值，少数年份则超过平均值，主要由于夏季的暴雨。夏季降水量往往就是几次暴雨的降水量，因此常常出现极端缺雨的情况。温度高，蒸发强，有效降水量相对地说来就显得不足，地表径流贫乏。生长期内少雨、高温、湿度低、旱风等原因的综合结果，导致了华北干旱现象，农作物收获量往往受到很大影响。春季（3～5 月）是秋播作物发育、成熟，春播作物播种的季节，这时华北区降水量只占到全年降水量的 10%左右，4 月和 5 月份降水大多（保证率为 75%）仅 5～15 毫米，急速增高的气温和很低的相对湿度，较大的风速，使得这样少量的降水不能抵偿蒸发消耗，土壤上层迅速变干，作物生长的条件变坏。春旱在华北区出现的频率是较高的，中国自然区划委员会曾按候平均 13 时相对湿度≤50%、候降水量≤5 毫米为旱候，计算了华北 1951～1955 年 5 年内干旱候的频率，指出，4 月旱候的频率在华北区各地都较大，最干地区是华北平原北部和山西高原，黄河中下游次之，渭河流域更次之。海河平原 4 月份降水量的平均变率达 70%～80%，极端数值可相差 3～5 倍，如北京 4 月份旱候占月候的频率竟达 93.3%。5 月和 6 月旱候频率稍见降低，但对农作物而言仍属干旱。盛夏雨水增多，湿度增大，旱候频率相应减少，一般为 10%～20%。

解放以来，华北平原努力扩大水源，发展灌溉，首先就是开发利用地下水。如上所述，河北平原上有许多古河道带，储藏着丰富的淡水，淡水埋深浅（20～50 米）、水量大、水质好（矿化度<2 克/升），在这里打井开采地下水，成井率高。利用古河道打井，发展井灌，对发展农业生产起了很大作用。然而，在当前水资源不足的情况下，要注意节约农业灌溉用水，改进灌溉技术，提高机井灌溉效益。同时，要避免因地下水大面积超采而引起地下水位下降。

为了解决华北平原的干旱、缺水问题，现正在研究和着手把长江水调到黄河及其以北广大缺水地区。南水北调东线第一期工程，以江苏省江都水利枢纽工程为起点，电力提引长江水，大致沿京杭运河逐级抽水北送，穿过洪泽湖、骆马湖、南四湖，进入黄河南岸的东平湖。这对缓和长江、黄河之间，特别是淮河以北地区的水源不足矛盾，将发挥重要作用。第一期工程将于1995年前后完成。

（二）洪涝的防治

华北降水量高度集中于夏季（6～8月），且多暴雨。由于暴雨或连日雨和河流大量挟沙，华北区有洪涝灾害的威胁。黄河几条大支流渭河、汾河、伊洛河、沁河等都在潼关上下游汇入黄河。夏季黄河中游发生暴雨或持续数日的大雨，干支流洪水发生遭遇，引起陕县以下黄河的大洪峰。黄河下游“河在地上行”的形势，使黄河大堤每有溃决必形成水灾。河水在决口下泄时，不仅冲毁沿途村庄农田，而且故道遗留的泥沙为风吹扬堆积，形成沙荒，危害也不小。历史上黄河曾大改道多次，1938年，国民党反动派在郑州花园口决堤的罪行，造成黄河至淮河间54000平方公里的黄泛区。

海河水系由北运河、永定河、大清河、子牙河、南运河五大支流组成，它们流经黄土地区，出太行山地东坡，集中于天津附近汇合为海河。太行山东坡是华北一个暴雨中心，各支流洪峰遭遇，就造成天津附近海河的大洪峰。河北平原的河间低地也易发生涝灾，积水不易排出。

新中国成立后，华北平原开展了大规模群众性的水利建设。在黄河下游，培修、加高、加固了黄河大堤，修建了三门峡等防洪水库，开辟了东平湖等滞洪分洪区，使30年来黄河大汛没有决口，保护了黄河下游广大地区的安全。海河水系经1963年以来的水利工程和综合治理，也使洪涝灾害大大减轻。

（三）盐碱的治理

华北平原盐土面积较大，碱土作斑块状，分布于盐土之间。而且，许多地方引河水灌溉，有灌无排，也引起土壤盐碱化。除滨海平原外，华北平原土壤盐碱的产生，主要由于排水不畅，地下水位提高，气候干，蒸发强，它与旱、涝密切相关，因此，旱、涝、盐、碱必须综合治理，统一规划。现在，群众在防治土壤盐碱化、改良盐碱土方面，已取得较大成就。主要是根据华北平原自然条件和自然资源的特点，因地制宜，采取有效措施。如黄河及其他大河两岸背河的地方，地势低，易涝，多为盐碱洼地。群众利用本区河流含泥沙多的特点，引洪放淤，把河水引入洼地，沉淀泥沙，改良土壤，这种措施压盐效果好，增产幅度大。华北平原的浅层地下水的井灌和井排，综合治理旱、涝、盐、碱，也是群众的一项创举。机井提水，相应地降低了其附近的地下水位，加强土壤水分的下渗作用，使土壤向脱盐的方向发展。实践证明，沟排与井灌井排结合，改造盐碱土的效果最好。此外，许多地方还实行明沟排灌，冲洗土壤盐分，种植绿肥等方法，改良盐碱土，也卓有成效。种稻改良盐碱地是我国劳动人民与盐碱土斗争的传统经验，它把改良与利用相结合，具有时间短、收效快、产量高的特点。滨海地区的芦台、清河等大型农场，都在滨海地区大面积种植水稻，亩产可达 800 斤以上。

淮河平原北部是历史上受黄河水南泛影响而形成的黄泛冲积平原，地形平坦，水系紊乱，河道淤塞，局部地区地下水径流不畅，矿化度较高（1～3 克/升），土壤具有不同程度的盐碱化。因此，农业上既受旱涝威胁，又受盐碱危害。土壤为潮土（淤土、两合土、沙土、飞沙土、花碱土等），养分含量一般不高。有些地区还受风沙危害。解放后，通过疏浚河道、开挖新河、修建沟洫等改善了排水条件，涝情大为减轻，但随着农业生产发展的需要，旱的问题又较为突出。要彻底改良盐碱地，必须与防涝防旱相结合。故应全面规划，进一步整治河道，疏浚沟洫和发展灌溉。在土地利用方面，在着重抓洼涝重盐碱土、漏风淤、飞沙土的利用改良以促进粮食增长的前提下，在轻盐碱土上可多种植棉花，沙土上可种植花生。同时，还应贯彻因地制宜、多种经营的方针，大力开辟果园，种植苹果、酥梨、葡萄等果品，在河、渠、沟、道路旁应多种植泡桐等经济林木，改善环境条件，促进农、林、果全面发展。①

（四）水土保持问题

黄土高原水土流失严重，黄河每年经陕县下泄的泥沙约 16 亿吨，其中 90%来自黄土高原，随之流失的氮、磷、钾养分约有 3000 万吨，这是一个十分惊人的数字。由于水土流失，黄土高原土地贫瘠，农业产量很低。而大量泥沙下泄，淤塞下游河道，给华北平原带来洪水泛滥的危险。

黄土地区的土壤侵蚀有其自然因素，但旧社会人为因素却促使了自然向不利方向发展。土壤侵蚀的自然原因，首先是黄土本身的特性，疏松、质地均匀、没有团粒结构，虽然碳酸钙的含量高达 5%～15%，但缺乏有机质，土粒与土粒之间仅依赖钙质胶结，所以黄土在水中极易分散，抵抗侵蚀的能力极低。黄土有极为发达的垂直劈理，更有利于侵蚀和崩塌。

不同时期沉积的黄土，各有不同的渗透系数，有不同的涨缩率，多雨季节就在彼此间的接触面上产生不一致的湿润情况，在

---

① 参考安徽省水利局勘测设计院、中国科学院南京土壤研究所：《安徽淮北平原土壤》，上海人民出版社，1976 年，第 221 页。

崖壁或斜坡上，形成黄土体的裂缝扩张、泻溜、滑塌等作用，加速了对黄土的侵蚀。

华北区的降水集中夏季，且多暴雨和急雨，往往一次暴雨所造成的土壤侵蚀量，超过全年的 70%。例如泾河流域暴雨量占全年降水量 50%左右，5°坡度的农地表面土壤流失量，每年每平方米达 0.02 立方米。陕西安塞县云台山流域（延河上游），1977 年 7 月 5～6 日，一次暴雨降水量达 143 毫米，流入延河的泥沙等于平均年输沙量的 9 倍。

黄土高原土壤侵蚀的人为因素，主要是旧社会无限制的开垦、放牧，天然植被绝大部分已被破坏，黄土裸露。据陕西黄龙水土保持站资料，林地减少径流量 78.4%，减少河流泥沙 94%。梢林草原地每年平均泥土流失量只有坡耕地的 4%。因此，破坏天然植被，大大增加了水土流失。

黄土高原的水土保持是治理黄河的根本。黄河下游河槽中淤积的泥沙，主要是粒径大于 0.05 毫米的粗泥沙，因此减少粗泥沙来源在治黄中尤为重要。黄河粗泥沙主要来自陕北、晋北与内蒙古间的三角地带。这里是“沙黄土”分布区，水土流失也最为严重，一些小河流域，如无定河、窟野河、皇甫川、秃尾河等，侵蚀模数均在每年每平方公里 1 万吨以上，个别小区如窟野河流域，高达 35000 吨。因此，防治这一地区的水土流失，在治黄中有重要意义。

新中国成立后，黄河中游人民造林种草和工程措施相结合，治川治沟与治山治坡相结合，对黄土高原进行了大规模的综合治理。经过 20 多年的努力，水土保持工作已取得了很大成绩，初步治理水土流失面积 6 万多平方公里，约占总流失面积的 7%，涌现出许多扎扎实实搞水土保持，从而改变贫困面貌和减少入黄泥沙的先进地区和单位。在黄河中游地区还建成了干支流大中型水库

151座，总库容251亿立方米，发电装机200多万千瓦。[①]但是，由于以往片面强调了"以粮为纲"，不切实际地要求粮食单产一律要过"纲要"，进行盲目开荒，再加上过度放牧和不合理樵采，致使黄河中游水土流失至今未见减少，下游河道仍然在不断淤高，利津以上河道淤积泥沙已达70亿吨，河槽平均每年淤高10厘米。由于河床的不断淤高，被迫相应加高大堤，致使下游堤防"越加越险，越险越加"。同时，黄河中游地区已建成的水库淤积也很严重，据估算，中游地区的大型水库，因淤积平均每年要损失库容近1亿立方米，大大降低了防洪和综合利用的效益。

要控制黄土高原的水土流失，必须加强统一领导，进行全面规划，工程措施与生物措施相结合。主要是陡坡退耕，还林还草，建设缓坡和平川的高产稳产农田。最近10年来，黄土高原上已有许多试验区实行这种方法，取得成功，不但水土流失大为减少，而且粮食增产，人民年平均收入也有较大幅度的提高。治理水土流失不但与自然条件和科学技术有关，而且在很大程度上还与社会经济条件有关。必须大多数人民自觉、自愿，积极进行治理，黄土高原的水土保持才能收到实效。1980年改革以来，实行农户或联户承包治理小流域，已在黄土高原各省普遍推广，农民治理水土流失的积极性大为提高。如果能持之以久，且避免边治理边破坏，则几十年以后，黄土高原的水土流失是可望基本上得到控制的。

---

① 据官长君："水土保持是治黄的基础"，《水土保持通报》，1981年第2期，第1～4页。

第九章　华中区

华中区大致位于秦岭和南岭之间，西起青藏大高原的东侧，东迄于海，约当北纬 24°～34°、东经 103°～123°之间，主要包括长江中下游流域和浙闽地区，面积约 180 万平方公里。

华中区范围相当于我国亚热带，北与华北区接壤；南至南岭山地南麓，大致从福州以南，经广州和南宁以北，止于百色附近。

华中区在地形上以四川盆地及其以下的长江为主轴，自南北向河谷方向倾斜，并逐级由西向东降低。除秦岭大巴山地和贵州高原外，低山丘陵与盆地平原相间分布。大致秦岭大巴山地海拔超过 2000 米，贵州高原平均 1000～1500 米，四川盆地约 500 米左右。至东经 112°以东，部分山岭在 1000 米左右，大部为交错起伏、海拔低于 200 米的丘陵与冲积或湖积平原。长江三角洲平原及钱塘江、闽江等河口平原，海拔只有 10～20 米。

华中区是我国南方与北方之间的过渡地带，自然景观也有明显的过渡性特征，属亚热带湿润森林地带，是我国富饶的农业区域，生产潜力很大。

一、季风型亚热带景观

在纬度位置上，华中区位于副热带高压带的范围，但由于东亚季风环流势力强大，行星风系环流系统在近地面空气层中遭到改变，仅在 3000～5000 米以上的高空才较明显。因此，华中区不但没有一般副热带高压带笼罩下的干燥气候（如大陆西岸同纬度的撒哈拉沙漠），而且温暖湿润，季风型亚热带景观十分显著。

（一）亚热带湿润季风气候

华中区冬夏季风明显交替，四季分明，这是本区气候的重要特点之一。由于受强大、持久的大陆气团控制，故冬季较长，一般有3个半至4个月，但最南部只有1～2个月左右；夏季也有3～4个月。

华中区的纬度正处于我国北方与南方的过渡地带，又加上西部青藏大高原的影响，所以大气环流具有独特的过渡形式。冬季正处在蒙古高压南伸的前方，高空又有南支急流通过，故气旋过境频繁，云雨较多，降水量约占全年的10%，对冬季作物生长十分有利。初夏，青藏高原南支急流消失，但高原以北的急流仍然存在，这支急流稳定在我国东部和日本列岛上空，出现了阻塞高压，挡住大陆气旋的去路。同时，从5月开始，夏季风从南方进入华中区，热带海洋气团与中纬度变性大陆气团相遇，形成锋面雨。日本列岛上空阻塞高压的存在，使这种锋面雨或气旋雨在某一时期内连续出现于江淮流域的某一特定地区，形成连绵不断的阴雨天气，称为梅雨，这是华中区气候上的一种很特殊的现象。随着夏季风的北进和极锋的北退，梅雨区也逐渐向北推进。梅雨现象于5月下旬初见于福州、衡阳一线，6月中发展到长江河谷，6月底到达苏北、豫南。梅雨期一般长约20～30天，愈北愈短。梅雨期的特点是：雨日频率大、平均雨量多、相对湿度高，与梅前、梅后相比，显得十分明显（表19）（图35）。

梅雨是华中区降水的重要组成部分，如上海、南京、芜湖、九江和汉口五站，梅雨平均总降水量123毫米，约占这五个站6、7两个月总降水量的70%。如梅雨时间太短或太长，则常形成涝年或旱年。梅雨降水主要是濛濛细雨，但也有暴雨成分。

表 19　上海梅雨期与梅前、梅后天气的比较

	梅　内	梅　前	梅　后
每候连续雨日 4～5 天的频率（%）	29.3	17.8	20.5
平　均　云　量	7.8	7.6	6.7
相　对　温　度　（%）	84.9	81.6	83.4

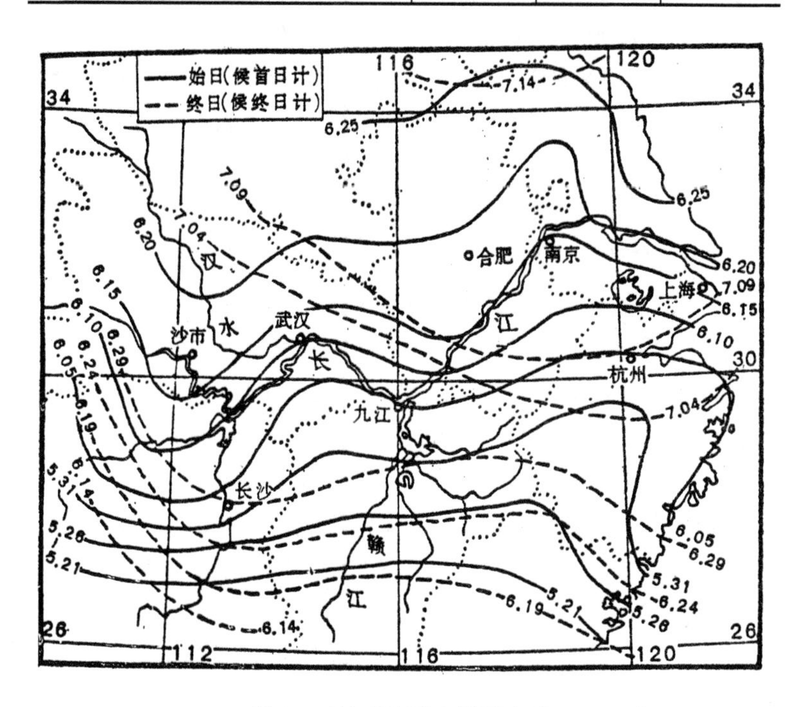

图 35　长江流域梅雨期的起讫

梅雨锋北移后，7、8 月间太平洋副热带高压笼罩，除秦岭南坡外，全区天气晴热，降水很少，缺乏灌溉条件的农田，将会出现旱象。由于夏季风空气含湿量较大，有因对流性不稳定而产生的热雷雨和冷锋雷雨出现，对缓和伏旱是有利的。9 月初，北方蒙古高气压初步形成，高压楔南伸，但副热带高压脊尚未完全撤退，仍留在高空，所以 9、10 月间高、低空高压重合，出现了以大湖盆地为中心的秋高气爽天气。这时，沿海一带有台风雨，西部川黔地区因北方冷空气南下，锋面受阻于地形，出现秋雨现象。

华中区降水量比较丰沛，约比华北区大 1～2 倍。降水量自北向南递增，淮河流域在 750 毫米以上，长江下游 1000 毫米左右，向中游增至 1200 毫米，湘赣浙闽达到 1500 毫米。山地的迎风坡则更多，如庐山牯岭为 1833.6 毫米，山麓的九江只有 1300 毫米，四川峨眉山为 1959.8 毫米，而其山麓的峨眉县为 1593.8 毫米。

由此可见，华中区在季风进退的过程中，锋面及气旋活动频繁，降水量较多，年内分配也比较均匀。但因夏季风来临的迟早和梅雨锋持续时间的不同，华中区降水量的年际变率还是相当大的。例如，1954 年长江流域降水量超过平均年降水量的 1～2 倍，这年 7 月的降雨量在淮阴相当于平均值的 216%，芜湖更大，达到 316%。

华中区热量资源比较丰富，活动积温在 4500℃～7000℃之间。最冷月平均气温大于 0℃。全区南北相距 10 个纬度，最冷月平均气温相差 10℃，等温线分布比较均匀。除四川盆地北有秦岭、大巴山屏障外，长江中下游在猛烈寒潮侵袭下，各地绝对最低气温均可降至 0℃以下，愈北愈低。较北地点绝对最低气温可降至–10℃，甚至–20℃以下，如安徽省寿县极端最低气温曾达–24.1℃，滁县–23.8℃。夏季比较炎热。长江中游和四川中部由于受地形影响，7 月平均气温都在 30℃左右，最高气温平均在 34℃以上，重庆、武汉和南京向有长江沿岸“三大火炉”之称。所以，华中区冬冷夏热，和世界同纬度地方相比，显得相当突出，这是我国季风气候的亚热带的特色。

华中区日平均气温大于 15℃的持续日数一般均达到 165 天以上，而以闽江、瓯江流域及南岭谷地为最长，平均为 190 天，四川盆地及长江中下游约 175 天。丰富的热量资源为双季水稻、棉花及亚热带喜暖作物栽培提供了优越条件，如柑橘、甘蔗等在四川盆地及长江以南各地均可生长，茶树栽培更广及长江以北各地。

综上所述，可见华中区的气候特点是四季分明，冬季与夏季的长度大致相等，既不同于终年无冬的华南区，也不同于冬长夏短的华北区，气候上具有明显的过渡性质，植被、土壤等自然因素也具有过渡性的特征，所以划为亚热带。亚热带就是温带与热带之间的一个过渡性的自然带。

（二）水资源与水文特征

华中区河川水量极为丰足，水系也十分发育，长江是世界著名的大河之一，年平均流量达到 3 万余秒立方米，其年径流总量比黄河大 20 倍。长江各主要支流如岷江、嘉陵江、沅江、湘江、汉水、赣江等，其流量也都超过了黄河。例如岷江流域面积不到黄河的 1/5，而多年平均流量却超过 1 倍。至于闽江与瓯江虽然河短水急，流域面积不大，但其径流量则颇丰富，径流模数达到 35 公升/秒·平方公里，成为我国东南沿海的重要河流。

长江流域地表径流正常值的分布与洪水的形成，都与降水时间和空间变化有着很大关系，因而也表现着自北而南的过渡特征。

以径流模数而言，全部长江流域平均为 17 公升/秒·平方公里，比黄河流域大 8.5 倍。北岸的南襄盆地及嘉陵江上游仅 5～7 公升，但四川盆地、汉江流域升至 15 公升左右，四川盆地周围山区及贵州高原在 15～20 公升之间。长江南岸径流模数则大大增高，山地及丘陵区达到 40 公升。南岭山地 30～35 公升。

在径流的季节变化上，也是随着夏季风的进退有南北的不同。湘、赣、闽等南部，在 4、5 月间即出现洪水，两湖地区则推延至 6 月，四川盆地为 7、8 月，汉江上游则往往出现在 9 月。两湖流域出现洪峰时，流域水位尚低，泄洪能力强，江河湖泊均有调节作用，洪水易于控制，威胁不大。但当四川盆地与汉江流域出现洪峰时，正值雨季最盛之际，干支流水位均已升高，湖泊水面亦已上涨，调蓄能力减弱，有时形成洪水顶托，泄洪不畅，形成较长时间的高水位。在一般年份，干流和各支流洪峰出现时间前后错开，这样夏季在较长时期内水量丰足，水位稳定，十分有利于航运和灌溉。但在特殊年份仍有洪水威胁。

长江沿岸的湖泊是巨大的天然水库，在很大程度上起着调蓄洪水的作用，也是我国淡水水产资源的宝库。其中以鄱阳湖、洞庭湖等为最大，调蓄洪水能力最强，对于发展国民经济有着重要意义。

鄱阳湖的水流是单向流入长江的，长江洪水一般不发生倒灌，因此鄱阳湖主要在于容蓄鄱阳湖水系（赣江、修水、抚河、信江、鄱阳水）的洪水。如 1954 年 6 月一次最大洪峰，由五水入湖的流量通过了鄱阳湖后，在湖口相应的最大流出量减少了近 1/2，可见其具有削减上游诸水洪峰的作用。鄱阳湖泥沙的入湖量是很小的，据 1954～1955 年资料，赣江等水系全年入湖泥沙总量为 0.1325 亿吨，而在湖口泥沙流出量为 0.1237 亿吨，即每年只有 0.0088 亿吨的泥沙停积湖内，这个数值与鄱阳湖总容积相比，淤塞现象是不严重的。

洞庭湖在汛期起着重要的调洪作用，它不但承受湘、资、沅、澧四水的全部流量，每年洪水期还能容蓄长江从四口（松滋、太平、藕池、调弦）分泄入湖的水量。这样就大大减轻了荆江河槽的排洪负担，也延缓了四水入江的洪水。洞庭湖夏秋季节入湖水多，又受江水顶托，是湖水高涨时期。一般年份，洞庭湖洪峰出现在长江上游洪峰之前，洪水威胁小；在洪峰遭遇年份，如 1954 年，就形成洞庭湖区及长江中下游的特大洪水。据 1954 年 7 月 30 日观测资料，洞庭湖削减了长江洪水流量达 39.7%，可见洞庭湖巨大的调蓄功能。

由于四口四水每年携带大量泥沙，使洞庭湖逐渐淤积，多年来围垦湖岸，更促使湖泊面积日益缩小。平均每年输入湖内的泥沙量达 1.68 亿立方米，其中四口输入量占 84%，而岳阳站每年输出泥沙仅 0.4 亿立方米，每年淤积体积达 1.28 亿立方米，大水年更多至 2 亿立方米，平均每年湖底淤高 4.6 厘米。昔日号称“八百里洞庭”的我国第一大湖，已被分割为许多大小湖泊，其中较大的有东洞庭湖、西洞庭湖、南洞庭湖和大通湖，以东洞庭湖最深。

（三）过渡性的植被和土壤

华中区的天然植被主要包括两种类型。长江和大巴山以北为含常绿阔叶树的落叶阔叶林，在较北地点，可含有少数暖温带树种。长江与南岭之间为亚热带常绿阔叶林。南岭以南，则伴生有少量热带树种，渐向华南区准热带过渡。

含常绿阔叶树的落叶阔叶林分布于常年多云雾的山地，多为稍耐寒的常绿阔叶树，混生着一些温带落叶阔叶林的落叶阔叶树，故亦称常绿阔叶树、落叶阔叶树混交林，是常绿阔叶林与落叶阔叶林之间的过渡类型。这类混交林的树种复杂，乔木层一般可分三层，第一层以落叶阔叶树居多，第二和第三层则以常绿阔叶树占优势。林下有稍耐寒的大箭竹等。落叶阔叶乔木层中，最有代表性的是壳斗科的山毛榉树等，反映当地气候较为湿润。常绿阔叶树则有壳斗科的青冈栎、多种柯，樟科的桢楠，茶科的木荷等。

亚热带常绿阔叶林主要分布于海拔 1100 米以下的低山。群落外貌四季常青，林内有明显的乔木层、灌木层和草本地被层。在阴湿地方，林内有较多的藤本植物和附生植物，但不如热带雨林那样复杂。建群树种以壳斗科的青冈栎、甜槠栲、柯为主，伴生有山毛榉及胡桃科、槭树科等落叶树种。

华中区南部，南岭山地海拔 1200 米以下及南岭以南，为含热带树种的常绿阔叶林，建群树种极少有较耐寒的青冈栎，而以喜暖的刺栲、小红栲为主，樟科和茶科树木亦为第一乔木层中的建群种。此外，还有一些属于热带科属的树种。

华中区针叶林以马尾松林和杉木林最有代表性。它们虽然多属次生林或栽培后形成的半自然林，但分布仍有一定规律，只分布于干季不甚显著的我国东部亚热带地区——即华中区。马尾松林能耐干燥瘠薄的土壤，而杉木林在土壤深厚、阴湿的环境下生长良好。它们都是南方的主要用材树种，尤其杉木是我国特有树种，是优良建筑材料。马尾松和杉木虽然适种地区较广，北面可分布到暖温带南部，南面可分布到准热带，但生长最好的是在亚热带南部，即华中区南部，这里是它们的主要产区。由于热量条件的不同，华中区北部和南部的马尾松林，乔木层的伴生树种以及灌木层和草本层有不同，显示明显的地带性特点。秦岭、大巴山地以及长江以北丘陵上的马尾松林，伴生乔木由落叶阔叶树如枫香、白栎等组成，灌木层为落叶阔叶类树种，草本层没有常绿的铁芒箕。大别山和长江以南，马尾松林的伴生乔木有甜槠栲、青冈栎、木荷等常绿阔叶树，灌木层有由毛冬青、油茶等组成的常绿阔叶灌木层片，草本层以常绿铁芒箕为主要特点。此外，华中区还有世界著名的第三纪孑遗植物——水杉和银杉。水杉混交林发现于湖北省利川水杉坝，生长于海拔950～1150米的山谷旁，常与杉木混交。银杉混交林现仅存于广西龙胜花坪（海拔1420米）和四川金佛山。

竹林种类很多，分布最广的为毛竹林。毛竹是我国重要的经济用材，用途很广。毛竹林的分布范围和环境条件大致与杉木林相似，除毛竹纯林外，也形成毛竹、杉木混交林。

在上述生物气候条件下，华中区的地带性土壤为黄棕壤和红壤、黄壤。黄棕壤分布于亚热带北部，即长江以北及鄂北、陕南及豫西南的丘陵低山。在分布上和发生上都表现出明显的南北过渡性。林地黄棕壤腐殖质的胡敏酸与富里酸的比率一般在 0.5 左右，pH 多在 5.5～7.0，介于棕壤与红壤之间。由于气候比较暖热、湿润，黄棕壤中原生矿物的风化程度较深，土壤粘土矿物主要为水云母—蛭石—高岭石，介于棕壤与红壤之间。由于黄棕壤中原生矿物变成次生矿物的过程比较快，粘粒含量较高，粘粒淋溶聚积，在剖面中形成黏重的棕色心土层，甚至形成黏盘，易于滞水；铁锰亦淋溶聚积，常形成铁锰结核层。可见黄棕壤具有棕壤的一些特征，也表现黄壤的一些特征。

红壤和黄壤主要分布于亚热带南部，是华中区分布最广的地带性土壤。红壤主要分布于长江以南广大的低山、丘陵区，富铝化作用明显，粘粒部分的硅铝率在 2.0～2.2 之间，粘土矿物组成以高岭石为主，但仍有一定数量水云母。全剖面呈酸性反应，pH4.5～5.5。在山区林地下，表层有机质含量可达 4%～6%，使表土呈灰棕色，称为暗红壤，自然肥力较高。森林受破坏后，有机质含量迅速降低，草地红壤仅 1%～2%。在无天然植被覆盖的低丘地区，土壤侵蚀比较严重，红壤有机质含量不足 1%，土壤黏重，耕作困难，必须加以改良。

黄壤主要分布于云雾多、湿度大、日照少的地区，大面积分布于贵州高原以及亚热带南部山地的垂直带内。在干湿季不明显的湿润气候条件下，土壤中的游离氧化铁遭受水化，使剖面呈黄色。富铝化作用较红壤为弱，硅铝率较红壤稍高（约在 2.5 左右），pH4.5～5.5。在天然植被下，黄壤的有机质含量较红壤为高，森林下为 5%～10%，灌丛下亦有 5%左右。故天然肥力较高，适于发展林业、农业。

华中区内，广西、贵州两省石灰岩分布面积较广，四川盆地则广泛分布中生代紫色砂、页岩。受母质影响，发育有较大面积的各种石灰土和紫色土，其性状与地带性土壤（红壤与黄壤）有明显不同。此外，华中区的河流两岸冲积平原及长江三角洲平原上，水稻土分布甚广，是我国水稻土面积最广的地区。

本区的经济林木也显示南北过渡的亚热带特征。亚热带典型的经济林木，如毛竹、杉木、漆树、乌桕、茶叶、油茶、油桐、柑橘、杨梅、枇杷均盛产于华中区，但暖温带果树如柿、板栗、梨、桃、杏等也能栽培。

二、自然景观的地域分异与自然区划

华中区的北界就是亚热带与暖温带的分界，习惯上以秦岭—淮河一线，或积温4500℃为界。秦岭—伏牛山山势高耸，山脉以南的汉中盆地和南阳盆地与山脉以北的关中平原和豫中平原，自然景观迥然不同，分界十分明显。许多亚热带植物，如毛竹、茶叶、杉木、柑橘等均分布于秦岭以南，而不见于秦岭以北，间有例外，也只限于一些受地形庇护而有良好小气候的地方。但是，界线的具体划法存在争议，有人主张以秦岭主脊线为界，我们则主张以秦岭北麓为界。安徽和江苏的北部是宽广的平原，亚热带与暖温带之间的界线就更不明显了。现在一般主张亚热带的北界大致以淮河—苏北灌溉总渠一线为界，但从气候上说，安徽省淮河以北的宿县、泗县、亳县、阜阳等，积温均达4700℃左右，与淮河以南的蚌埠、寿县相似，江苏省苏北灌溉总渠以北的徐州、清江，积温亦在4500℃以上。可见在平原地区很难用某一严格的气候数值来划分自然区域的界线。由于自然景观的变化往往是逐渐过渡的，因此用以划定自然区域界线的气候指标只能是大略的。而且，这一带平原长期以来已辟为农田，主要分布着耕种土壤——水稻土，天然植被也极少保存。因此，华中区北界的东段究竟应划在哪里，以淮河为界，还是以淮南丘陵的北缘为界，也是一个有争论的问题。近年来地植物学者的研究则认为，我国亚热带的北界大致从秦岭南坡中部海拔1000米等高线（北纬33°25′～33°41′）[①]，经河南伏牛山主脉南坡海拔800米等高线（北纬33°40′），至淮河干流北岸附近（北纬32°27′）向东延伸。[②]

在华中区内部自然景观的地域分异中，地带性因素起着主导作用。由于全区均属湿润区域，故在地带性因素中，热量又是区域内部分异的主导因素。这样，华中区内的自然区划，可首先根据反映热量条件的生物—气候带的特征，分为江汉秦岭亚区（华中区北部）和江南南岭亚区（华中区南部），它们分别相当于亚热带北部含有常绿阔叶树的落叶阔叶林—黄棕壤地带和亚热带南部常绿阔叶林—红壤与黄壤地带。二者之间的界线约自四川盆地的北缘起，向东南经大巴山南坡，沿长江南岸，向东经江苏宜溧山地北缘、太湖西南岸，止于钱塘江口北岸，大致相当于活动积温5000℃或1月平均气温4℃等值线。

华中区地形复杂，不同地形单元有着明显的景观差异，因此，地形常是亚区内部自然景观分异的重要因素。例如四川盆地和长江中下游平原丘陵两小区，纬度大致相当，四川盆地北有秦岭大巴山地屏障，北方冷空气很难侵入，冬季暖和，常绿阔叶树普遍分布，生长高大，能种喜温的甘蔗、柑橘，双季稻有悠久的栽培历史，具有亚热带南部的自然景观特征。而长江中下游平原北无山地屏障，有利于冷空气南下侵袭，冬季低温比较显著，生长含有常绿阔叶树的落叶阔叶林，栽培双季稻受热量限制，属亚热带北部区域。

又如贵州高原虽位于四川盆地之南，但由于海拔平均在1000

---

① 张学忠等："从秦岭南北坡常绿阔叶木本植物的分布谈亚热带的北界线问题"，《地理学报》第34卷第4期，1979年，第342～352页。

② 张金泉："从地植物学角度讨论河南省境内亚热带与暖温带的分界线问题"，《地理学报》第36卷第2期，1981年，第216～222页。

米以上，热量条件比长江以南各地都差，但寒潮影响较小，冬季降温不强烈，加上地表分布着大面积的碳酸盐岩层，岩溶作用强烈，对自然景观的形成起着重要作用，因此，贵州高原是亚热带南部的一个特殊的自然区域。

综上所述，我们根据热量将华中区划分为两个亚区，亚区内再按地形单元划分为8个小区。

III_A 江汉、秦岭亚区（华中区北部）

III_{A1} 长江三角洲平原小区

III_{A2} 长江中下游平原、丘陵小区

III_{A3} 秦岭、大巴山地小区

III_B 江南、南岭亚区（华中区南部）

III_{B1} 江南低山、丘陵、盆地小区

III_{B2} 四川盆地小区

III_{B3} 贵州高原小区

III_{B4} 南岭山地小区

III_{B5} 广西北部小区

（一）江汉、秦岭亚区（华中区北部）

本亚区位于亚热带北部，积温 4500℃～5000℃，1 月平均气温 0℃～4℃之间，土壤一般没有冻结现象，但寒潮强烈影响时降温显著，绝对最低气温在–10℃以下。无霜期一般在 210～250 天左右，初霜有时在 10 月下旬就有出现，终霜可推迟至 3 月底或 4 月初。本亚区东部因无山岭屏蔽，冬季比西部为冷。

年降水量一般在 800～1300 毫米左右，大巴山 1200 毫米，大别山 1500 毫米，汉中盆地 800 毫米。但降水变率大，年平均降水变率 15%～20%之间，7 月变率可高达 60%以上，故有些年份干燥度可大于 1.0。如上海便有 32%的年份在 1.0～1.25 之间。

地带性植被主要是含常绿阔叶树的落叶阔叶林，仅在海拔较低的谷地中才有零星的常绿阔叶树生长。由于本亚区农业历史悠久，人口密集，森林植被保存较少，尤其是平原地区几乎已全部耕垦。就残存的森林植被来看，主要是以栎属树种最多，如栓皮栎、麻栎等，常与枫香、黄连木、化香等组成第一层乔木，下层乔木常见有鹅耳枥、榔榆、三角枫等树种，有时也杂有女贞、青冈等常绿树种。

在植物种属成分上，本亚区具有明显的过渡性。例如，棠梨、毛白杨等若干暖温带植物的分布，以本地区为南界；杉木、马尾松、油茶、油桐、乌桕、毛竹、棕榈、枫香等亚热带树种，又以本地区为分布北界。这种过渡性在耕作制度和经济作物生长情况上，也有类似的反应。例如，在江淮平原水利条件较好之处，一般是稻麦或麦棉两熟；至太湖平原可以双季稻连作。亚热带水果，如柑橘、枇杷等，在太湖周围有种植；但在兴化以北引种枇杷、柑橘，到冬季大多冻死。油茶、茶、油桐等近年来虽已推广至长江以北，但尚不能普遍栽植，仅限于有利的小地形环境。

除丘陵和山地分布有黄棕壤以外，广大的冲积平原上主要是水稻土。沿长江两岸、湖泊周围和平原上浅洼地有小面积的冲积土和沼泽土。苏北沿海地带有盐土。

本亚区平原面积广大，主要有长江中下游平原和长江三角洲平原，第四纪冲积物质比较深厚，土壤肥沃，且湖泊众多，水网密集，灌溉方便，是我国农业最富庶的地区。

长江以北的山地主要有秦岭、大巴山和淮阳山地等，东西连绵甚长。西段秦岭大巴山地海拔较高，对冬夏季风都有明显的阻障作用，其北坡冬寒夏热，降水较少，南坡冬季温暖，降水较多，800 米以下的山麓均具亚热带特征，可种植柑橘、桉树等。东段淮阳山地起伏较小，冬季受寒潮影响显著，常绿树种已少见。

地带性土壤为黄棕壤。由于东部近海，较为湿润，西部较为干热，所以淋溶作用东部较西部为强，黄棕壤的性质东西有明显变异。如湖北襄樊地区与江苏南京地区约处在同一纬度，但前者年平均气温较高，降水量较少，故同是发育在下蜀黄土上的黄棕壤，性质就有明显不同（表 20）。

表 20　黄棕壤性质的地区性变异

	pH	粘粒 SiO_2/R_2O_3
襄樊地区	6.5～7.5	2.3～2.8
南京地区	5.5～6.4	2.0～2.2

本亚区包括以下 3 个小区：

1. 长江三角洲平原小区

本小区大致以镇江为顶点，北至苏北灌溉总渠，南达杭州湾北岸。西界在长江以北，大致以大运河为界；长江以南，大致以 10 米等高线与江苏省西南部的低山丘陵区相接。本小区面积约有 8 万平方公里，但从沉积物组成来说，真正长江三角洲的面积（陆上部分）不过 2.28 万平方公里，到苏北泰州、海安以北，逐渐过渡为黄河与淮河的冲积平原。

本小区地形极为平坦，北面没有山岭屏障，所以冬季温度偏低，无霜期较短，如本小区南部的上海，无霜期只有 234 天，与纬度几乎比上海高 2 度，但有秦岭屏障的汉中盆地相同，这就限制了亚热带常绿阔叶树的生长。从北向南气候逐渐变化（表 21），植被也发生相应的变化。在淮北，茶和竹不易种植；在淮南，部分地区可种竹和茶，但在北纬 33°以北，杉木、马尾松均受冻害，生长很少，村前屋后人工栽培的树木以华北区的树种较多。到北纬 33°以南，马尾松、杉木等已能正常生长，可以种植竹、茶、刺杉等。此外，太湖东西洞庭山栽培常绿果树枇杷、柑橘已有数百年的历史，则与

表 21　长江三角洲平原小区南北气候差异

	年绝对最低气温平均值（℃）	年降水量（毫米）
淮　北	–13～–14	850～900
淮　南	–8～–12	900～1100
通扬运河（约北纬 32.5°）以南	–8～–10	1150

该处受太湖影响，1 月平均及绝对最低气温均较附近（苏州、无锡、嘉兴）为高有关，这主要反映局部的小气候情况。洞庭山虽然天然植被保存较好，但并没有出现典型的亚热带常绿阔叶林。因此，本小区的南界仍划在太湖南岸。

三角洲平原虽然地势平坦，但微地貌起伏也比较复杂，这些微地貌虽然高差只有几米，却深刻地影响沉积物组成、土壤性质和水文状况，从而影响到土地利用方式。此外，平原上还零星散布着一些岛状残丘，海拔一般不到 200 米，如苏州的虎丘、无锡的惠山都是比较著名的。平原上的微地貌主要有：（1）滨海沙堤，与海岸线平行，大致作西北—东南走向，主要由沙和贝壳组成，高出附近地面 1～2 米，地势较为高爽，为古代人类居住的地址，故沙堤上有新石器时代以来的许多遗址和墓葬，在上海郊区称为岗身地带，宽 8～1.5 公里（图 36）。（2）太湖平原。滨海沙堤后面，为宽阔的太湖平原，包括太湖及其周围的湖泊所形成的平原。海拔一般 2～5 米，水网密集，河湖众多，平均每平方公里内有 1.5～3.0 公里的河流（图 37）。江苏省太湖地区苏州、无锡等县市，水域面积占土地总面积 28%，千亩以上的湖泊共有 128 个；吴江县的湖泊面积甚至占全县总面积的 38.2%。故太湖地区素有“水乡泽国”之称。湖泊主要有太湖、阳澄湖、滆湖等，水都很浅。太湖为我国五大淡水湖之一，水面面积 2338 平方公里，平均水深 1.89 米，最大水深只有 2.60 米。湖底平坦，基底基本上由坚硬黄土物质组成，从黄土层上曾发掘出距今 6000 年以来的古文化遗址及古稻谷，可见全新世以来，太湖原为陆地，后因入海河流下游淤塞，泄水不畅，逐渐扩大成湖。①太湖平原现均辟为稻田，水稻土具有黄棕壤地区水稻土的特征，淋溶作用较红壤地区水稻土为弱，土壤一般呈中性

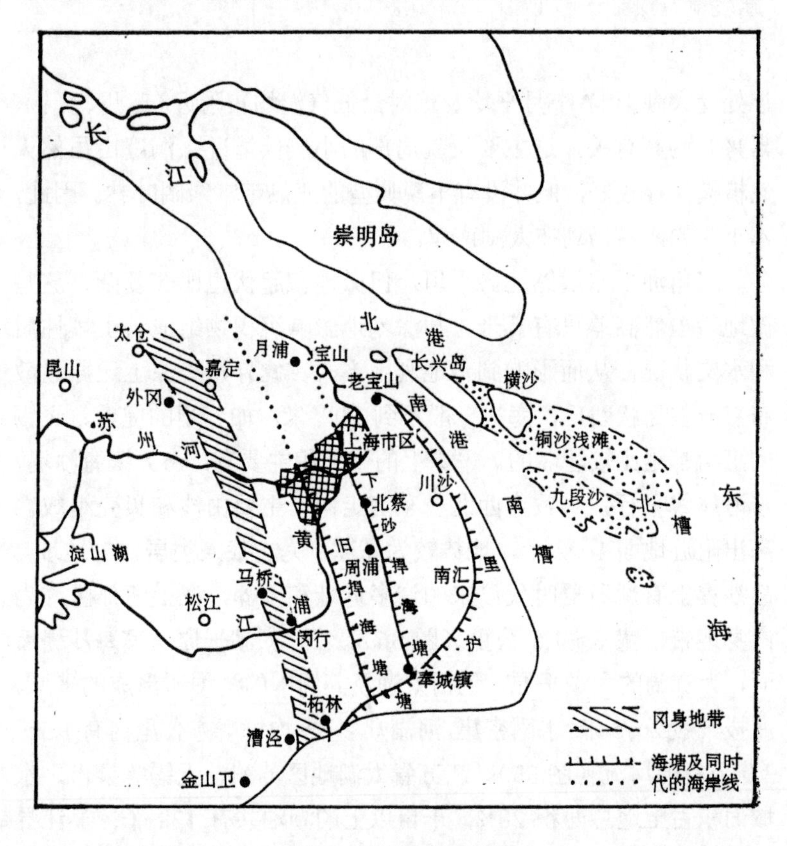

图 36　长江河口略图

① 孙顺才、伍贻范："太湖形成演变与现代沉积作用"，《中国科学》B 辑，1987 年第 12 期，第 1329～1339 页。

图 37 太湖平原的稠密河网和湖荡

反应，pH6.0～7.0，由于母质影响，质地稍黏重，称为“淤泥田”，其保水、透水性良好，保肥、供肥能力也较强，土壤比较肥沃，加之灌溉便利，精耕细作，单位面积产量很高，是我国著名的高产、稳产地区之一。(3) 长江天然堤，地势较高，土壤多沙性，透水性强而保水性弱，河网稀疏，在长江北岸通扬一带称为高沙土，以旱作为主，种植棉、麦、花生、杂粮等，其土地利用方式与太湖平原大不相同。

长江三角洲以北，苏北平原是一片辽阔的四周高、中间低的浅洼平原，称为里下河地区。它西接大运河，东至串场河，北界灌溉总渠，南临通扬运河，面积约 14000 平方公里。里下河洼地的中心，湖荡成群，有射阳湖、大纵湖等，海拔不到 2 米，而洼地的周缘则海拔有3～5米。这种“釜底”状的低洼地形，一遇暴雨，洪水宣泄不畅，极易积水受涝。所以，里下河地区虽然气候上可以一年两熟，但解放前因水利不修，排水困难，一年只能种一季旱稻，其他作物难以栽植，地里终年积水，形成大面积低产的“沤田”。新中国成立后，兴修了各种水利工程，把大面积沤田改为旱地，农业生产比过去有显著提高。

串场河以东，苏北沿海为广阔的滨海平原，其自然景观与土地利用方式和本小区其他地区也有明显不同。滨海平原宽约20～60公里，海拔一般2～5米，由海滩淤积而成，成陆时间较短，如著名的范公堤初筑于宋代，原用来防潮浸，现已距海50～60公里。由于成土年龄短，土壤仍含盐分，属滨海盐土。盐土按含盐量的多寡，自陆向海分别为脱盐土、轻盐土（含盐量0.1%～0.2%）、中盐土（含盐量0.2%～0.4%）和重盐土（含盐量0.4%～0.6%）。大致串场河与黄海公路之间分布着脱盐土和轻盐土，现为重要的棉、粮区。黄海公路以东，主要为轻盐土和中盐土，种植较能耐盐的棉花。新海堤以东则为重盐土。从新海堤到低潮线，为宽10公里以上的海滩。自然植被从海堤向外，依次为白茅、芦苇一獐毛草一盐蒿和光滩，土壤性状也发生有规律的变化，如表22所示。

江苏北部沿海还有丰富的海涂资源，这是高潮位与低潮位之间淤泥质海岸的潮间带浅滩，由草滩带、盐蒿泥滩带、泥滩带和粉沙细沙带组成。江苏海涂因有故黄河及长江带来的巨量泥沙，加上

表22　苏北海滩的土壤性状

	表土含盐量（%）	表土有机质含量（%）
白茅地	<0.3%	1%～2%
獐毛草地	0.3～0.7	0.5～0.7
盐蒿地	>1.0	—

海岸潮差亦大，所以宽度较大，达几公里至十几公里，据初步调查，面积约有500～700万亩。海涂的围垦和开发利用有重要的经济意义。近年来，对江苏北部沿海的海岸带和海涂资源，进行了多学科的综合考察研究，这为其开发利用奠定了基础。

长江河口地形复杂，有许多浅滩沙岛顺江展布，其中以崇明岛最大，面积1083平方公里，是我国第三大岛。它原来是河口的许多小沙岛，到明末清初才互相连接，形成今日崇明岛的基本轮廓。解放后，围滩造田，又扩充了土地40多万亩。由于崇明岛横亘河口，把长江分成南北两支，近年来北支逐渐淤浅，长江主流由南支排泄。崇明岛以南，还有长兴岛、横沙岛等一群沙岛，都是最近几十年才形成的，这群沙岛又把长江南支分为北港、南港。可见长江河口的水道十分复杂。上海市位于黄浦江注入长江口的地方，为长江流域货物的集散中心及我国对外贸易的重要口岸。

总之，长江三角洲平原小区虽然面积较小，且在生物气候上均属于亚热带北部，但由于微地貌及沉积物的不同，内部可分为几种显然不同的自然景观。可见，深入研究地貌和地表组成物质，对于了解自然区域的景观分异是十分重要的。

2. 长江中下游平原、丘陵小区

本小区包括镇江以西、宜昌以东的广大地区。北面以伏牛山及淮河为界，包括河南境内的南阳盆地及淮河以南的信阳—固始平原。南面大致以汉水及长江为界，由于各地位置不同，受寒潮影响的程度不同，界线是曲折的。

在地貌上，长江、汉水沿岸为冲积平原和湖积平原，淮河南岸为黄、淮冲积平原。其余广大地区则为山地和丘陵、岗地。山地以伏牛—桐柏—大别山最为重要，是秦岭东西向构造带的向东伸延部分。伏牛山以南是南阳盆地，盆地东侧，伏牛山比较破碎、低矮，在方城附近，山间有宽阔低平（海拔<200米）的缺口，河

南中部平原通过缺口与南阳盆地相连，向南可直通襄樊。这便是历史上南北交通的重要孔道——南阳隘道。湖北与河南交界的桐柏山、大别山，低矮、破碎，海拔多在1000米以下，所以武汉一带冬季仍受寒潮的强烈影响，武汉绝对最低气温–14.9℃，冬季之冷与南京一带相似。湖北与安徽交界处为大别山的最高部分，海拔高达1500米以上，最高峰海拔1774米，对寒潮有明显的屏障作用。大别山北坡的佛子岭一带，年平均气温14.6℃，无霜期222天左右，南坡的太湖，年平均气温16℃，无霜期255天左右，南北坡植物—土壤分布上的差异均受此影响。大别山以南的岳西、桐城（安徽省）、英山（湖北）等地，虽均位于长江以北，且纬度亦较武汉为高，但积温均＞5000℃，为亚热带常绿阔叶林—红黄壤地区。再向东去，山势低落，蚌埠与南京间的张八岭，是一群海拔不到200米的丘陵，故寒潮可长驱直下，南京冬季的寒冷程度几乎与淮南一带相似，冬长四个半月（与东台、淮阴同），无霜期不到240天（与东台同），所以长江以南的南京、芜湖一带仍属常绿阔叶—落叶阔叶混交林—黄棕壤地区。桐柏山、大别山和张八岭合称为淮阳山脉（因位于淮河之南），其构造走向先由北西—南东，至湖北黄梅附近转为南西—北东，形成一个向南凸出的圆弧，这便是著名的“淮阳弧”。长江从武汉至南京一段的河道，即受淮阳弧断裂线影响，作同样方向的巨大转折。

淮河南北无地形阻隔，平原完全相连，故淮南平原与淮北平原气候大致相似，都是冬季长、无霜期短、绝对低温低（在–20℃以下）。淮南平原到处都是农田，只在村边、田头有一些人工栽培的树木，组成树种主要是杨、柳、榆等华北区常见的落叶阔叶树。到淮南平原以南的丘陵地带，植被才显出暖温带向亚热带过渡的特征。江淮丘陵及湖北北部的地带性植被主要为含常绿阔叶树的落叶阔叶林，这是我国暖温带落叶阔叶林与亚热带常绿阔叶林之间的过渡类型，由于受北方寒流影响较大，树木以落叶阔叶树为主，只有少量耐寒的常绿种类，如苦槠、青冈栎、冬青等。落叶阔叶树的主要建群种为栓皮栎、麻栎、白栎等，伴生有茅栗、黄檀、枫香、黄连木等。在植被组成成分上，也明显反映过渡地带的特征，有华北区系的种类，如大叶朴、槲栎、蒙桑等，但华东、华中区系成分仍占较大比重。针叶林在森林植被中占有很大面积，主要针叶树种如马尾松、杉木、黄山松都是亚热带种类，而没有赤松、油松等华北区系的针叶树种。马尾松和杉木多分布于海拔 600～800 米以下，其上为黄山松。低山丘陵上常见板栗、油桐、毛竹、茶、乌桕等，如安徽六安的茶、舒城的板栗都是比较著名的。但也栽培梨、苹果等暖温带果木。

由于自北向南热量略有增加，故本小区北部主要为含常绿阔叶树的落叶阔叶林；南部，常绿成分逐渐增多，为落叶阔叶—常绿阔叶混交林。马尾松林的群落结构，自北向南也发生相应的差异。偏北地区马尾松林下以黄背草、白茅等杂草为主；偏南地区马尾松林下则有明显的灌木层，常见种类有白栎、茅莓等。

土壤除平原地区主要为水稻土外，丘陵、低山均为黄棕壤或山地黄棕壤。随着自北向南气候的变化，黄棕壤的性状也发生相应变化。如江苏省境内本小区北缘的泗洪一带，地表以下 2 米左右即可见砂姜层，至六合附近，4、5 米以下始散见砂姜，至南部茅山丘陵，则 8 米以下始散见卵状砂姜（以上均指下蜀黄土母质发育的黄棕壤）。可见，从北向南随着降水量的增加，土壤淋溶作用也逐渐增强。

本小区的湖泊以洪泽湖、巢湖等为最大。洪泽湖面积 1805 平方公里，是我国第四大淡水湖泊，湖底海拔高程 10～11 米左右，高出洪泽湖以东的苏北平原 4～8 米，成为高耸于苏北平原之上的“悬湖”。现在湖东建有洪湖大堤，拦住湖水，保护苏北里下河地区的安全。洪泽湖本来是淮河下游的一群湖荡，1194年黄河决口，南下夺淮入海，黄河带来的大量泥沙淤垫淮河下游，使水位抬高，原来的许多湖荡合并为一，形成了巨大的洪泽湖。新中国成立后修建了一系列水利工程，如沿洪湖大堤的三河闸、二河闸，苏北灌溉总渠以及淮河入江（长江）水道，控制了淮河及洪泽湖水的蓄泄，基本上解除了淮河洪水对里下河地区的威胁并供灌溉和发电，使苏北平原逐步发展成为高产、稳产的农业区域。洪泽湖西岸的泗洪、盱眙一带为丘陵岗地，景观与苏北平原已有明显不同。

3. 秦岭、大巴山地小区

本小区包括秦岭和大巴山地，两者之间的汉中盆地，以及甘肃南部的白龙江中下游。秦岭位于渭河、黄河与嘉陵江、汉水之间，是我国地理上的重要界线，海拔2000～3000米，尤以陕西关中平原（宝鸡—西安）南侧一段最为高峻，主峰太白山海拔3767米，是华中区最高的山峰。在地质构造上，它是一个掀升的断块，北坡是大断层崖，形势雄伟，如西岳华山即以险陡著名。沿断层线有温泉出露，如西安以东的骊山温泉，自古代以来就非常著名。因此，秦岭的北坡短而陡，南坡长而缓，山脉的主脊偏居北侧。北坡的河流下切强烈，造成深刻的峡谷，称为秦岭“七十二峪”。南坡则坡度较缓，多山间盆地，为秦岭山地的重要农业中心。在公路、铁路建成以前，南北交通的道路主要循北坡的河流峡谷，越过山脊以达汉中盆地，异常险峻难行，历史上称为“栈道”。著名的栈道有北栈道（即陈仓道，由宝鸡过大散关，经凤县至汉中），褒斜道（由斜谷过太白县，循褒水河谷至汉中），子午道（由西安以南的子午镇，过东江口至安康）等。

秦岭在气候上的屏障作用主要在冷空气活动的冬季，冬季北坡的关中平原比南坡的汉中盆地气温低得多，而夏季则差别不大，如1955年1月强寒潮时，西安最低气温–20.6℃，安康则为–7.6℃；

比西安高出13℃之多（表23）。

表23　陕西省秦岭南北坡的气候差异

	积温（℃）	极端最低气温（℃）	无霜期（天）
北坡：西安	4329	–20.6	207
南坡：汉中	4497	–10.1	238
安康	4951	–9.5	249

汉中盆地[①]由于有秦岭为屏障，无霜期和作物生长期与纬度低2°多的武汉相似。因此，华中区的北界在西部达到北纬33°以北，比淮河线要高纬度1℃左右。甘肃南部天水一带的渭河谷地与嘉陵江上游谷地之间，秦岭山脉比较破碎，高度也较低，但南北坡之间气候差异仍十分显著，天水一带属暖温带，白龙江谷地的武都一带则为亚热带（表24）。50年代制订的我国农业发展纲要以秦岭—白龙江一线作为单产500斤的界线，是充分考虑了秦岭南北坡气候差异的。

表24　甘肃省秦岭南北坡的气候差异

	积温（℃）	1月平均气温（℃）	极端最低气温（℃）	无霜期（天）
渭河谷地：天水	3238	–2.2	–19.2	187
白龙江谷地：武都	4763	3.5	–7.2	260

秦岭太白山南北坡的垂直带谱明显不同（图38），南坡基带为常绿阔叶、落叶阔叶混交林—黄棕壤，北坡基带为落叶阔叶林—褐土。在农业植被上，南坡汉中盆地主要是水稻—冬小麦一年两熟制。北坡关中平原则主要是冬小麦—杂粮一年两熟制。汉中盆

① 参考陕西师范大学地理系编：《陕西省汉中专区地理志》，陕西省科学技术情报研究所出版；西北大学地理系编：《秦岭的气候与农业》（初稿），1978年7月（未刊稿）。

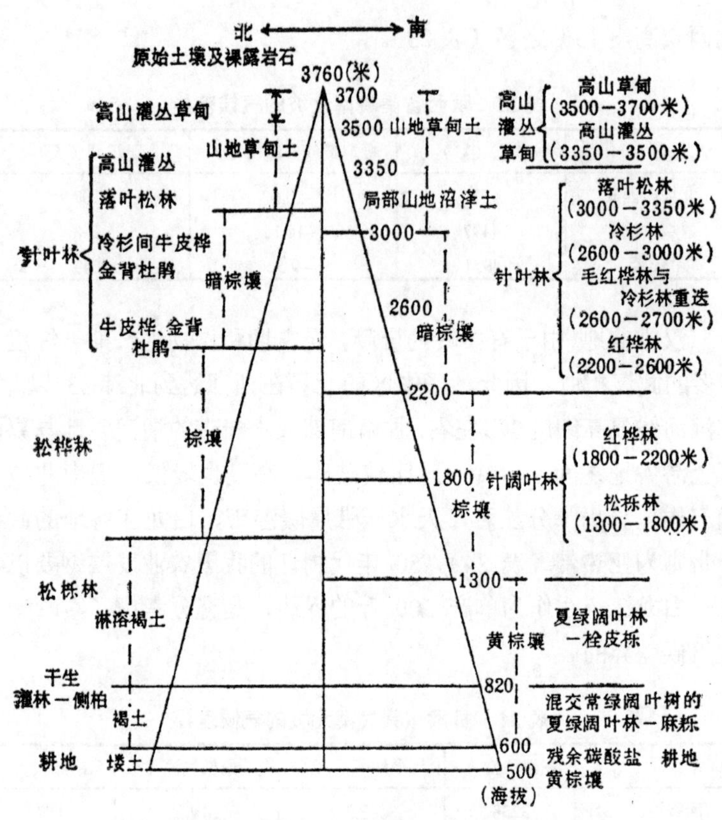

图38　秦岭南北坡垂直带谱比较

（据中国科学院南京土壤研究所主编：《中国土壤》，科学出版社，1978年，第456页）

地（主要是城固）栽培柑橘面积较大，质量也好，是我国栽培柑橘的最北区域，汉水两岸并种植甘蔗，也是我国栽培甘蔗的最北界线。近年引种大叶桉也生长良好，这显然与汉中盆地有秦岭屏障，冬季比本亚区东部为暖有关，因此，其农业植被已具有一些亚热带南部的特征。在丘陵、低山，则有茶、油茶、油桐、马尾松、杉木等。关中平原的落叶阔叶树主要是暖温带的杨、柳、榆、槐等，果木以苹果、核桃为主，没有马尾松。

汉中盆地平均海拔约 500 米，与关中平原相似，是一个山间断陷盆地，东西长约 80 公里，南北宽约 10 公里，是陕西南部的重要农业中心，有陕西省的粮仓之称，农业多种经营、综合发展的潜力很大。此外，汉中以东，汉水沿岸还有汉阴、安康等盆地，也是重要的水稻产区。秦岭南坡的一些山间盆地，如洛南、山阳等，虽然海拔较高，但因北有秦岭屏障，气候仍较温和，是山区的重要粮食产地。

汉中盆地以南是大巴山（其西段称为米仓山），海拔 2000～3000 米，山势也很高峻。石灰岩面积广，岩溶地貌发育，有许多大型岩溶洼地、漏斗、岩溶泉等。山地的南坡出现从山地黄棕壤向山地黄壤过渡的土类，森林中喜湿热的树种增多，自然景观逐渐向亚热带南部的四川盆地过渡。

大巴山东段伸入到湖北省西北部叫做神农架，主峰华中顶海拔 3105 米，是华中第一高峰。这里，海拔 1800 米以上的山区经常云雾弥漫，降雪期从 9 月至次年 3 月底，长达半年以上，气候十分凉、湿。神农架是我国东西与南北植被的过渡地带，高等植物有 2000 余种，其中珙桐、水杉、银杏、领春木、鹅掌楸、水青树和山拐枣等，都是地质历史时期的孑遗植物。神农架是华中区的重要林区之一。山地植被基本上保持原始状态，具有明显的垂直带谱：海拔 1000 米以下主要是油桐、杜仲、乌桕等亚热带经济林；1000～1700 米为常绿阔叶—落叶阔叶混交林，由泡桐、栓皮栎、茅栗等组成；1700～2200 米为针叶、落叶阔叶混交林，以华山松、锐齿栎、山毛榉等为主；2200 米以上是以冷杉为主的暗针叶林带，其中有百龄树龄的冷杉。神农架动物种类繁多，仅野生脊椎动物就有 500 余种，其中有许多珍稀动物，如金丝猴、小白熊、苏门羚、麝、马鹿等。近年来，有人在神农架还发现过“野人”的踪迹，引起了各方面的关注。

（二）江南、南岭亚区（华中区南部）

包括四川盆地、贵州高原、湘、赣、浙、闽诸省以及广东和广西的北部，属于亚热带南部常绿阔叶林—红壤与黄壤地带。与亚热带北部相比，本亚区热量资源要丰富得多，活动积温在5000℃～7000℃之间，冬季温暖，夏季炎热。1月平均气温由北而南，自4℃增至8℃，7月则大部在28℃～29℃之间，绝对最高气温达40℃以上。贵州高原因海拔较高，夏季较为凉爽，7月平均气温在25℃左右。

本亚区年降水量都超过1000毫米，东部山地迎风坡如武夷山等达到1800毫米，且多暴雨，成为我国大面积多雨区，地表径流丰富。西部川黔部分年降水量在1000毫米左右，但空气湿度较高，四川多云雾，贵州多阴雨，日照也短。

由于水分充足和良好的越冬条件，天然植被是常绿阔叶林。林中已有藤本植物和附生植物，藤本也多半是常绿的，林下或无林的山坡广泛分布有铁芒箕等常绿蕨类和灌木杜鹃。北部接近亚热带北部，常绿阔叶林树种以苦槠、甜槠、小叶栲为主，向南则以厚壳桂、红栲、樟等为主，并逐渐含有热带性树种。马尾松、杉木和竹林是广泛培植的亚热带经济林，双季稻栽培已有长久的历史。

地带性土壤为红壤和黄壤。黄壤除在贵州高原成大面积水平分布外，其他地方均分布于湿润的山地，一般山麓、丘陵为红壤，较高的地方为黄壤。黄壤分布的下限视各地气候的湿润程度而有不同，东南沿海地区降水较多，黄壤的下限一般为海拔500～600米，至湘西、赣南、桂北，则升至700～800米。四川盆地西缘因气候特别湿润，黄壤分布的下限降至500米左右。

南岭山脉过去曾作为亚热带与热带、华中区与华南区的分界，但南岭山脉较为破碎，山间有许多低平的隘道，寒潮可以由此南下，故南岭以南的广西和广东北部有明显的冬季，气候也较寒冷，1 月平均气温一般＜10℃，绝对最低气温可降至–4℃以下，自然景观仍与亚热带南部相似，故划入华中区，其南界约在南宁—广州一线以北，大致与土壤上的砖红壤性红壤（赤红壤）与红壤间的界线相符。

本亚区内第三级自然景观的分异，在很大程度上与大地形单元相一致，可以分为 5 个小区。

1. 江南低山、丘陵、盆地小区

主要包括湖南、江西、浙江及福建西北部、湖北和安徽的南部，是我国典型的亚热带地区，即亚热带常绿阔叶林—红壤地区。

天然植被以常绿阔叶树占明显优势。如本小区北缘的江苏宜兴南部丘陵山地，局部残存的常绿阔叶林中常绿阔叶树占 70%～80%，并有亚热带北部极少见的岩石栎、青栲、樟、红楠、紫楠等。针叶树有金钱松、中国粗榧等。此外，林下还有亚热带南部的典型地被植物——铁芒箕。杉木林和毛竹林分布普遍，也栽培油桐、油茶等。这些都与亚热带北部有明显不同。但本小区北缘，如安徽西南部山地，仍有落叶阔叶—常绿阔叶混交林分布，反映从北向南逐渐过渡的特征。安徽黄山一带山地因北面无高山屏障，柑橘在大寒年份易受冻害，反之，大别山南麓则有柑橘、枇杷等。湖南、江西等省，纬度更低，热量条件也更好，柑橘、樟树等栽植普遍，如著名的长沙橘子洲头就是因有橘林而命名。

红壤因母质、地形和气候的不同，可分为 3 个亚类。第四纪红色粘土上发育的土壤，称为红壤，土层深厚，粘粒含量较高（＜0.01 毫米的细粒占 60%左右），透水、通气性较差。第四纪红色粘土岗地分布很广，现在还有大片可垦的红壤荒地。分布在山区的土壤为暗红壤，因森林植被生长较好，表层有机质含量达 4%～7%，自然肥力较高，土壤较为湿润，有利于林木生长。本小区的北部和西部边缘地区热量稍低，土壤为红壤向黄棕壤过渡的类型，称为黄红壤。表土多呈棕色或黄棕色，心、底土仍呈红色。土壤发育程度较红壤略低，粘粒部分的硅铝率较高，为2.5～3.5。粘土矿物中除高岭石、水云母外，并有少量蒙脱石。盐基饱和度和交换性钙镁含量较红壤稍高，说明其淋溶程度较红壤略轻。以上特征均反映黄红壤具有过渡性的特点，说明了我国自然景观从北向南的变化是逐渐递变的，其间有许多过渡性的景观类型，如本小区北部边缘地区的常绿阔叶林、落叶阔叶—常绿阔叶混交林、黄红壤，就是明显的例子。

本小区有许多海拔1500～2000米的中山，垂直带谱明显。如安徽黄山（1873米），海拔600米以下为红壤—人工垦殖栽培区，主要为茶园、油茶、油桐、乌桕等。600～1000米为山地黄壤—常绿阔叶林，主要由甜槠、青冈栎、小叶青冈等组成，部分地区混生有较多的落叶阔叶树。1000～1600米为山地黄棕壤—落叶阔叶林，主要树种有恩氏山毛榉、茅栗、日本椴、黄山木兰等。1600米以上为山地草甸土—山地草甸，主要有野古草、假苇拂子茅、白须草等。江西庐山是由近期断裂抬升而成的块状山，主峰海拔1473.8米，高出四周平原1440米。其自然景观垂直带谱是：（1）亚热带常绿阔叶林—红壤、黄壤带，是垂直带谱中的基带，其上限，南坡为700～800米；北坡为500～600米。（2）暖温带常绿、落叶阔叶混交林—黄棕壤带，是一个过渡带，其上限，南坡为1100～1200米；北坡为1000～1100米。（3）温带落叶阔叶林—棕壤带，其上限，南坡在1100～1200米以上；北坡在1000～1100米以上。庐山上部多宽平的谷地，牯岭一带（海拔1160米）7月平均气温22.6℃，比山下九江低7℃，早晚气温常在20℃左右（比九江低10℃），凉爽宜人，与盛夏酷暑的长江中下游河谷平原适成鲜明对照，故为避暑胜地，在国内外久负盛名。

本小区的地形，北部为长江中下游冲积平原。其中武汉以西、汉水以南的江汉平原及它南面的洞庭湖周围平原，地势低平，海拔不到35米，水网交错，湖泊成群，是我国著名的湖泊区之一。如湖北省潜江县（位于江汉平原中部），水域面积占全县总面积1/4以上。据不完全统计，江汉平原上百亩以上的湖泊有600多个之多。在距今2000多年以前，江汉平原是大小湖泊相连而成的著名的“云梦泽”，其位置大约在今湖北省江陵以东，长江和汉水之间。[1]后来，由于长江和汉水等河流的泥沙淤积及人工围垦，水体逐渐缩小，陆地不断扩展。但是，这里从白垩纪以来地面一直在发生沉降，这就相对延缓了水体的缩小和陆地扩展的过程。长江以南的洞庭湖由于下沉速度超过淤积速度，相应地便由战国和两汉时期夹在沅、湘之间的一个面积不大的湖泊，扩展到宋代的周围800里水面。元、明以后，由于长江北岸穴口相继堵塞，南岸陆续开浚了松滋、太平、藕池和调弦四口，每年汛期长江泥沙大量分泄入湖，在湖中逐渐淤积形成一条东西向的宽广沙洲陆地（即南县、草尾一带），把原来的大湖分隔成为东洞庭、南洞庭、西洞庭和大通等较小湖泊，再加上不断围垦，现在该湖面积比1937年约缩小了40%，只有2740平方公里。江汉平原上的湖泊一般面积较小，湖底平坦，湖水不深，较大的湖泊有洪湖（面积402平方公里），是我国著名的革命根据地之一。这些浅湖里，水生植物丰富，从湖岸向湖泊中心，按照水深的不同，依次为苔草、芦苇（湿生植物带）、菇、莲（挺生植物带），菱、马来眼子菜（浮叶植物带）和苦草、黑藻（沉生植物带）（图39）。

在农业上，江汉平原和洞庭湖平原是我国重要的稻米和棉花产区，也是商品粮的生产基地。

长江中下游平原以南，主要是低山、丘陵和盆地相交错的地

---

① 谭其骧：“云梦与云梦泽”，《复旦学报》（社会科学版），历史地理专辑，1980年8月（增刊），第1～11页。

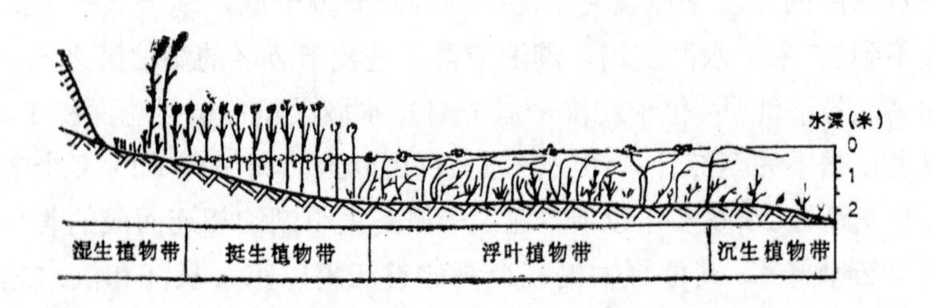

图 39　洪湖水生植物带

形。如湖南省，大致以湘江和洞庭湖区为凹地中心，其西侧为武陵山、雪峰山，东侧为罗霄山、九岭山。江西省的地形与湖南省相似，大致以赣江和鄱阳湖区为凹地中心，西侧为罗霄山、九岭山，东侧为武夷山。这些山脉一般海拔 1000 米左右，最高峰 1500～2000 米，都循构造线作东北走向。山间有许多断陷盆地，盆地中普遍堆积有红色沉积岩，这便是我国南方著名的“红层盆地”。红层受侵蚀后，多成为丘陵、岗地，相对高度不过 100 米左右，如湖南的长沙、衡阳盆地，江西的吉安、赣州盆地等，范围都比较宽广，为人口和农业中心。革命根据地瑞金则位于赣江上游的一个红层小盆地内。长沙盆地周围低山、丘陵断续环绕，中间大部是红土和红层岗地及河谷平原，岗地约占全县面积 59%，平原占 17%。毛泽东同志的家乡——湖南省韶山地区也属于这种低山、丘陵、盆地的地形。丘陵上茂密地生长着竹林、马尾松林和杉木林，并普遍地分布着茶园、柑橘，具有亚热带南部的景观特色。这里气候暖和，无霜期 280 天左右，年降水量 1300～1500 毫米，但全年雨量集中于 4～6 月，这三个月的雨量约占全年 45%，6 月以后雨水锐减，最热的 7～9 月降水量仅为蒸发量的 1/2 左右，出现干旱现象，特别不利于双季稻的生长。引用湘江支流涟水的水所建成的韶山灌区，灌溉韶山地区及长沙、湘潭等 6 个县市的农田 100 万亩，促进了广大灌区大农业的发展。

武夷山、黄山是长江水系与浙、闽独流入海水系（如钱塘江、瓯江、闽江等）的分水岭。武夷山以东除浙江省金衢（金华、衢县）盆地面积较广外，其余大多是低山、丘陵，起伏较大，冲积平原比较狭窄。沿海的山岭如天目山、天台山、括苍山、鹫峰山等亦作北东走向。海岸曲折，港湾罗列，沿海并有许多基岩组成的岛屿，以浙江的舟山群岛最大，是我国的著名渔场。

本小区的山岭虽然不高，但却有许多名山，如江西的庐山、安徽的黄山、浙江的雁荡山、湖南的衡山等，都是全国著名的。湘赣两省交界的罗霄山中段的井冈山，则是我国著名的革命根据地（图40）。井冈山中部的老井冈山区，山岭大多海拔1000～1800米，岭间有一些面积不大的山间盆地，如茨坪、大小五井等，是山区居民集中点和农业生产中心。现在，茨坪已建设成为一座秀丽的新城，是井冈山的政治、经济和文化中心。井冈山与周围的丘陵、平原之间，相对高差达500米左右，山势陡起，进山的五大哨口（如黄洋界）位于这个地形坡折点上，都是险峻的隘道。这种有利的地形（“山险”），

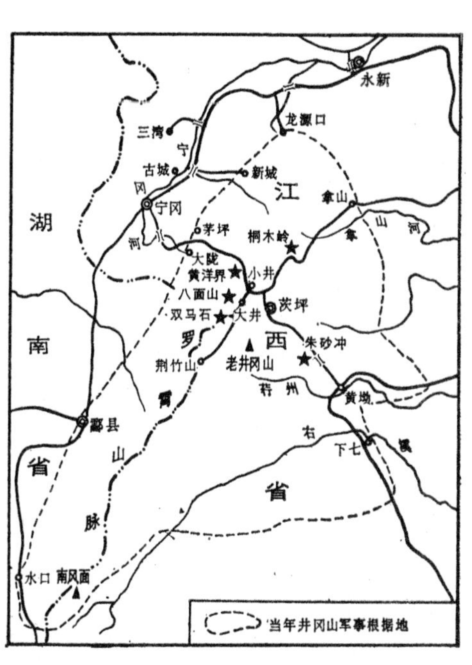

图40　井冈山示意图

对于保卫当时的革命根据地曾经起过积极的作用。

2. 四川盆地小区

四川盆地是华中区以至全国的一个特殊的自然小区，其自然地理特征非常明显，区域界线也十分明确。

四川盆地是地形上的一个完整盆地，四周为海拔 2000～3000 米的高山和高原，北面是大巴山、龙门山，西面是青藏高原边缘的邛崃山、大凉山，南面是大娄山，东面是巫山。这些山脉也就是本小区的天然边界。盆地本身则为海拔 300～700 米的丘陵和平原。

盆地轮廓呈长方形，地势西北高而东南低，所以盆地内的长江支流以北侧较大，有岷江、沱江、涪江和嘉陵江，这便是“四川”，南面来的支流较小，有乌江、赤水河等，构成了向盆地中心辐聚的不对称水系。长江干流在盆地东缘切穿巫山山地，向东流去，形成著名的长江三峡。长江三峡全长约 180 公里，包括瞿塘峡、巫峡和西陵峡，陡峭的峡谷都位于石灰岩区域，其中尤以巫峡最为奇丽，巫山十二峰是全国著名的（图 41）。有些峡谷段两岸峭壁高出江面 500 米以上，江面宽只有 100 米左右。

四川盆地的自然地理特征是封闭的盆地地形及其特殊的地表组成物质作用的结果：

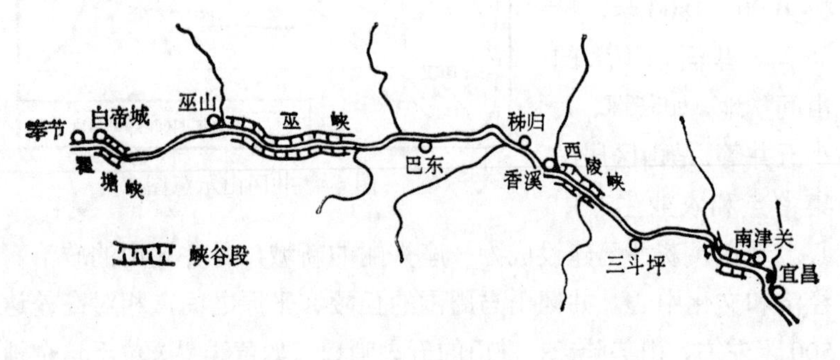

图 41　长江三峡

（1）冬季暖和，1 月平均气温比同纬度的长江中游高出 2～4℃，故除常见的典型亚热带植物外，甘蔗也种植较多（以内江为中心），榕属的黄桷树分布普遍，成为最常见的“憩凉树”，川南长江谷地并栽培有荔枝、龙眼等热带性果树。这是由于四川盆地的北面有秦岭、大巴山两重屏障，冬季冷空气侵入不易，故霜日极少，生长期几及全年。如重庆无霜期有 349 天，霜日不满 3 天。冬季很短，如宜宾冬季只有 30 天，重庆 80 天。≥10℃的积温约为 5000℃～6000℃，从西北向东南逐渐增高。冬季之暖是四川盆地区别于长江中下游的最主要特征。因此，成都平原的农业植被除双季稻外，还有春玉米、水稻、小麦一年三熟制。

夏季因南方气流越大娄山下沉，有焚风现象，故夏季漫长而炎热。长江河谷夏长约有四个半月，重庆绝对最高温度达 42.2℃，比武汉更热。

（2）云多雾重。四川盆地在气候上处于青藏高原东侧的死水区，加之盆地内丘陵起伏，风力微弱，冷季地面逆温盛行，地方性辐射雾极易生成。再加湿度高，云量多，雾成之后不易很快消失，所以四川盆地的雾日很多，如成都、重庆全年都有 100 多天雾日，尤以冬季最多。四川盆地又是全国最多云的中心，云量年平均在 8.0 以上，阴天多，日照少，如成都全年平均有阴天 244 天，重庆有 219 天，全年日照百分率不到 30%，冬季日照百分率只有 15%左右，所以四川有“蜀犬吠日”之谚。

（3）四川盆地在中生代长期沉降，沉积了巨厚的紫红色砂岩和页岩。这种紫红色砂、页岩出露面积极广，岩性松脆，易于受物理风化分解，成土较快，磷、钙、钾等矿质养分丰富。由于岩层屡受侵蚀，成土物质不断更新或堆积，使土壤发育处于相对幼年阶段。在紫红色砂、页岩上发育的紫色土受母质影响很大，是我国的一种特殊土类。四川盆地内紫色土分布面积很广，是我国一个独特的土壤地理区域，它明显地有别于江南的红壤区域。紫色土目前大部已开垦为农地，当地通称为紫泥土。

紫色土继承母质的特性，多呈紫红色，剖面层次发育不明显，没有显著的腐殖质层，表层以下即为母质层。由于紫红色砂页岩常含碳酸钙，故一部分紫色土的碳酸钙含量可高达10%，pH7.5～8.5。但丘陵坡地下部或谷地中的紫色土，因成土时间较长，碳酸钙含量减为1%以下，pH5.5～6.5。紫色土中的磷、钾含量都相当丰富，全磷量0.15%左右，全钾量2%以上。因此，紫色土是一种比较肥沃的土壤，适于种植多种作物。加之四川盆地热量丰富，降水丰沛，农业生产潜力很大，故四川盆地向有“天府之国”之誉。

四川盆地内部由于地形的不同，使自然景观产生次一级的分异，即：成都平原、川中盆地和川东平行岭谷。

成都平原是盆地内部唯一较大的平原，主要由岷江冲积扇组成，面积约6000平方公里，地势由西北向东南倾斜，地表平均坡降约4‰，顶点在灌县附近，海拔约750米，到冲积扇前缘（成都附近）降至520米。这种缓斜的地形十分有利于发展自流灌溉。远在公元前250年的秦代就修建了都江堰水利工程，引岷江水灌溉成都平原的广大农田。新中国成立后，修建了人民渠，把水引到成都平原以东的绵阳地区，又穿过成都平原东侧的龙泉山，灌溉龙泉山以东的仁寿、简阳等县。现在，都江堰的灌溉范围大为扩大，灌溉面积比解放初期增加了3倍，而且渠水引上了仁寿、中江、三台等丘陵地区，使那里的旱地和一年只种一季的冬水田，变成了一年种两季或三季的高产田。成都平原因海拔稍高，冬季稍长，如成都冬季长约3个月，全年无霜日期288天，较重庆短60天左右，但夏季也稍凉，7月平均气温比重庆约低2℃，是四川盆地内气候较好的地区。这里，土壤主要是肥沃的水稻土，灌溉便利，是四川著名的农业稳产、高产地区，除粮食作物外，还盛产蚕丝、晒烟等。

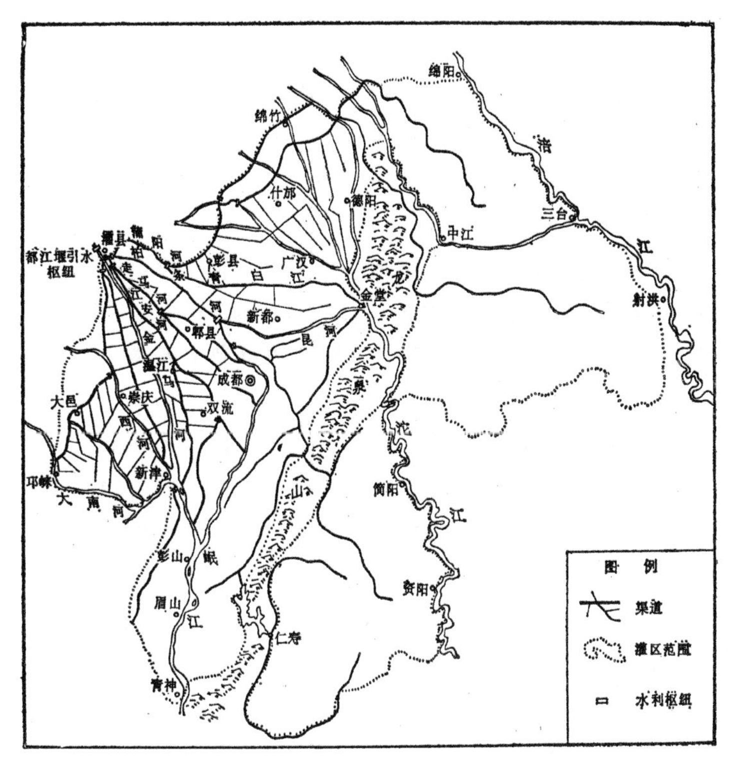

图 42　都江堰灌区示意图

成都平原的东界是龙泉山，海拔 1000 米左右，龙泉山与华蓥山（1580 米）之间为真正的红色盆地，即川中盆地。盆地中部由于紫红色砂页岩倾角平缓（$<6°\sim7°$），受切割后，形成大片方山式丘陵，海拔约 350～450 米，相对高度几十米。所以，川中盆地是一个红层的分割盆地，地表丘陵起伏，不像成都平原那样一望平坦。向盆地边缘，随着红色岩层倾角的逐渐增大，依次出现单面山、猪背山等。不同形状的丘陵具有不同的水分分配和物质移动堆积特点，使紫色土的组合分布也不一样。一般丘陵上部受冲刷侵蚀较为强烈，土层浅薄，为紫色石骨子土，含砾量高，有机

质、氮素含量很低，土质粗松，保水保肥性能弱，易受干旱威胁，目前多属低产土壤。丘陵的坡脚和槽谷因承受丘陵上部来的坡积物，土层较厚，一般可达60厘米以上，称为紫色大土泥，磷、钾、氮素含量都比较丰富，土质酥脆，结构优良，适种范围广，是一种比较肥沃的土壤。

川中盆地耕作精细，耕作制度与小地形和土壤有密切关系。谷地中土层深厚，水肥条件较好，多为双季稻连作冬小麦或油菜。丘陵坡地上的梯田，常为水稻、小麦（或油菜）两熟制。丘顶土层较薄，则为旱作一年两熟，夏季以甘薯或花生为主，冬季种豌豆或小麦。在土层较厚的丘陵坡地上，冬季种小麦或油菜，成熟前套种玉米，在玉米成熟前又套种甘薯，充分利用时间和空间，一般实行一年三种三收。这种套种制度（套种喜热作物玉米、甘薯），充分利用四川盆地优越的热量条件，是适应四川盆地冬春温暖的亚热带气候的产物（川中盆地＞10℃持续期达10至10个半月，长江河谷大约从2月上旬以后，川中在2月中旬以后，日平均气温即升至10℃以上）。

川中盆地年降水量约1000～1200毫米。盆地西缘位于青藏高原的东坡，降水比较丰沛，如雅安达1800毫米，峨眉山则在2000毫米以上。由于降水多，湿度大，盆地西缘低山、丘陵上分布有较大面积的黄壤，黄壤分布的下限降至海拔500米左右，上限可达1100米。在天然植被上，盆地西缘的邛崃山、大凉山东坡，因湿度大，无明显干季，为以青冈栎、木荷为主的湿性常绿阔叶林与马尾松、杉木林的组合，而干季十分明显的西南区丽江、盐源一带的山地，则为以云南栲、滇青冈为主的干性常绿阔叶林与云南松林的组合。常绿阔叶林带的上限在大凉山东坡为海拔2000～2400米，在西南区的丽江、盐源一带则升至3000米。这种变化显然与盆地西缘冬季湿度较大、温度较低有关。

峨眉山是盆地西缘的名山，主峰万佛顶海拔3099米，突出于盆地中，高出山下平原达2500余米，断崖陡立，极为壮观。山地中保存了不少第三纪孑遗植物，如银杏、珙桐、红杉等。由于山地具有特殊温凉湿润的气候条件，冷杉林可下降至海拔1900米左右而与常绿阔叶林相混交，成为峨眉山垂直带谱的特色。

在华蓥山的西侧是一条大断裂，与川中盆地分开。华蓥山以东为一系列大致平行的梳状褶皱，走向北东，背斜窄而陡，向斜宽而平，共有背斜20多条，地形上大致背斜成山，海拔多在1000～1200米，向斜为谷，海拔一般不超过200～300米。这便是川东平行岭谷。重庆附近的歌乐山便是华蓥山背斜向南伸延的一个低山。嘉陵江在合川与重庆之间三次切过华蓥山背斜的南段，形成了嘉陵江“小三峡”。这些向斜谷地，地形为局部平原及低丘缓岗，气候优良，是川东农业和人口的中心。

3. 贵州高原小区

贵州高原包括贵州省的绝大部分，位于四川盆地与广西盆地之间，向东下降至湘西丘陵盆地。高原地面平均海拔约1000米左右，西北部较高，约1500～2000米，乌蒙山地海拔2500米左右，向西与云南高原相连，构成云南高原面。高原上地形复杂，山岭、丘陵、河谷、平坝相交错。主要山脉有北部的大娄山和南部的苗岭，主峰海拔均达2000米左右，而一些山间盆地海拔多在1000米左右。乌江以北的遵义一带，则为一系列北东向的紧密褶皱，地形也大致是岭谷相间。高原上石灰岩面积广大，约占全省总面积70%左右，岩溶地貌十分发育，许多山间盆地，如平坝、安顺、贵阳等都是大型的岩溶洼地，为贵州的人口和农业中心。河流至高原边缘循地形斜坡下降，形成急流和跌水，河谷也往往下切到只有海拔几百米的高度。著名的黄果树瀑布就在贵州西南部高原边缘，是北盘江支流打帮河上游的一个巨大跌水，高达60米，宽

20余米，洪峰时流量2000多秒立方米，极为壮观。赤水河（长江支流）切割高原北缘，流入四川盆地，下游谷地很低，种植荔枝、龙眼，已属四川盆地景观。赤水河畔的茅台是中外驰名的茅台酒产地，也是红军长征时横渡赤水的渡口。

贵州高原由于气候终年湿润，石灰岩面积广大，其自然景观明显地与本区其他小区有别。

（1）终年多雨、“天无三日晴”。贵州高原在冬半年正对着从东北方向来的极地大陆气团，气温较低，并因有静止锋滞留，故降水较多。如贵州省水城，冬半年（11～4月）的雨日占全年雨日的44%，但与其海拔相近，直线距离也只有150余公里的云南省沾益，冬半年的雨日仅占全年雨日的28%，贵阳与昆明相比也可看出同样趋势（表25）。夏季，贵州高原先后受极锋和赤道锋的影响，降水也较多，如贵阳和水城夏半年（5～10月）雨日分别占全年雨日的55%和56%。所以贵州高原全年阴湿多雨，素有“天无三日晴”之说。如贵阳平均雨日188天，雨日最少的12月还有13天。但雨势和缓，大多是毛毛细雨。

表25　云南与贵州冬、夏半年雨日分配的比较

地　　点	海拔（米）	1平均气温（℃）	夏半年（5～10月）雨日占全年雨日的%	冬半年（11～4月）雨日占全年雨日的%
昆明（云南）	1891	7.8	79	21
沾益（云南）	1898	7.1	72	28
水城（贵州）	1811	2.9	56	44
贵阳（贵州）	1071	4.9	55	45

由于海拔较高，贵州大部分地区冬季较四川盆地为冷，贵阳1月平均气温4.9℃，与同纬度的衡阳等地相似，但夏季较凉，7月平均气温不到25℃。冬无严寒，夏无酷暑。因此，积温比四川盆

地或湖南、江西都要低，这对于双季稻的生长不利。现在贵州双季稻的栽培多在海拔 800 米以下的河谷、平坝，随着高度的增加，双季稻面积逐渐减少。

（2）在上述阴湿气候条件下，贵州的地带性土壤为黄壤。一般海拔 600～800 米以上即为黄壤分布区。贵州高原是我国黄壤分布面积最广的地区。海拔 600～800 米以下的河谷、盆地则有红壤分布（如黔南的罗甸）。贵州高原由于热量较低，黄壤的粘土矿物组成与热带地区的山地黄壤（以高岭石占优势）不同，以蛭石为主，其次为高岭石和水云母，反映亚热带土壤的特点。在石灰岩出露的地区，也有较大面积的黑色石灰土和黄色石灰土。黑色石灰土土色暗黑，有机质含量高，呈中性至碱性反应（pH6.5～8.0）。黄色石灰土土色鲜黄，因受湿凉气候的影响，土中氧化铁水化程度较高，故呈鲜黄色。剖面中碳酸钙淋溶不强，尚呈石灰反应，pH7.0～8.0。在遵义地区黄色石灰土较为常见，土层一般厚 40～60 厘米，保水力强，肥力也较高，是当地主要的旱作土壤。

（3）地带性植被主要是以大叶栲、青冈栎为主的湿性常绿阔叶林，如贵阳黔灵山还残留有香樟大树，平坝附近海拔 1500 米的山地，还有以青冈栎为主的常绿阔叶林。但由于本小区石灰岩广泛分布，植被受岩性影响，形成特有的“石山植被”或石灰岩植被。石灰岩山地岩石多裸露，只在岩沟、岩隙和山麓才有薄层土壤覆盖。加以岩石漏水，岩面吸热和散热快，昼夜温差大，故土壤比较干燥，所发育的各种石灰土多为钙质土，氧化钙含量达 2～3%。因此，石灰岩植被具有岩生、旱生和喜钙等特征，与非石灰岩地区的植物显然不同，构成一个特殊的植被类型。岩生性即植物根系能深入石隙石缝中，如小叶鼠李等。旱生性即植物具有适应于旱生境的特征，如小叶（铁仔、满天星等）、硬叶（柞木等）、肉质（如量天尺等）、多刺（如悬钩子等），甚至落叶，以适应干燥土壤所引起的物理性故障。喜钙性即植物好钙，如榆科的榔榆、朴，胡桃科的化香、黄杞，漆树科的黄连木、盐肤木，豆科的皂荚、山槐，槭树科的鹅耳枥，以及针叶树柏木等。

为适应干旱生境，植被以石灰岩落叶阔叶、常绿阔叶树混交林为主，落叶阔叶树占乔木上层，主要由榆科、桑科、胡桃科、豆科、槭树科等喜钙树种组成，乔木下层则以常绿阔叶树为主，如青冈栎、樟、女贞等。贵阳东山，鹅耳枥并成纯林，常绿树极少。石灰岩地区并常见有柏木疏林，多系森林破坏后天然更新或人工栽培而成，林中混生有一些青冈栎、黄连木、化香、朴、大叶女贞等。

石灰岩地区的原生森林受破坏后，水分条件迅速变坏，森林恢复不易，大部为阳性、耐干旱和耐瘠薄土壤的有刺灌丛和草坡所代替，现在贵州植被几乎 80%属于上述次生类型。但贵阳黔灵山保存有较好的常绿阔叶林，主要由青冈栎、石斑木等组成，林下土壤为黑色石灰土，表土肥厚松软，可见过去森林分布面积远比现在为大。有刺灌丛主要由喜钙的灌木组成，如悬钩子、小果蔷薇等，结构杂乱，群众称为“刺笼笼”。草坡主要由中生性和旱生性的禾本草组成，杂有少量灌木。石灰岩山坡上森林恢复较慢，必须有计划地封山育林或经营用材林、经济林，以逐步恢复原生植被。

总之，贵州高原自然景观的特征是黄壤—湿性常绿阔叶林与石灰土—石灰岩落叶、常绿阔叶林、草坡呈复域分布，这显然是气候与岩石两个因素综合影响的结果。但因贵州高原在热量上属于亚热带南部，故植被—土壤仍具有亚热带的地带性特征。

4. 南岭山地小区

南岭山地指湘、赣、粤、桂四省边境的山地，从东至西包括大庾岭、骑田岭、萌渚岭、都庞岭和越城岭，又称为五岭，大部分是低山和丘陵，海拔不到 1000 米，但主峰则高达 1600～2200 米。这是由于东西向构造线受华夏式北东向构造线的干扰，所以山岭走向比较杂乱，有的作北东向，有的作东西向，有的没有明显走向，地形上成为一片破碎的山地，远远没有秦岭那样高大完整。因此，河流深入到山地内部，形成许多低平谷地，主要有 5 条，即广东北部的浈水、武水，广西北部的贺江、恭城河和灵渠，都是历代南北交通的要道，也是冬季北方冷气流南侵的途径。其中灵渠是 2000 多年前人工开凿的一条运河，位于广西北部越城岭与都庞岭之间的湘桂夹道。这里，谷地低平，湘江上源和桂江上源漓江之间的分水岭是一片低矮的台地，高出谷地平原只有 6 米，所以自古以来有“湘漓同源”之说。灵渠又称兴安运河，长约 34 公里，现在主要用于灌溉，可灌溉附近农田 4 万多亩（图 43）。

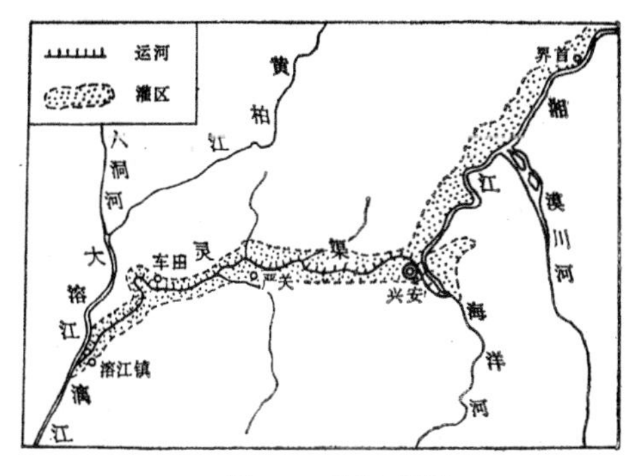

图 43　灵渠略图

广东省北回归线以北，山地起伏，有一些中山如瑶山、青云山、罗浮山等，地形均与南岭山地相连，植被也属于含热带树种的常绿阔叶林，故划入本小区。福建省中部福州至古田一带的山地，虽然地形上不属南岭山地的范围，但自然景观与南岭山地相似，故亦划入本小区内。至于广西北部，因石灰岩分布面积很广，为大面积典型的石山景观，故另划为一个小区。因此，在行政区域上，本小区包括广东北部、福建中部及毗连的湘、赣两省南缘。

本小区内山地中有许多山间盆地，是农业和人口的中心。如南雄、坪石在红色岩系所构成的红层盆地中，因有厚层砾岩，常被侵蚀成为峭壁奇峰，称为丹霞地形（以广东仁化的丹霞山最典型，故名）。连县（广东）、临武（湖南）则为石灰岩盆地，峰林地形发育，如著名的九嶷山即由9个相似的峰林组成，海拔约800～900米。长沙马王堆出土的“汉初诸侯长沙国南部地形图”，绘于距今2100多年以前，是我国最早的地图，图上已正确地绘出九嶷山的峰林地形。

本小区气候暖和，河谷、盆地积温5700℃～6500℃，年平均气温20℃左右，但冬季因受寒流影响，绝对最低气温可降至–3℃～–7℃，有短期霜雪、冰冻，一年内仍有短促的冬天（冬长仅半个月左右），气候上并不是无冬的，故仍属于亚热带范围，但与温州、赣州一带冬长两个半月以上，则有程度上的差别，显得冬天比较暖和。

各地由于所在位置和局部小地形的不同，冬季温度有较大差异。一般说，南岭山地的北坡冬季比南坡冷，北坡的江华、宜章（湖南），1月平均7.5℃以下，南坡的连县、韶关、南雄（广东）则在10℃左右，一山之隔，气温相差 2℃以上，因此，习惯上以南岭作为华中与华南两区的分界。夏季由于南来的气流越过南岭循北坡下降，产生焚风作用，故北坡宜章、大庾等地夏季很热，气温反高于南坡。南岭是破碎山地，寒流可经山口南下，所以南岭南坡接近山口的地方，1月气温也很低，如坪石只有7.5℃，乐昌只有9.3℃。反之，纬度与乐昌相同、但受大庾岭屏障的南雄，1月气温却高达11.7℃。

南岭山地是我国多雨中心之一，年降水量平均约1500毫米，南坡的乳源达2046毫米。冬季寒流南下受阻于南岭北坡，形成长期寒风细雨的天气，称为“寒流雨”。

由于上述气候特点，本小区的天然植被具有亚热带向热带过渡的性质，主要为含有热带树种的常绿阔叶林。大致海拔500～700米以下的沟谷地区，由于环境避风、湿润、热量足，故有沟谷亚热带雨林，树木有板根和茎花现象，木质藤本很多，含有丰富的热带植物区系成分，如瓜馥木、紫玉盘、白桂木、胭脂、倪藤、海芋、山姜、树蕨等。这一类型虽然由局部优良生境所形成，但也可标志本小区植被的亚热带与热带间的过渡特征。海拔 700～

1400 米的山坡上为山地常绿阔叶林，主要树种为青冈栎、青栲、甜槠等，较低山坡上仍混有一些热带树种如白克木等。1400 米以上为针阔叶树混交林，组成种类以亚热带山地针叶树为主，如铁杉、广东松、福建柏等，第二层乔木为阔叶树，以甜槠、木荷等常绿阔叶树为主。1600 米以上的山脊为山地矮林（山地苔藓林），组成种类也以常绿阔叶树为主，如白背栎、卡氏栲等。由于山顶风大，且经常云雾笼罩，故树木矮曲，高度不到 15 米，下木较多，有吊钟花、雪竹等，树干上苔藓植物极为茂盛。

南岭山地东段距海近，较为湿润，自东向西湿润程度逐渐减低，因此自东向西，植被中的热带区系成分也逐渐减少。但即使在湖南江华一带，植被中仍有不少热带科属成分，并有板根现象。南岭山地的南、北坡，由于水热条件的差异，垂直带的高程也有明显的不同，如图 44。

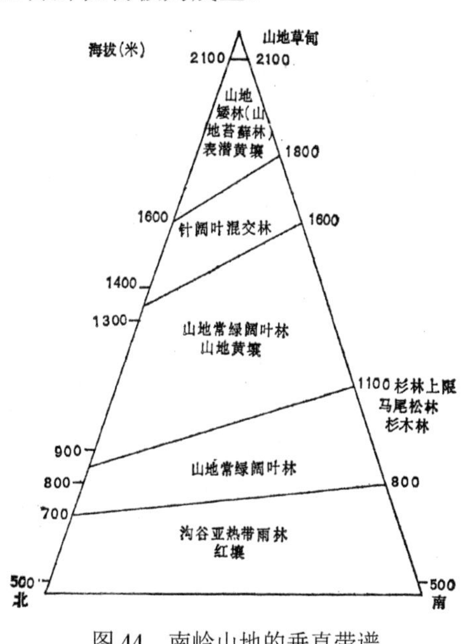

图 44　南岭山地的垂直带谱

在较低的丘陵、山坡上，马尾松林、杉木林、毛竹林极为普遍，反映亚热带地区的景观特色。乌桕、油茶等也分布普遍。南岭山地是杉木的原产地和著名产区，这里气候温暖湿润，杉木生长很快，如湖南江华林区（北纬 25°）位于南岭北坡，25 年的杉木就高达 20 米，胸径 25～35 厘米，砍伐后还可萌生。而纬度较北（北纬27°）的湖南西南部的会同杉区，19年的杉木只长高到13.6米。果树以橙、柚、柑等最著名，在南坡的盆地内虽也有一些热带性果树，如龙眼、木瓜等，但结果很不正常，质量也差。

在上述生物气候条件下，土壤主要为红壤和黄壤。由于南岭山地森林保存较好，林下生物累积量大，土壤主要为暗红壤，表层有机质含量 4%～7%，表土呈灰棕色，自然肥力较高，土壤湿润，有利于林木生长。种植杉木后，由于杉木落叶很少，杉木树龄20～25年时，每年凋落物只有100斤/亩左右，仅为常绿阔叶林的1/5至1/6。所以第一轮杉木采伐后，应恢复常绿阔叶林，提高土壤肥力，以保证第二轮杉木的正常生长。

南岭山地北坡700米以上，南坡800米以上，为山地黄壤。由于森林植被保存较好，地表有较厚的枯枝落叶层，且日照少，云雾多，湿度大，地表残落物分解产生较多的有机酸，土壤表现出灰化的特征，特别是海拔较高的地方，常形成灰化黄壤，表层以下有厚约10厘米的灰色层，B层中则常见有铁锰结核。在山地矮林下，枯枝落叶层较厚，其下为盘结密织的根系，具弹性，出现表层滞水现象，在土壤剖面中形成浅灰色的表滞层，表层的有机质含量可高达20%左右，但心土层（B）仍具黄色，这种土壤称为表潜黄壤。山地黄壤的自然肥力较红壤为高，但土层较薄，适于发展林业，林粮综合利用。

5. 广西北部小区

广西壮族自治区右江—南宁—大容山一线以北。属亚热带地区（详细论证见第十章华南区）。这里，石灰岩分布很广（南岭山地小区只限于某些局部盆地），为大面积典型的石灰岩景观。但广西地形上是一个盆地，海拔较低，石灰岩景观与贵州高原又有不同，故另立为一个小区。

广西盆地北面与西面分别为贵州高原和云南高原，东北面为南岭山地，东南面为十万大山、大容山和云开大山。盆地地势大致由西北向东南倾斜，右江、红水河、桂江等都循此倾斜面注入西江。盆地内山岭起伏，主要为受山字型构造体系控制的广西弧形山脉，其东翼为北东向的大瑶山和海洋山，西翼为北西向的大明山和都阳山，弧顶在黎塘以南。广西弧形山脉的最高峰可达1500米以上，而盆地内的一些岩溶洼地和河谷盆地海拔降至200米、甚至100米以下。岩溶地貌十分发育，是我国以至世界著名的热带岩溶地区，形成峰丛、峰林与岩溶洼地镶嵌分布的地形组合。前者当地称为石山，后者当地称为弄，广西全区共有弄4万多个，大部分布于本小区内。所谓“千山万弄”是本小区地形的最好写照。桂林、阳朔一带的山水极为著名，是国内外人民的旅游胜地。

广西盆地东北面的南岭山地中有不少缺口，为寒潮侵入广西的通道，故盆地内的等温线在东部向南弯曲。桂林位置正对着湘桂夹道，风大，冬季较冷，1月平均气温仅8℃左右，冬长有55天。由于湘桂夹道宽阔、低平，寒潮入桂势力较强，故在无较高山岭屏障的地区，亚热带界线偏南，到黎塘—贵县以南，比广东境内纬度要低半度多，这显然与粤、桂两省北部南岭山地的地形有关。随着热量条件的差异，广西的栽培植物从桂北亚热带到桂南热带也发生相应的变化，如毛竹林仅限于桂北；杉木林以桂北为主，愈向南杉木生长愈慢，且早衰；油桐林桂北为三年桐（亚热带种类），桂南为千年桐（热带种类）；果树桂北以柑橘类为主，桂南以木菠萝、杧果等热带性果树为主。但北部河池、环江一带，因北面有贵州高原屏障，局部比较暖和，虽纬度较北，香蕉、荔枝等仍可生长。

年降水量1000～2000毫米，从东向西递减，大致大瑶山一线以东，年降水量多在1500毫米以上；都阳山地以西，则仅1000～1100毫米。因此，植被组成东西也有差异，东部以青冈栎、化香、黄杞、木荷、马尾松、甜槠等为主；西部则以具有旱生特征的滇青冈、毛化香、短翅黄杞、红木荷等为主。云南松为西南区的特征树种，在广西仅分布于较干燥的西北角，凌云、乐业一线附近则为马尾松与云南松混生区域。广西弧的一些山岭，东坡为迎风坡，降水量远较西坡为多，故东西坡植被也有一些差异。如大明山东北坡的上林，有许多喜湿的树木，如竹柏、脉叶罗汉松、岭南罗汉松等，但在西坡的武鸣一带，这些喜湿树种极为少见。

本小区内，石灰岩山地、丘陵与非石灰岩山地、丘陵，由于基岩的不同，自然景观有明显差别。石灰岩山地多为坡度较陡的峰丛、峰林（石山），砂页岩山地坡度大多较缓，土层深厚（土山）。石灰岩山地原生植被为常绿、落叶阔叶混交林，以青冈栎或滇青冈、圆叶乌桕、朴树、黄连木、化香等为主，土壤主要为棕色石灰土，pH 约 6.0～7.5。岩溶洼地中普遍有沉积物盖层，所发育的土壤为红壤，但其性质仍受石灰岩的一定影响。砂页岩低山丘陵上的原生植被则为常绿阔叶林，主要由壳斗科、茶科、金缕梅科和樟科植物组成，其中以壳斗科的栲属最多，土壤则为红壤。所以，青冈栎、圆叶乌桕林—棕色石灰土与栲树林—红壤，是代表亚热带桂北小区自然景观的两种典型类型，两者在平面上常常呈镶嵌分布。

近年来，广西岩溶地区的农田、水利建设有很大发展，如都安利用地下河进行灌溉，有的地方并建成了地下水库（利用石灰岩溶洞和地下河廊道），为农业的高产、稳产提供了良好条件。

三、自然条件的利用与改造

华中区气候温暖多雨，四季分明，平原盆地分布甚广，河流湖泊众多，自然条件十分优越，有着大农业综合发展的优良条件，在劳动人民长期垦殖经营下，已成为我国肥沃富足的农业区。华中区耕地面积约占全国耕地面积的 1/4，为水稻盛产区，稻米产量占全国 2/3 以上。此外，麦类、棉花、油菜等作物，以及油桐、油茶、茶树、杉木、马尾松、竹类等经济林木都广泛分布，且生长良好，产量高。目前，农业自然资源还具有很大的生产潜力，大面积红壤丘陵有待整治和开发利用。

（一）热水资源对发展农业生产的作用

本区热水资源丰富，全年降水亦较均匀，有利于农作物生长。一般水稻、棉花等喜温作物，在日平均气温达 15℃以上时生长最为适宜。华中区＞15℃的持续日数一般均大于 165 天，而以闽江、瓯江及南岭谷地为最长，平均约 190 天，四川盆地及长江中下游约 175 天。日平均气温≥10℃的时间，长江以北有 230～250 天，积温 4500℃以上，湘、赣南部和闽粤北部有 270～300 天，积温 5000～7000℃。由此看来，华中区有着丰富的热量资源，多种亚热带作物均可生长。按双季稻的全生育期[①]一般需 220 天。浙南、浙东、赣南、湘东及四川盆地中部适宜生长期有 230～250 天，种植双季稻比较适宜，产量也较稳定。浙中、皖南、赣北、两湖盆地中部及四川大部，适宜生长期 220～230 天，热量条件适合双季稻的需要，但要防止秋寒早临。浙北、苏南、皖中、湘西适宜生长期 210～220 天，但春季寒潮活动频繁，气温过低，天气不稳定，秋季亦因寒流早临，双季稻虽可栽植，但是产量受到影响。

华中区初霜一般在 11 月中旬，北部较南部早 15～20 天；终霜平均在 3 月上旬，北部又较南部迟 15～20 天。在寒潮影响下，除南岭附近和四川盆地以外，3 月不仅仍然有霜，而且有 0℃以下低温出现。如 1952 年 3 月的一次寒潮引起的低温，南通–3.4℃，常州–3.6℃。同时，如果梅雨来临早，即使在 4 月，气温亦可低至

① 全生育期按农业气候计算方法，是把当地早稻适宜播种期和晚稻安全开花期之间的平均天数，加上晚稻开花至成熟的平均天数，后者约 45 天。

5℃以下。这些春末夏初的低温，对小麦成熟及水稻播种育苗均很不利，容易发生烂秧。因此，在亚热带北部与亚热带南部之间的过渡地区，实行双季稻、麦三熟制，并不一定能够增加产量，反之，有时往往还不如稻、麦两熟制。此外，实行双季稻、三熟制，还会带来耗工费时、增加农业成本、土壤耕性变坏等弊端。由此可见，在这些地区推广双季稻、三熟制，在经济上是得不偿失的。所以，在目前技术条件下，深入地研究自然条件，因地制宜地制订合理利用自然资源的方案，对于发展我国农业是十分重要的。

本区西部秋雨多，阴天日数长，日照时数少，影响棉花的开花，或形成棉铃脱落。因此，棉花主要分布在苏北、杭州湾两岸以及湖北的汉水、荆江一带。

（二）长江的综合开发利用

长江源远流长，支流众多，流域面积广达180万平方公里，水量特别丰富，占全国总径流量的37.7%。长江水力资源按平均流量计，蕴藏量达到2.3亿千瓦，占全国的42.5%。长江流域水网发达，干支流通航里程7万余公里，占全国通航里程的70%，是我国内河航运的大动脉。其中四川宜宾以下2900公里航道，终年可通轮船。解放后，三峡等航道经过整治，消除了险滩，设置了航标，航运条件大为改善。以后又对湖北枝江与湖南城陵矶间的曲折的荆江河道[①]进行了裁弯取直，使下荆江的航程缩短了58公里，并增加了泄洪能力，降低了洪水位（图45）。

长江的汛期自4月开始，10月才逐渐结束，峰高量大，汛期径流量占到全年的60%以上。长江洪水主要来自大面积的暴雨，如果长江上游洪水与中游洪水遭遇，洪水则更猛。据4个大洪水

① 下荆江全部水程约240公里，但它的直线距离只有80公里，河道蜿蜒曲折，素有“九曲回肠”之称。

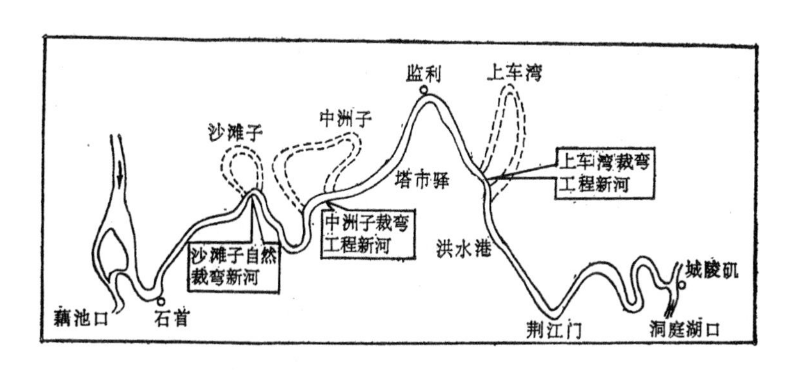

图 45　下荆江人工裁弯工程位置示意图

年（1931、1935、1949、1954 年）汛期（6～10 月）的洪水资料分析，大通洪水来源以宜昌以上为最多，占 49.7%～57.1%，洞庭湖水系占 16.6%～22.1%，鄱阳湖水系占 8.2%～11.6%，汉水占 5.7%～6.3%，其余为各区间来水。新中国建立前，洪水常使沿江堤圩溃决，内涝不能排泄，造成严重灾害。建国后，3100 公里的长江干堤已普遍加高培厚，还兴建了荆江分洪、汉江分洪等工程，建设了汉水丹江口等大、中、小型水库，大大提高了防洪能力。

在灌溉和发电方面，建国以来已建成了几万座大、中、小型水库，长江中下游的灌溉面积亦迅速增加。此外，并建设了几十座大、中型水电站。为了充分利用长江的巨大水力资源，加速我国的四个现代化，我国最大的水电站——葛洲坝水利枢纽工程正在加紧兴建。葛洲坝一期工程已于 1985 年 4 月由国家验收。它包括二江泄洪闸、三江二号和三号船闸及二江电站（装机 96.5 万千瓦），现均已建成。二期工程的大江一号船闸、大江电站（装机 175 万千瓦）正在施工，1988 年即可通航和发电。葛洲坝水利枢纽的大坝长 2561 米，坝高 70 米，它的建成，使三峡区间航道的大多数险滩得以消失，使川江航运条件得到改善。

葛洲坝水利枢纽工程是“长江三峡工程”的重要配套项目。

建设三峡工程，对蓄洪、发电和促进长江航运事业的发展，将会起着巨大的作用。然而，由于工程浩大，投资巨额，同时还面临建成后可能出现的生态环境和库区移民等问题，因此能否上马与何时开工兴建，还需从各方面进一步论证。总之，兴建重大骨干工程，必须围绕我国长远的战略目标，从整体建设布局考虑，力争实现最优的社会、经济和生态效益。

（三）红壤丘陵的改良利用

长江以南亚热带南部地区，红壤分布面积很广，几占总面积的 50%左右。就红壤本身而言，其缺点是：有机质含量较少，酸性强，代换量低，保水保肥能力弱，植物营养元素少，耕性差，易受冲刷也易干旱。但长江以南气候温暖湿润，土壤中有机质虽然分解快，形成也快，养分淋失快，但积累也快。红壤丘陵和低山，许多地方目前土壤侵蚀比较严重，有较大面积的荒地有待开发利用。

红壤丘陵低山，土层厚薄不一，水肥条件不一，水土流失程度不一，必须因地制宜进行全面规划、综合治理。大致坡度 10°以下的缓坡和谷地，水土不易流失，可以种植粮食作物和经济作物；10°～20°的坡地，宜种植茶叶、油茶、油桐、柑橘等经济林木；20°以上的陡坡及丘陵山脊和土壤侵蚀区，应以造林保持水土为主。

通过全面规划、综合治理，有些红壤丘陵地区已经改变了过去的落后、低产面貌。如江西进贤县位于第四纪红色粘土的红壤丘陵地区，开展了山、水、田、林、路的综合治理，在荒山秃岭和土壤侵蚀严重的地方，种植马尾松等乔灌木；山坡较缓、土层较厚的地方，栽植杉树、茶树和柑橘，把水土保持与荒山绿化结合起来。同时修建了许多水库和灌溉渠道，引水上山，灌溉农田。并大种绿肥，养猪积肥，培肥土壤。经过综合治理，红壤丘陵的面貌有了很大改变，原来酸、瘦、板结的红壤，逐渐变成了肥沃土壤，各种农作物的产量也逐年上升。湖南株洲市人民综合治理丘陵山地，15 年来使森林覆盖率由 14.6%上升到 40.6%，改变了生态环境，不仅农业发展了，而且促进了农、牧、副、渔各业，农业总收入增长了 2 倍。我国农业现代化综合科学实验基地县之一的湖南桃源县，位于洞庭湖外围的红壤丘陵区，自然条件好。由于开展了综合治理，大搞农田水利基本建设，农、林、牧、副、渔生产都有较大发展。1983 起年，由江西省科委与中国科学院南方山地考察队，在江西吉泰盆地的千烟洲红壤区进行土地利用规划。经过 3 年多的开发治理实践，使千烟洲这个原先无林、缺水、少肥、低产、土地大量荒芜、经营项目十分单一的贫穷落后地区，发生了振奋人心的变化。[①]

① 那文俊：“江西千烟洲开发治理的基本经验”，《自然资源学报》第 1 卷第 2 期，1986 年，第 1～11 页。

第十章　华南区

华南区处于我国南方，包括大陆部分和岛屿部分。大陆部分包括广东、广西和福建的南部，岛屿部分包括台湾、海南岛和南海诸岛。北界大致从广西百色以北，循右江北岸至南宁以北，经梧州以南，沿西江北岸至广州、汕头以北，这段界线大致与北回归线相符。汕头以北向东深受海洋影响，界线折向北东，包括福建沿海厦门及福州以南地区。华南区与华中区的分界也是我国热带与亚热带的分界。竺可桢教授曾经指出，热带的特征是：四时皆是夏，一雨便成秋，即热带终年无冬，华南区是符合这个定义的，如广州、南宁、台北等地均无冬，而此界线以北的韶关、福州等地则有较短的冬天。具体界线主要根据天然植被，并参考热带作物分布与生长情况确定，因为天然植被是自然界长期历史发展的产物，能比较正确地反映地区的自然环境。最近，曾昭璇教授等在综合分析各自然要素和农、林业的基础上所划定的热带北界，与上述界线相近。此线大致顺着右江谷地、西江谷地、珠江三角洲北缘、粤东沿海，至闽南沿海及其附近岛屿，包括台湾全岛在内。认为此线是地理上的一条重要分界线，即无雪线，基本无霜线，北部春雨区与南部秋雨区分界线，静止锋停留带，台风吹袭北界，雨林与照叶林分界线，植物上热带种与温带种类分界线，热带作物与亚热带作物分界线等。他们将此线以南称为“华南热带季风雨林砖红壤性红壤地带”。[①]

---

① 曾昭璇等：“我国热带界线问题的商榷”，《地理学报》第35卷第1期，1980年，第87～92页。

一、热带自然景观

华南区绝大部分位于北回归线以南，东、南面濒临海洋，大部分地区海拔不足1000米，水热资源特别丰富，自然地理特征主要表现为热带景观。

从世界范围来说，华南区的位置处于热带北缘，其热带景观不如马来西亚、印度尼西亚等地区那样典型。我国冬季风特别强盛，冬半年华南偶有寒潮侵袭，极端最低温度大陆上大都可降至0℃以下，就是海南岛北部也可出现霜冻。因此与世界其他热带地区相比，华南的自然景观与典型的热带景观有所差别，这是东亚季风气候区（东部型热带季风气候区）热带的特征。

华南区自然地理特征，可从其景观组成要素和农业生产的特点加以论述。

（一）湿热的热带气候

本区热量和水分是全国最丰富的地区，日平均气温≥10℃稳定积温为7000℃～9500℃，年平均气温20℃～26℃，平均气温高于25℃日数150天以上。华南区没有真正的冬季，夏季长6个月以上，台湾南部夏季长达9个月（3～11月），海南岛南部和南海诸岛全年都是夏季。温度年较差不大，海南岛不过10℃，台湾为10℃～14℃，大陆部分约在12℃～16℃之间。日较差一般也比全国其他地区为小，各地平均在6℃～7℃左右。

冬季冷空气南侵，温度较低，大陆上最冷月平均气温可降至13℃左右，极端低温则冷至0℃左右或0℃以下。1955年和1961年1月在强寒潮侵袭下，华南大陆部分出现零下的低温，海南岛北部也出现极为短暂的0℃上下的低温。在强大寒潮南侵的短短几天中，气温急剧下降，日较差可高至15℃以上，这是华南区气候的特点之一。

华南区基本上没有霜和雪，只在强寒潮入侵所经地区可发生霜冻，如广州1955年、1967年和1976年受寒潮猛烈侵袭，曾发生过静水结冰现象。

华南区热量自北向南增加，低温霜冻则自北向南减弱以至于消失。北部地区最冷月平均气温13℃～15℃，平均极端低温0℃～5℃，平均霜日2～5天，属轻霜区；湛江以南的琼北雷州，最冷月平均气温15℃～18℃，平均极端低温5℃～8℃，除特强寒潮外，一般年份没有霜冻，属微霜冻或基本无霜冻区；海南岛南部至南沙群岛，冬季不受寒潮影响，最冷月平均气温18℃以上，平均极端低温超过8℃，属绝对无霜区。

根据热量条件及自然景观特征，特别是天然植被和农业植被特征，华南区可分为热带和赤道带。赤道带全年皆夏，积温9000℃以上。本区只有南沙群岛属于赤道带。热带可分为两个亚带，积温8000℃～9000℃为热带南部，简称热带，包括雷州半岛及以南地区和台湾南部；积温7000℃～8000℃为热带北部，简称准热带，包括两广的北回归线以南地区及福建沿海和台湾。准热带是热带内的一个亚带，其热带性较热带稍有不及，但其自然景观性质仍属于热带范畴，与亚热带有较大差异。准热带的北界在气候上是无雪线和基本无霜线的北界。准热带的典型植被是“季雨林型常绿阔叶林”，具有许多热带森林的特征（详见本节后面）。许多热带动物，如长臂猿、椰子猫、犀鸟、孔雀等也分布于准热带，而不见于亚热带地区。一些热带昆虫分布于台湾、两广南部和福建南部，也分布于海南岛，但不见于江西、湖南，如棉铃虫、棉二点椿象等。在农业植被上，准热带是许多热带果树集中分布的地带，赤道带的作物如橡胶，在准热带的有利小地形环境内也可生长、收获，但在亚热带内则不能生长。反之，亚热带的一些代表性经济树木，如油桐、油茶等，在准热带很少种植。在亚热带内栽植的杉木、马尾松人工林，长势旺盛，但在准热带内则生长不良。广东花县引种杉木10年不成材；广州白云山种植的马尾松，砍伐后不能萌生，种子也不能天然繁殖。由此可见，准热带与热带有较大的相似性，两者间的差异只是量的差别，而与亚热带则有明显的质的差异。这是由于冬季寒潮虽然对热带植物的生长有很大影响，但特别强烈的低温是几年或十几年一见的，其延续时间很短，对自然景观的发展并不起决定性作用。在准热带内，起决定性作用的是经常的高温，没有冬季，它与一定的水分条件相结合，使热带性的生物持续生长、发展。成年的热带树木一般受寒害较轻，寒潮过后仍能恢复生长。热带昆虫在短期低温时可以不死或只死亡一部分，以后仍继续繁殖。因此，我们把准热带划出，作为热带的一个亚带，表示它既属于热带范畴，而热量又稍不如热带。种植某些赤道带作物，必须选择小地形、小气候条件较好的地方，并采取一定的人工措施。这样就能在农业生产上提供明确的界线，便于生产部门作出较合理的规划。

地形对本区准热带的界线有重要影响。两广的准热带北界并不完全与北回归线平行，而是曲折较大，这显然与南岭山脉的屏障作用有关。南岭山脉横亘于广东、广西与湖南、江西之间，主峰海拔2000米以上，是我国气候上的重要分界，但南岭山地比较破碎，由于断层和其他原因，山岭间有若干较低的缺口，自古以来为南北交通的孔道，主要有赣粤间的梅岭隘道、湘粤间的折岭隘道和湘桂间的兴安隘道，它们的海拔最低只有250米，故成为寒潮南下的通道。位于寒潮通道上的地方，冬季气温偏低，常有霜冻，故准热带的界线折向南方。东江及梅江谷地为寒潮通路，故粤东的准热带限于莲花山以南。同样，粤北的韶关、英德，受由武水谷地南下的寒潮影响，也不属准热带范畴。兴安隘道因地势最低，故到广西的寒潮一般可影响到武鸣、横县以北，而广西西部因有云贵高原及都阳山的屏障，冬季温度较高，少霜冻。因此，广西的冬季等温线在东部偏南，在西部偏北。准热带的界线循右江谷地北缘，直达百色一带，向西与云南东部的剥隘一带准热带地区相连，即准热带北界伸入到北纬24°左右。而在广西东部，则准热带限于大容山南坡，即在北纬23°左右。

华南区年降水量一般在1500～2000毫米之间，山地迎风坡降水更多，如台湾山地，戴云山、莲花山、云开大山、十万大山和五指山等东南坡，年雨量在2500毫米以上；反之，背风地区，如海南岛西部年雨量不到1000毫米。台湾海峡正当东南季风的背风方向，属于雨影区，年降水量仅750～1000毫米。降水四季分配，除南海诸岛全年各季降水比较均匀，基隆、台北以冬雨为最多外，其余广大地区概以夏雨为最多，约占全年40%左右。除夏雨以外，北部春雨多于秋雨，南部秋雨多于春雨，这是由于北部在春季冷暖气团交绥，锋面活动频繁，南部在秋季有台风和极锋活动。大部地区冬雨比较少，仅占全年10%左右，故冬季仍为干季。此外，最多雨月与最少雨月降水比值，除台湾北部以外，都达5～10倍以上，表征着热带季风气候的特点。

华南区是我国台风最多的地区。据1949～1978年30年统计，广东、福建、台湾3省登陆的台风占全国登陆台风总数的86.4%，其中尤以广东省登陆的台风最多，占全国的48%左右。

（二）河流径流丰富、汛期长

河流是气候的产物。珠江流域年降水量约1500～2000毫米，比长江流域几乎多1倍，故单位面积产水量居全国之冠，年平均径流模数达25.9秒公升/平方公里。珠江流域面积仅为长江流域的1/4弱，黄河流域的3/5，但多年平均径流总量达3492亿立方米，约为长江的1/3，为黄河的6倍多，在全国仅次于长江。因雨量多，流量大，河水矿化度很弱，小于50毫克/升，总硬度低于1.0毫克当量/升。

由于本区雨季较长，河流汛期一般长达6个月。每年4月以后河水便开始上涨，直至10月才逐渐下降。珠江的汛期可分3期：（1）在清明至立夏之间，称为春汛，汛期短促，水位亦不甚高；（2）立夏至秋分之间，称为夏汛，有两次较高洪峰，第一次在端午节左右，第二次在农历七月左右。夏汛期间较长，洪水位亦高，对坝围的安全有很大威胁；（3）秋分至霜降之间，称为秋汛，时间甚短，但与夏汛常紧接相连，结合成长时期的高水位。

（三）热带性植被与土壤

本区植被富有热带性。天然植被——热带雨林和季雨林的特点是多层性（一般有5～7层）和多种性（一块几百亩林地内可以有100多科、300多种植物）。海南岛的雨林内有典型的热带雨林种类，如龙脑香科的青梅、坡垒，梧桐科的蝴蝶树等，还分布有热带针叶林—南亚松林。准热带的天然植被——热带季雨林性常绿阔叶林虽然含有较多的亚热带成分，但其优势种建群科常有60%以上为热带科属，如广东大陆有种子植物1494属，与越南共有者占84.06%，与菲律宾共有者占70.21%，与马来西亚共有者占63.98%。热带科属，如桃金娘科、番荔枝科、大戟科、桑科、无患子科、藤黄科、楝科、橄榄科、梧桐科和椴树科等在本区分布普遍。在群落结构上，发展到相对稳定阶段的群落均为乔木群落，而灌木群落和草本群落大都是次生植被。乔木群落层次多，一般至少有4～5层，多者可达7～8层，在较原始的乔木群落中，乔木层通常有3层。板根、附生植物、木质藤本、茎花植物、木本蕨类等亦常可见到。此外，在海岸地带有红树林，石灰岩地区生长着蚬木林，还有鹧鸪草、蜈蚣草等组成的热带草原等。

台湾、广西南部、广东南部不仅次生植物与海南岛相同，而且农业植被如香蕉、番木瓜、菠萝、木菠萝、木薯、冬甜薯等都是亚热带不能栽培的。广西南宁至滇桂边境的剥隘的公路两侧并普遍可见杧果树。福建东南沿海地带村旁路边栽种着连片的龙眼、荔枝等热带果树，并普遍种植杧果。双季稻田间生长着大片甘蔗地，其农业景观与珠江三角洲极相类似，也证明该地天然植被和农业植被都具有热带性质。

随着气温的变化，植物从南向北也有相应的递变。如以热带植物标志的红树林为例，其分布最北虽然可至福建长乐，但从海南岛越向北去，红树林在海滨面积愈窄，树木愈矮，树种也愈少，其生长显然有渐次衰退的情况。海南岛的红树林树木最高达 8～10 米，组成红树群落的植物有 27 种（马来西亚有 43 种），其中属于红树科的有 6 种。雷州半岛的红树林最高不超过 6 米，树种只 10 种，其中属于红树科的只有 4 种。广东阳江、赤溪、大鹏湾、海丰沿海一带的红树林仅 8 种，福建沿海只有 7 种，其中属于红树科的只有 2 种，平均树高不到 2 米。长乐和基隆、淡水一带的红树林中仅有秋茄树一种。海南岛的红树林主要为红树科的树木，在雷州半岛的红树林中，红树科（特点是支柱根交织）的红茄冬也为群落中的主要树种，常成为单纯林或在混合林中占主要位置。

热带的土壤为砖红壤，准热带的土壤为砖红壤性红壤，亦称“赤红壤”。由于本区气候湿热，土壤的脱硅富铁铝化作用强烈，硅酸盐类矿物强烈分解，硅和盐基遭到淋失，铁铝氧化物则明显聚积，即钙、钠、镁、钾和硅等元素被大量迁移，而铝、铁等元素则相对富集。因此，土壤粘粒硅铝率较低，砖红壤为 1.5～1.8，硅红壤性土为 1.7～2.0。由于脱硅作用强烈，热带地区土壤渗滤水的 SiO_2 含量远较亚热带地区为高（表 26）。由此可见：准热带的

表 26　热带、准热带、亚热带土壤渗滤水的 SiO_2 含量

地　　区	土壤类型	SiO_2 含量（毫克当量/升）
热　带（海南岛）	砖　红　壤	1.173
准热带（广州附近）	砖红壤性土	0.818
亚热带南部（江西刘家站）	红　　壤	0.437

脱硅作用强度约较亚热带南部高 1 倍左右，而与热带比较相近。土壤粘土矿物以高岭石为主，并有三水铝矿和氧化铁矿物，反映在热带气候条件下风化程度极高。我国土壤粘土矿物以高岭石为主的地带，其北界在华南基本上与准热带的界线相符合（图 46），这也表明准热带是属于热带范围的。

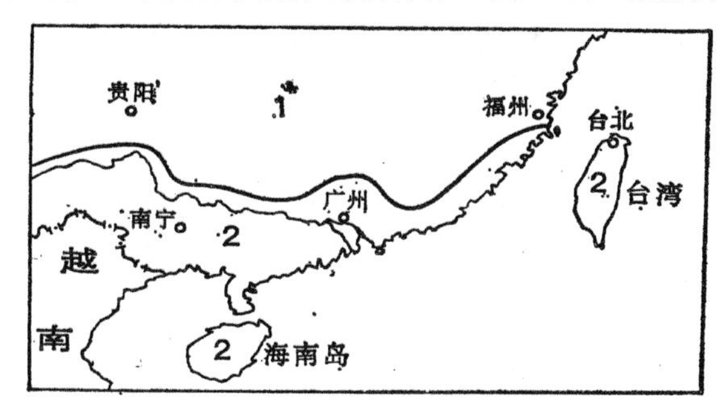

图 46　中国南方土壤粘土矿物分区

1 高岭—水云母区，2 高岭区（据中国科学院南京土壤研究所主编：《中国土壤》图 2.5.4，科学出版社，1978 年；改编）

华南区由于气候湿热，植物终年生长，故生物循环强烈，即植物与土壤间的物质交换强烈。植物与土壤间的物质交换，主要决定于森林下枯枝落叶凋落物的数量、质量和分解状况。热带森林下的凋落物数量约较温带和亚热带森林高 2.5～3 倍（表 27）。凋落物中含有大量的氮素和灰分元素，热带地区微生物活动较强，调落物的分解速度较快。在热带季雨林下，每年以凋落物形式归还土壤的氮、磷、钾、钙、镁等营养元素约达 63 斤。因此，在热带地区虽然淋溶和富铝化作用强烈，但由于植物与土壤间的物质交换强烈，森林凋落物的不断大量供给及迅速分解，使热带森林下的土壤

表 27 我国不同地带林下凋落物的数量（全年总量：斤/亩）

地　带	植　被	地　点	凋落物总量
热　带	雨　林	西双版纳	1540
热　带	次生林	海南岛	1360
亚热带（南部）	白栎、枫香、杂木林	湖南会同	604
温　带	云杉、冷杉、红松林	黑龙江小兴安岭	544

仍具有较厚的腐殖质层（一般厚 15～25 厘米），有机质含量可高达 8%～10%。并不如一般人所想象的那样，以为热带地区高温多雨，微生物活动强烈，土壤的有机质含量一定很低。所以，华南区如开垦利用得当，土壤的有机质以及氮、磷、钾等养分都可维持相当高的水平。腐殖质的组成和特征在很大程度上反映了土壤形成的自然条件。腐殖质可分胡敏酸和富里酸两种。在华南地区，有机质的矿化作用比较强烈，形成的腐殖质大部分为富里酸类型，故热带土壤的胡敏酸与富里酸间的比率很低，如海南岛的砖红壤还不到 0.2（黄棕壤为 0.45～0.65）。

（四）热带动物与珊瑚

本区由于森林林相茂密，植物种类繁多，给动物提供了优越的栖息条件和丰富的食料。因此，动物组成很丰富，特有种类很多。在生态地理动物群上，本区属于热带森林—林灌、草地、农田动物群（图 47）。其主要特征是组成复杂，优势现象不明显，树栖、果食、狭食和专食性种类多，一般不贮藏食料，换毛、繁殖和迁徙等季节性生态现象不明显。哺乳动物中以翼手类、松鼠科、灵猫科和家鼠属的一些种类最常见。灵长目动物中，主要有原始的体型似松鼠的树鼩、几种猕猴、几种叶猴、懒猴和几种长臂猿。鸟类种类繁多，羽毛华丽，不因季节而改变体色。南海诸岛是海

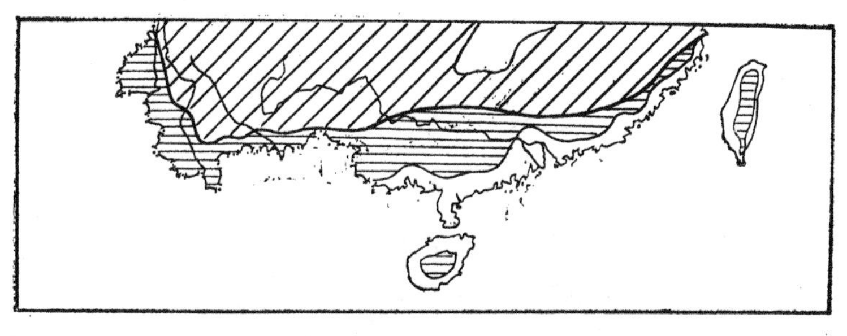

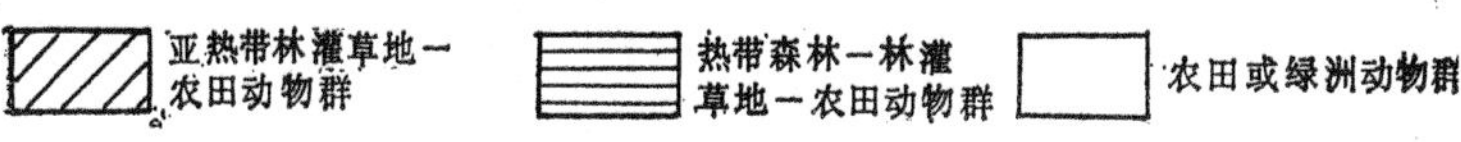

图 47　中国南方生态地理动物群分布图

（据中国科学院《中国自然地理》编辑委员会：《中国自然地理——动物地理》，科学出版社，1979 年，第 83 页）

洋性鸟类（以鲣鸟为主）的世界。两栖类和爬行类中也多树栖种类，如巨蜥和蟒蛇、绿瘦蛇、过树蛇等都是典型的树栖种类。在森林砍伐后的次生林灌和草坡上，动物种类趋于简单，地栖动物显著增多，形成优势。在农田环境中往往有 3～5 种鼠类占绝对优势，其中以黄毛鼠分布最广泛，鼠类对水稻和甘蔗等危害甚大。

本区特殊的热带海洋生物就是珊瑚。珊瑚生长在澄清而温暖的浅海中，其生存条件是海水年平均温度不低于 20℃，至 13℃以下就要死亡。我国珊瑚在南海诸岛和海南岛、台湾以及大陆沿海均有分布。台湾东岸因终年受暖流影响（黑潮），水温较高，珊瑚分布可直到北纬 25°左右。据调查，菲律宾造礁珊瑚种属有 67 属、200 种，而我国西沙群岛仅有 38 属、127 种，海南岛有 34 属、110 种，粤桂沿海只有 21 属、45 种。而且大陆沿岸冬季受寒潮影响，如厦门附近海水温度可降至 12℃以下，故澎湖、厦门一带的珊瑚常有冷死现象。但有山地保护的海湾内，海水暖和，常成为珊瑚集中分布的地区，如大亚湾、大鹏湾等。这种情况亦表明华南的热带与典型的热带仍有差异。

（五）热带农业植被

华南区的农业植被富于热带性。热带作物（包括果树）大致可分两类：（1）赤道带作物，要求热量高，无霜，如橡胶、可可、胡椒、椰子、油棕、槟榔等。（2）热带作物，稍能耐寒，可生长于偶有轻霜的地区，如菠萝、杧果、香蕉、木瓜、咖啡、八角等。热带地区普遍可种赤道带作物，准热带地区普遍可种热带作物，在小地形环境较好的地方，也可种植赤道带作物（如橡胶）。但绝大部分热带作物的分布限于准热带北界以南。如椰子在雷州半岛和海南岛可正常生长、丰产，至广州、南宁一带虽能勉强过冬，但不结果，这反映了热带与准热带的热量差异。反之。一些热带作物的优质丰产区都在准热带内，如广州附近为菠萝、木瓜、香蕉、杧果优质丰产地区，供应出口及全国各大城市。八角、三七等是准热带山地的特产，喜夏凉、冬暖、霜害不重的生境，与亚热带山地以油桐、杉木等为主要产品不同。一些亚热带的典型树木，如杉、油茶等，到准热带或生长不良，或品种改变。如杉木在广西北部（亚热带）生长良好，在南宁和六万大山一带（准热带）生长很慢，且叶色枯黄，已不能作为主要造林树种。油茶在广西南部龙州、宁明一带为一热带品种，即大果油茶，呈小乔木状，高达4～8米。

农作物方面，热带地区由于全年气温高，无霜，水稻不需另地育秧，就可一年连作三熟，故为三季稻、冬花生、冬甘蔗区，冬小麦则因这里冬季气温高，不能正常通过春化阶段，难以抽穗结实。准热带地区的特点是一些喜暖的作物，如甘薯、玉米、甘蔗等均可越冬生长，故为双季稻、冬甘薯、冬玉米、冬甘蔗区，这些作物在亚热带都不能越冬生长。准热带地区内的某些地方也已发展三季水稻。由此可见，在农作方面，准热带与热带基本上相同（冬甘薯、冬甘蔗等），而与亚热带则有质的差别。所以，我们认为准热带是热带的一个亚带，而不应划入亚热带内。

二、自然景观的地域分异与自然区划

华南区除台湾中部隆起着新生代褶皱高山外，地形绝大部分为低山和丘陵，与宽广的谷地和山间盆地相交错。海拔1000米以上的中山只限于较大山脉的主峰，面积不大。海拔3500米以上的高山则只分布在台湾中部。另一方面，本区平原面积也不大，较大的平原在沿海主要有珠江三角洲和台湾西部平原，在内陆主要有广西的郁江冲积平原。

由于华南区地势比较低平，自然景观的垂直分异一般并不普遍，水平带未受到很大干扰，故在自然景观的地域分异上，地带性递变现象非常明显。

纬度地带性递变主要决定于太阳辐射条件和冬季寒潮影响的程度，随着热量由北向南增加，热带景观愈形显著。

综上所述，华南区自然景观地域分异是以气候为主导因素，而非地带因素的地形不仅没有破坏生物—气候带的纬度分异规律，反而加强了水平地带的南北分异。同时，在地带性因素的南北递变过程中，冬季温度状况对于冬种作物、热带作物和自然植被生长的影响最为深刻，而全年积温数值大部地区都比较高，稍有差异尚不致引起作物生长和自然景观产生显著的不同。因此，华南区自然景观的南北差异，主要是冬季温度的纬度变化所引起的。若以冬季温度状况及与其相关的冬种作物、热带作物和自然植被的南北分异来分析，华南区明显地可分为3个自然亚区，即两广、闽南及台湾亚区，雷州、海南亚区和南海诸岛亚区。它们分别与准热带季雨林性常绿阔叶林—砖红壤性红壤地带、热带季雨林—砖红壤地带和赤道雨林—热带磷质石灰土地带大致相当。

在上述 3 个亚区内部，热量条件基本类似，但湿润状况和风力强度则有所不同，其差异与离海远近和地形条件密切相关，特别在地理分布上往往随着地形条件而发生显著改变，以致引起自然景观的变化。因此，各亚区内部可根据地形因素划分为若干小区。

IV_A 两广、闽南及台湾亚区

IV_{A1} 台湾与澎湖小区

IV_{A2} 闽、粤沿海丘陵、平原小区

IV_{A3} 桂南盆地小区

IV_B 雷州、海南亚区

IV_{B1} 雷州半岛小区

IV_{B2} 海南岛小区

IV_C 南海诸岛亚区

以上 3 个亚区的界线，不完全与地带的界线相符合。赤道带雨林地带的范围虽仅限于北纬 12°以南，但南海诸岛均为珊瑚礁，各岛上的植被土壤大致相同，植被为珊瑚礁植被，土壤属热带磷质石灰土，气候虽有一些差别也不很大，因此，它们的自然景观是基本相同的，可把它们划为一个亚区。台湾南部平原虽属于热带，但如把它与台湾其他部分分割开来，显然也是不合适的。由于台湾大部分属于准热带，应与两广和福建南部合为一个亚区。[①]

（一）两广、闽南及台湾亚区

本亚区包括福建东南部，广东和广西的南部，台湾及其附近岛屿。具有热带与亚热带之间过渡的自然景观与农业生产特征，但景观主要与热带相似。

① 台湾著名地理学家张镜湖教授也把台湾全部划为热带，见张镜湖：《世界农业的起源》，台湾大学出版，1987 年。

1. 台湾与澎湖小区

包括台湾及其附近的澎湖列岛、兰屿、火烧岛、红头屿、钓鱼岛、赤尾屿等 100 多个大小岛屿，总面积约 36000 平方公里。台湾岛形似纺锤状，从北北东向南南西方向伸展，南北长约 380 公里，东西最宽处约 145 公里，面积为 35788 平方公里，是我国最大的岛屿。它东临太平洋，西隔台湾海峡与祖国大陆相望，海峡最狭处距离不到 150 公里。位于台湾海峡东南部的澎湖列岛，面积 64 平方公里，为台湾本岛以外的第一大岛。其次为兰屿，面积约 46 平方公里。台湾海峡是东海最南部的海域，呈东北—西南向，南北延伸约 380 公里，平均宽度约 190 公里，是我国最长大的海峡。

台湾岛是喜马拉雅运动初期褶皱上升形成的“年轻的岛屿”，以台湾山脉为主体，海拔 3000 米以上的山峰有 60 多座，丘陵与山地占全岛总面积的 70%。台湾的山脉均作北北东—南南西走向，自东而西包括台东山脉、中央山脉、玉山山脉和阿里山山脉等 4 个山系。这些山脉之间均有纵向的大断层，如玉山山脉与阿里山山脉间的大断裂带上，有日月潭、埔里等断陷盆地，其中日月潭是台湾著名的风景区。中央山脉是本岛的分水岭，许多高峰海拔在 3000 米以上，最高峰秀姑峦山海拔为 3838 米。玉山山脉是台湾山脉的中轴，海拔 3500 米以上的高峰有 11 座，主峰玉山的海拔高达 3950 米，是我国东部沿海的最高峰。发源于这些山地的河流向四周辐射注入海洋，其中最长的是浊水溪，长 170 公里。由于地势高差大，水量充沛，故在山区多有急流瀑布，水力蕴藏丰富。岛的东部有台东纵谷平原，介于中央山脉与台东山脉之间，是一个沿北北东向的断裂线形成的狭长地堑带，北起花莲，南达台东，长达 150 公里，宽不过 5 公里。岛的西部有现代滨海平原，称台西平原，系由扇形地和三角洲连接而成，包括台南平原、屏东平原等。其中以台南平原最大，北起彰化，南到高雄，绵延 180

公里，东西宽 30～50 公里。以嘉义和台南附近为最宽，面积约 4550 平方公里，是台湾最重要的耕作区。台湾新构造运动强烈，多火山和温泉，地震也较频繁。如台北附近的大屯第四纪火山群，包括 16 个火山，海拔多在 500～1000 米之间，山顶常有巨大的火山口，如小观音的火山口，直径达 1000 米以上，深 300 米。火山群主峰七星山，海拔 1130 米，为有名的活火山，不断喷出大量的硫磺热气和过热泉。台南和高雄之间有泥火山 57 座，其中有 32 座是活动的泥火山，间歇地或连续地喷出泥水和天然气。全岛有温泉百余处，均沿断层线分布，水温一般在 50℃～70℃，以阳明山、北投、金山、四重溪等温泉比较著名，是理想的旅游和疗养胜地。台湾是我国地震活动频繁的地区，有感地震平均每年可达 290 次以上，本世纪以来 7 级以上地震已有 30 多次，8 级地震有 2 次。地震区域主要分布在东西两岸的大断裂地带。

台湾由于终年受到黑潮的影响，气候具有海洋性。黑潮是一支强大的暖流，它紧靠台湾岛东岸向北流，宽度约 100～200 公里，暖水层厚度达 400 米，因此台湾气温年较差较小，一般在 10℃～13℃左右，全年平均气温最低的月份在 2 月。年平均气温较大陆沿海的同纬度地方为高，平原地区并无冬季，夏季长达 200 天左右（恒春达 270 天），最冷月平均气温均在 15℃以上，台北 1 月平均气温 15.2℃，与香港相似，而高于福建漳州。但冬季受强寒潮侵袭时，西部和北部也受到一定影响。如 1901 年 2 月 13 日的强寒潮，台北、台中的极端最低气温曾降至–0.2℃和–1.0℃，但这种情况是极少的。

季风对台湾气候有重要影响。根据季风交替，可分出 4 个季节：（1）东北季风期（10 月下旬～3 月中旬），东北部多雨，西南部多晴；（2）季风转变期（3 月中旬～5 月上旬），东北部逐渐转晴；（3）夏季风期（5 月上旬～9 月中旬），全岛普遍多雨；（4）季风转变期（9 月中旬～10 月下旬），天气晴好。

台湾雨量分布与地形的关系最为密切。东北角常年迎风，和中央山地一样，年降水量＞3000 毫米，若干迎风坡可达 5000 毫米以上，其余一般在 2000 毫米左右。西海岸雨量较少，仅 1500 毫米左右。台湾海峡位于雨影区，加之澎湖列岛地形低平，年雨量仅 1000 毫米左右，而可能蒸发量＞1600 毫米，故气候比较干旱。从降水的季节分配来说，台湾可分两个类型：东北部终年多雨，尤以冬季降水最多，因东北季风从大洋携带水汽，至岛上后受地形影响而致雨。反之，台湾南部和西部降水最多的时期均在夏季，冬季嫌干，雨季与北部刚好相反。每年 5～10 月间常受台风影响，尤以 7～9 月影响最大。发生在西太平洋上的台风，大约有 1/5 在台湾登陆，过境的台风平均每年 4 次，最多可达 8 次，强风暴雨酿成灾害。台湾海峡受狭管效应影响，风速大，大风日数也多。

天然植被主要为准热带的雨林性常绿阔叶林，分布于海拔 500 米以下的丘陵、低山上，上层乔木主要为壳斗科的栲、樟科的樟等，台湾过去以产天然樟脑著名。但混生有细叶榕、台湾罗汉松、台湾竹柏等热带树种。中下层树木主要为山龙眼、台湾山香圆等热带树种，灌木层也多为热带种类，如九节木、鸡屎树、萝芙木等。林下有许多与热带雨林相同的黑桫罗、台蕉、海芋等。由于台湾山脉东坡的雨量较西坡为多，故热带雨林只分布于台湾的东南端高雄、恒春、台东一带。这里的热带雨林特点是无龙脑香科，上层树木主要为肉豆蔻、台湾翅子树（梧桐科）、台湾铁木（山榄科）、长叶桂木（桑科）等。

在山区，植被的垂直分布大致是：

海拔 500～2000 米为常绿阔叶林和亚热带针叶林。常绿阔叶林上层树种以樟树居多，并有楠木、木荷、栲等，在南部潮湿的山坡上，林内有成群生长的树蕨、巨大的木质藤本和木质附寄生植物。

海拔 2000～3000 米为落叶阔叶树、常绿阔叶树、针叶树混交林。落叶阔叶树有山毛榉、川上槭等，常绿阔叶树有青冈等，常绿针叶树有台湾铁杉、红桧、台湾杉、台湾扁柏等，其中有许多是台湾特有而珍贵的树种，如红桧、台湾扁柏等。这类树高达50～70米，树径可达7米，树龄达1000～3000年，惜因长期遭受极大破坏，已留存不多。

海拔3000～3600米为亚高山针叶林，主要树种为台湾冷杉和台湾云杉，高处伴生有高山柏、刺柏，林下有忍冬、杜鹃等组成的灌木层片。

海拔3600～3950米为含常绿灌木的亚高山灌丛和亚高山草甸，主要为杜鹃灌丛以及狐茅、须草等为主的草甸。

丘陵、低山上的土壤主要为砖红壤性红壤，如台中的砖红壤性红壤，硅铝率1.91，与广东和福建准热带地区相同。山地土壤从丘陵、低山向上，依次有山地黄壤、山地黄棕壤、山地棕壤、山地草甸土等。由于气温高，雨量多，这些山地森林土壤均甚肥沃，单位面积的木材蓄积量很高。

台湾与海南岛都是我国的热带宝岛。在低山丘陵上，可种橡胶、柚木、桃花心木、铁刀木等及多种热带果树。台湾北部是我国著名香蕉产区之一。蔗糖和菠萝则为台湾重要的出口农产品。

台湾森林资源丰富，阿里山是我国著名的林业基地之一，尤其是红桧、台湾扁柏、台湾杉、台湾铁杉和台湾五针松，号称“阿里山五木”，是著名的良材。全岛现有林地面积约180万公顷，占总面积的52%。其中95%为生产林地，其总蓄积量约3亿立方米，阔叶树蓄积量占58%左右，其余为针叶树。台湾森林高大粗壮，每年平均生长量为0.41立方米，年净生长率平均为2.57%，每亩平均蓄积量为12.2立方米，最高可达50立方米。但由于长期采伐和管理不善，森林单位面积产量不断下降，而且单位面积蓄积量较高的森林大多分布在海拔较高的山地，交通困难。

2. 闽、粤沿海丘陵、平原小区

与桂南盆地小区大致以云开大山为界。云开大山以东，低山、丘陵与盆地、平原相间分布，山地主要由花岗岩组成，多作北东走向，著名的山峰如莲花山、罗浮山等，海拔均不过1000米左右。若干独流入海的河流在下游形成冲积平原和河口三角洲，较大的三角洲有珠江三角洲、韩江下游的韩江三角洲（潮汕平原）、九龙江下游的漳州平原等。沿海大小岛屿星罗棋布，较大的有平潭岛、金门岛、东山岛等。

气候上，在平常年份，本小区热量和水分都很充分，每遇强寒潮，许多地方极端低温可降至0℃以下，但次数不多（广州平均每10年可能出现一次零度记录），持续时间短，没有降雪现象（除山地以外）。广州的菊花和桂花，冬季亦能在室外开放，在物候上已无四季之分，这与热带景象相似。因此，冬季的低温只是暂时的偶然的因素，对整个自然景观的发展并不起决定性影响。在小地形条件优良的地区，则寒害很轻。如广东西部的信宜、茂名和化州，北、东、西三面均为云开大山所包围，对寒流有屏障作用，所以当强大寒潮南下时，最低气温反比纬度更南、但地形开敞的雷州半岛南部为高。因此，这里所种的橡胶等赤道带作物尚能生长收获。广州则由于冬季低温的影响，有些热带植物冬季虽能继续生长发育，但速度减慢，如香蕉、花梨木等，有些热带植物在冬季生长发育停止，但翌年仍可继续生长，如木棉、柚木、番木瓜、菠萝、香茅、剑麻等。从广州华南植物园引种国外热带植物的生长情况来看，耐寒力较弱的典型热带种属，如轻木、桫罗双属、弯子木、齿朵木、榴莲、肉豆蔻、胡拉属等，引种后广种露地情况下不能越冬，皆告死亡，酸枣生长11年后亦遭冻死。但较耐寒的热带木本植物，如多种南洋杉、多种榄仁、胶果木、众香、檀香、加椰杧、安达树、红心木属柚木、棕榈类和热带松类等，均已引种成功，1976年特大寒潮影响下并未冻死。引种的青梅树和胡椒，没有人工保护措施，生长良好，青梅树已高达10余米，胡椒亦能结实。这显然表明，广州已处于热带的北方边缘。广州即因木棉树多，有“棉市”之称。肇庆市七星岩附近，热带岩溶地形——峰林与杧果树相衬托，显示出丰富的热带风光。珠江三角洲田间盛植热带植物蒲葵，是著名的特产。粤西阳春出产砂仁，是热带山地特有的药材。此外，新会、潮州等处也出产品质优良的柑橙，表明亚热带南部的果树侵入准热带，这也是热带北方边缘地区的特征。

广东省肇庆市东北郊的鼎湖山（北纬23°10′），冬季暖和，虽偶见轻霜，但“霜不杀青”，雨水充沛，具有优越的自然生态环境。1979年，这里已被列为我国参加世界自然保护区网的自然保护区之一。鼎湖山的植被，除了枫香、野漆树、楹树等极少数落叶树以外，以常绿树种占优势，而且大部分是热带成分，如瓜馥木、黄叶树、黄桐、天料木、小叶买麻藤等。群落一般分5～6层，其中乔木3层。多附生植物，板根现象普遍，藤本数量也很多。但是，对鼎湖山的地带性植被的性质，现尚有不同认识，有人称其为“热带北沿季风常绿阔叶林”[①]，或“过渡性的热带林”[②]；有人则称其为亚热带季风常绿阔叶林。我们认为，这种情况恰恰说明，鼎湖山正处于热带北界之上，植被具有从热带向亚热带过渡的特征。由此可见，我们这里所划的热带界线是符合自然界的客观情况的。

珠江三角洲包括西、北江三角洲和东江三角洲，面积共约8600平方公里，土地肥沃，是广东的主要商品粮和重要经济作物基地。珠江三角洲原为断裂下陷的大型河口湾，晚更新世以来的大量沉积物促使三角洲迅速淤长扩展，河口湾逐渐被充填，目前的伶仃

---

① 据德意志联邦共和国汉堡大学布鲁尼教授的意见，见《文汇报》，1980年2月22日。

② 据中国科学院植物研究所侯学煜教授的意见。

洋为其残留部分。珠江三角洲的水沙，80%～90%以上来自西江和北江，三角洲上汊河密布，主要水道大约有100条，总长1700多公里，河网密度高达0.8～1.0公里/平方公里，成为我国著名的“网河”区。河流主要由8个口门入海，其中尤以磨刀门、虎门等最为重要。珠江水系年平均输沙量8000余万吨，河海相沉积物使三角洲迅速淤积并向海伸长，平原上平均沉积速率为26毫米/年，第四纪沉积物平均厚度为25米左右，西、北江三角洲近代平均伸展速率为35.1～48.7米/年，东江三角洲为8.2～13.4米/年，河口万顷沙、灯笼沙一带受堤围的影响，伸展速度达63.3米/年。珠江三角洲从成陆历史先后来看，可分为两部分：大致黄埔—顺德—江门一线以北，新石器时代以来就有人开垦、居住，称为围田区。此线以南，则是后来河流泥沙淤填海湾而成，为沙田区。三角洲平原上耸立着160多个岛丘，海拔一般为200～400米。丘陵与台地占三角洲总面积的1/5，分布在南部现代三角洲上的五桂山，海拔为505米，黄杨山为591米，大部由燕山期花岗岩组成。南海县西樵山（海拔344米）为南粤名山之一（图48）。

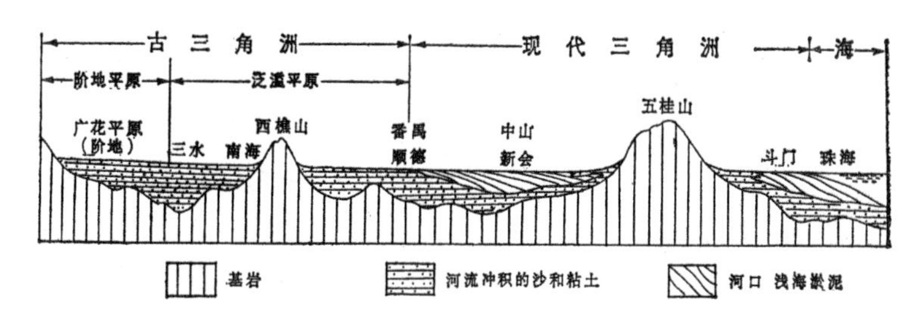

图48　珠江三角洲地貌剖面示意图

珠江河口沙田区的土壤主要是强酸性盐渍水稻土。又称咸酸田，它是在红树林沼泽土的基础上发育的，土壤中的红树林残体在嫌气条件下分解，产生大量硫化物，故咸酸田硫的含量很高，最高可达 2.3%。排水后，土壤通气条件改善，硫化物被氧化成 H_2SO_4，使土壤呈强酸性，pH 仅 2.5～3.5 左右。这类土壤在华南区各大河入海的河口地区均有分布，如广西钦江、广东韩江、台湾及福建南部的河口，是热带沿海红树林沼泽开垦后发育的一种特殊土壤。可见水稻土虽然是一种人工耕作土壤，但其性质仍具有地带性特点，即反映了当地自然地理的特征。另外，三角洲平原的地下径流条件差，水力交替迟缓，封闭条件好，大多处于铁、氧还原环境，具备还原三价铁和生成可溶性二价铁的条件，形成铁质水。同时，有机物质在缺氧条件下被微生物分解而形成氨氮，产生氨氮水。若地下水铵离子含量超过 30 毫克/升时，即成为“地下肥水”。由于珠江三角洲的地下水绝大部分属于高矿化水，且含过量的铁、氨离子，水质非常低劣，不利于人民生活和生产用水。

沙田区的地面海拔很低，当地人民利用潮水涨落，创造“潮排、潮灌”的独特的灌溉方式，即涨潮时汊河水位被壅高，河水可自流进入稻田灌溉；落潮时汊河水位下降，稻田内的积水又可自流排入汊河。近年来，珠江三角洲建成了强大的电力排灌网，保证了农业稳产、高产。珠江三角洲土地利用极为精密，人民充分利用当地自然条件，创造出一些巧妙的经营方式，例如“桑基鱼塘”就是挖洼地为塘，养鱼，挖出的土堆成土基，种植桑树（或甘蔗），形成了一个水陆相互作用的人工生态系统。利用蚕粪养鱼，塘泥肥地，构成一种特殊的物质循环与利用方式，实现因地制宜，地尽其利，不断提高土壤肥力和经济收入。最近，据卫星相片等量测，珠江三角洲上桑基鱼塘主要集中在顺德、南海、中山等地，总面积 1172 平方公里，其中鱼塘面积约占 55%。

韩江三角洲是广东省主要稻米产区之一，包括潮州、汕头、澄海、潮安和揭阳县等地，总面积 1700 平方公里。韩江每年输送到口外的泥沙约 720 万吨，三角洲前缘平均每年以 12～15 米的速度向外伸展。这里年平均气温21℃左右，年雨量1400～1700毫米，集中于4～9月，且多暴雨。地下水质较好，主要是淡水和半淡水型。大部分地区种植双季水稻，亩产可达1800～2000斤，以分布在河流两岸的水稻田产量最高。

3. 桂南盆地小区

广西境内，碳酸盐岩石分布面积甚广，约占广西壮族自治区总面积的40%以上。本小区的西部为碳酸盐岩石区，地形主要为峰林和岩溶洼地相交错，多洞穴和伏流，土层薄，岩石裸露，群众称为"石山"。而东部主要为非碳酸盐岩石区，山、丘坡度一般比较平缓，土层覆盖较厚，群众称为"土山"。两者景观显著不同。

石灰岩丘陵与砂页岩、花岗岩丘陵低山上的天然植被迥然不同。前者为蚬木林，后者为榄类林。蚬木林分布于海拔1000米以下石灰岩山地的阴坡和沟谷中，称为"热带半常绿阔叶季雨林"。上层大树主要为落叶的蚬木、核实木、金丝李、肥牛树、闭花木、木棉等，多为珍贵的硬材。灌丛以越南剑叶木，滇木瓜、萍婆等为代表。榄类林主要树种有乌榄、白榄、长叶山竹子、沙拉木等，并有大药树、霍而飞和坡垒。灌丛中，桃金娘、余甘子、大砂叶、黄牛木普遍可见，局部地区并有热带典型植物坡柳。山地的垂直带也反映热带山地的特征，如龙州大青山上部有以栲树为主的山地常绿阔叶林，但和广西北部亚热带地区的栲树林不同，含有较多的热带成分。

栽培植被本小区亦与广西北部不同。如油茶，北部为亚热带品种——小果油茶，本小区则为热带品种——大果油茶；油桐北部为亚热带品种三年桐，本小区为热带品种千年桐。千年桐还在凭祥附近丘陵上天然生长，构成次生林的主要成分。果树桂北以柑橘类为主，本小区则以木菠萝、杧果、木瓜等为主，扁桃（杧果的一种）沿右江谷地一直分布到百色以西，右江谷地的百色、田阳、田东，是我国有名的杧果之乡。橡胶在小地形优良的地方也可生长，如

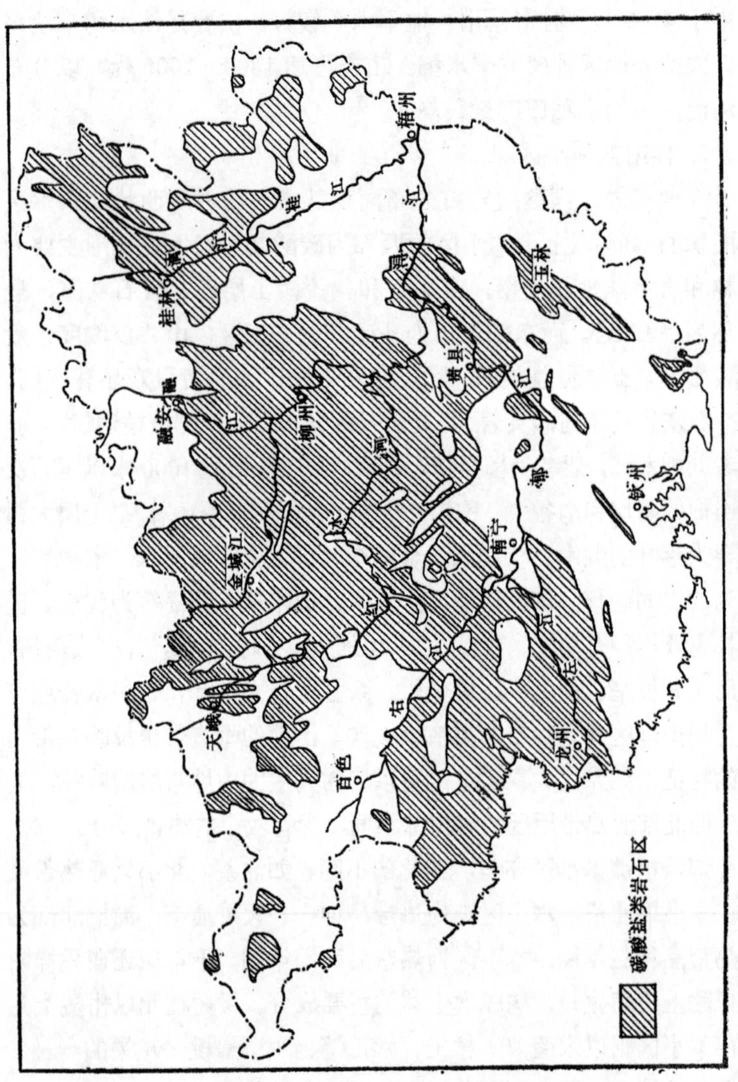

图49 广西碳酸盐岩石分布略图

龙州虽受寒潮影响，冬季偶有0℃以下的低温，但橡胶园采用一定人工措施，胶树生长迅速。西部因有北面山地屏障，冬季受寒潮影响较小，零下低温少见，如靖西（海拔740米）积温7000℃，绝对最低气温多年平均为1.4℃，故德保一带，咖啡已生长到海拔1100米的山地。

石灰岩地区的土壤主要为棕色石灰土。由于气候高温多雨，干湿交替，碳酸钙被大量淋失，土壤上部已无石灰反应，pH6.0～7.5，并开始有一定程度的脱硅富铝作用，粘粒的硅铝率约1.8。

综上所述，石山和土山不但是两种不同的地貌类型，而且也是两种不同的景观类型，说明了岩性在自然景观的形成中也是一个不可忽视的重要因素。

（二）雷州、海南亚区

本亚区包括雷州半岛和海南岛，相当于热带季雨林—砖红壤地带。热量丰富，最冷月平均气温16℃～20℃，植物全年可以生长，椰子、油棕等均可正常生长，是我国发展热带作物的重要基地。在水分条件保证下，水稻一年可以三熟。

1. 雷州半岛小区

雷州半岛地形简单，主要为海拔不到100～200米的台地和丘陵，由浅海沉积的沙层和玄武岩组成。玄武岩台地上分布着一些孤立的火山锥，如湛江市附近的湖光岩（海拔160米）就是一个第四纪火山锥，山顶有完整的火口湖，面积3.6平方公里，水深20米以上。

雷州半岛气候特点是雨少、风大、雾日少，如湛江年降水量仅1300毫米左右，年平均风速达4米/秒左右，年平均雾日只33天，故蒸发强烈，呈干旱景象。天然森林多已被破坏，现在植被主要为热带草原类型，由华三芒、蜈蚣草、白茅、鸭嘴草、坡柳等组成，并稀疏地散生针葵、大沙叶、黄牛木等小乔木。土壤深受母质的影响。浅海沉积物上发育的砖红壤，含有 60%～70%左右的沙粒，称为硅质砖红壤，有机质含量很低（<1%），磷的含量也很低，土体虽较松散，易于耕作，但保水保肥力弱，雨水易漏失，干旱的威胁大，如开垦不当，土壤侵蚀也很严重。且过去当地群众有铲草习惯，以致形成了大面积贫瘠的“赤地”。由于营造了大面积的防护林和护田林带，并开挖了雷州青年运河，纵贯半岛南北，长 170 多公里，粮食和橡胶等热带作物都有很大发展。

2. 海南岛小区

海南岛面积 33920 平方公里，是我国第二大岛，北面隔宽 20～40 公里的琼州海峡与雷州半岛相望。环岛海岸线长达 1528 公里，水深 5 米以内的面积约有 1116 平方公里，近岸滩涂面积宽大，大有开发利用前景。全岛形状如锤形，作东北—西南伸长，四周低平，中间为高耸的穹隆山地。据量算，500 米以上的山地占全岛总面积的 25.4%，500 米以下的丘陵地占 13.3%，100 米以下的台地占 32.6%，阶地和平原占 28.7%。中部为五指山山地，地势高耸，海拔 1000 米以上的山峰有 667 座。主峰海拔 1867 米，主要由花岗岩构成，山间夹有一些局部盆地，如通什、乐昌等，海拔约 200 米左右。海南岛河流均由山地向四周流注，形成辐射状水系，如南渡江向北流经海口市入海，昌化江向西流至昌江县入海，万泉河向东流至琼海附近入海。这些河流都比较短小。北部为浅海沉积物和玄武岩组成的宽广台地，海拔多在 50 米以下，台地上也有一些近代火山锥，如临高的高山岭、琼山的雷虎岭等，地形与雷州半岛相似。自新第三纪以来，岛上火山喷发可分为 15 期、60 多次，玄武岩分布面积约 4000 平方公里，构成琼北的大片玄武岩台地。玄武岩台地以南，儋县（那大）、屯昌一带多为花岗岩组成的丘陵。大致在岭口、南丰、和盛一线以南，为高丘（海拔 200～250 米以上）与低山相交错的地段；以北为低丘（100～200 米）

与台地相间的地段。在丘陵分布的地区，常有局部避寒、避风的地形，形成种植热带作物最适宜的小气候条件。沿海平原主要分布在东、西两侧，大部分为海积平原，是主要的农业基地。由于强风搬运的大量沙粒堆积于沿岸地带，形成大片沙荒地，其宽度可达20～30公里，多见于本岛的东北和西南沿岸一带。

海南岛虽然是一个热带海岛，但因位置靠近大陆，冬季仍受大陆季风影响。特别是五指山地以北，在特强寒潮南下时，绝对最低气温偶尔也可降至0℃左右。例如，1955年1月，由于3次强寒潮连续南下，定安的气温曾降至–0.3℃，儋县至0.8℃，橡胶幼苗受到冻害。尤其是屯昌、白沙等朝北开口的盆地，寒流易于入侵，种植的热带作物发生冻害。进入海南岛北部的寒潮，通常分东、西两支南下，西支始于北部临高、澄迈一带，在岛西南出海；东支由北部定安、澄迈一带，在岛的东南部出海。寒潮期间，冷中心强度以西支稍强，临高、西沙一带总降温7℃～8℃，东部定安、琼中、屯昌一带为6.5℃～7.5℃。根据1951～1980年间寒潮的次数统计，白沙每10年为3次，琼中为2次，儋县、通什、澄迈、临高、定安等地均为1次。雨量分布与地形方位有密切关系。东南部因常年迎风，又当台风来向，年雨量达2000～2500毫米以上，琼中年雨量曾达3760毫米（1978年）。西部夏季处于背风地位，雨量最少，年雨量＜1000毫米，东方最少年雨量仅270毫米（1969年），蒸发量远大于降水量，为全岛最干旱的地方，故莺歌海一带是华南著名盐场之一。上述雨量分布的差异，是形成海南岛内部景观分异的重要因素。

海南岛处在南海和太平洋台风影响范围之内，夏秋台风活动频繁，平均每年有8个台风，最多年为11个，最少为3个。1973年9月14号强台风在琼海登陆，平均最大风速达48米/秒以上，其中心最大风力估计达17级（约70米/秒），房屋倒坍15万多间，台风经过处橡胶树断倒率达50%～90%。因此，海南岛发展热带作物，必须加强防风措施。

天然植物在海南岛东南部为热带雨林，乔木上层以龙脑香科的青梅和梧桐科的蝴蝶树最为突出，树木高大，树皮灰白光滑，有高达 4 米的巨大板根。青梅并形成纯林，林下棕榈植物很多，有叶子长达 5 米的桄榔等。林内巨型木质藤本植物较多，有过江龙、黄藤、白藤等，这也是热带雨林的特征之一。

海南岛西部位于雨影区，干季显著，一年中有5~6个月的雨量少于50毫米，天然植被主要为热带季雨林，由落叶、半落叶和常绿的乔木组成，如落叶的鹧鸪麻（梧桐科）、槟榔青（漆树科），半落叶的海南椴（椴树科），常绿的保亭柿（柿树科）、琼梅（茜草科）等。灌木层除有上层幼树外，并有许多耐旱的多刺灌木，如毒刺木、刺桑等，反映这里比较干旱的气候条件。季雨林被严重破坏的地方，局部气候变得更为干旱，可形成多刺灌木的热带稀树灌木草原。

在石灰岩地区，局部生境干燥，乔木生长不高，一般只 4～8 米，形成热带灌丛矮林。乔木生长稀疏，混有多刺藤本灌木和耐旱的肉质植物。如崖县一带的石灰岩低山上，主要树木为榕树、半枫荷、海南榄仁树等，林中藤本植物数量不多。这种植被与热带雨林和季雨林都有较大不同。

海南岛西部和西南部沿海，年雨量仅 800～1000 毫米，蒸发量比年雨量大 1 倍，干季则大 10 倍。天然植被为热带稀树草原，群落组成以旱生禾草为主，如扭黄茅、蜈蚣草、华三芒、长穗画眉草等，丛生的灌木高 0.5～1.0 米，多具刺，主要有露兜簕、刺篱木等，并散生有落叶的乔木，如菲律宾合欢、木棉等。

随着地形、气候和母质等影响，海南岛的土壤类型比较多样，主要有发育在玄武岩上的铁质砖红壤，发育在浅海沉积物上的硅质砖红壤，在湿润条件下花岗岩上发育的黄色砖红壤，干燥气候条件下发育的褐色砖红壤，干燥的海积阶地上发育的燥红土，以及滨海砂土和滨海盐土，还有山地砖红壤性红壤、山地黄壤和山地灌丛草甸土等。随着湿润程度和植被的变化，海南岛东南部的土壤为黄色砖红壤，土壤含水量较多，呈黄棕色或黄色，适于种植橡胶、可可、油棕等多种热带作物。西南部由于气候干热，发育了热带稀树草原土（即燥红土）。这里，雨季时植物地上部分生长旺盛，旱季时有机质分解缓慢，有利于粗有机质的积累，故表层土壤有机质含量常达3%～4%。由于气候干旱，成土过程较弱，矿物风化程度较低，脱硅富铝化作用不甚明显，故崖县热带稀树草原土粘粒的硅铝率高达2.6～3.3。因淋溶作用较弱，又受旱季水分蒸发的影响，盐基向表层聚积，盐基饱和度可达70%～90%，pH为6.0～6.5，与砖红壤明显不同。一般来说，海南岛土壤肥力属于中等水平，有机质1.5%～2.5%之间，森林土壤有机质含量可达5%～6%以上，但多数分布在较高山地，土层薄，坡度陡，一旦森林破坏，肥力迅速下降，水土流失严重。因此，开垦利用土地时必须特别注意加强保土和施肥措施。

五指山海拔1800米以上，具有明显的热带山地垂直带谱。东坡雨量丰沛，海拔700～1000米间为山地雨林及山地黄壤带。山地雨林的上层乔木中有龙脑香科的青梅、坡垒和梧桐科的蝴蝶树等，林内樟科、棕榈科树种相当丰富，附生和藤本植物极多，几与热带雨林景象相似。海拔1000～1600米间为山地常绿阔叶林，亦具有热带雨林的一些特征，主要树种为栲、柯、樟科、茶科等、混生有许多热带树种，如五裂木科、五加科等，并有热带松树罗汉松科的陆均松、鸡毛松等。土壤为山地黄棕壤。海拔1600米以上为山地苔藓矮林及灌丛。

海南岛气候条件优越，为我国热带作物的重要基地，盛产橡胶、油棕、椰子、可可、胡椒、咖啡等。西部气候较干，仅适于种植耐旱的热带作物，如剑麻、番麻等。

海南岛是我国的热带宝岛，自然资源丰富多样，大有开发潜力。

据调查，全岛有维管束植物4200余种，其中海南特有种约500多种，名贵木材有花梨、坡垒、子京、母生等。已知鸟类344种，兽类77种，爬行类104种，两栖类37种。但是，由于长期砍伐森林，热带森林资源遭受严重破坏，导致自然环境不断恶化，珍贵的生物资源濒于灭绝。建国初期，海南岛尚保存有1300万亩热带森林，覆盖率仅17%左右。由于森林植被的破坏，南渡江、昌化江和万泉河的含沙量大为增加，60年代平均含沙量为0.1072公斤/立方米，70年代增至0.1492公斤/立方米，即增加了39.18%。石碌水库原设计库容为1亿立方米，5年内已淤积了200多万立方米，水库寿命不足50年。由于森林面积的减缩和捕猎的影响，建国初期西部地区尚有坡鹿2000多头，到1978年仅存50多头，生活在原始林中的黑冠长臂猿也从2000多只减少到20～30只，猕猴、小鹿、云豹等珍贵动物已濒于灭绝。栖居于森林中的食肉动物，如小灵猫、大灵猫、豹猫、红颊獴等，由于其数量的减少，山区的老鼠大量繁殖，危及农业生产。同时，由于森林的鸟类数量减少，病虫害蔓延，危害各种农作物和经济作物。虫害致树木死亡，幼苗萌生困难，林下喜湿性植物生长不良，植被恢复困难。随着森林覆盖率的降低，地面蒸发加强，土壤变得干旱，水源受到影响，植物生境更趋恶化，鸟类、兽类迅速减少，鼠害和虫害日趋严重，从而造成恶性循环的生态环境。据儋县农业局资料，1964年全县虫害面积5.6万多亩，至1980年已增至46万多亩，增加了8倍；1964年鼠害面积6500亩，至1978年已达3.5万亩，也增加了5倍。因此，开发利用海南岛的热带资源时，保护现有森林面积，并扩大种植人工林，具有特别重要的意义。同时，必须从全局的、经济的、生态的和发展的观点来拟定海南岛的开发利用规划。

（三）南海诸岛亚区

南海诸岛包括东沙、西沙、中沙和南沙四大群岛以及黄岩岛，都是珊瑚礁、岛。虽然一般把赤道带与热带之间的界线划在中沙群岛以南，但由于这些大海中的珊瑚礁群岛气候情况基本相似，自然景观及利用方向也相同，故合并为一个亚区。

珊瑚礁、岛是热带海洋中特有的景观。南海诸岛包括200多个岛、洲、礁、沙、滩，按其距离海面的位置可分为：暗滩、暗沙（均位于水下）、礁（位于高潮位与低潮位之间）、沙洲和岛（均位于海面以上）。南海诸岛绝大部分是水下的暗滩、暗沙和暗礁，真正露出水面的岛屿不多。西沙群岛绝大部分岛屿都是生物砂砾在珊瑚礁盘上堆积起来的砂岛（或称灰砂岛），一般四周有高起的砂堤环绕，中间是低地泻湖，海拔为5～8米，面积1平方公里左右。其中，永兴岛是西沙群岛中最大的岛，面积仅1.85平方公里，是西沙、中沙和南沙群岛的行政中心。最高的石岛，海拔不过15.9米，南北长380米，东西最宽处为260米，面积0.06平方公里（图50）。石岛的地貌结构与一般的珊瑚岛不同，四周低而中间高，全由胶结成岩

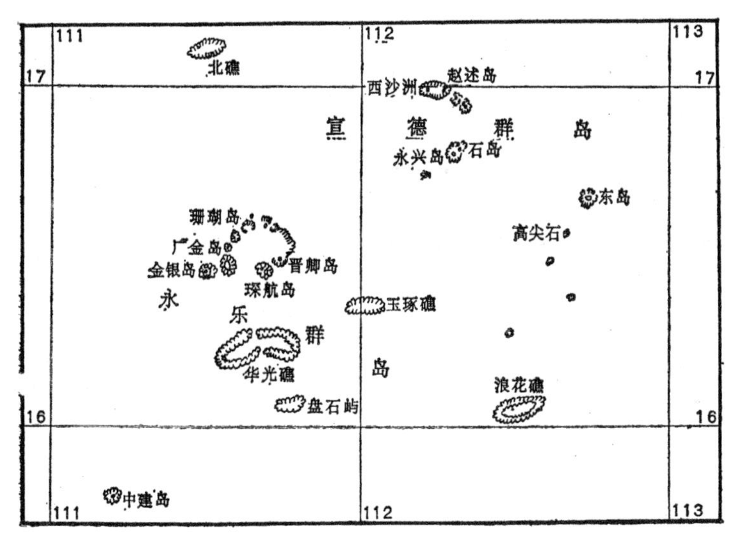

图50　西沙群岛略图

的生物碎屑灰岩构成（图 51）。据测定，石岛上海拔 10 米的珊瑚礁灰岩，绝对年龄仅 14000 年左右，而南海诸岛珊瑚礁形成年代大多为距今 7000～6000 年。永兴岛礁坪的绝对年龄为 1750±90 年。因此，石岛原是一个面积较大的灰砂岛，由于受东北季风的影响，受强烈的海蚀作用侵蚀，至今仅残留其东南部分而成为石岛，而永兴岛则是在礁坪上生长起来的近代灰砂岛，这种东北部受侵蚀而东南部扩展礁坪的现象，在西沙群岛比较常见。

南海诸岛的珊瑚礁大部是环礁。由于南海海上的风向以东北风和西南风为主，故环礁多呈椭圆形，长轴作东北—西南方向。如南沙群岛中的郑和环礁和九章环礁，即呈东北—西南方向延长。西沙群岛由上七、下八岛组成，下八岛是环绕着广阔泻湖的永乐群岛，即永乐环礁。中沙群岛由 20 多个暗沙和暗滩组成，排列成一个椭圆形的大礁区，长轴亦呈东北方向。南沙群岛包括岛、洲、礁、滩、沙 100 多处，其中较大的岛有 10 多个，最大的太平岛，平均高出海面 3 米多，面积 0.43 平方公里。

南海是处于岛弧内侧的一个新华夏型巨大构造盆地，为亚洲大陆边缘的大型陆缘海，南沙与中沙群岛之间为深海盆地，最深处

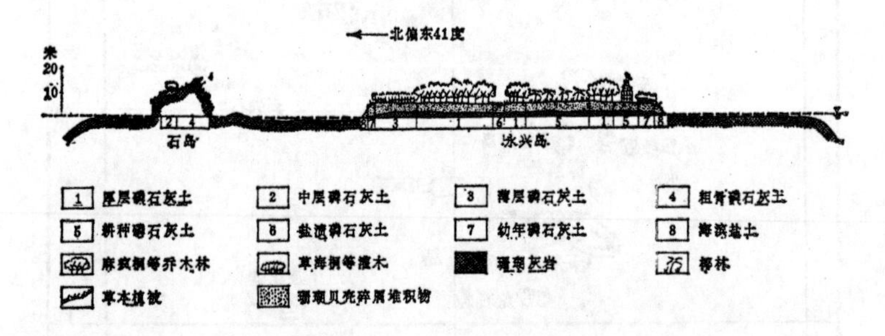

图 51　西沙群岛永兴岛—石岛自然景观剖面图

（据中国科学院南京土壤研究所西沙群岛考察组著：《我国西沙群岛的土壤和鸟粪磷矿》，科学出版社，1977 年，第 23 页）

海拔为–5567 米。据南海海洋研究所，永兴岛地表以下 1000 多米处有一层相当于老第三纪的红色风化壳，厚度约 28 米，风化壳下部为变晶质花岗片麻岩，表明南海诸岛的海底为大陆型地壳，从老三纪末开始下沉，下降过程中有火山喷发，为发育珊瑚礁提供了基础。大约在最近 6000～7000 年，南海海底地体才缓慢上升，平均每年上升 1～2 毫米，珊瑚体才逐渐被抬升到今日高潮线之上。

气候具有热带岛屿季风气候的特征。终年皆夏，年平均温差很小，仅 4℃～6℃，年平均降水量约 1500 毫米左右。南海诸岛年内风向的季节更替非常明显，4～9 月盛行西南风，10～3 月盛行东北风。由于南海诸岛位于广阔的海洋中，尤其接近台风源地，全年风速较大，西沙群岛年平均风速 5.4 米/秒，东沙群岛 6.4 米/秒。各月风速以 10～2 月间最大，这一时期初有台风盛行，继而东北季风与东北信风吻合，风力因而加强。

珊瑚岛的成陆时间不长，经常受海水浸渍的影响，全年风大，蒸发量远大于降水量，土壤含丰富钙质。在这种生境下，植被为肉质常绿阔叶灌丛，矮林，这是热带珊瑚礁所特有的一种植被类型。植物种类贫乏，树木低矮（因风大），且具有旱生和盐生的特征。海滨珊瑚沙滩内侧为常绿灌丛，高 2～5 米，多为厚肉质、多浆汁的灌木，如草海桐、银毛树、海岸桐等。珊瑚岛中部有羊角树的矮林，高 5～12 米，没有附生植物，木质藤本植物很少，也不见茎花和板根现象。永兴岛麻疯桐树极多，形成茂密森林，故永兴岛又称“林岛”。

南海诸岛是海鸟栖息的良好场所。由于南海鱼类丰富，故岛上海鸟极多，主要为白腹褐鲣鸟等，西沙群岛有“鸟天下”之称。岛上地表堆积的鸟粪，最厚约达 1 米。在高温多雨条件下，鸟粪迅速分解，释放出大量的磷酸盐向下淋溶，并与钙相结合，形成了鸟粪磷矿，是优良的天然肥料。

在上述气候、植被和母质条件下，土壤主要为磷质石灰土，因土壤富含磷和石灰，故名。磷质石灰土表层含 $P_2O_5$30%，CaO40%左右。在海岛的沙堤外侧，因尚未脱离海浪的作用，故多为滨海盐土，而磷质石灰土则主要分布于沙堤的上部及内侧（图 51）。磷质石灰土质地很粗，多属沙土，沙粒均为珊瑚、贝壳等海洋生物的骨骼。由于成土年龄很短，故土壤发育微弱，矿物风化程度很低，粘土矿物组成以云母、水云母为主，与一般热带土壤完全不同。磷质石灰土的最突出特征是含磷很高，土壤的富磷特性对植物和地下水的化学组成产生了重要影响。岛上植物中含磷量＞1%，为热带地区一般植物的 5～10 倍，地下水中 P_2O_5 的含量可达 4.9 毫克/升，故磷在当地生物循环中起着显著的作用，这是南海诸岛自然景观的重要特征之一。

现在，西沙群岛的一些岛屿已种植了木麻黄等防护林，并出产椰子、木瓜、香蕉、菠萝等热带作物，还种植了各种蔬菜。南沙群岛的一些岛屿（如中业岛、南威岛等）也有椰树及其他栽培作物，并为渔民们在南海捕鱼的基地。

三、热带自然条件的利用和改造

华南区高温多雨，平原和丘陵面积广大，热量资源丰富，适于发展热带经济作物，是我国重点发展热带作物的地区，海南岛和台湾被称为我国热带的宝岛。

华南是热带北部边缘地区，热量资源不如真正热带优越，在发展热带作物时，必须尽量利用自然环境中的有利因素，而积极改造其不利因素，并可采取人工措施改造热带作物的习性。实践证明，曾经受到低温影响的热带作物，有时反而生长得更好，或具有更高的生产力。对于热带作物的发展，华南区在气候方面存在一些不利因素，如冬季偶然出现的低温，季节性干旱和强风，但它们都可以采用各种人工措施来防止或减轻。

（一）冬季低温对发展热带作物的影响

寒潮入侵及其所引起的冷锋后强烈辐射冷却，常形成冬季低温，这对热带作物生长有影响。如 1957 年 2 月受寒潮侵袭，广东出现持续约 20 天的阴寒天气，使我国香蕉主要产地——珠江三角洲的香蕉受到损失。

寒潮入侵路线与地形有密切关系。南岭山脉的湘桂夹道宽一般达 2 公里以上，寒潮主流多由此经桂林涌入广西东部，而桂林和粤西间没有较高山岭的阻隔，寒潮长驱直入，可以影响到雷州半岛，甚至海南岛。1955 年 1 月一次强寒潮，遂溪的绝对最低气温降至–2.5℃，海南岛北部平原上的儋县也有 0.8℃的低温记录。骑田岭山口为京广铁路所经，比较狭隘，寒潮由此循坪石一带的乐昌峡南下，沿北江影响到英德、广州等地区，但势力较弱，故广州绝对最低气温仅为–0.3℃。此外，寒潮由赣粤间的山口南下，则可影响到粤东的梅县等地。寒潮入侵路线也常是华南发生霜冻的区域，因此发展热带作物应考虑寒潮影响区域和局部小地形条件。此外，还要适当地采取各种人工措施，加强中长期预报及霜害预报。

华南区冬季常因寒潮侵袭发生低温，但能对热带作物有杀伤危害的低温并非常见。所以华南区发展热带作物，寒害问题是可以解决的。

（二）季节性干旱与栽培热带作物的因地制宜措施

一般地说，在水热的季节配合上，华南的高温期与多雨期或低温期与少雨期相一致，其中月平均气温在 20℃以上，月雨量在

100 毫米以上的水热配合良好时期约有 6 个月（大陆 4～9 月，海南岛 3～10 月），但大部分地区月雨量少于 50 毫米的亦有 4～5 个月，雷州半岛长达 5～6 个月。因此季节性的水分不足，对某些热带作物生长有一定的限制作用。有些作物只需要土壤水分充足，有些作物却需要较高的大气湿度。对于前一类作物，可发展灌溉来弥补自然条件的不足，除利用地表水以外，利用地下水也很重要（如雷州半岛地区）；对于后一类作物，如胡椒、可可，应选择适宜的生境。

（三）强风的危害及其防御措施

华南沿海一带风力较强，年平均风速每秒 3.0 米以上。强风分海陆风和台风两种。台风可能出现的时期比我国其他沿海地区为长，自 5 月至 11 月，计 7 个月之久。海陆风风向稳定，风力强劲，对热带作物的危害性也很大。现在，华南沿海一带农场已普遍营造防护林带网，对减轻风害、旱灾起了良好的综合效果。

人类活动对华南自然景观的改变有巨大影响。本区有大面积的热带草原，以热带性的禾本科矮草占优势，它们绝大多数不是气候条件所引起的，而是长期以来人类活动的结果。随着天然植被的破坏，水土流失渐形严重，土壤性质也逐渐改变，因而大大降低了土壤肥力。如在天然森林植被下，砖红壤性红壤中有机质含量 2%～5%，砖红壤中为 8%～10%，但森林破坏、更替为草地以后，水热状况发生变化，有机质矿化和淋溶作用加强，土壤腐殖质含量迅速下降为 1%～2%。因此，适当地保护自然植被，合理地使用和规划已垦土地，对保持和提高土壤肥力将起重要作用。

为了充分发挥热带地区自然条件的优势，更好地使华南区自然资源得到合理利用，必须根据热带地区生长季节长，热带植被有着多层性的特点，从时间上的连续利用，空间上的立体利用来研究热带农业的发展，同时，应用农业经济生态观点，逐步建立各种热带农业生态系统，以发挥热带生态环境的优势，繁荣经济。如海南岛的橡胶与茶树间作，已收到良好的经济和生态效益。

第十一章　西南区

西南区位于青藏高原东南，贵州高原以西，几乎包括云南省全部和四川省的西南部一角。北起北纬28°左右，约自西昌以北，经九龙、木里至中甸附近；东界自大凉山，向南经雷波、昭通、会泽、宣威、北盘江西部，至富宁附近；西面与南面至国界。

在大气环流上，我国和东南亚的热带季风气候可分为两个类

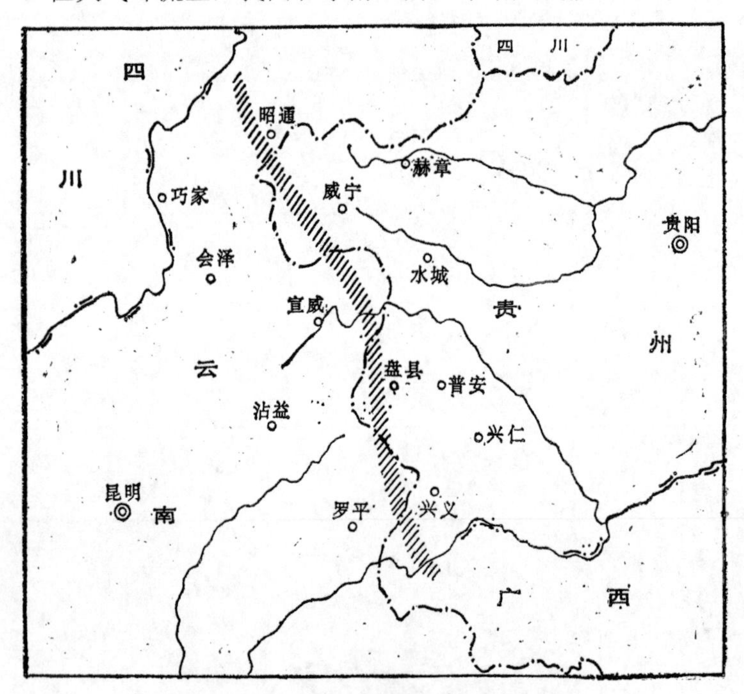

图52　昆明准静止锋平均位置示意图

（据云南和贵州两省有关气象台站资料编绘）

型。一类是西部型热带季风气候，夏半年受西南季风控制，冬半年受热带大陆气团控制，基本上不受寒潮影响，热带北界可达北纬28°以北，如印度的德里（北纬28°39′），积温9300℃，最冷月平均气温15℃，是众所周知的热带季风气候。我国西南区大部分地方环流情况与印度、缅甸相同，且地域上向西与缅甸北部直接相连，故显然应属于西部型热带季风气候区。虽然它在地形上是一个海拔2000米左右的山原，但其基带仍为热带，故称为热带山原。冬半年，热带大陆气团在滇黔边界与来自北方的冷气团相遇，形成著名的云南气候锋——昆明准静止锋，它也是我国自然地理的重要分界。昆明准静止锋的平均位置，大致位于滇黔交界处的昭通—威宁—兴义一线（图52）。此线两边气候迥然不同（表28）。昆明准静止锋以东的贵州高原，冬季阴雨连绵，“天无三日晴”，为马尾松、黄壤区；昆明准静止锋以西的云南高原，冬季温暖晴朗，为云南松、红壤区，自然景观完全不同。本区与华中区即大致以昆明准静止锋为分界。另一类是东部型热带季风气候，包括

表28　昆明准静止锋东（水城）、西（沾益）气候的比较

项　　目	沾益	水城	项　　目	沾益	水城
北纬	25°35'	26°35'	7月降水量（毫米）	181.8	234.9
海拔（米）	1898	1811	年雨日数*	140.3	213.1
年平均气温（℃）	14.6	12.2	夏半年（5～10月）雨日占年雨日的%	72	56
1月平均气温（℃）	7.1	2.9	冬半年（11～4月）雨日占年雨日的%	28	44
7月平均气温（℃）	20.0	19.8			
极端最高气温（℃）	33.1	31.6	年平均相对湿度（%）	71	83
极端最低气温（℃）	–6.4	–11.2	年日照时数	2110.2	1548.6
年降水量（毫米）	1005.0	1250.6	资料年份	1951～1970	1957～1970
1月降水量（毫米）	11.6	16.5			

* 以日降水量≥0.1毫米为雨日。

云南东南部哀牢山以东地区，夏季受东南季风影响，冬季受极地大陆气团控制，有寒潮，气候与华南区相似。由于其范围甚小，北面又有高原及山岭屏障，寒潮至此势力已较弱，故暂划入西南区。

本区北界也比较清楚。界线以北为丘状高原，为青藏高原边缘部分，具有高寒气候特征，生产上以林牧业为主。界线以南为分割高原，属于横断山脉部分，与滇北高原相连，具有亚热带山地气候特点，基本上以农业为主。

一、热带山原景观的主要特征

西南区山原地形结构包括广大的夷平面、高耸的山岭，低陷的盆地和深切的河谷。在元江、雅砻江以西，山脉和河流南北纵列，高山深谷平行排列，常称为横断山脉区。这些平行的高山，大致在北纬26°以北，自西向东有高黎贡山、怒山、大雪山等，其间奔流着怒江、澜沧江、金沙江、雅砻江等大河（图 53)。这里，地质构造复杂，褶皱紧密，断层成束，一些大河都循深大断裂发育，河谷深切。北纬26°以北，河间准平原已被破坏殆尽，山岭与谷地间高差极大，谷底海拔一般1500～2000米，而山岭则常高达4000米以上。金沙江在石鼓以下，雅砻江在洼里附近，因受断裂带影响，都作

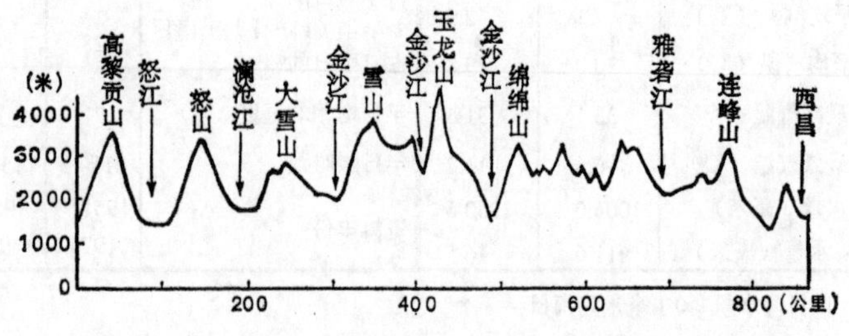

图 53　高黎贡山至西昌间高山深谷相间排列地势图

“之”字形的大转折。石鼓以下的金沙江虎跳涧峡谷，江面海拔不到1800米，而两岸的玉龙山和中甸雪山海拔均在5000米以上，从江面到两岸山峰高差达3000米左右。峡谷全长16公里，总落差170米，最狭处河宽仅30米，共有大险滩18处，陡坎7处，水流湍急，汹涌澎湃，声闻数里，其险峻远胜过川鄂间的长江三峡，是世界罕见的大峡谷。北纬26°以南，夷平面尚有大面积保存，这就是“云南高原面”。山岭高度也渐降低，只有个别高峰超过3000米。山脉走向受构造作用，作帚形分出，称为滇南帚形山系。自西而东有雪山、邦马山、无量山、哀牢山，其间为怒江、澜沧江、把边江和元江，相对高度不到1500米。哀牢山和元江谷地以东为海拔2200～2400米左右的云南高原，高原的东南部岩溶地貌十分发育，为典型的岩溶高原，如路南石林即很著名。

西南区山原上还分布着许多低陷而宽阔的盆地，当地称为“坝子”。如海拔在1000米以下的盈江、芒市、允景洪、勐腊等和在1300～2000米之间的文山、昆明、保山、丽江、西昌等。这些坝子是人口和农业的中心（图54）。

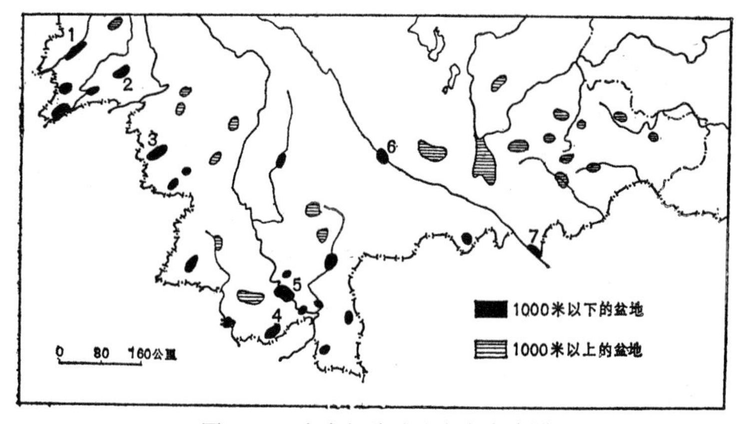

图54　云南南部盆地分布高度略图

盆地名称：1盈江，2芒市，3勐定，4大勐龙，5允景洪，6元江，7河口

西南山原总的来说是一个新构造运动掀升的高原，广大夷平面自北向南倾斜。如在德钦附近海拔4500米，西昌、普格一带3000～3100米，丽江、中甸3000～3200米，滇中祥云、南华一带夷平面保存最广，海拔2200～2600米。自此向东、南、西3个方面倾斜，至云南边境降至1800～2000米左右。在云南南部文山、思茅、易武一带还有较低一级的夷平面，海拔在1350～1400米左右。

山原地形提供了西南区景观特征形成的基础。复杂的地形结构，海拔高度的巨大差异，南北走向的山脉与河流，是西南区内部景观分异的主要因素。西南区自然地理特征主要是：

（一）四季如春

由于冬季受热带大陆气团的控制，气温较高，夏季受海拔较高的影响，天气凉爽，气候具有冬暖夏凉、四季如春的特点。这是世界热带山原（海拔1000～2000米）的共同特征，如缅甸的掸邦高原、非洲中部高原、墨西哥高原等都具有这个特征。云南中部海拔1500～2000米的盆地，如昆明等，一般没有夏天，春秋季长达9～10个月，冬天长约两个月，但1月平均气温达7.7℃，加之冬季晴天多，空气干燥，日照充足，白天气温容易升高，因此实际上并无寒冷感觉。海拔1300米左右的盆地，如思茅等，则既无冬季，也无夏天，全年各月均为春秋季（表29）。西南山原一般气温年较差

表29　西南山原的四季分配表

地　点	海拔（米）	春秋季（天）	夏季（天）	冬季（天）
腾　冲	1647.8	285	—	80
昆　明	1891.0	300	—	65
思　茅	1302.1	365	—	—
临　沧	1464.0	365	—	—

小，日较差大，反映出热带山地的特征。如昆明的年较差仅 12.1℃，1 月平均日较差却为 14℃，盈江 1 月日较差竟达 20℃以上。而同纬度的我国东部亚热带平原，则温度年较差大，日较差小。所以，云南中部高原的保山、昆明等地，虽然积温和年平均气温与华中区衡阳等地相似，但气候差异很大（表 30）。因此，在物候上，昆明的桂花、菊花能四季开花，与华中区完全不同。

表 30　　西南区与华中区的热量条件

区域	地名	纬度	海拔（米）	最冷月（℃）	最热月（℃）	年较差（℃）
热带山原	昆明	25°01'	1891	7.7	19.8	12.1
	西昌	27°53'	1591	9.5	22.7	13.2
亚热带平原	衡阳	26°56'	100.6	5.6	29.9	24.3
	泸州	28°53'	334.8	7.8	27.3	19.5

西昌与冬暖著称的四川盆地内的重庆和泸州（海拔 260 和 335 米）相比较，前者的高度虽然比后者高 1200～1300 多米，但 1 月平均气温仍比后者高出 2℃左右，足见西昌的冬季暖热决不是单纯由于地形上的原因，而是由于它属于热带山原的缘故。

西南山原这种冬暖夏凉、四季如春的气候，使某些喜暖而不耐寒的植物，能在本区海拔较高的地方生长，如八角在昆明的西山太华寺海拔 2250 余米处生长良好，但在东部亚热带的同一高度上，则将冻死。云南水稻也能在海拔 2400～2700 米处生长，这是目前我国种植水稻最高的地方。温暖气流终年影响和较大的日较差有利于热带作物的发展。因此，西南区热带作物种植的高度（达 900 米左右）远大于华南区。但不利方面是夏季较凉，温度强度不够，云南中部高原昆明等地，最热月平均 20℃的仅 1～2 个月。据研究，月平均气温 10℃以上有 7～8 个月，而同期的总平均气温达

20℃以上的，较适于种植双季稻。但昆明月平均10℃以上有9个月，同期总平均气温只有16.7℃，故热量资源不够丰富，种植双季稻目前尚比较困难，棉花、花生等喜温作物也栽培很少。

（二）干季与湿季交替十分明显

西南区的气候四季分别不显著，但干季与湿季区分却十分明显。一般从11月至次年4月为干季，5～10月为湿季。干季雨量一般相当于年降水量的10%～20%，如昆明干季雨量仅为湿季的11%，西昌等地更少于5%。在云南，干湿两季间转变迅速，大部地方5月雨量比4月大3～10倍，5月下旬10天雨量比4月全月大1～8倍，10月雨量比11月大3～10倍，10月下旬雨量比11月全月大两倍以上。同时，由于湿季中水汽多，湿度大，雨日多，日照少（干季日照一般比湿季大20%～30%），日间气温不高，夜间辐射冷却不甚，气温降低缓慢，故昼夜温差小。干季则湿度小，日照多，冬季日间气温高，夜间辐射冷却较强，温度日较差较大。如昆明温度日较差，1月平均为14℃，而7月仅8.8℃。

西南区与华中区相比，气候（特别是冬季气候）差别巨大。冬季前者干而暖，日照丰富，后者寒冷而比较潮湿。如四川大凉山以东的四川盆地冬季多阴雾，而大凉山以西则常为晴天，年日照时数比东部约高出一倍（西昌2300小时以上，泸州1300小时）。云南与贵州间，准静止锋以西冬季暖和晴朗，日照丰富，如昆明1月平均气温为7.7℃，全年日照2470小时；而在准静止锋以东高度相似的水城（海拔1811米），1月平均气温仅2.9℃，冬季连续阴雨降雪，一年内阴雨天达235天，日照仅1500小时。

由于年内干湿季节分明，河流径流量年内分配亦极不均匀，绝大多数河流5～10月汛期内径流量占全年径流总量的70%～85%，枯水期（11～4月）仅占15%～30%。

（三）热带山原植被和土壤及其垂直带结构

西南区山原地形复杂，有海拔不到1000米的谷地与坝子，也有3000米以上甚至5000米以上的高山，特别是西部横断山脉区，随着巨大的高差，气候千差万别，有“十里不同天”的说法。山脉河谷主要作南北方向，有利于南方湿热气流深入，河谷成为马来亚区系动植物侵进的通路，为植物的定居、演变和土壤的发育提供了十分复杂的环境，仅云南一省就有植物约12000种，几乎占全国植物种类的一半。

大致在海拔1000米以下的盆地和谷地，植被和土壤具有热带特征，植被属于热带季雨林，发育着砖红壤。海拔1000～2500米之间则具有亚热带特征，形成亚热带干性常绿阔叶林与山原红壤。由于云南高原寒潮不易到达，故亚热带常绿阔叶林可分布到海拔2800～2900米，而同纬度的贵州高原，则一般只能分布在海拔1500米以下。这里的亚热带常绿阔叶林亦与东部亚热带不同，槠属和栲属树种较为简单，主要由较耐旱的滇青冈、高山栲和白皮柯组成，林内极少藤本植物和附生植物，没有或极少有喜湿的蕨类植物如狗脊等。海拔2600～2900米处的针、阔叶混交林亦与东部亚热带不同，有耐旱的硬叶常绿阔叶的高山栎，而没有喜湿的山毛榉等。此外，云南松是西南区的代表性植物，它是强阳性树种，喜暖耐干，故广泛分布于云南高原的酸性土壤地区。上述植被特点都与热带山原冬季温暖、干旱的气候有密切关系。

在云南南部，由于寒潮影响从东至西逐渐减弱，故热带森林分布的上限也从东到西逐渐提高，即东南部为700米，西南部约为1000米。勐腊的望天树（Parashorea Chinensis，龙脑香科）原始森林分布上限达到1100米，河口、金平一带，以龙脑香科植物为标志的热带雨林个别地方可分布到1100米，所以在哀牢山以西，以海拔1100～1200米作为准热带上限是恰当的。

西南山原的土壤主要为红壤，而附近的贵州高原则主要为黄壤，这一重要差异也明显地反映热带山原的生物气候特征。本区的红壤我们称为山原红壤，以别于江南诸省的平原红壤，其分布高度在云南高原可达海拔2000米以上。以昆明地区与南昌地区红壤的全量分析资料进行初步对比，华中夏季高温多雨，土壤淋溶较强，富铝化较深，活性铝含量较高，酸度较大（属强酸性），腐殖质分解较烈。如滇中红壤含有许多简单有机质，在华中红壤中则无。而滇中在热带山原的特殊气候条件下，土壤的富铝化程度、淋溶过程与腐殖质分解程度均较华中为差，如昆明常绿栎林下暗

表31　昆明与南昌地区土壤化学组成比较表

地区	土壤及母岩		层次（厘米）	有机质%	pH	土壤活性铝 m·e/100克土
昆明地区	山原红壤	页岩	0～10	4.28	5.92	4.16
			50～60	0.85	5.32	4.62
			130～140	0.45	5.10	4.70
	山原红壤	砂岩	0～10	3.69	6.65	3.08
			20～30	0.65	5.10	2.85
			70～80	0.59	4.92	3.20
南昌地区	红壤	第四纪红色粘土	0～25	1.51	5.0	6.20
			25～65	0.57	4.5	6.38
			65～100	0.31	4.5	—
	红壤	千枚岩	0～25	1.39	5.0	6.40
			25～55	0.66	4.5	6.50
			55～80	0.42	4.5	—

（据中国科学院南京土壤研究所分析）

红壤的交换性盐基总量（毫克当量/100 克土）常较华中区的暗红壤为大（表 31）。

西南区在第三纪时原为热带低地，至上新世大面积抬升并受到河流切割，在目前海拔较高的山地和剥蚀面上，还保存有许多第三纪残留的热带植物和古风化壳。例如滇南金平老岭和屏边大围山，在海拔 2000 米以上的地方可见到第三纪古热带残留植物，如柏那参、木莲、木瓜红、双参等。昆明附近海拔 2000 米的高度上发现有第三纪古风化壳和砖红壤性土，其硅铝率甚至在 1.0 以下，与目前的生物气候条件不相适应，而是古代湿热气候下所发育。云南东部高原面上许多地方有残留的古热带峰林。著名的路南石林也是湿热气候下发育的一种岩溶地貌，其下部往往被第三系路南组地层所覆盖，可见它是第三纪所形成的古地貌，后因地面上升，被保留于目前的海拔高度上。这些残留景观的存在，说明本区自然景观经历了长期的历史发育过程，它们虽主要反映现在的生物气候条件，但也保留了第三纪热带景观的残留成分，因此，古地理研究对于深入认识自然地理特征具有重要意义。

古热带植物在地面抬升、气候变凉的过程中，逐渐适应生态环境发生演变，但仍保存了许多古热带马来亚区系的植物，如龙脑香属、藤黄属、坡垒属、黄檀属等，还有苏铁、粗榧等古植物。此外，西南区与喜马拉雅山南坡的植物也有类似的种属，如楠木属、桢楠属、喜马拉雅圆柏、云南落叶松等。还有一些种属在适宜的条件下保留并发展，有时上升到相当的高度。如西南部盈江、芒市等盆地内，冬季不受寒潮影响，降温缓慢，热带树种分布上限很高；大青树、野芭蕉等可达到 1300 米。但由于盆地夏季凉爽，北方亚热带种属如落叶栎类、长穗桦、红木荷等可循山地下至盆地，形成南北方种属交错的植被类型。又如景东附近的无量山，在海拔 2400～2900 米之间有铁杉苔藓林，铁杉枝干被厚约 5 厘米以上的附生苔藓所包围。铁杉是亚热带亚高山树种，而这些苔藓又均为南方种，二者组合形成特有的植被类型。

西南区植被—土壤垂直带谱是十分复杂的，但大体可归纳为两个主要类型，即具有山地黄棕壤、苔藓林的热带山地垂直带谱和具有山地漂灰土和草甸土、冷杉和落叶松林的亚热带山地垂直带谱。前者如高黎贡山南段、无量山、金平老岭、屏边大围山等，后者如点苍山、玉龙山、沙鲁里山南端等，兹举例说明如下：

（1）金平老岭

海拔 300～800 米　热带雨林—山地砖红壤

800～2000 米　常绿阔叶林—山地红壤

2000 米以上　以石栎类为主的山地苔藓林—山地黄棕壤

（2）沙鲁里山南端（木里，北纬 28°，东经 101°）

海拔 1600 米以下　河谷干性草地—红褐土

1600～2200 米　混有阔叶树的云南松林—山地红壤及黄壤

2200～3200 米　云南松纯林—山地棕壤

3200～3600 米　云杉、冷杉林—山地暗棕壤

3600～3900 米　冷杉林—山地漂灰土

3900～4000 米　落叶松林—山地漂灰土

4000 米以上　高山匍匐灌木和草甸—高山草甸土

云南西北部的横断山脉地区，大致从高黎贡山向东至金沙江岸的桥头（石鼓附近）划一线，此线以南为湿润型植被，以北为干旱型植被。如铁杉林的环境特点是温凉湿润，它仅分布于此线以南，尤以高黎贡山（2700～3300 米高度）分布最广。此线以北，怒江沿岸多仙人掌，门工（属西藏自治区）一带仙人掌成林，突出地反映这里怒江河谷的干旱环境。硬叶的黄栎在山坡上也分布很广。横断山脉东坡与西坡湿润程度不同，故其垂直带谱也有差异。例如高黎

贡山 2000～2500 米的高度上，西坡迎西南季风，植被类型是带有苔藓林状态的湿性山地常绿栎林，以细叶青冈、石栎等为主，林内层次复杂，附寄生种类繁多。而在同高度的东坡，则为以云南松为主的亚热带松林。至于峡谷下部，焚风效应显著，则出现羊蹄甲、攀枝花、霸王鞭、仙人掌、牛角瓜等植物为主的稀树灌丛草原。

二、自然景观的地域分异与自然区划

从上述西南区景观特征可以明显看出，西南区与华中区平地亚热带景观不相同，主要是由于冬半年全区在热带大陆气团控制下，温暖而干燥，同时受青藏高原的屏障，北方冷气流不能侵入，给喜暖植物创造了有利的越冬条件。特别是一些海拔较低的盆地，热量更加丰富，如盈江、芒市等盆地，在北纬 24°45′ 附近，海拔亦有 800～900 米，但其活动温度积温达到 7000℃，最冷月平均气温为 12.4℃，可种热带性作物。由此向西出国境线，到缅甸北部的伊洛瓦底江上游河谷平原，即为典型的热带季雨林，这说明西南区的基带是热带。

本区纬度南北相差 8°，热量由南向北减少，活动温度积温在滇南西双版纳超过 7500℃，至思茅一带为 5500℃～6500℃，昆明附近 4500℃，向北到四川西南在 4000℃～4500℃以下。这种热量向北递减之势，因受纬度和地形共同影响，比我国东部热带、亚热带地区迅速。但热量的空间分布主要还是受海拔高度的控制，不同纬度上盆地或河谷则比较暖热，成为农业生产的基地。因此，可以农业活动占优势的盆地和谷地为准，视为不同垂直带谱的基带，将西南区划为具有山原热带性景观的滇南山间盆地亚区和具有山原亚热带性景观的云南高原亚区。此外，横断山脉是一个特殊的高山深谷地区，也应划为一个亚区。西南区的自然区划系统如下：

V_A 云南高原亚区

V_B 横断山脉亚区

V_C 滇南山间盆地亚区

（一）云南高原亚区

本亚区包括云南省中部和东部以及四川省西南部。云南的点苍山和哀牢山以东地区是一个比较完整的高原，大部分地面海拔在1400～2200米，北部较高，渐向南部降低，滇东南的南盘江、普梅河与盘龙江等谷地降至1000米以下。

本亚区全年热量比较丰富，除海拔超过2500米的山地外，广大地区活动温度积温在4000℃～6500℃之间。冬季气温偏高，最冷月平均气温大多在8℃～10℃左右。由于北部有山地屏障以及热带大陆气团势大而稳定，寒潮入侵极少，尤其是宣威、昆明、元江一线以西，基本上没有寒潮侵袭，冬季不见急剧降温的现象。但在滇东南，寒潮可自贵州高原循南盘江谷地，或自广西盆地循右江河谷入侵，可出现0℃左右的极端低温，由于降温时间不长，对农 业生产的危害性不大。

本亚区年降水量在 1000 毫米左右，干湿季分明，降水量的80%～90%集中于夏半年。其分布自南向北减少，金沙江南岸各支流河谷为背风坡，降水量少，如元谋、楚雄、祥云等地年降水量一般不到 750 毫米。此外，在南部背风的河谷地段，如元江位居哀牢山东坡，年降水只有735毫米，具有干热的稀树草原景观。

云南山原面积广大，由于岩石的组成不同，表现为不同的自然地理特征。滇中为紫色砂岩、页岩为主的红岩高原，滇东南为碳酸盐类岩层构成的岩溶高原。

滇中高原是西南区中夷平面保存较完整的部分，其间以昆明至下关间最为典型。夷平面上中生代红色岩系分布甚广，质地较疏松，易被风化剥蚀，形成了高原上的平缓丘陵。高原新构造运动活跃，断裂升降作用比较频繁，断裂下陷形成许多盆地，有时构成断裂湖。循南北向断裂发育的盆地有大理、昆明、澄江、昆阳、晋宁、开远、蒙自等，湖泊有洱海、滇池、抚仙湖，阳宗海等；循东西走向断裂发育的盆地有石屏、建水、鸡街等，湖泊有异龙湖、杞麓湖等。断层湖一般较深，如抚仙湖最大深度达 151.5 米。

滇中高原冬季很少受到寒潮侵袭，四季如春的气候最为典型。雨季开始于 6 月上旬，结束于 10 月初，年雨量一般在 1000 毫米左右。在永仁、楚雄、祥云、元谋等低盆地则较干燥。如元谋年降水总量仅 538.9 毫米，冬季 3 个月降水仅 13.1 毫米；楚雄为 782.3 毫米，冬季雨量 28.5 毫米。

滇中高原亚热带常绿阔叶林的建群种，主要为耐干旱的云南特有种云南松、滇青冈等。植被的生态结构也反映滇中偏干性的特征，如落叶树种多，硬叶、小叶、多刺、多毛的植物多等。在植物区系上，滇中高原的植被内含有大量热带的科和属，有的热带大叶型的木本如山玉兰等已适应于目前滇中高原环境，这也证明滇中高原在第三纪原为热带，第三纪末大量抬升，才成为目前的山原。滇中高原的土壤为山原红壤或褐红壤。

在农业生产上，本亚区是云南省的农业中心，作物可一年两熟，发展水稻、玉米、冬小麦等粮食作物，以及烤烟、柑橘、茶叶等经济作物最为适宜。在开远、蒙自等盆地还可种植甘蔗。由于本亚区降水不足，干季明显，春旱便成为农业生产中的重要问题，需加强灌溉措施，发掘一切水源，尽量改“雷响田”为保水田。

滇东岩溶高原上岩溶地形发育。罗平、师宗、八宝、珠琳一带以峰林为主，间有岩溶洼地；砚山、平远街、文山等地广泛分布着宽广的岩溶盆地。由于高原与深切河谷间有显著高差，增强了地表水的下渗作用，并大量汇集于地下，形成巨大的暗河。例如位于南盘江谷坡上的丘北六朗洞，是地下暗河的出口，大量的地下水自洞口拥出而降落至谷地内，形成巨大落差，已利用建成大型水电站。

在岩溶高原上，地表干燥，生长着清香木、蚬木、滇青冈，以及白栎、黑枪杆、沙针等种属组成的常绿栎林，或清木、马桑等灌木与马鹿草、包谷荷、黄背草等草本组成的石灰岩灌丛草地。这里因受母质及生物气候条件的影响，发育红色石灰土。由于气候干湿季节变化明显，干季时土壤异常干燥，所含水氧化铁常被脱水、结晶，形成赤铁矿，色鲜红，故成为红色石灰土。在我国石灰岩地区，红色石灰土的分布面积以云南高原较大，这显然与气候条件有关。红色石灰土常利用来种植玉米、薯类等旱作，以及油桐、杉木等经济林和三七等贵重药材。

碳酸盐地层分布地区常间有砂页岩出露。砂页岩地表比较湿润，发育的山原红壤或山原黄壤均具有深厚、疏松的土壤层，其上生长着云南松林或木荷、锥栗、石栎等常绿栎林，可利用来种植核桃、八角等经济林木。这种“石山”与“土山”相间的景观是滇东南高原上主要的自然地理特征之一。

金沙江以北的四川西南部（即汉源—九龙以南、大凉山以西），新构造断裂升降比较强烈，夷平面受后来构造变形，高度常有一定差异。如西昌以东，夷平面海拔3000米上下，至普格—宁南一带升至3600～3700米，地势一般较滇中高原起伏为大。断裂下陷区也形成宽广的盆地，如安宁河谷串珠状的断陷盆地与峡谷相间，既有利于农作，也有利于水能的集中利用。

大凉山以东（四川盆地），北方冷空气易于南下入侵，怒山以西，印缅低压活动频繁，且受青藏高原冷空气下滑的影响，春季降水较多，年降水量较大，季节分配比较均匀，相对湿度较大。而介于其间的西昌、盐源一带，则冬春少雨，干湿季非常明显，特别在冬半年，因受寒潮影响极轻，形成了热量较高、湿度较低的气候条件(图55)。因此，这里的自然景观是干性常绿阔叶林、云南松林、红壤、褐红壤，而在怒山以西和大凉山以东，则以湿性常绿阔叶林、马尾松林和黄壤为主。干性常绿阔叶林以云南栲、滇青冈等干性常绿栎类为主，群落结构简单，植物种类较少，与种类、结构复杂的湿性常绿阔叶林有显著差别。且亚热带常绿阔叶林分布的上限也较怒山以西和大凉山以东为高，这显然主要是这里冬季较暖的结果。

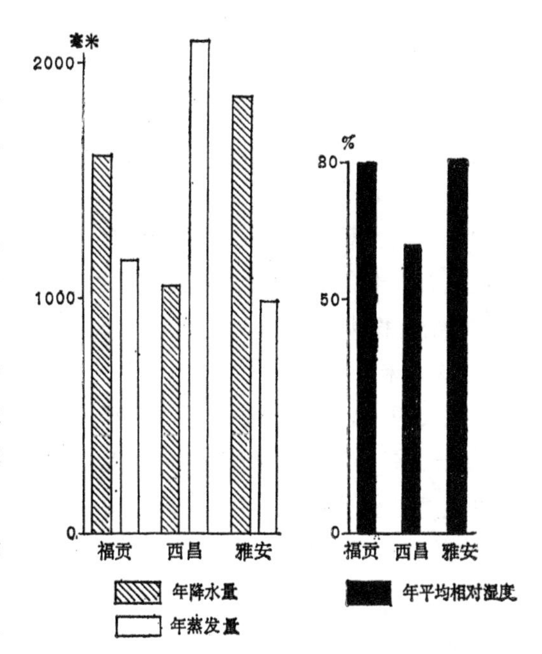

图55　福贡、西昌、雅安的水分条件比较

本亚区内，金沙江及其支流深切，谷底海拔可降至1000米左右，由于本区是热带山原，且受焚风效应的影响，故谷底热量丰富，年平均气温达20℃以上，积温有7000℃～8000℃，但降水较少，形成准热带稀树草原景观。植被主要为旱生的热带禾本科扭黄茅、香茅草原，草丛中疏生有刺枣、金合欢、元江羊蹄甲等灌木，并散见云南松、滇黄杞等。土壤为热带稀树草原土和褐红壤。如四川省西南部的渡口市，位于金沙江谷地，海拔约970余米，从河谷到海拔2920米的老鹰岩，相对高差近2000米，自然景观的垂直分异非常明显。海拔1500米以下的河谷，因受焚风影响，气候炎热干燥，年平均气温20℃左右，最冷月平均气温12.2℃，最热月(5月)平均气温26.7℃，

≥10℃积温 7000℃左右，但年降雨量仅 750～800 毫米。植被为准热带稀树草原，种类单纯，具有多毛、多刺、叶小等旱生性特征。草本植物以扭黄茅、香茅、龙须草为主；灌木矮小疏生，主要有车桑子、余甘子、西南梳子藉、四川楷木等。栽培果树有杧果、香蕉、龙眼、荔枝、番木瓜和柑橘等。土壤为碳酸盐褐红壤，石灰岩上发育红色石灰土。海拔 1500～2200 米之间，气候暖稍湿，植被以稀疏云南松林、栎类林为主，其次是栎类灌木林，土壤主要为山地红壤。海拔 2200 米以上，植被为亚热带常绿针阔叶林（云南松、油杉、猪栎、法氏栎、高山栎林）和常绿阔叶林（高山栲、法氏栲、猪栎、石栎、苦槠、樟属、木荷等），土壤为山地森林腐殖质黄棕壤。渡口市蕴藏着丰富的钒钛磁铁矿，现已建成为我国西南地区的一个崭新的大型钢铁工业基地。米易、会理一带的低谷已发展了多种热带经济作物，如咖啡、剑麻、紫胶等，并在有利的小地形上种植橡胶树，现已割胶，这是我国橡胶树种植的最北界限。米易农场水稻一年可以三熟。巧家则盛产香蕉、番木瓜等。元谋（海拔 1118 米）年平均气温高达 21.8℃，最冷月平均气温 15.1℃，≥10℃积温约 8000℃，年降水量仅 540 毫米，植被主要为攀枝花、扭黄茅、仙人掌群落。由于冬季受寒潮影响，加之严重缺水，热量的有效性较差，仅能种植剑麻、海岛棉等耐干旱的热带作物。云南高原亚区的低谷出现准热带景观，表面上看来好像是由地形条件造成，但和印度北部同纬度平原的热带季风气候联系起来，即可见仍然主要是地带性因素所形成，因为我国东部亚热带山地中的低谷并无准热带景观。由此，可进一步证实西南区实质上是一个热带山原。

（二）横断山脉亚区

大致包括哀牢山一点苍山以西地区，这里南北走向的高山与深谷平行排列，大致在保山、下关一线以北，山岭与河谷排列紧密，相对高差最大，河谷中没有宽阔的盆地，山顶上也没有较大的高原面。自然景观垂直分带明显，一些高山顶部还存在着小型的现代冰川和永久积雪。如丽江玉龙山，在 2000 米以下的金沙江谷地内为稀树灌丛草原，以中草、高草群落为主，间有旱生植物生长，沿江有仙人掌、霸王鞭、山枣子等，土壤为褐土、褐红壤；2000～3100米主要为云南松林，低处有黄栎矮林，土壤为山地红壤；3100～3800米为冷杉林，局部有丽江云杉林和红杉林，林下发育山地棕壤和山地暗棕壤；3800～4500米为高山草甸、杜鹃灌丛和高山寒漠群落，土壤为高山草甸土和高山寒漠土；4500～5000 米以上为永久积雪区，有现代冰川。这一垂直带谱图式可代表本亚区内景观垂直分带的一般规律（图 56）。

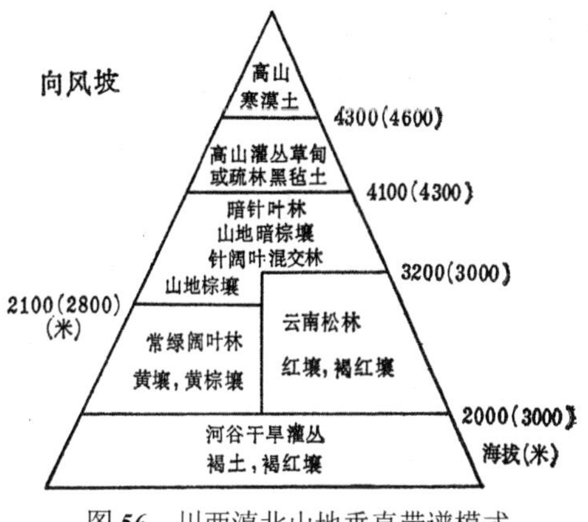

图 56　川西滇北山地垂直带谱模式

从高黎贡山到老君山（澜沧江与金沙江间分水岭），西部主要受西南季风控制，气候湿润；东部主要受东南季风和高原极地气团影响，比较干燥，干湿季更明显。因而东部和西部自然景观也有明显差异。一般说来，西部山地的垂直植被带比东部复杂，且多为湿润型的常绿阔叶林和铁杉林等；东部则为干燥性的云南松林。这种差异以北纬 26°32′ 的老君山东西坡最为明显，西坡有五个垂直植被带，东坡则只有三个垂直植被带，且主要为干燥性的云南松林和硬叶栎类林。高黎贡山与碧罗雪山（怒山）间的怒江峡谷海拔较低（约 1800～2500 米），已具亚热带景观，河谷中生长着野生油瓜、木连、木兰等亚热带植物。这里，南方与北方的动植物互相渗透，如碧罗雪山有栖息于青藏高原草原上的克氏田鼠、藏鼠兔，也有产于热带森林的马来熊、猕猴、熊猴。

下关、保山一线以南，地形上属于滇南帚状山脉区，山脉与河流在澜沧江以东，主要是西北—东南走向，以西多半是东北—西南走向。两河之间保存有一定面积的高原面，并有一些宽广的山间盆地。气候较滇中高原为湿润，年降水量1400毫米左右，干季的干旱现象也不如滇中显著。这里，海拔2000米左右的亚热带常绿阔叶林其组成成分及群落结构与滇中亦略有不同，主要由刺栲、樟科、西南木荷等组成，林下草本植物常见一些喜阴湿的刺桫椤、山蕉等，藤本植物也较多。山岭西坡和东坡的差异仍很显著，例如高黎贡山南端，位于西坡的龙陵年雨量达到2596毫米，为湿性常绿栎林、黄壤。而东坡潞江坝海拔727米，年雨量只有750毫米，呈现干性稀树草原景观。潞江坝热量丰富，年平均气温21.3℃，最冷月（12月）平均气温13.9℃，极端最低气温为0.2℃（1978年），≥10℃积温达7800℃，已种植热带作物，发展小粒咖啡6000多亩。在潞江国营农场附近，咖啡园、橡胶林连绵成片，还有两株高大的油棕。

本亚区南部的一些山间盆地海拔已降至1500米以下（如思茅等），气温较高，故海拔1000～1500米的酸性红壤上分布有思茅松林。思茅松对热量的要求较云南松为高，林中混生有热带的大蒲葵、八宝树、毛叶水锦树等乔、灌木。海拔1300～1400米的地方可发展双季稻。这里，相对湿度高（达70%以上），干季多雾，山地红壤与山地黄壤的山坡上最适于种植茶树，昌宁、凤庆一带的“滇红”“滇绿”，品质优良，甚为著名。

（三）滇南山间盆地亚区

本亚区东起富宁，西至芒市、盈江，包括西双版纳及河口等地区。山岭海拔较低，大部已降至1500米以下，只有少数山岭可到 2000 米以上。元江、澜沧江、怒江以及龙川江（伊洛瓦底江支流）谷地，海拔大都不到 800 米，至下游降至 300～500 米，元江下游的河口更降至 76 米，是西南区内海拔最低的地方。这些河流及其支流的河谷，分布着一些宽广的盆地，海拔一般不超过 1000 米，如允景洪、芒市等，是本亚区农业和热带作物的中心。

滇南这些海拔较低的河谷盆地，热量资源丰富，积温＞6500℃最冷月平均气温 15～16℃，气温日较差为 10～16℃，年降水量一般 1250～1600 毫米，最多地区可达 1800 毫米以上，年雨日 170～200 天，年相对湿度 81%～87%，且常风小，静风多，年平均风速 0.5～0.8 米/秒，为比较典型的热带季风气候。夏季，哀牢山以西地区主要受西南季风控制，哀牢山以东则主要受东南季风影响。自我国东部来的寒潮往往可影响哀牢山以东地区，哀牢山以西则基本上不受寒潮侵入。如 1961 年 1 月的一次强寒潮，哀牢山以东的河口最低气温降至 2.2℃，而哀牢山以西的允景洪（海拔 553 米）最低气温仍有 5.2℃，故山的东西两侧降温性质完全不同，前者属平流为主的降温，后者属辐射为主的降温。两者对热带木本作物的危害程度大不相同：前者气温随高度迅速减低，热带木本作物的顶部易受低温伤害，后者气温随高度升高（即有逆温存在），热带作物受寒害极其轻微。因此，从热带作物种植来说，本亚区中，哀牢山以西和哀牢山以东，显然是有着较大的差别的。

1. 哀牢山以西，气候基本上与印度和缅甸相似，一年可分 3 季：（1）雨季，5 月中下旬至 10 月下旬，降水量约占全年 90%左右；（2）干凉季，11 月上旬至 3 月下旬；（3）干热季，4 月上旬至 5 月上旬，此时太阳直射地面，天气又晴朗无云，故气温为全年最高，7、8 月因无日不雨，气温反稍低。但云南的热带季风气候又有不同于印、缅的特点。首先，滇南一些盆地的海拔较高，一般在 500 米以上，最热月气温（25℃左右）和积温均较印、缅同纬度平原地区

（如加尔各答、曼德勒）为低。其次，每年10～3月干季内多雾，平均每月20～28次，多雾日140～160天左右，为印、缅及华南所少见。如允景洪一带，全年的雾日达141天，大勐龙125天，每天浓雾持续时间达5小时以上，如下毛毛细雨，日雾露量平均等于降水量0.1～0.3毫米。西双版纳即有“雾州”之称。

由于盆地的海拔高度不同，热量资源亦有一定差异。海拔800～1000米左右的盆地河谷，积温6500℃～7500℃，最冷月气温＞11℃～12℃，绝对最低气温≥0℃，有轻霜。在这种气候条件下，自然景观和热带作物栽培情况，都具有明显的热带特征，但又与典型的热带有一些不同。滇南这类盆地面积较大，如芒市盆地（海拔913米）长22公里，宽10公里，盈江盆地（海拔780～800米）长60公里，最宽10公里以上，均为云南著名的“坝子”。因而可在热带范围内划出一个亚带——准热带，两者之间约可以海拔800～900米为界（图57）。准热带雨林为热带与亚热带之间的过渡性植被，上层乔木以栎类为主，下层树木和草本则主要是热带种类，整个群落的区

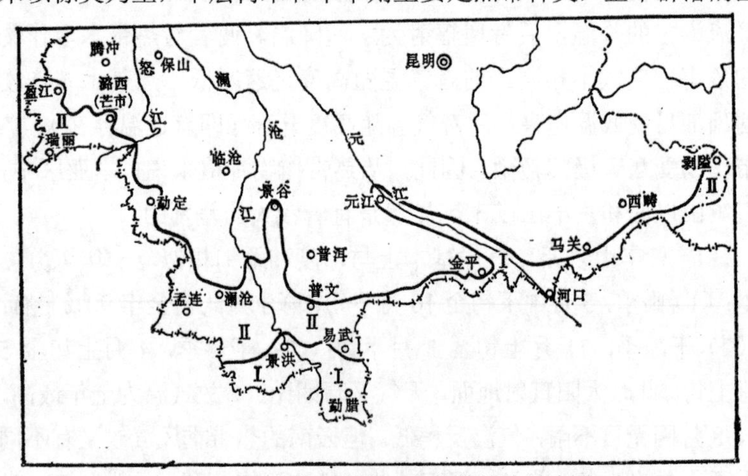

图57　云南南部热带和准热带的分界略图

I—热带，II—准热带

系组成，热带成分约占60%。林内的附生、寄生和藤本植物丰富，故森林结构与季雨林大同小异。典型热带植物如山姜、木质大藤本（沙拉藤、黄藤等）以及树干上附生的鸟巢蕨、麒麟叶等均常见。此类森林可以西双版纳的普文（海拔 900 米）为代表。这里环境十分潮湿，上层树木以山毛榉科、樟科及栎类为主，高 20～25 米，形成浓密的林冠。林内附生植物特别发达，以苔藓为主，最厚达 12 厘米。在干季少雾、比较干燥的地方，如芒市、瑞丽等处，群落季节相明显，上层多由热带落叶树种组成，如阴麻楝、红椿、槛树、光叶桑等，但板根、茎花及林下热带层片较差。

动物也有较浓厚的热带性。如西双版纳的准热带地区有印度野牛、亚洲象、双角犀鸟、孔雀等热带动物。这里，准热带的北界是一条明显的动物地理界线，如蓝纹老鼠、懒猴、卷尾熊狸、椰子猫等热带动物均仅分布于界线以南。同样，绿鹭、树鹏、青足小鹧鸪、栗头蜂虎、竹啄木鸟等热带鸟类也仅分布于界线以南。

在农业生产上，芒市、盈江等准热带地区由于冬季气温较低，且比较干旱，故热带作物休眠期较长，种植橡胶等赤道带作物易受寒害，但选择有利的小地形，并加一定的人工措施，仍可生长、产胶，如盈江 1904 年种的橡胶树，至 60 年代仍生长健旺，产胶正常。咖啡亦生长极佳，品质优良，驰名中外。农作物可以一年三熟，并可种冬甘薯和冬玉米，但种冬小麦、油菜等冷性作物则不能收获。

海拔 700～800 米以下的河谷盆地（如允景洪、勐腊等），积温 7500℃以上，最冷月平均气温≥15℃，终年无霜，极端最低气温一般＞3℃～5℃，属热带。在丘陵缓坡上，植被主要为热带季雨林，乔木于旱季来临时开始落叶，雨季到来时又发出新叶，故林冠有干季稀疏、湿季郁闭的季节变化，与热带雨林的终年常绿郁闭有显著差别。上层乔木以西南紫薇、大叶白颜树、阴麻楝等为主，大多是树冠很大的落叶树，还有常绿的大药树。在河谷底部的湿润小环境内，则发育有局部的热带雨林，主要乔木有番龙眼、千果榄仁树、刺桐等。这里因干热季（3～4月）水分不足，故滇南热带与热带雨林相比，具有很多旱生性的特征，如树木以小型叶为主，硬型革质叶较多，木本附生植物很少等，都反映出季节性干旱气候的影响。但是，这里的热带季雨林仍具有强烈的热带雨林性质，表现为：(1)种类非常丰富。如大勐龙0.25公顷的一片季雨林中，有高度3米以上的木本植物68种；而昆明西山0.68公顷的亚热带常绿阔叶林中，高度2米以上的木本植物只有30种。(2)绝大多数为热带成分。如西双版纳地区，据初步统计，有高等植物5000多种，已经鉴定的树种分属264科、1471属，其中热带成分占80%以上。组成东南亚热带雨林基础的龙脑香科，在滇南有2属4种，在勐腊县南腊河上游（北纬21°30′附近）海拔700～1100米的丘陵山地上，还保存有面积200多公顷的望天树原始雨林。(3)林冠不齐，层次分化极不明显。(4)乔木树杆高大挺直，上层树木高度一般可达40～50米，望天树最高可达70米。(5)常见老茎生花现象，尤以大戟科的木奶果最为突出，每年7～8月总是果实满树。滇南栽培植物中的牛肚子果、香木瓜、可可等也是老茎生花植物。(6)树木多有巨大的板根，林内有攀援高挂的粗大藤本植物，乔木还有钝叶榕等绞杀植物。最近，在滇西南盈江县海拔600米以下的羯洋河的湿润低地和沟谷内（北纬24°40′），发现有龙脑香科的娑罗双林分布。上层以娑罗双（Shorea sp.）占优势，下层以棕榈科的桄榔占绝对优势。粗壮娑罗双（Shorea robusta）作为地带性植被类型广泛分布于自尼泊尔至印度阿萨姆—上缅甸一带。在滇西南，娑罗双林虽然并非以粗壮娑罗双占优势，但它在这里出现，却可作为云南西南部热带季雨林与阿萨姆—上缅甸热带植被联系的证据。[①]

① 姜汉侨："云南植被分布的特点及其地带规律性"，《云南植物研究》，第2卷第1期，1980年，第29页。

在勐腊、小勐仑等地的石灰岩低坡上，由于地表透水性强，土壤又少，形成了较干燥的生境，植被的旱生性特征更为明显，发育着石灰性热带季雨林。其特点是上层乔木高大散生，大多为旱季落叶的大树，树种组成以喜钙树种为主，主要有光叶白颜树、柯仑木、假轮叶野桐、白头树、攀枝花等，林内藤本和附生植物较少，这些都反映由于岩石特性而形成的局部干旱生境。在热带雨林下，砖红壤表层的有机质和养分含量较高，有机质含量可达10%，氮的含量0.35%左右。如开垦利用得当，有机质及养分都可维持相当高的水平。但由于降水量多，且多大雨，如森林被破坏，地面覆盖少时，常引起严重的水土流失，小勐仑的荒坡草地上，每亩地一年的土壤冲刷量为森林地的 340 余倍。因此，开垦利用时，必须修建梯田，保持水土，制止乱垦滥伐，防止生态平衡遭到破坏。这些热带盆地气候优越，冬季没有寒害，适于发展橡胶、油棕、椰子、可可、胡椒等赤道带作物。但在石灰岩分布地区，土壤 pH 值较高，属中性或微碱性，不适于种植橡胶。

西双版纳是我国主要热带作物基地之一，有橡胶宜林地约 200 万亩，已种橡胶 67.5 万亩。这里昼夜温差较大，水热条件的有效性较高。白天有害高温少，有利光合作用进行；夜间气温低，呼吸所消耗的物质少，有利于物质积累。因此，西双版纳橡胶的单位面积产量为全国之冠，比海南岛约高出 1/4，是我国植胶经济效益最高的地方。在云南省内，西双版纳橡胶单产较环境条件较差的红河、德宏约高 1/3。最近，又在西双版纳推广橡胶与其他热带作物间种的人工生态系统，包括 4 层植物，最高为橡胶树，橡胶树下种萝芙木（灌木），树间植云南大叶茶，地面种砂仁，这样进一步提高了橡胶园的经济效益，并改善了橡胶树生长的小气候条件。

云南植胶也有寒害问题。一般以持续时间较长的低温，危害最大。1982 年 12 月，云南受 600 多年来罕见的特大寒潮的袭击，昆明积雪厚达30厘米，极端低温降至−7.8℃，但因持续时间短，所以对橡胶树影响不大。一般特强冷冬年在云南20～23年出现一次，应采取各种人工措施，使橡胶园冻害减至最低程度。

各种热带作物对低温的反应有较大差别。如1973年底的寒潮，允景洪绝对低温2.7℃，但槟榔、油棕、金鸡纳、番木瓜等均受影响不大。东南亚植物区系中的越南龙脑香、青梅、海南坡垒等亦未受低温的危害。因偶发性的寒潮低温并不影响云南1100米以下盆地的热带性景观。而且这些盆地在干季经常出现逆温现象，逆温天数约达80～100天。逆温层约从高出盆地底部200～300米开始，强度为0.5～0.9度/100米。例如阿土寨（海拔1130米）高出允景洪577米，但前者的最低气温平均比后者高3.6℃。阿土寨种植的橡胶树比坝子内提早萌动与开花。因此，在云南发展橡胶和其他热带作物，必须充分利用逆温的特点，选择有利的地形部位。

海拔1000米以上地区，已属亚热带高原气候。由于冬季受辐射降温的影响，近地面层的气温常随高度而升高，故一些高差较大的山地亦有逆温现象出现。如勐海海拔1176米，位于宽阔盆地内，极端最低气温可降至0℃以下，但它的南面的南糯山山坡（海拔1402米），极端低温却＞3℃，最冷月气温及积温也都比勐海为高，因而南糯山的海拔1400～1500米处分布有山地雨林，上层乔木有大叶桂、大蒲葵、牡荆等热带树种，林下的山地黄壤有机质层深厚，十分肥沃。这里是“普洱茶”的故乡，也可能是我国茶树的原产地，南糯山的一株大茶树高约40米，估计树龄已在千年以上，现在所种的茶树亦多发育成小乔木，这显然与南糯山的小气候温暖湿润有关。

2. 哀牢山以东，海拔较低的河谷一般较狭，无宽广的盆地，故热带面积实际不大。这里夏季受东南季风控制，并受台风影响，故降水量较多，一般每年有 1500 毫米左右。如河口年降水量达

1800毫米。由于海拔低，热量丰富，积温有8220℃。云南东南部红河支流的一些河谷，最低海拔200～300米，年平均气温21℃～23℃，与河口相近。在这种湿热条件下，海拔500米以下为热带雨林，上层树木有龙脑香科的滇龙脑香、毛坡垒，野麻科的四数木，隐翼科的隐翼等东南亚典型热带树木。土壤中含水量较高，粘粒中矿物赤铁矿含量较红色砖红壤少20%，故土壤呈黄棕色或黄色，称为黄色砖红壤。

哀牢山以东地区冬季受寒潮影响，虽然有山脉屏蔽，寒潮至此已成强弩之末，势力微弱，但寒潮期间仍受冷平流降温，低温值较低，低温持续时间较长，热带作物仍受一定寒害，越冬条件不如哀牢山以西地区。例如，在强寒潮时，河口的一些赤道带作物（如可可、胡椒）幼苗曾受伤害（表32）。但总的说来，海拔500米以下的河谷，橡胶等热带作物受寒害轻微，生长良好，并可正常收获。海拔500～600米以上，则绝对最低气温可降至0℃以下，海拔700米以上出现麻栗、青冈等栎类。因此，对哀牢山以东地区，我们以海拔500米以下为热带，500～700米为准热带，热带的高程约较哀牢山以西低300～400米。

表32　1961年1月强寒潮时滇南降温比较表

地　　区	哀　牢　山　以　东			哀牢山以西	
	河口	天保（西畴县）	健康（马关县）	允景洪	勐定
最低气温（℃）	2.2	3.7	2.4	5.2	6.3
霜	无	有	有	无	无

元江河谷深狭，在曼耗、元江（县名）一带，谷底海拔不到400米，故热带景观循元江河谷向上游深入，直达北纬24°左右。但谷

底因受焚风影响，年降水量较少，如元江只有 700 毫米左右，一年内旱季长达 7 个月，空气干燥（相对湿度仅 65%），气温很高，积温达 8800℃（是西南区积温最高的地方），形成干、热的生境。植被为热带稀树草原，发育热带稀树草原土，亦称"燥红土"。在干热气候条件下，土壤的成土过程较弱，矿物风化程度较低，脱硅富铝化作用远不如砖红壤明显。元江的热带稀树草原土，粘粒的硅铝率高达 2.1～2.4。因蒸发强烈，盐基向表层聚积，盐基饱和度可达 70%～90%，土壤呈中性或微碱性（pH6.0～7.0），与砖红壤完全不同。这里因气候干旱，不能种植橡胶等，但可发展剑麻、海岛棉等。

由上可见，本亚区的哀牢山以西地区，热带和准热带的积温指标较华南区为低，其分布的上界（海拔高程）则远较华南区为高。热带和准热带的划定，除积温数值外，主要应根据自然植被和热带作物生长情况而定，因为自然植被是在较长时期内适应当地的环境发育的，比较真实地反映了当地气候及自然环境的特点。西部型热带季风区由于自然条件的差异，同样数量的积温对植物和热带作物的生长，与东部型热带季风区相比，具有不同的效果，即这里积温的有效性较高。植物的生长有其最适宜的气温，超过这一气温，植物生长反而减弱或停止，甚至产生不利的效果。例如，橡胶生长和产胶的最适宜气温约为 24℃～26℃，如气温超过 35℃，橡胶生长就停止，甚至可能产生危害。西双版纳的热带盆地最热月气温均＜26℃，夏季 3 个月的平均气温在 25℃左右，正在热带植物生长的最适宜温度之内。反之，海南岛许多地方夏季气温多＞27℃，且有不少天极端最高气温＞35℃～40℃，因此，对热带植物生长来说，积温的有效部分显然比西部型热带季风区为少。其次，西双版纳的日温差较华南为大，年平均日较差达 12℃～13℃。白天气温高，有利于植物进行光合作用，制造有机物质；而夜间气温低，可以减少植物的呼吸作用，即减少植物营养物质的消耗，有利于营养物质的积累。此外，干季多雾，既可以弥补降水的不足，使干季并不十分干旱，有利于植物生长；另一方面，雾又可减少夜间地面辐射，使冬季夜晚气温不至降得太低，避免植物遭受冻害，如西双版纳由于雾的保护作用，冬季最低气温常保持在 5℃～7℃左右，有利于热带植物越冬。由于上述原因，西部型热带季风区的热带和准热带的积温指标（7500℃和 6500℃），虽然比华南要低500℃～1000℃（表 33），但自然植被和热带作物的生长情况仍与华南相似。西藏东南部亦属西部型热带季风区，据计算，海拔 800 米处积温为 6500℃，最冷月平均气温 13℃，极端最低气温 1℃，与滇西南准热带相似。那里，实际存在的自然植被亦为准热带森林。

表 33　云南与华南热带和准热带≥10℃积温指标（℃）比较

热　　带	云南允景洪	7810
	广东那大	8400
准　热　带	云南陇川	6820
	广东广州	7660

河口、天保等滇东南低谷，虽然属东部型热带季风气候区，但其自然环境介于东部与西部型热带季风气候之间，冬季受寒害较轻，一般无霜，更不结冰（海南岛北部偶尔结冰），干季亦多雾，全年雾日约 80 天，较西双版纳稍少，热带作物的越冬条件比海南岛北部或雷州半岛稍好，故热带的热量指标亦略低。

三、热带山原土地的垂直利用与农业生产

热带山原给农业生产提供了丰富的热量资源和较好的越冬条件，也具备着随山地垂直带安排土地合理利用、发展多种经营的

基础。西南区各族人民从长期生产实践中积累了大量的生产经验，解放后，农业生产得到迅速发展，并且建立为我国热带农作的基地之一。

在农业生产上，西南区的河谷和坝子有着重要地位，这里大都具有宽广而平缓的地表，深厚的第四纪疏松沉积物，丰富的水源和较肥沃的土壤，特别是气温较高，具有悠久的农业生产历史，是西南区粮食和经济作物的基地。此外，西南区山地面积十分广大，虽然气候较凉，土层较薄，进行农作条件较差，但开辟梯田、种植旱作和高寒作物以及发展林业与牧业，仍有着很大的潜力。

目前，西南区大致是按土地的垂直利用安排农业生产的（即“立体农业”）。

海拔 500 米以下（哀牢山以东）至海拔 800 米以下（哀牢山以西）的低盆地，热量最为丰富，湿润的盆地或有水源灌溉的干燥背风河谷，热带作物及一些香料、饮料植物均能顺利生长。如元江等干热河谷中，剑麻、龙舌兰、香茅等生长良好，水稻、玉米等粮食作物年可三熟。这里冬季偶有低温，3、4 月间可能出现春旱，在热带作物的培植中，应适当注意防寒和防旱措施。

海拔 500～700 米（哀牢山以东）和 800～1100 米（哀牢山以西）的中等高度的盆地，一年中干湿季交替明显，咖啡、香蕉、菠萝、杧果、甘蔗、木薯等热带植物亦能良好生长。橡胶等赤道带作物越冬条件较差，但采取适宜的耕作技术措施，或选取有利小地形，并加人工保护，亦可种植，但生长较慢。粮食作物有水稻、玉米、红薯等，年可三熟。湿润盆地可种植荔枝和龙眼，干燥的河谷还可发展木本棉以及剑麻等热带植物。因此，中等高度的盆地发展热带作物是有条件的。但干凉季节偶有 0℃上下的低温出现，并有不同程度的春旱，雨季时坡面冲刷强烈，都是在农业生产中需加克服的不利条件。

海拔 1000～1100 米至 1600～1800 米的高盆地，热量已不能满足热带作物越冬的要求，但亚热带经济作物如烤烟、甘蔗、茶、油茶、油桐、柑橘等却很适宜。粮食作物一年两熟，以水稻、棉花、花生、玉米、红薯等为主。在这个高度上，栽培八角和贵重药材三七，已有多年的历史。

海拔 1600～1800 米至 2400～2500 米的高度上，农业主要分布于高谷地、缓坡或梯田上，粮食作物仍能一年两熟，但以冬小麦、油菜、马铃薯、豆类等为主。有利条件下可种水稻。目前云南高原水稻种植上限达到海拔 2400～2700 米，恐怕是我国水稻分布最高的地区。广大面积的坡地分布着混有阔叶树种的云南松林，湿润的山坡或山顶有常绿栎林和苔藓林，还有核桃、樟树、漆树等生长，因此，在这个高度上，发展林业是主要的。林业发展不仅提供用材和油料等，对涵养水源、保持水土也有重要的作用。

海拔 2400～2500 米至 3000～3100 米高度上大多为山地，只能小面积种植杂粮如燕麦、豆类等。这里分布着以滇铁杉为主的亚高山针叶林。滇铁杉是良好用材和单宁资源，开发利用时也应注意采伐方式和利用强度。在谷地的一些冲积扇及较干燥的缓坡上，常有大面积可供放牧的草地，畜牧业生产渐居重要地位。

海拔 3000～3100 米至 4000 米左右，冬季已十分寒冷，夏温亦不高，小片耕地种植青稞、燕麦和豌豆等作物。这一高度上的林木资源十分丰富，树种以云杉、冷杉为主。宽平的古冰川河谷中，常形成林间放牧草地，以蒿属及禾草为主，也有多种杂类草，十分有利于夏季放牧。此外，亚高山带还出产虫草、红花、贝母以及麝香等贵重药材。

海拔 4000 米以上是高山灌丛草甸和永久积雪区，除挖掘药材外已没有农业。高山带水源丰富，提供了河流水源和坝子中农业灌溉的水源。

第十二章　内蒙区

内蒙区位居我国北方内陆温带草原地带，东起大兴安岭北段的西坡和大兴安岭南段东坡的西辽河流域，西至贺兰山，横跨经度 17.5。其南界约与活动温度积温 3000℃等值线相当，东段约至西辽河与大、小凌河及滦河之间的分水岭，中段为内蒙古高原南缘地形线（如张家口北万全坝），向西大致沿外长城穿过陕西北部，迄于黄河西岸腾格里沙漠边缘。其西界大致与干燥度 4.0 等值线相符，北起中蒙国境，经狼山西端、贺兰山西麓，迄于腾格里沙漠东南缘，为荒漠与荒漠草原的分界。故内蒙区在行政上包括内蒙古自治区的大部，辽宁、河北、陕西三省的北部边缘，宁夏回族自治区的北部，以及吉林省西部一角。

内蒙区具有坦荡的地貌特征，除山岭外，海拔大部在 1000～1500 米间，为一曾经夷平的高原面。因太平洋季风受大兴安岭、燕山山地的阻滞，使本区形成明显的内陆半干旱的自然环境，为多年生、旱生低温草本植物的生长创造了有利条件，构成了我国北方最广大的干草原。本区畜牧业有着悠久历史。新中国成立后，随着生产关系的改变，生产力大幅度提高，牲畜头数大大增加，但广大草原目前尚未充分合理利用，发展畜牧业还有很大潜力。此外，在本区南部半农半牧区和农业区，农业生产也有很长历史，是我国北方重要的粮食基地。因此，研究内蒙区的自然条件、自然资源及其合理利用是有重要意义的。

一、温带草原景观

内蒙区的天然植被以草原为主。随着水分的自东向西减少和热量的自南向北降低，草原群落的组成、生态幅度及其相应的土壤发育，反映着明显的地带性递变规律。

（一）草原植物群落及其分布

内蒙古草原植被类型的主要特点，是在群落组成中，多年生、旱生低温草本植物占优势。建群植物主要是禾本科，即禾草，并随湿润程度不同，有或多或少的杂类草及一些旱生的半灌木和灌木。本区冬季严寒，降水量少，草本植物为适应这种环境条件，地上部分虽然死去，而地下部分仍维持生命，成为多年生草类。各种禾草叶形狭窄，常呈卷曲状，以适应干旱气候。有些草原植物，根很浅，但根系向水平方向发展（如羊草），以便充分吸收表土中的水分。

禾本科草类以针茅和羊草最有代表性，前者是丛生禾草，后者是根茎禾草，根茎发达，横向蔓延成网状。针茅种类甚多，从东向西随着干燥度的增加，主要种类逐渐由大针茅、克氏针茅，渐变为戈壁针茅、沙生针茅等。杂草类主要属菊科和豆科，有西伯利亚艾菊、各种黄芪、花苜蓿等。旱生灌木以锦鸡儿属为最主要。这些禾本科、豆科等植物，大多为各种家畜四季所喜食，故内蒙古草原一向是我国重要的畜牧业基地之一。而豆科等杂草中又盛产各种药材，如黄芪、桔梗、柴胡、沙参等，故内蒙古草原也是我国主要采药基地之一。

内蒙区干燥度，从东向西，从1.2递增至4.0，故草原类型在东部为温带禾草、杂类草草原，中部为温带丛生禾草草原，即典型草原或干草原，西部则为温带丛生矮禾草、矮半灌木草原，即荒漠

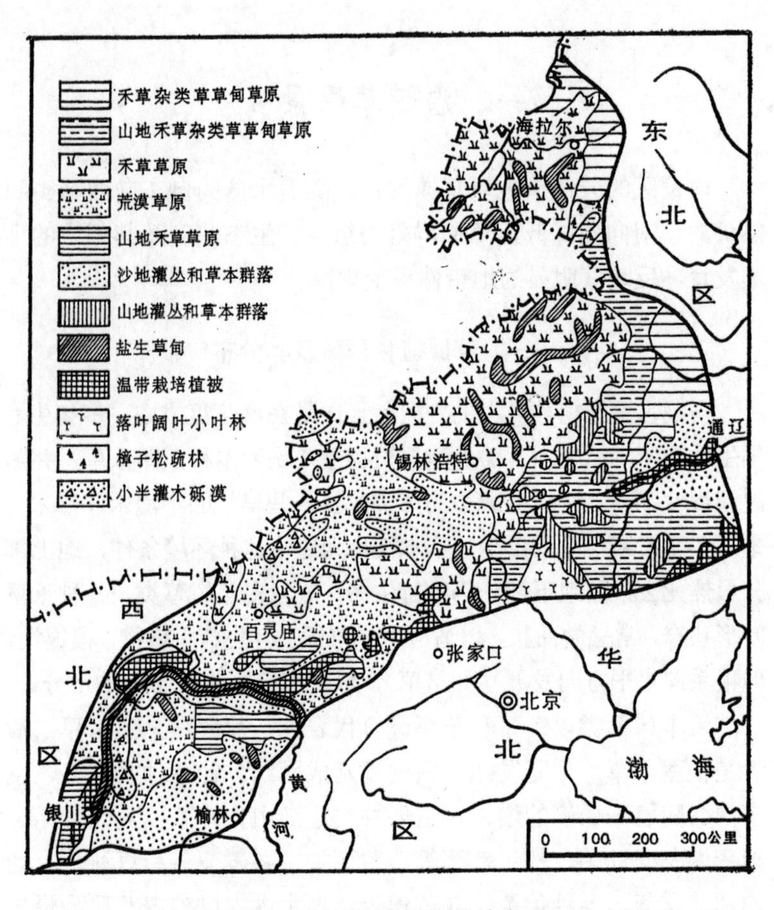

图 58 内蒙区的草原植被类型

草原。草类高度和植被覆盖度也相应地逐渐减小。在植被组成中，从东向西，杂类草数量逐渐减少，旱生灌木和半灌木逐渐增多，反映出气候的干旱程度逐渐增加。

内蒙古东部草原是我国最肥美的大草原，草群生长茂密，覆盖度可达 60%以上，草高平均在 40 厘米以上，种类组成复杂，营养价值亦高。群落组成中以贝加尔针茅和羊草为主，并包含有多种杂类草，如西伯利亚艾菊、日阴菅、山野豌豆、直立黄芪、裂叶艾蒿等。在丘陵或沙地的阴坡还有岛状疏林分布，主要树种为杨、桦。这类草原称为禾草、杂类草草原。大致包括呼伦贝尔草原、锡林郭勒草原以及大兴安岭南段和西辽河流域，后者部分已经开垦，为农牧并重地区。在满洲里—锡林浩特一线的西北，过渡到典型草原。

典型草原草层一般高30～50厘米，生长较稀，覆盖度30%～50%。群落组成中以旱生、丛生的大针茅和克氏针茅为主，伴生着一定数量的杂类草和少量的羊草，旱生灌木在群落中甚少。向西到锡林郭勒盟的西部，组成草群的主要植物是克氏针茅，其次是大针茅，杂类草极少，而以锦鸡儿为主的旱生灌木层片开始星散地分布于群落之中。

温都尔庙一带及集二铁路以西，由阴山、狼山北麓直到中蒙边境，主要为荒漠草原，丛生禾草以戈壁针茅、沙生针茅为主，草高仅10～25厘米，覆盖度30%以下。旱生矮半灌木和灌木较多。前者如冷蒿、旱蒿等，植株矮小，高仅4厘米左右，平铺地面，构成独立的层片。由于半灌木和灌木的比例增加，植物群落的外貌已有较明显的灌丛化特点。到内蒙古西部，随着干燥度的增加，荒漠草原逐渐向荒漠过渡，草原植被中渗入相当数量的荒漠半灌木，如珍珠猪毛菜、琵琶柴等，成为戈壁针茅、旱蒿、珍珠猪毛菜草原，草群高仅10～15厘米，覆盖度不足10%，并常与荒漠植被呈复合体交互出现。

在整个内蒙古草原中，河旁、湖滨或水分较好的地方，则为盐渍化草甸或沼泽，植物以芨芨草、星星草、碱蓬、硬苔草等为主。

内蒙区地貌在阴山以北、大兴安岭以西，主要是海拔1000～1500米的高原，地面起伏微缓，没有显著的山脉与谷地，这就是“蒙古准平原”。这种单调的地貌结构，使温带草原在辽阔地面上连续分布，一望无际，形成“天苍苍、野茫茫、风吹草低见牛羊”的典型的大草原景观。

此外，本区内还有不少沙漠和沙地[①]，自东而西有：呼伦贝尔沙地、科尔沁沙地、小腾格里沙地、毛乌素沙地、库布齐沙漠和乌兰布和沙漠（图 59）。它们分布较零散，面积也较小，仅占我国沙漠总面积的 10%，与贺兰山以西的西北区内，沙漠面积大、分布集中的情况显然不同。本区沙地主要因河流冲积物和湖积物受大风吹扬堆积而成。由于本区降水较多，大部分沙地上原来都有植物生长，如光沙蒿、羊茅、锦鸡儿属、小黄柳等，科尔沁沙地上还有稀疏的乔木。沙丘以固定和半固定沙丘为主。现在本区的大片流沙，主要是由于旧中国长期严重破坏天然植被所造成。如乌兰布和沙漠北部根据历史记载和考古资料，在 2000 多年前还没有流沙侵袭，是一片农业区，但解放前，长期滥垦、滥牧，天然植被遭到破坏，形成了一片流沙。又如毛乌素沙地原是一片肥美草原，由于滥垦

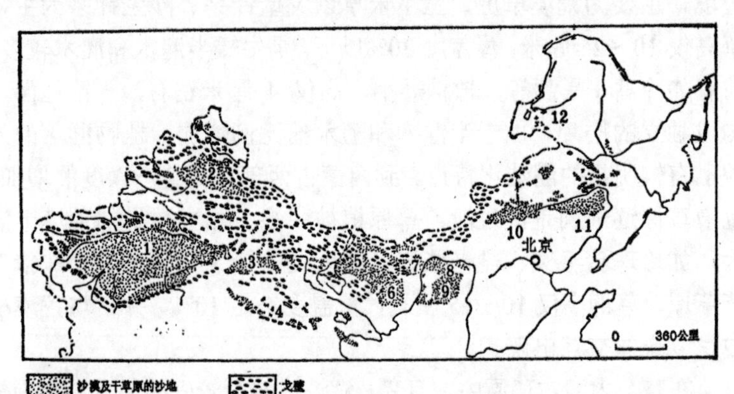

图 59　中国沙漠分布略图

1—塔克拉玛干沙漠，2—古尔班通古特沙漠，3—库姆塔格沙漠，4—柴达木盆地的沙漠，5—巴丹吉林沙漠，6—腾格里沙漠，7—乌兰布和沙漠，8—库布齐沙漠，9—毛乌素沙地，10—小腾格里沙地，11—科尔沁沙地，12—呼伦贝尔沙地（据中国科学院兰州冰川冻土沙漠研究所：《中国沙漠治理图片集》，科学出版社，1976 年）

---

① 干草原地区的沙漠，称为沙地。

草原，使新中国建立前250年中，在长城沿线一带形成一片流沙。建国以来，我国人民开展了大规模的沙漠治理工作，已取得巨大成就（详见本章第三节）。

内蒙古高原的南部，大致在多伦、太仆寺旗、化德、大青山一线以南，已进入农业区。自然植被多已破坏，仅零星见于山坡、低滩地或农田间隙地，但仍明显可见其属于草原植被类型。如耕地撂荒，约 6～8 年可以恢复为草原。至于呼和浩特盆地、后套平原和银川平原，已全部开垦，农作物以春小麦、糜子为主，灌溉地中可种植水稻。农村田畔栽有小叶杨、榆、旱柳、枣树等。在大青山南坡洪积带排水良好的部位上培植苹果、梨及葡萄均已成功。

山地的垂直带也表现了以草原为基带的景观结构特征。以内蒙区内主要山地为例，大兴安岭南段植被类型基本上为山地森林草原与草原，其东坡 1500～1800 米高度上比较湿润，有块状分布的森林，如林东以西的罕山、黄土岗、桦木沟等地均为主要林区。树种在北坡有兴安落叶松、兴安白桦、山杨等，在南坡为蒙古柳与油松。林地之间及两侧坡麓为禾本科占优势的草原。大青山的植被大致在 1200～1500 米间，阳坡为干草原，阴坡为油松、杜松混交林；1500～1700 米间油松林和侧柏林呈块状分布；1700～1900 米以上则为山地草甸草原。

（二）温带半干旱气候的特征

内蒙区草原景观的形成，及其自东向西的地带性递变，温带半干旱气候是一个主导因素。

内蒙区气候的基本特征是半干旱，冬寒夏温，多风沙，富日照，具典型的温带大陆性半湿润到半干旱的过渡类型。

冬季在蒙古高压笼罩下，天气多晴燥，地面辐射冷却因此加强。北方新鲜极地冷气流经常向南或东南流动，使全境盛行偏西北大风，寒潮猛烈。如南来气流较强而持久，冷空气再次南下时，即出现大风雪天气。但由于空气中水汽含量贫乏，降雪量一般不多。夏季蒙古高压退缩消失，大陆低压形成，东南季风得以进入内蒙古高原。其前锋一般要到7月间才能推进至内蒙古的南缘，9月下旬即很快南撤，雨季不过一二个月。且随季风的盛衰强弱，降雨变率很大。

对温带草本植物及农作物生长而言，内蒙区的热量资源是充足的。首先是日照丰富。终年云量不多，日照百分率均高达70%以上，年平均日照时数在3000小时左右，如海拉尔为2792小时，呼和浩特为2962小时。冬季丰富的日照对牲畜在天然条件下越冬有利。其次是夏季温暖。虽然冬季十分寒冷（1月平均气温在–10℃以下，甚至到–28℃，绝对最低气温达–40℃以下），但夏季气温却普遍升高，7月在19℃～24℃之间，最高温常升至30℃以上。全年日平均气温≥5℃的持续期始于4月到5月上旬，终于9月下旬至10月中旬。生长期100～150天。日平均气温≥10℃的持续期始于4月下旬至5月底，终于9月上旬至10月上旬。活动温度积温为1700℃～3200℃。阴山山地以北、锡林郭勒盟北部以及呼伦贝尔地区，冬季寒潮频率最高，强度最大，成为全区最冷地区，1月平均气温达到–20℃以下。东南部哲里木盟、昭乌达盟和河套平原地区冬季则较暖，1月平均气温在–14℃左右。

在水分条件方面，全区降水量在200～400毫米，由东南向西北减少。降水集中于夏季。6～9月降水占到全年的80%～90%。降水变率愈向西愈大，平均变率在 20%～25%以上。例如呼和浩特在20年的记录中，雨量最多的一年为658.7毫米，最少的一年为201.3毫米。春末夏初气旋过境较为频繁，东部地区6月份降水已开始增多，但很不稳定。6月降水多寡对牧草萌发和农作有相当影响。如1959年6月内蒙古东部出现较多降雨，是年牧草萌发极好，产量高，农业也获得丰收。但1961年6月降水很少，农牧业都受到很大影响。7月中旬以后，东南季风前锋推至内蒙古东南边缘，才导致较为集中的降水。但东南季风9月初即开始南撤，所以内蒙古草原上雨季很短。随着夏季风各年盛衰不同，多雨年和少雨年降水量相差可达3倍以上，干旱现象频繁出现。

内蒙古干旱现象的形成不仅与夏季降水直接有关，而且与前一年冬季降雪多寡也有密切关系。

由于冬季严寒，如有降雪即可形成雪覆盖。降雪量和积雪时间、积雪深度都是自东向西减少，东部呼伦贝尔和锡林郭勒草原地区稳定积雪期自11月中下旬至次年3月下旬，达120～130天以上，积雪深度平均20～30厘米，最深达40～60厘米；向西由于雪量很少，常不能形成雪覆盖。适量降雪对农牧业生产都是有利的。草场积雪可部分解决冬季牲畜饮水问题，因而可利用目前尚无供水条件的草场放牧。积雪到春季融化，增加地表湿润程度和改善土壤墒情，有利于牧草返青和作物出苗，河湖水量及潜水也因得到融雪水的补给而增多。但深厚而持久的雪覆盖（>15厘米时）或冻结而持久的雪覆盖，能使牧草覆埋和牧场封冻，造成畜牧业上的“白灾”。反之，少雪或无雪，不仅不能利用无供水条件的草场放牧，增加夏秋草场放牧时间，易导致夏秋草场因过度放牧而退化，带来“黑灾”的危害。

内蒙区全年风力强劲，特别是北部地区，全年5级以上的大风日数可达100天以上。冬季大风多伴以寒潮雪暴，被称为“白毛风”，对牲畜放牧有很大威胁。大风以春季最多，这时地表积雪融尽，气温开始增高，相对湿度下降，往往形成旱风，灼枯作物和牧草，还容易引起草原火灾。在地表植被已破坏的情况下，则形成风沙。因此，打井抗旱，保证水源，修建棚圈厩舍，贮备冬春饲料等，不仅使草原牧业生产的抗御自然灾害能力日益加强，对发展牧区农业也是十分重要的。

本区的地貌结构加强了内蒙古高原气候的干旱与寒冷。首先，高原的南缘，从林西至集宁为广大的玄武岩台地，台地顶面向南翘起，向北则缓缓地倾没于高原面之下。其次，高原东侧为大兴安岭，高原西部（集宁以西），南侧为阴山山脉（包括狼山、大青山），高峰海拔 2000～2400 米。高原边缘这些较高的山地和凸起的地形，阻碍东南季风的深入，使高原内部格外干旱。第三，高原地面平坦，北来寒潮毫无阻隔，可横扫全部高原，加剧了高原的低温和大风雪。

内蒙古高原东缘和南缘的山地和高地，还是我国外流区域和内流区域的重要分界。内蒙古高原的外缘为外流区，东部有海拉尔河、西辽河水系，西部有黄河流经河套地区，水量较丰，是重要的灌溉水源。高原内部均为发源于边缘山地向北或向东流的内陆小河，径流十分贫乏。径流深度在最有利的情况下不过 50 毫米，西部不少地面广布沙砾，地表径流近于零。鄂尔多斯高原内部和西辽河流域的北部有两块闭流区，地表水流不能外流。这些内陆小河主要由夏季降水和地下水补给，东部还可得到少量的春季融雪补给。而秋冬季节流量很小，甚至干涸。有的河流在下游潴水成湖，有的由于强烈蒸发而在中途自行消失。例如大兴安岭西坡锡林郭勒河，年平均流量仅 0.6 秒立方米，全长仅 135 公里。但在农牧业生产上，这些内陆小河起着重要的作用，提供了农业灌溉和牲畜饮用的水源。

内蒙区还有不少内陆湖泊，大者如呼伦湖、达里诺尔等，小的“水泡子”不计其数，其中有不少是盐湖。一些淡水湖泊都是内蒙古草原牧业生产上的重要水源，并盛产鱼类。不少盐湖产盐或碱，如锡林浩特东北的达布苏盐池盛产“大青盐”，鄂尔多斯高原鄂托克旗察汗淖盐碱淖等则产天然碱。

距离河湖较远的广大草原地区，因缺少牧业供水条件而不能充分利用，成为“缺水草场”。新中国成立后通过水文地质调查研究，探索到广大草原上的水文地质规律，并总结了群众的找水打井经验，大力开展草原水利建设，在开发利用缺水草场、提高载畜量方面，取得了显著成绩。

（三）草原土壤

属于干草原的地带性土壤是栗钙土，在内蒙区内分布最广。西部荒漠草原植被下发育着棕钙土。在这两个地带性土类分布的范围内，相应的隐域土——草甸土、沼泽土、盐碱土和沙土，分布面积也不小。

草原土壤形成过程的主要特点，是有明显的生物积累过程和钙积化（主要是碳酸钙积累）过程，土壤剖面分化清晰。在以多年生旱生低温禾本科草本植物占优势的草原植被下，土体上部进行着腐殖质积累过程，有机质含量相当高。土体中碳酸钙普遍发生淋溶，并淀积在剖面中、下部，形成钙积层。随着干旱程度的增加，钙积层愈趋明显而愈接近上层，表层有机质含量愈少，腐殖质层的厚度愈薄。

栗钙土与黑钙土不同之处是腐殖质层较薄，一般厚 25～45 厘米。它可按有机质含量多寡，分为暗栗钙土与淡栗钙土两类。

暗栗钙土分布于呼伦贝尔、东乌珠穆沁以及大兴安岭南部，一般位在缓坦的高原与丘陵坡面上。腐殖质含量在 2%～4%之间，磷、钾的含量都相当高。在生草过程旺盛的平坦积水之处有轻度潜育化现象，形成草甸暗栗钙土，其有机质含量可达 4%～7%，水分条件较好，牧草生长旺盛，是优质牧场，也可供小面积开垦。

大兴安岭东南地区黄土状沉积母质上所发育的暗栗钙土，腐殖质较薄，有机质含量低，从表层起即有石灰性反应，属碳酸盐暗栗钙土型。其结构欠佳，易受水力和风力侵蚀，土中氮素较缺，耕种时需要较多氮肥。

在锡林浩特一线以西的典型草原地带，发育着淡栗钙土。其有机质含量通常在 1.5%～2.5%间，从 10～20 厘米深度起即为钙积层，土层较薄，剖面发育欠佳。阴山以南也有从表层起即呈石灰性反应的碳酸盐淡栗钙土。耕种时都需施用氮肥和磷肥，借以提高土壤肥力。

棕钙土在内蒙区分布于淡栗钙土地带以西、百灵庙—温都尔庙以北的高原和鄂尔多斯西部。其特征是：表层多砾石、沙，壤质土层很少，腐殖质层厚约 15～25 厘米，但有机质含量仅 1.0%～1.5%，钙积层的位置不深，土层下部有时有石膏和易溶性盐类（氯化钠、硫酸钠）。这些特征表明：棕钙土的形成基本上仍以草原土壤腐殖质积累和钙积化过程为主，但已具有荒漠成土过程的一些特点，故棕钙土在我国的分布也介于栗钙土与漠境土之间。

内蒙区沙地颇广，按其土壤发育阶段，可分为栗钙土型沙土、松沙质原始栗钙土与全剖面没有发泡反应的沙质栗钙土，结构很松，有机质及矿质养分都比较贫乏，物理性也不好，翻耕后容易使沙丘活动。沙地利用应以林牧为主。

盐渍土、草甸土和沼泽土在内蒙区分布也很广泛，多分布于塔拉（蒙语称平浅广阔的平地为塔拉，现已通用）中或季节积水处。这里的盐渍土多属于草甸盐土，盐分组成氯化物—硫酸盐为主，硫酸盐—氯化物次之，苏打盐土又次之。盐分主要集中于表层，常形成盐结皮，向下层减少。这种盐分的剖面分布与地下水的季节变化密切有关。在东部暗栗钙土中还分布着一些苏打草甸碱土。如能开沟排水，盐碱不再结聚，即可生长牧草。草甸土分布于河流两岸河漫滩及河阶地上，生长羊草、苔草、芨芨草、野大麦等，肥力较高，是优良牧场，在适当避风的地形部位也可辟为耕地。塔拉中低洼之处或平广的河滩，每形成沼泽。如呼伦湖与贝尔湖之间的乌尔逊河和东乌珠穆沁旗乌拉根郭勒河两岸，是一片湿地，发育着沼泽土。

二、自然景观的区域分异与自然区划

如上所述，内蒙区自然特征是广阔的温带草原，且自东向西变干，随着干燥度向西的加大，草原质量也有所降低。高原地形平坦，起伏和缓，相对高度不大，地带性现象是逐渐过渡的。从提高草场生产力、合理利用牧草资源和防止风沙侵袭等方面的布局和措施要求来看，地带性的差异也是主要的。因此，内蒙区自然区域分异的直接而主导的因素是地带性因素，表现在土壤和草原植被的分布规律上，故可按干旱程度与土壤植被，自东向西划为暗栗钙土草原地带、栗钙土与淡栗钙土草原地带和棕钙土荒漠草原地带。考虑到地带性因素的分异，同时照顾到地区的完整性，将内蒙区划为3个亚区、7个小区：

VI_A 内蒙东部亚区

VI_{A1} 呼伦贝尔高平原小区

VI_{A2} 大兴安岭南部及西辽河平原、丘陵小区

VI_B 内蒙中部亚区

VI_{B1} 锡林郭勒高原小区

VI_{B2} 集宁、呼和浩特盆地小区

VI_{B3} 鄂尔多斯东部小区

VI_C 内蒙西部亚区

VI_{C1} 百灵庙高原小区

VI_{C2} 河套平原及鄂尔多斯西部小区

（一）内蒙东部亚区

内蒙东部亚区大致与暗栗钙土草原地带相当，与东北平原黑钙土草甸草原地带相接，包括呼伦贝尔高平原、大兴安岭南段与

西辽河平原，其中呼伦贝尔西部已出现典型草原植被类型，但面积不大，为照顾地区的完整性，我们将它划属东部亚区。

呼伦贝尔位于内蒙区的最东北，是内蒙古高原上以呼伦湖为中心的宽浅平坦低地，全区海拔高度平均在 640 米左右，仅个别残山出露，相对高度约 100 米。中部是海拉尔台地，构成呼伦贝尔高平原的主体。呼伦贝尔塔拉是拗曲下降的部分，其上覆盖着更新世的河湖相沉积和风成沙。海拉尔河沿岸及向南到白音诺尔一带均分布着固定沙丘，沙丘上植物丛生，还有天然生长的樟子松。呼伦贝尔高平原上，河湖洼地和阶地发育，为建立粮食、饲料基地和基本草场创造了有利条件。

呼伦贝尔是内蒙区冬季最冷的部分，寒潮后往往出现–40℃以下的低温，大部分地区全年有 6 个月月平均气温在 0℃以下，地下有残存的岛状冰冻层，厚度可达 7～13 米。海拉尔（海拔 613 米）年平均气温在 0℃以下（–2.6℃），1 月为–27.1℃，极低温至–49.3℃。夏季比较温暖，7 月气温可升至 20℃以上，积温不到 2000℃。东南季风越过大兴安岭，带来一定数量的降水，全年降水量 323 毫米，其中 5～9 月占 80%，7、8 两个月降水占到 50%以上，可见其夏雨集中的情形。夏季水热条件给多年生旱生和旱中生草本植物生长创造了良好生境。草原的种类组成繁多，大多为优质牧草，其中羊草或贝加尔针茅作为建群种分别可形成羊草草原和针茅草原。草群一般高 40～60 厘米，群落总覆盖度达 50%以上，是我国最好的牧场之一。由于水分条件稍差，这里将来仍应以畜牧为主，在局部水土资源较好的地方，可建立粮食、饲料基地。

呼伦贝尔没有很好发育的水文网，主要外流河只有发源于大兴安岭的海拉尔河，长约 300 公里，向西注入额尔古纳河，水量尚丰，下游可以通行木筏及小汽船。

发源于大兴安岭西坡的另一条河哈拉哈河注入贝尔湖。乌尔逊河自贝尔湖流出，沿途多为低平的沼泽地，最后注入呼伦湖。呼伦湖是本亚区内最大湖泊，它的范围和深度在近数十年里有很大变化。湖的北端有低平洼地与额尔古纳河相通，洪水季节水位升高时湖水可以流出。呼伦湖与贝尔湖盛产鱼类，湖滨草原丰美。

大兴安岭南部与西辽河平原比呼伦贝尔地区，气温较高，降水量也较多，如通辽 1 月平均气温为–14.5℃，7 月为 23.9℃，年降水量为 379 毫米；翁牛特旗相应为–13℃、22.8℃和 371 毫米。因此，本地区的草原主要为杂类草草原，禾草所占比重较小，季相变化比较明显。在山地海拔 1500～1800 米高度上出现块状森林，树种主要为岳桦、白桦、山杨、油松、蒙古柳等，还有一些灌木。向西坡林地愈小愈分散，仅见于阴坡，树种也仅见山杨、白桦和榆树。林间草原以禾本科植物占优势，显示着暗栗钙土草原向栗钙土典型草原的过渡特性。山地的东麓即为西辽河平原，平原南部为西辽河流域，北部为闭流区。

西辽河平原有广大沙地，称为科尔沁沙地，是我国水分和植被条件最好的沙区，固定和半固定沙丘占沙地面积的 90%，目前为以蒿类—禾草草原为主的稀树沙生草原景观。当地称沙丘为坨子地，农业用地主要分布在起伏和缓的固定沙坨上。丘间低地为甸子地，与沙丘呈有规律的相间平行分布。甸子地地势平坦，大部用作放牧和刈草场，部分已开垦为农业用地。

西辽河平原是内蒙区东部重要的农牧业基地，为防止风沙侵袭和沙丘移动，解放后即开始营造大规模防护林带，对农牧业生产起到保护作用。如科尔沁沙地东南的章古台（辽宁省彰武县）附近的流动沙丘，已改造成为一片松林，沙丘面貌发生显著变化。

（二）内蒙中部亚区

内蒙中部亚区相当于淡栗钙土典型草原地带，东起大兴安岭西坡的东乌珠穆沁旗，西至鄂尔多斯长城附近，呈东北—西南带状分布。随着地形条件不同和热量差异，本亚区北部为锡林郭勒高原，中部为集宁—呼和浩特盆地，南部为鄂尔多斯东部高原。

锡林郭勒高原具有典型的蒙古高原地貌特征，海拔800～1400米的平缓起伏的浅丘与宽阔的塔拉相间分布。多年平均降水量300～380毫米，冬季亦有平均约20厘米的雪覆盖，水分条件足以满足温带旱生低温草本植物的生长，草本植物生长较好，是我国重要的牧区。但地势平坦，河流短小，地表径流十分贫乏，广泛分布的玄武岩熔岩台地和泥岩塔拉，地下水埋藏很深，形成深水草场或缺水草场，在未改善供水条件以前只能供冬季放牧。

高原南部的小腾格里沙地东西长300余公里，南北宽30～80公里不等，面积共约18000平方公里。沙地覆盖在第三纪和第四纪湖相沉积和第三纪红色粘土之上，绝大部分已处于固定和半固定状态，流沙面积只有2%左右。固定、半固定沙丘上植被生长良好，以禾本科和蒿属为主。东部由于降水量较多，除草本外，还有较多的乔木、灌木，如榆树、山樱桃等，并零星分布有云杉和油松。沙丘与密集的塔拉交错分布，塔拉中植物生长繁茂，覆盖度常在50%以上，为当地主要牧场。塔拉中心常为湖泊，湖水靠潜水补给，且大部能通过地下径流排泄，故水质较好，多为淡水湖（图60）。

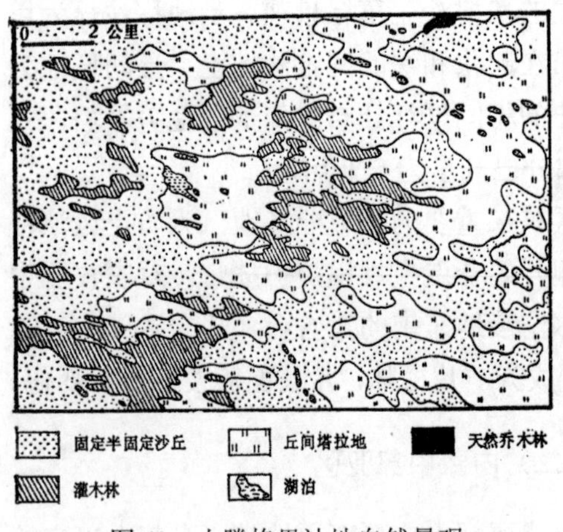

图60 小腾格里沙地自然景观

沙地以南，越过断续低矮的阴山，即进入

沽源、化德、张北、集宁间大面积玄武岩熔岩台地区，海拔为1000～1500米，台地丘陵之间有盆地交错分布。这一地区土地已大部开垦，主要作物有莜麦、糜子、谷子、春小麦等，为内蒙古重要的农业区之一。

集宁以西，大青山地较高，海拔2000～2400米，南坡十分陡峭，以1000米以上的落差降落到呼和浩特盆地与河套平原（海拔不到1000米）。这里，灌溉条件优越，已大部开垦。

黄河河套以南，长城以北，为鄂尔多斯高原。它是一个经长期剥蚀夷平的准平原，地表广泛出露白垩纪砂岩、砾岩，海拔约1300～1500米，仅西部桌子山海拔超过2000米。地形上，鄂尔多斯高原为一些低矮的平梁与宽阔的谷地相交错，起伏微缓。鄂尔多斯高原东部年降水量400毫米左右，干燥度1.6～2.0，属温带干草原；西部年降水量250毫米左右，干燥度2.0～2.8，为半荒漠。两者间大致以杭锦旗—鄂托克旗—盐池一线为界。故自然植被在东部的固定、半固定沙丘内有中生性沙柳，乌柳等灌木群落，而西部这种群落很少。在丘间滩地上，东部以寸草滩和芨芨草滩为主，西部则有成片的盐生植物（白刺和盐爪爪群落）。

鄂尔多斯的中、南部为毛乌素沙地，降水较多，地表水和地下水也较丰富，无定河等河流纵贯本沙地的东南部，流入黄河。沙丘间低地的地下水一般埋深1～3米，水质良好。因此，天然植物生长较好，沙丘上普遍生长油蒿群落，除沙生的油蒿、小叶锦鸡儿外，还有真旱生禾本科草类及臭柏。在丘间低地和滩地上分布着草甸、盐生草甸及沼泽性灌丛，称为“柳湾林”。它由蒙古柳、沙柳和酸刺三种主要灌木相成，生长旺盛，是良好的牧场。这一片片天然绿洲，成为毛乌素沙地中的特殊景色。虽然这里水分条件优越，沙丘以固定和半固定为主，但由于解放前不合理的开垦和破坏植被，流沙面积不断扩大，目前流沙已占沙丘总面积的

64%。流沙主要分布于毛乌素沙地的东南部，特别是在陕北的靖边、榆林、神木和内蒙古的乌审旗一带，密集成片。

在毛乌素沙地内部并不全为沙丘，而有不少滩地和河谷阶地，土壤多为草甸土，腐殖质含量2%以上，盐碱化轻，是沙地中农牧业的基地。

毛乌素沙地的自然条件比较优越，可以发展畜牧业和农业，农林牧相结合。但因气候干燥多风，疏松沙层广泛分布，故必须采取一些防风沙措施。只要充分利用本地区的有利自然条件来改造沙漠，就可以收事半功倍之效。如乌审旗乌审召乡就是一个典型的例子。该乡土地流沙占54%，可利用的草原仅占1/3，且牧草生长不良，风沙危害很大。经过多年努力，乌审召乡的广大群众，种草植树，把近8万亩寸草不生的沙丘，改造成草木丛生的牧场，使沙地出现了新面貌。

（三）内蒙西部亚区

内蒙西部亚区属棕钙土荒漠草原地带，包括乌兰察布盟和巴彦淖尔盟的大部，黄河河套平原和鄂尔多斯西部。

乌兰察布和巴彦淖尔高原地势平缓，高原上有一些东北—西南向的宽浅盆地，多为挠曲作用所形成，其中以二连盆地较大。乌兰察布高原主要为戈壁针茅、冷蒿草原，土壤为棕钙土。巴彦淖尔高原因干燥程度增加，主要为沙生针茅、旱蒿、锦鸡儿草原，土壤为淡棕钙土。

河套平原包括后套平原和银川平原，地质构造上是鄂尔多斯高原边缘的断陷带，靠近大青山和贺兰山都有明显的大断层，山前为缓斜的洪积—冲积平原。第四纪黄河沉积物填满了这个陷落带，厚度可达2000米以上。大青山以南的河套平原积温有3000℃左右，可满足一年一熟作物的需要，引黄河水灌溉，成为著名的河套灌区，一向有“黄河百害，唯富一套”之誉。解放后，河套前沿建设了黄河大型引水枢纽工程，灌溉面积比解放前增加一倍多。但河套地区年降水量仅 150 毫米左右，年蒸发量却高达 2200 毫米以上，重灌轻排，土壤中的盐分就上升到地表，造成大面积次生盐碱化。现已积极进行综合治理，实行灌排配套。

从青铜峡至石嘴山之间为银川平原，利用黄河水引渠灌溉银川、平罗、惠农等地农田，西有贺兰山为屏障，风沙危害不大。这里自秦汉以来就是屯田的地区，至今还留有古代开凿的渠系。解放后经过重新修整，新建了灌溉工程，为农业稳产高产创造了有利条件。

从磴口向北到乌拉山之间为后套平原，海拔 1100 米左右，地面平坦，自西南向东北微倾。黄河两岸略形隆起的自然堤使地势向两侧降低。引黄河水灌溉渠系自南向北，再由五加河排出，注入乌梁素海。由于灌溉后地下水位增高，已引起土壤次生盐渍化。

在后套平原的西南部，介于黄河与狼山之间为乌兰布和沙漠。沙漠内，流沙占 39%，主要分布于东南部，其余为固定和半固定沙丘，主要在西部，梭梭柴、红沙、白刺等生长较好，是优良的牧场。北部是古代黄河冲积平原，广泛分布有平坦的粘土质平地，且濒临黄河，地势由黄河岸向西缓缓倾斜，可引黄河水自流灌溉，条件优越。昔日的黄沙荒原现在已开始展现出美丽的图景。

乌兰布和沙漠的流沙通过贺兰山与狼山间的地形缺口，一直延伸到黄河岸边，并越过黄河，在河套的黄河南岸形成库布齐沙漠。这里绝大部分是流动沙丘，以高 10～15 米的沙丘链和格状沙丘为主，人口稀少，仅有少数牧民的放牧点。

银川平原以西的贺兰山是一条狭长的山地，宽约 20～40 公里，走向北北东，山顶海拔多在 2000～2500 米，最高峰海拔 3000 米以上，西坡缓斜，与阿拉善高原相接，进入荒漠，东坡则陡降 1000 余米，入银川平原。贺兰山植被具有垂直带变化；山麓部分 1500

米以下为荒漠草原；1500 米以上出现覆盖度较大、草本生长较高的干草原；大约 2000 米以上，有以云杉、山杨、油松为主要成分的森林，其中夹有杜松、侧柏、桧松等，林下植物显示出半干旱的生境，森林已被破坏，残存不多；森林以上，有面积不大的山地草甸，可作夏季牧场。

三、草原合理利用与沙漠治理

内蒙区草原广袤，面积约 10 亿亩，是我国畜牧业的重要基地。这里的牧草如冰草、羊草、隐子草、针茅、苜蓿、葱类及冷蒿等，营养价值很高，且有毒植物不多，大部是优质喜食的适口牧草。根据内蒙古自治区草原局调查，草原生产力在东部草甸草原最高，平均每亩产草 200～240 斤以上，中部典型草原为 100～150 斤，西部荒漠草原为 100 斤以下。如仅就这样的草原自然生产力计算，载畜量可增加 1 倍。如能进行草原改良，提高产草量 50%，再加人工种植牧草或播种牧草，进行草原建设，生产潜力还可更加提高。

内蒙区各族人民根据当地的具体条件，采取一系列因地制宜的有效措施，在草原建设和沙漠治理方面已取得了很大成绩，但还存在一些问题影响到草原生产潜力的发挥，其中最主要的有下列几个方面：

（一）合理利用水草资源

内蒙古草原地表水贫乏，分布不均，解决广大草原牧业供水，主要在于寻得可靠的地下水源。解放以来，牧民们在草原水利建设上进行了大量工作，如打井，修筑小型水库，建塘坝，结合挖泉眼、引溪流，开辟了缺水草场 5000 余万亩。但仍有大面积草场严重缺水而不能利用。未经利用或极轻度利用的草场，枯草被覆地表，土壤热量条件变差，使植物种类减少，尤其是豆科植物和有价值的杂类草从群落中退出，草场出现自然退化现象，质量降低。

另一方面，已经利用的草场，特别是河湖井泉附近的草场，由于放牧负载较大，在不同程度上造成过牧或退化现象，适口性牧草不能很快恢复，土层被牲畜践踏紧实，土壤水分情况变坏，以致饲料价值较高的优质牧草衰退，植株变矮，草层高度和产草量显著降低，有毒草类数量增加。极度退化的草场，土壤沙化，往往只留下矮小灌丛，失去利用价值。据调查，如以放牧半径 10 里以外的草原产草量为 100%计，则放牧半径 4～7 里以内，产草量为 73%，3 里以内只有 30%，1 里以内则下降到 17%。愈近畜群停留集中的地点，草层破坏愈重。

因此，合理利用草场是当前内蒙古草原畜牧业生产发展的关键问题。解决草场利用不平衡的矛盾，主要是以兴修水利为中心的草原建设，除探索水文地质规律找水以外，还应注意合理利用水源，进行井网布局，建立完整的供水系统。还可适当利用多余水源灌溉饲料地和人工牧草地。有供水条件的草场必须正确利用，安排季节营地。对已退化的草场进行封育、灌溉、补播牧草等加以改良，恢复其生产力。同时，要落实草场使用、管理责任制，实行以草定畜，保护草场和牲畜，重视科学研究，应用新技术，做到科学养畜。

（二）草原粮料基地的建立

合理利用草原和加强草原建设，不断提高载畜量和牲畜质量，是我国畜牧业发展的方针。为此，草原地区应在开辟缺水草场和安排四季营地合理轮牧的同时，培育人工牧草和饲料，并因地制宜适当发展粮食作物，以减少粮食的调入。

但内蒙古草原已属农耕的边缘地区，开垦必须十分慎重，以免由于开垦而造成破坏草场和土壤沙化。草原牧区的耕地应坚持精耕细作，合理倒茬轮作，提高单位面积产量和保养地力。耕地位置应严加选择，避开风口，土壤应有一定厚度，并避免盐渍化。在有水源条件的地方，应主要发展水浇地。

（三）沙漠治理

内蒙区有大片沙漠，由于解放前不合理开垦，过度放牧和任意樵采，导致风沙再起，形成流沙。目前，对风沙危害农田的沙区，主要采用植物防治措施，即营造防护林带，并结合封沙育草等，防止风沙灾害，促进农、林、牧业的全面发展。如赤峰市位于科尔沁沙地南缘，过去受风沙侵袭严重，解放后，营造农田防护林带2700多公里，初步实现了农田林网化，全县粮食产量大幅度增长。宁夏磴口县三面被乌兰布和沙漠所包围，营造防护林带后，已使过去被流沙所吞没的8万多亩土地恢复了耕种。

对风沙危害牧场的沙区，则采用造林固沙，以林护草，乔、灌、草三结合的方法，并围"草库伦"，以治理沙害，建设草原。如乌审召乡采用上述方法后，植被覆盖度增加很快，土壤表层的腐殖质含量也明显提高，为发展畜牧业创造了有利条件。

在地表水较为丰富的沙漠（如毛乌素沙地），采用"引水拉沙"的方法，即利用河流、湖泊等水源，引水拉平河流沿岸的沙丘，并和其他措施结合起来，把沙荒变成良田。如毛乌素沙地南部陕西榆林地区，采用这种方法，已在沙漠中扩大耕地35万亩。陕西靖边县杨桥畔大队引水拉沙造成的耕地，经改良利用10年后，土壤的有机质含量增加了4～8倍，粮食亩产已提高到650多斤。

此外，封闭沙化弃耕地和退化草场，也是治理流沙建设草原的一项重要措施。如伊金霍洛旗（毛乌素沙地）毛乌聂盖地区，60年前还是植被稠密的优良牧场，到解放前夕，这里的土地80%已经沙化。解放后，通过封沙育草、划区轮牧、种植固沙植物和造林等途径，草场面积已占土地总面积的70%。

（四）消灭鼠害

草原生境适于鼠类生活和繁殖。内蒙古草原上最常见的巴氏田鼠是禾本科草原啮齿类动物的代表，黄鼠则是优势种。此外，还有鼠兔、鼢鼠、旱獭等，均喜群聚生活。它们对草场及农作物有很大危害，常常啮食牧草与农作物，特别是损害对牲畜适口的牧草。在栖居密度较大的地方，洞穴纵横，地下被挖空，草类因此缺水、缺土，往往不免枯死。马、牛有时蹄陷穴中，因而受伤，大车行走也可能受到阻碍。在上述啮齿类动物中，巴氏田鼠数量特多，每一公顷内可以有200多只。一只田鼠的每日食草量约为一只蒙古羊的1%。这样，一公顷草场因鼠害破坏牧草，就要减少两只羊的载畜量。因此，为保证牧业发展，在草原建设中必须消灭鼠害。近年来，群众性的灭鼠工作已取得很大成绩，但因鼠害面积大，鼠类繁殖快，一些地区的鼠害仍较严重。

总之，内蒙区的自然条件大部宜于发展畜牧，其南部则为农耕与畜牧间的过渡地带。在这种地区，发展生产不宜片面地强调粮食，以粮挤牧，毁草种粮。我国现有沙漠化土地约14.7万平方公里，其中就包括草原地带的沙地在内。解放后，在防治草原沙漠化方面取得了很大成绩，但就某些地区来说，由于滥垦和过牧等原因，草原沙漠化则有所发展。这也说明，在自然区域的边界上，尤应注意土地的合理利用问题，否则，违背了自然界的客观规律，必然引起草原的沙化、退化，使草原和畜牧业受到破坏。目前草原建设还应抓住围建草库伦和灭鼠治虫两个环节，为牲畜的稳定、优质、高产创造条件。可以预料，内蒙区在实现我国四个现代化中一定会作出更大的贡献。

第十三章　西北区

西北区包括新疆维吾尔自治区、内蒙古自治区西部、甘肃河西走廊以及青海祁连山地和柴达木盆地，面积辽阔，占全国总面积的20%以上。

西北区西、北面至国境；东与内蒙区以干燥度4.0等值线为界，约经狼山、贺兰山西坡至河西乌鞘岭；南与青藏区的界线，西起帕米尔、经昆仑山北坡、布尔汗布达山，东至日月山、拉脊山与华北区界相接。阿尔金山居我国最干旱的中心地区，祁连山地北坡、西坡均为荒漠，具有与天山相似的干旱区山地垂直带结构，故均划属西北区。

本区位于欧亚大陆的中心部分，降水十分稀少，高大山脉所环抱的大盆地尤为干旱。它是我国最干旱的一个自然区，沙漠和戈壁分布面积甚广。著名的沙漠有塔克拉玛干、古尔班通古特、巴丹吉林、腾格里等。山前洪积砾质戈壁围绕盆地边缘分布，南疆东部的嘎顺戈壁和阿拉善高原西部的北山戈壁，是著名的剥蚀石质戈壁。

在这些干旱的大盆地中，如塔里木盆地、准噶尔盆地、河西走廊等，我国劳动人民长久以来利用源自高山雪水的河流水源，引水灌溉，建立绿洲，并利用沙地草场和高山草场放牧，发展畜牧业。解放后，西北区农牧业得到空前发展。在这方面，原新疆军区生产建设兵团为新疆建设作出了巨大贡献，20多年来在天山南北沙漠上开荒造田、兴修水利，把大片荒漠改造成为渠道纵横、林带成网的良田，为我国干旱地区的开发建设积累了宝贵的经验。

一、干旱荒漠景观的形成及其最主要特征

西北区最主要的景观特征是干旱荒漠，它与其他自然区分异的主要因素是水分条件的差异。在干旱气候条件下，自然地理过程中经常起作用的是水分、热量条件、盐分运动和机械物质运动。

（一）干旱的气候

西北区深居内陆腹地，气候具有强烈的大陆性，降水十分稀少，气温变幅很大。

在环流系统上，本区地当中纬度西风带，高低气压系统活动频繁。冬半年大部在蒙古高压笼罩下，地面高压脊约在东经 96°附近扩张，其南部因受祁连山地阻碍，迫使气流分向东西流动，即东经 96°以东基本上为偏西风，东经 96°以西基本上为偏东风，风向稳定而风力强大。本区西部和南部则以西风气流居主导地位。这时，极地大陆冷气团和北冰洋气团频频入侵，在地面强烈辐射冷却的影响下，气候以干冷为主要特色。夏季本区位于大陆低压的北缘，西风气流强盛，水汽输送较为活跃，此时广大裸露地面受热，气温特高。由于青藏大高原对气流的动力和热力影响，高原北侧强西风流范围较冬季为大，在藏北及塔里木盆地上空形成高空热带大陆气团，天气燥热。但强西风流往往有小的扰动，在帕米尔及天山南坡形成狭窄的辐合现象，引起小范围降水。

影响本区天气气候变化的主要因素是冷空气活动，各月都有出现。入侵新疆的冷空气途径大致有西北、西和北 3 个方向，其

中以来自西北的最多。寒潮入侵往往引起北疆强烈降温，并有大风雪，使畜牧业受到一定损失。如 1969 年 1 月 24 日一次强寒潮，从西伯利亚西部侵入，新疆西北部降温达 26℃之多，严寒异常，伊宁最低气温达–40.3℃，打破该地历史上的最低记录。来自北方的冷空气流势力往往也很强大，能越过天山到达南疆，先聚集在阿尔金山西坡，待到一定的厚度与强度时，即能越过阿尔金山侵入柴达木盆地，造成猛烈的降温、大风和风沙天气。

本区气候干燥，云量少，日照丰富，尤其是塔里木盆地东部和甘肃西北部，年平均总云量在 4.5 成以下，相对日照在 70%以上，日照时数达 3000 小时以上。敦煌至吐鲁番之间地区，是本区最干旱的中心，日照时数可超过 3400 小时，是我国日光能资源最丰富的地方。因此，本区年总辐射量极为丰富，除北疆稍少，在 130 千卡/平方厘米·年左右外，其他各地均达 140～155 千卡/平方厘米·年。

丰富的日照和辐射，使地面和近地面层空气获得大量的太阳能，不但对作物的生长发育有促进作用，也为广泛利用太阳能提供了基本条件。高山的耸立对冷气流有阻障作用，而气流越过高山下沉也有显著增温现象，特别是南疆地区，热量资源较为丰富。例如北疆的活动温度积温为 2000℃～3000℃，比东北区高。而南疆的积温一般在 4000℃左右，属于暖温带，其中吐鲁番的积温高达 5450℃以上。

本区各地气温变化突出地表现了大陆性气候的特点。最冷月（1 月）气温北疆在–20℃上下，南疆、河西走廊和柴达木约在–10℃上下。1 月平均气温分布总趋势北疆比南疆冷，东部比西部冷，山区比盆地冷。最热月（7 月）平均气温大致在 23℃以上。冬寒夏热（柴达木因海拔较高，冬寒夏凉），年变化大于 30℃～40℃。北疆的车排子最大年较差曾达 55℃，为全国之冠。气温日变化也很大，各地年平均日较差都高于 11℃，南疆和河西走廊可达 16℃～20℃，新疆东部极端干旱的戈壁上可达 35℃。敦煌在极端情况下，一昼夜间气温变化接近 40℃。“早着皮袄午换纱”是气温日较差大的生动写照。

本区降水稀少。水汽来源，在西部主要来自西风，降水量一般由北西西向南东东方向减少；在东部主要来自东南季风，降水量由东南向西北减少。塔里木盆地东南部正当西藏高原常年盛行西南风下沉、而北冰洋冷湿气流和东南季风均不易侵入的地区，年降水量只有 15 毫米左右（如且末），成为全国降水最少的地方。加之年平均气温较高（10℃以上），蒸发量极大，降水量往往不及蒸发量的 1%，因而又是全国最干旱的中心，干燥度达 80 左右。北疆受北冰洋气流影响，降水较多，盆地内一般约有 200 毫米，干燥度约 4.0 左右，且降水季节分配比较均匀，冬春稍多，是全区水分条件最好的地区。西北区内其他地区，降水一般以夏季较多。降水量的年际和月际变化都非常大，在南疆和河西走廊，往往可以连续半年点滴无雨，但 1～2 天内就降了全年降水量的 1/2 或 2/3。降水的多变也是气候大陆性强烈的一种表现。

山地降水量一般随高度而增加，山地比山麓湿润，山麓又比盆地中心湿润。如祁连山北麓河西走廊（平原），年降水量约 50～150 毫米，山间谷地为 300 毫米，高山带则增至 500～800 毫米左右。在博格多山天池 1959 年测得降水 798.5 毫米。位居伊犁地区特克斯谷地的昭苏，达 519 毫米（1956～1977 年）。但到一定高度后，降水量又逐渐减少。天山南坡及昆仑山北坡因气流的水汽含量太少，降水随高度变化较少。据天山中部剖面上各站降水纪录（图 61），降水最大的高度在 3000 米左右。

西北区降水稀少，沙漠戈壁广布，地表植被稀疏，大气干旱和旱风出现频繁，对农作有很大危害。旱风多半是北方冷空气入侵造成的，冷空气入侵时，空气原来所携水分极少，冷锋前后，气压梯度很大，因此发生强劲的旱风。旱风一般在4～8月间出现，风速超过每秒10米的强烈旱风，多在5月下旬至6月下旬最为频繁。在这段时期里，冷空气侵袭次数较多，下垫面增温作用较强，使旱风具有高温低湿和风力强大的特点。

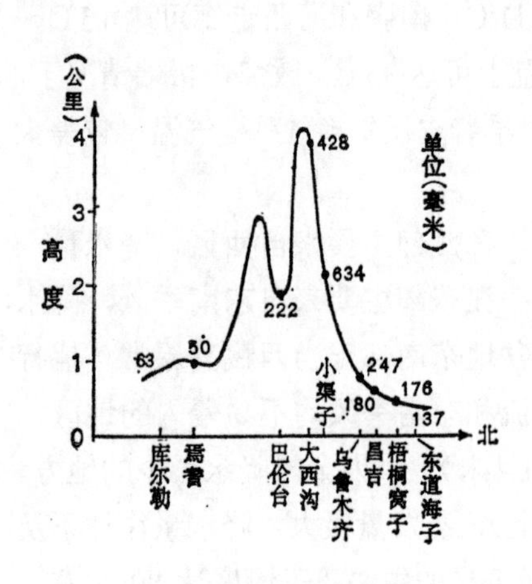

图61　天山中部降水量随高度的变化

大气干旱是指近地面层空气饱和差超过60毫巴情况而言，多发生在7月上旬至8月上旬期间，这时下垫面温度最高，干燥的冷空气侵入后迅速增温，相对湿度大为降低，而饱和差增大。

大气干旱和旱风在西北各地发生的次数十分频繁，作物的生长发育和产量在不同程度上受到影响。

（二）高山与大盆地在荒漠景观形成中的作用

西北区的地形特征是具有高耸的山岭和巨大的盆地。南部有昆仑山脉，北部有阿尔泰山，中部横亘着天山、阿尔金山，东南部有祁连山。天山与阿尔泰山之间为准噶尔盆地，天山与昆仑山、阿尔金山所环抱的是塔里木盆地，阿尔金山、祁连山与昆仑山围绕着柴达木盆地，而祁连山以北为河西走廊，走廊北山以北、贺兰山以西还有坦荡的阿拉善高原。这些山岭除河西走廊北山较低，海拔一般为2000～2500米外，都十分高大，海拔一般均超出4000米，最高峰达7000米以上，现代冰川发育。山岭对西北区荒漠景观的形成和区域内部分异起着十分重要的作用。

地形对荒漠景观形成的作用主要表现在下列几个方面：

1. 对气流的阻障作用，加强了气候的干旱程度与地区差异。其主要作用是：

（1）山脉对气流有屏障作用，冷气流往往受山脉阻挡，在山地两侧造成很显著的温湿差异，只有在冷空气特别强大时，才能从山口或隘道翻越山地流过。例如塔里木盆地 1 月气温要比北疆高出 10℃～12℃（表 34）。阿尔金山与祁连山在一般情况下对冬季冷气流有显著的阻障作用，在冷高压势力特别强大时，能越过阿尔金山进入柴达木盆地，造成盆地中的寒潮天气。由于山地迎风面冷空气的堆积和下沉，山地常常出现逆温现象。天山北坡和祁连山北坡的逆温现象最为显著，1 月间逆温层约在 1500 米以上，厚度达数百米，有利于山区冬季牧场的利用，栽植果树也可在适当保护措施下顺利越冬。

表 34　天山南北 1 月气温的比较

站　名	海拔（米）	1 月气温（℃）
奇　台	795.3	–20.9
鄯　善	420.0	–10.8
阿勒泰	750.0	–18.6
库尔勒	901.4	–9.5

（2）山脉使气流下沉增温，加强背风坡的大气干旱和旱风现象，最突出的是南疆偏北部经常出现大范围的旱风，气温也有所升高，吐鲁番盆地 1 月平均气温为–10.3℃，比西面的焉耆高出 3.8℃，比东面的哈密高出 4.5℃。伊犁盆地、塔城盆地也都是小范围的暖区。乌鲁木齐的焚风很著名，每逢气旋在天山北麓移动，

天山北坡的气流下沉，即发生焚风现象，使山麓平原的气温增高。

（3）地形对地面风的影响也很大。大地形使高山与盆地间的地方性环流盛行，大气环流的盛行风在山麓附近或山谷间遭到破坏，转变为地方性的山谷风。如和田夜间吹西南风（山风），白天吹西北风（谷风）；乌鲁木齐秋季盛行南风（山风）和北风（谷风）；柴达木都兰夜间吹东南风（山风），白天吹西北风（谷风）等等。在山脉的隘口附近，大风出现最多，天山阿拉山口（准噶尔门）全年有155天出现大风。天山喀拉乌城山与博格达山之间的达坂城山口，大风日数达128天。被称为"老风口"风线上的克拉玛依，全年有98天大风。河西走廊西段位于祁连山与马鬃山之间的疏勒河谷地，常年出现大风，带有大量沙尘，被称为"安西风"。可见一些著名的大风地区都与地形的束狭或山地的缺口有关，当然山的两侧产生气压差，亦是必要条件之一。大风冬季造成强烈的吹雪，春季造成强烈的沙暴和霾，携带沙粒的大风对农作物危害极大，不仅减产，而且流沙威胁绿洲，埋没农田、村庄。解放后，已在许多绿洲边缘营造防沙护田林网，有效地减少了风沙的威胁。

2. 荒漠大盆地景观结构的形成。西北区的大盆地包括河西走廊在内，都有着共同的景观结构模式（图62）。

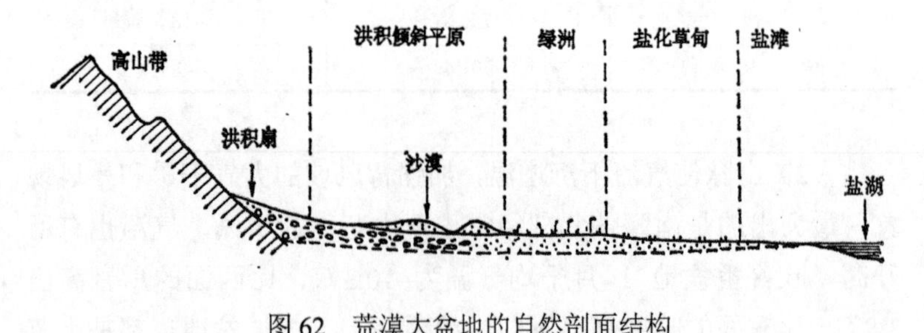

图62　荒漠大盆地的自然剖面结构

荒漠盆地边缘的高山不仅对气流运行和气候特征的形成有很大影响，而且是盆地中灌溉水源和地表大量堆积物的供给者。高山各有自己的景观垂直带谱，大致都具有自高山冰雪带、高山草原或森林带、山地荒漠草原带下降到盆地荒漠的垂直结构。盆地边缘的山前部分，扇形洪积或洪积—冲积平原分布甚广，这就是堆积类型的戈壁。随着地势向盆地中心倾斜降低，戈壁组成物质也逐渐变细。在洪积平原上部，砾石广布，源自山地冰雪融水的河流出山口以后即潜入戈壁，或在流经戈壁时发生大量渗漏，地下水位较深。洪积平原中部，地表组成物质渐细，开渠引河水灌溉比较便利，地下水埋藏深度在三四米以下，可避免盐渍化的威胁，建立绿洲最为有利（图 63）。戈壁带之下，洪积平原前缘，潜水往往以泉水形式重新渗出地表，为地下水溢出带，形成盐化草甸。由此再往盆地中心，则为大面积的盐滩或沙漠，河流潜水下注洼地，潴为盐湖。地下水的化学性质也随之具有自山前向盆地中心的分带结构，一般

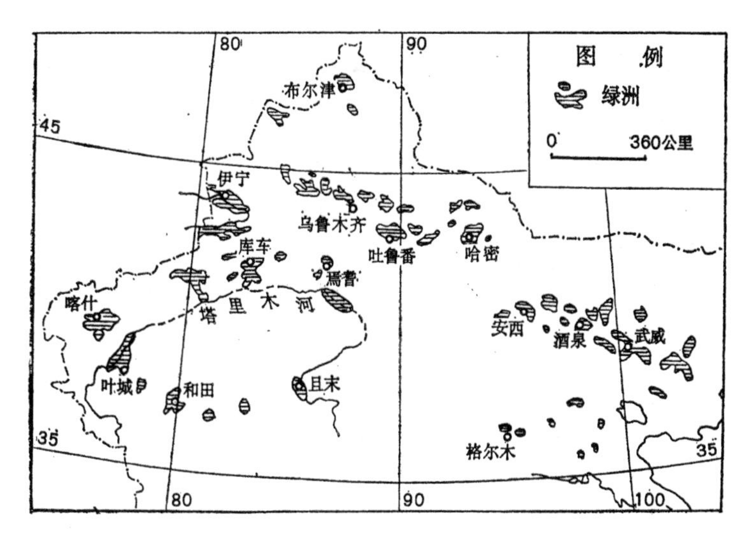

图 63　西北区绿洲分布示意图

在山区为径流形成区，地下水矿化度很低；出山口后在山麓洪积平原带中为重碳酸盐型淡水；至洪积平原前缘，地形坡度变缓，地表组成物质变细，地下水运动变慢，水质逐渐矿化，趋于硫酸盐型潜水；再向洼地则为排水不良的盐化草甸和盐沼泽，地下水位很浅，甚至接近地表，矿化程度加强，成为硫酸盐或氯化物水。所有地表水和地下水都是从山区流注，其最终去路为蒸发。

各大盆地中心部分各有不同的荒漠景观特征。如塔里木盆地中部为塔克拉玛干大沙漠，准噶尔盆地中心有古尔班通古特沙漠，柴达木盆地中部为盐沼和盐滩，但它们自山前向盆地中心的荒漠景观分带结构图式基本上是一致的。

（三）内陆河流与高山冰川

荒漠地区地表水缺乏，分布着大面积的无流区，缺乏常年有水的河流，除新疆北部额尔齐斯河一角以外，均属内陆流域。这些源于高山注入盆地的内陆河流出山以后，水流大多渗入戈壁与流沙，或汇注洼地，潴为湖沼。本区较大的内流河有塔里木河、伊犁河、玛纳斯河、疏勒河、弱水、柴达木河等。

河流出山后，常无固定河床，河道易迁移，旧河道遗弃于河床两侧，地下水不断下降，原有植被因得不到水分供给而相继死亡，土地龟裂。而在新河道所经之处，原有荒漠化过程很快地转变为草甸化过程。这种现象以塔里木河最为典型，其南北两岸的干河床及大小支流纵横分布，互相穿流。

本区极端干燥的大陆性气候是造成河水化学性质复杂化的重要原因之一。这里雨量稀少，蒸发强烈，土壤不受或少受淋溶，易溶性盐类大量积累。因此少量的径流即可溶解大量的盐分，使河水在很短的流程中即具有较高的矿化度，与潜水的矿化性质相适应。

塔里木河是我国干旱地区最长的内陆河，由三条支流——阿克苏河、和田河，叶尔羌河汇合而成。干流长达 1280 公里，76%的水量来自阿克苏河，叶尔羌河与和田河只在洪水期才有水流入。塔里木河下游经常改道，有时东流，汇合孔雀河注入罗布泊，有时南下注入台特马湖。新中国成立后，由于大规模农垦，塔里木河上游各支流引水增加，塔里木河水量显著减少。

本区山前洪积—冲积平原蕴藏着丰富的地下水，如祁连山的山前平原——河西走廊就蕴藏地下淡水 50 亿～60 亿立方米。地下水对改造沙漠、发展生产起着重要作用。新疆坎儿井是各族人民在利用水资源方面的智慧的结晶（图 64）。坎儿井将地下水通过地下渠道汇到地面，不仅使用水方便，而且可大大减少蒸发损失。新疆 95%的坎儿井集中在吐鲁番和哈密盆地。但因在河流出山口修建渠道引水工程和输水干渠，导致坎儿井水量锐减。即便如此，坎儿井因具有自流、流量稳定和经济效益高等优点，今后仍应进一步发挥它在水资源利用中的作用。

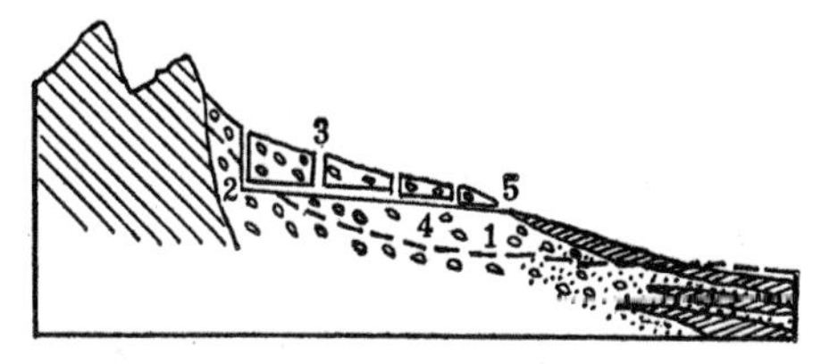

图 64　坎儿井结构示意图

1 地下水，2 集水井，3 工程井，4 暗渠，5 出水井

本区高山拥有丰富的冰雪资源，对农业发展具有重要意义。天山为我国最大的现代冰川区，有冰川 8900 条，面积 9192 平方公里，主要集中于降水比较丰沛的西段。这里发育着巨大的山谷冰川，如汗腾格里峰南侧的南依诺勒切克冰川，长 59 公里，是天山的第一大冰川。祁连山现代冰川广泛发育于海拔 4500 米以上的高山区，有冰川 3306 条，面积约 2063 平方公里，大部分分布于祁连山的西段和中段。昆仑山西段，靠近帕米尔的慕士塔格（7555

米）和公格尔山（7719 米）的冰川，面积有 596 平方公里，成星状分布于海拔 5500 米的雪线以上。自此向东，昆仑山冰川及永久积雪面积约 10000 平方公里。

本区不少大河发源于高山冰川和永久积雪区，冰川和积雪融水是河流的重要补给水源，补给量一般较为稳定，具有高山固体水库的作用，对绿洲灌溉农业的发展十分有利。为增加灌溉水源或配合用水季节需要，可采取人工黑化冰雪面的办法促进消融，但由于冰川位于海拔甚高的山地，交通困难，人工调节冰雪消融措施不便推行。当前仍应以合理利用现有水源，提高水利用率，增强防渗漏措施，整修引水灌排渠系为主要方向。

（四）荒漠植被与土壤

西北区荒漠植被主要为旱生灌木和半灌木，植物种类非常贫乏，其组成以藜科最多，柽柳科、菊科、豆科等也占相当比重。由于气候干旱，土壤含盐量高，荒漠植物相应地具有下列生态特征：

（1）植物覆盖度一般不超过 20%，甚至小到 1%，极端干旱的北山、南疆和柴达木盆地则有大面积无植被的戈壁和流动沙丘。

（2）有些植物的叶子已退化为无叶，或形成特殊形态（叶小、有毛、有刺等），以减少蒸腾作用，如麻黄属、沙拐枣属、蒿属等。

（3）许多植物有庞大的根系，以便从土壤中吸取水分，如沙竹的地下茎可向水平方向延伸 27 米，柽柳属的根可长达 30 米。

（4）许多藜科植物，如碱蓬属、盐爪爪属等，是含有高浓度盐分的多汁植物，可从盐度高的土壤中吸取水分，以维持生活。

西北区面积广大，荒漠按降水量多寡可分为干旱和极端干旱两类，前者包括准噶尔盆地和阿拉善东部，年降水量约 100～200 毫米，干燥度 4 左右；后者包括阿拉善西部、塔里木盆地和柴达木盆地，年降水量一般仅 50 毫米左右，干燥度 10 以上。按地面物质的性质，荒漠又可分为沙漠和戈壁两类。戈壁可再分为岩漠和砾漠，前者指风蚀强烈，地面岩石裸露，满布破碎的黑色岩块；后者指山前洪积扇，地面满布砾石。按照气候和地表物质的不同，荒漠植被也可分为不同类型：

（1）准噶尔盆地年降水量较多，且四季分配比较均匀，植被主要为温带半乔木荒漠，主要由半乔木——藜科梭梭属组成，最高达 7 米，半乔木层下有灌木、半灌木和草本层。在固定沙丘上，植被覆盖度有时可达 30%～40%。伊犁和塔城地区，降水量达 300 毫米左右，天然植被已为荒漠草原。阿拉善东部降水也较多，植被为温带灌木、半灌木荒漠，固定和半固定沙丘上广泛生长着半灌木的油蒿，覆盖度达 50%。

（2）在极端干旱地区，北山和天山南麓一带的低山岩漠上，只有干沟内稀疏地生长着藜科的合头草、戈壁藜等，植被总覆盖度不到 1%。在砾质戈壁滩上，生长着柽柳科的琵琶柴，为一种矮灌木，高度仅 20 厘米左右，覆盖度不超过 10%，有的仅 2%～3%。

（3）本区盐湖周围、河岸和局部低洼处的强度盐土上，植被为盐生、多汁的矮半灌木，主要是藜科盐爪爪和碱蓬属，并有白刺、柽柳等。塔里木盆地内盐爪爪盐漠面积很大。

（4）荒漠区河流沿岸，地下水位较高，土壤湿润，为轻度盐渍土。沿河岸生长着胡杨林，它是一种荒漠平原河岸林，沿河呈走廊式分布，故亦有“走廊林”之称。胡杨一般高 10 米左右，最高达 20～30 米，林下并有柽柳、铃铛刺等灌木及芦苇等。塔里木河两岸胡杨林面积最广，约 42 万公顷，成为塔克拉玛干大沙漠中的“天然绿色走廊”。由于气候干旱，空气湿度很低，胡杨林林相稀疏，郁闭度不到 0.3，为中旱生特性的疏林，其森林外貌、群落结构与湿润地区的落叶阔叶林显然不同。

本区的地带性土壤在温带干旱气候下为灰棕漠土，在暖温带极端干旱气候下为棕漠土，并有较大面积的风沙土。土壤基质主要是戈壁滩上的砾质洪积物，沙丘上的沙质风积物和裸露岩石低山上的风化残积物，局部为河流冲积物和湖泊沉积物。在气候、植被和基质的影响下，荒漠土壤一般具有下列特征：（1）机械成分中细粒较少，含砾石和沙粒较多；（2）表土有机质含量很少，都在 0.5%以下，没有腐殖质累积层，这是荒漠土壤和草原土壤形成过程的最大区别之一；（3）全剖面都含高量的石灰（碳酸钙），且极少淋溶下移现象，碳酸钙在表层积聚，表土（0～2 厘米）碳酸钙含量常达 7%～8%，向下逐渐减小；（4）表层或剖面中含有石膏；（5）含有，一定量的盐分，多为硫酸钠和氯化钠。塔里木盆地由于极端干旱，土壤中还出现氯化物的盐盘层，这在世界荒漠土壤中是罕见的；（6）全剖面呈中碱性到强碱性反应（pH 值 8.0～10.0）。

在温带荒漠盆地边缘的细土物质上，发育有灰漠土。灰漠土主要分布于天山北麓山前倾斜平原。这里雨量稍多（200 毫米左右），气候较为湿润，植被覆盖度较大，生物作用相对有所增强，使灰漠土不仅具有荒漠土壤的形成特征，也同时具有草原土壤形成过程的某些雏形，如腐殖质累积过程略有表现，表层有机质含量约 1.0%，最高可达 1.7%；碳酸钙受到弱度淋溶，最大含量不在表层，而在中、下部。

风沙土是沙漠地区风成沙母质上发育的土壤。由于风的经常吹蚀和堆积，风沙土的成土过程很不稳定，很难形成成熟的土壤剖面。但随着沙丘的自然固定，风沙土的理化性质发生一系列变化。固定沙丘上的风沙土物理性沙粒减少，物理性粘粒有所增加，可达 5%左右，有机质含量也不断增加，流动沙丘上的风沙土有机质含量仅 0.02%～0.03%，有些地区固定沙丘上的风沙土含量可达 1%以上，全氮的含量也有增加，最高可达 0.03%～0.04%。总之，风沙土含有植物生长所需要的灰分元素和氮，并具有一定的保水性能，只要有灌溉水分，是能够变为农、牧用地的。

准噶尔盆地北部，天山中部北麓山前洪积扇上部以及柴达木盆地东部，为荒漠草原—棕钙土地区。棕钙土与漠土的主要差别是：生物作用较强，有较厚（15～30 厘米）的腐殖质层；淋溶作用较强，发育了明显的碳酸钙淀积层。这些特征表明，棕钙土的形成基本上以草原土壤腐殖质积累和钙积化过程为主。但自 35～70 厘米开始，土中亦有石膏积聚，反映出棕钙土已具有荒漠成土过程的一些特点，并随干旱程度的加强而增长。新疆伊犁谷地年降水量 300 毫米左右，水热条件较棕钙土地区稍好，分布有灰钙土，其腐殖质层厚 50～70 厘米，部分地区已可以从事旱作农业。

西北区山地具有干旱地区山地垂直带谱结构的特点，其主要建谱植被—土壤在北疆为山地草原—栗钙土，在南疆为山地荒漠草原—棕钙土。随着干旱程度自南向北减弱，山地草原—栗钙土带的下限高程，也从西部天山的 1100 米下降到阿尔泰山西北部的 800 米；山地荒漠草原—棕钙土带的下限高程，则从昆仑山中段的 3500 米下降到天山东部北坡的 2000 米。

（五）荒漠中的动物界

本区干旱的气候和荒漠为主的植被，对动物区系的组成和生态特征有很大影响。本区动物相当贫乏，特别是在大沙漠的中心。代表性动物以啮齿类的跳鼠和沙鼠亚科为主。其余如五趾跳鼠、土跳鼠、三趾跳鼠、长爪跳鼠，具有特长的尾及后肢，能在风沙中迅速地作 60～180 厘米大距离的跳跃，足底具硬毛垫，能在沙地奔驰，通常夜出活动，一夜间能驰走 10 公里，是荒漠半荒漠地区的种类。

在荒漠中生活的有蹄类动物有野骆驼、野驴、黄羊、羚羊、盘羊等，均有迅速奔跑的能力。其中野骆驼是世界稀有的野生动物，在我国属于第一类保护动物，集中分布于新疆东部星星峡以西极端干旱的砾质戈壁丘陵地区。这里地面上仅有的十分稀疏的骆驼刺等植物，是野骆驼的主要食物。

本区的食肉类动物陈有国内分布比较广泛的狼、猞猁外，还有沙狐、兔狲、虎鼬等。狼冬季成群地在开阔的地带上追猎有蹄类，对动物特别是放牧的牲畜威胁甚大。

二、自然景观的地域分异与自然区划

西北区主要是一片干旱荒漠。该区面积十分广大，各地水分条件尚有一定差异，因而自然景观特征也有不同。甘、新、青 3 省（区）交界地区位于亚洲大陆的腹地，是全国最干旱的中心，自此向外，年降水量逐渐增多，大致准噶尔盆地为 100～200 毫米，河西和阿拉善大部在 100 毫米左右。由于水分来源不同，水分的季节分配也不同。东部夏季降水很集中，冬季很少雨雪，而北疆冬季降雪和积雪都较多。这种水分分布和季节动态配合着热量条件，影响到植被与土壤的形成发育过程在地区上的差异，因而出现了荒漠景观的分异。

西北区大地形的明显轮廓，对生物气候状况的分异有显著作用，在水分来源、季节动态、风向、风的强度、热量条件等方面，往往由于高山阻隔而有很大差异。大地形的轮廓加强了景观的地域分异。故主要山脉一般可作为明显的自然界线。据此，西北区可划分为下列 6 个亚区、9 个小区：

VII_A 北疆亚区

VII_{A1} 阿尔泰山及准噶尔界山小区

VII_{A2} 准噶尔盆地小区

VII_B 天山山地亚区

VII_{B1} 天山山地小区

VII_{B2} 伊犁谷地小区

VII_{C} 南疆亚区

VII_{C1} 塔里木盆地小区

VII_{C2} 吐鲁番及哈密盆地小区

VII_{C3} 北山戈壁与噶顺戈壁小区

VII_{D} 阿拉善、河西亚区

VII_{D1} 河西走廊小区

VII_{D2} 阿拉善高原小区

VII_{E} 祁连山地亚区

VII_{F} 柴达木盆地亚区

（一）北疆亚区

本亚区包括新疆天山以北的地区，地形上主要为巨大的准噶尔盆地。盆地介于阿尔泰山、准噶尔界山和天山之间，呈一不等边三角形轮廓。其地形不像南疆那样紧闭，西北侧山地较低，且有许多缺口，北冰洋湿润气流可以深入，故比南疆塔里木盆地稍为湿润，但气温较低，平地的积温大部在 3000℃左右，属温带干旱荒漠。

1. 阿尔泰山及准噶尔界山小区

阿尔泰山居准噶尔盆地东北侧，中、蒙两国之间，走向北西，海拔一般 3000 米以上，主峰友谊峰达 4374 米，山势向东南降低，逐渐没入于戈壁荒漠之中。山区气候比较湿润，降水量随地形升高而增加。大致在 1000 米以下的低山为 250 毫米，1000～1500 米间为 250～350 毫米，1500～3000 米间增至 350～500 毫米，甚至达到 800 毫米。气温很低，积温＜2000℃，山前地带的富蕴，冬季最低曾达–52℃。故阿尔泰山分布有大片寒温带落叶针叶林，主要由西伯利亚落叶松组成，并常伴生西伯利亚云杉、桦、欧洲山杨等。其上限为海拔 2100～2300 米，下限随降水量的减少，自西北向东南由 1300 米升至 1700 米。东疆的北塔山由于大气湿度较低，西伯利亚落叶松林的下限升高至 2100～2300 米，林内并混生有雪岭云杉。山地垂直带结构如图 65 所示。

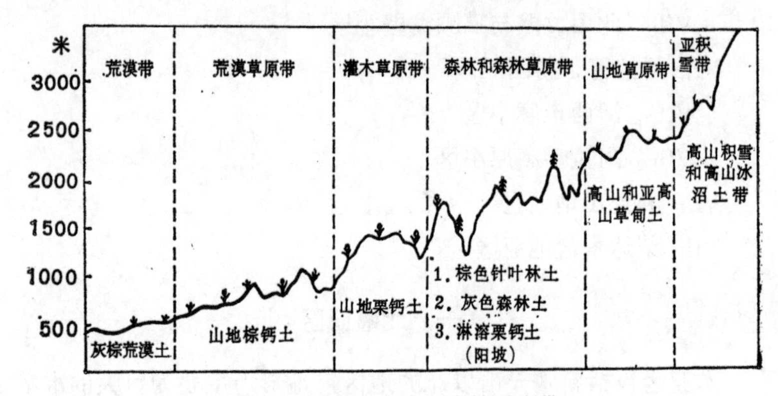

图 65　阿尔泰山地西南坡垂直带

额尔齐斯河发源于阿尔泰山东南部，是我国唯一的北冰洋水系河流。阿尔泰山南麓山前平原年降水量 150～200 毫米，为荒漠草原，建群种为沙生针茅，并有矮半灌木短叶假木贼、冷蒿等。荒漠草原的下限，自西北向东南由 500 米升至 2000 米。阿尔泰山西段，海拔 1200 米左右则为山地狐茅、针茅草原。森林带以上也有宽阔草场。故阿勒泰地区是新疆重要牧区之一，这里居住的哈萨克族把草场分为夏场、春秋场和冬场，按着一定季节，轮流放牧。

准噶尔界山是一系列断块山地，海拔 2000～4000 米。山地间有一些断陷盆地，如塔城，最低处海拔只有 400 米。这里也比较湿润，干燥度小于 4.0。山地狐茅、针茅草原可从海拔 1300 米一直到山顶广泛分布，只有个别高峰出现较完整的垂直带。小片森林存在于阴湿的斜坡上，草原和荒漠草原所占面积最大，草质良好，最易发展畜牧业。额敏河谷地以及塔城地区旱作也早有发展，成为北疆西部的农业区。

2. 准噶尔盆地小区

准噶尔盆地东西长约 850 公里，南北最宽处约 380 公里，地势由东南向西北和缓倾斜，东南最高部分海拔 1000 米左右（老奇台附近），西北部地势低下，有一系列内陆湖泊，如布伦托海、玛纳斯湖、艾比湖等。艾比湖湖面海拔仅 189 米，是准噶尔盆地最低的地方。盆地东部因近期抬升，形成剥蚀高地，为一片戈壁。盆地内大部为古尔班通古特沙漠，海拔 300～500 米。

古尔班通古特沙漠位于准噶尔盆地的中心，面积 4.88 万平方公里，是我国第二大沙漠。年降水量可达 70～150 毫米，冬季并有积雪，故沙漠内部植物生长较好，沙丘绝大部分为固定和半固定，其面积占整个沙漠的 97%，是我国面积最大的固定、半固定沙漠。植被覆盖度在固定沙丘上可达 40%～50%，半固定沙丘上达 15%～25%，为优良的冬季牧场。沙漠内部沙丘形态主要为沙垄，占固定、半固定沙丘总面积的 80%。

准噶尔盆地年平均气温约在 6℃左右，冬季早寒，全年有 5 个月平均气温在 0℃以下。夏季较温暖，7 月平均气温可达 22℃～25℃，≥10℃的积温约为 3000℃左右，生长期约 150～180 天，一般作物如小麦、甜菜等均生长良好。盆地内海拔较低之处，如石河子（海拔 445 米）等，夏季较热，积温在 3200℃以上，可种植棉花。但由于霜期的早晚变动较大，往往使喜温作物如棉花的产量波动，因而防霜御寒是一项重要任务。降水不能满足农作物需求，只有有灌溉的地方才有农业，故山地径流是盆地农业的命脉。天山北坡面向西北来的湿润气流，降水量比昆仑山同高程丰富得多，高山积雪也较多，分布的位置较低，融雪较早，河流大部有春汛，对盆地中农作物的春播甚为有利。故准噶尔盆地的绿洲绝大部分都分布于盆地南缘的天山山麓地带。

天山北麓的山麓地带，从山地向盆地中心（即自南向北），可分为3个景观带，以玛纳斯附近为例，可分为：（1）洪积冲积扇，为砾石戈壁，坡度大（1/100～1/200），年降水量约200～250毫米，土壤有机质含量少，保水性差，但地下水位深，无盐碱化问题；（2）冲积扇边缘，为潜水溢出带，地面组成物质主要为沙质粘土，土层深厚。年降水量约200毫米，地面坡降1/200～1/1000。这里水土条件均好，为老绿洲集中分布的地带。但地下水位高，排水不良，有沼泽化及轻度盐渍化；（3）冲积平原，地面坡降1/1000～1/3000，年降水量约140～160毫米，土层深厚，保水性强，灌溉效益高，为新垦地带。

建国以来，准噶尔盆地西南缘的绿洲面积已有很大增加，从解放前的75万亩增加到现在的390万亩。石河子垦区位于玛纳斯河流域，经过20多年的垦殖，已修建了灌溉渠道1万多公里，开垦荒地数百万亩。石河子市现已成为具有现代工业和农业的新型城市，有“戈壁滩上的明珠”的美称。绿洲内由于长期的生产活动（灌溉、耕作、施肥等），形成了一种特殊的人工土壤，即绿洲灌淤土，其剖面上部有一特殊的灌溉淤积层，厚约50～100厘米，是灌溉淤积和施肥的产物。耕层的有机质含量多在1%～2%。灌溉淤积层内碳酸钙含量较高，pH值大多在8.0～9.0；粘粒和细粉粒的含量比下部母质有增加，土壤质地大多为中壤和重壤。绿洲灌淤土的理化性质较好，虽然有些地方还存在不同程度的盐渍化威胁，但只要加强管理，并采取一定措施，将会越种越肥，生产潜力很大。

（二）天山山地亚区

天山是亚洲最大山系之一，横亘于新疆中部，长1700公里，西段宽达400公里，东段（乌鲁木齐以东）变狭，宽仅100公里左右。一些主要山峰海拔4000～6000米，在西段较高，东段较矮。天山南北两侧的盆地，海拔仅有1000米左右，故山势高耸峻拔。由于天山地势高，面积大，故划为一个亚区。

天山是一条典型的褶皱断块山，山地内有许多断陷盆地。在地质构造和地貌上，天山可分为北、中、南3带。北天山紧贴准噶尔盆地，山峰海拔多在4000～5500米，如乌鲁木齐以东的博格达山海拔5445米，山中有著名的天池，为天山山地的胜境。北天山位于迎风面，降水量比南天山多，高山冰川分布面积也较广，所以发源于北天山冰川区的河流较多，在天山北麓形成许多广阔的洪积冲积扇。

北天山的垂直景观带比较明显，以乌鲁木齐以南为例：3400米以上为冰川和积雪，3200～3400米为寒冻风化带，仅有雪莲及一些垫状植物。2800～3000米以上为高山蒿草草甸。蒿草草甸是中亚典型的高山植被，草高一般在10～15厘米，很茂密，覆盖度达70～80%，产草量达每公顷1000公斤，不失为良好的夏季牧场。蒿草草丛促进土壤中有机质的大量积累，发育着高山草甸土，谷地有沼泽和冰沼泽土。

2200～2400米以上是亚高山草甸，由茂密的杂草组成，双子叶杂草类占优势，禾本科和莎草科次之。1500～2200米分布着森林草原和森林。在气候较湿润的乌鲁木齐南山，林带最低可下至1200米；在较干旱的精河附近南山，则上升至2000～2900米间。北天山的最东端伊吾附近，由于气候干旱，山地已没有森林带，在2700米以上，从山地森林草原—黑钙土带，直接过渡为高山蒿草苔草—草甸土带。北天山的森林为雪岭云杉林，常呈岛状出现于阴坡和河谷底部。由于天山的大气湿度较小，雪岭云杉林多为纯林，不含冷杉，与受海洋气流影响较大的东北区山地迥然不同。雪岭云杉树形端直，树冠呈细长高耸的尖塔状，树高25～30米，每公顷蓄积量 400 立方米以上，是良好的用材。林缘和峡谷中的天山花楸在秋季结赭红色果实，特别显目。

云杉林下的土壤是灰褐色森林土，是发育在半干旱和干旱地区山地森林下的土壤，为褐土与灰色森林土之间的过渡类型。其剖面分化十分明显：腐殖质层厚 20～30 厘米，表层有机质含量可达 12%～25%；剖面中部有明显的黏化现象；50～60 厘米以下有钙积层；呈中性至微碱性反应，pH 在 7.0～8.0 之间。既具有褐土形成的若干典型特征（黏化过程和碳酸盐累积过程），也有类似于灰色森林土的某些特点（腐殖质累积过程），因此，我们称为灰褐色森林土，它是干旱地区山地森林带特殊的生物气候环境的产物。

林带以下或森林带内的阳坡上，分布着山地草原（狐茅、针茅为主）和荒漠草原（沙生针茅、矮半灌木草原）。由于北天山的降水量从西向东递减，故荒漠草原在天山北坡的分布下限自西向东由 1000 米升至 1500 米，到最东端的巴里坤山，可升高至 1700 米。

天山北坡的前山带为一系列平缓丘陵和纵向谷地，海拔 1100～1800 米，年降水量一般 300～400 毫米，较平原上显著增多，土壤主要为山地栗钙土。牧草生长良好，为天然牧场。由于前山带冬季有逆温现象，比较暖和，对放牧有利，冬牧时间可长达 5 个月。这里也是新疆重要的旱农区，旱地农业的下限约在 1200～1300 米。

中天山是一系列平行的山岭，夹着许多断陷盆地，山岭海拔一般不超过 3500 米。其西部的伊犁谷地是天山最大的山间河谷盆地之一。盆地三面环山，向西敞开，西来的潮湿气流得以深入，年降水量 300～500 多毫米（从西向东增加），为新疆最湿润地区，冬季积雪很厚。盆地北侧有高山屏障，相对高差近 3000 米，拦住了寒流，且常形成深厚逆温层，故伊犁谷地比较暖和，如伊宁市（海拔 804 米），年平均气温 7.7℃，1 月平均气温–11℃。天然植被主要为温带草原，上游巩乃斯草原为著名的伊犁马（古称“天马”）产地。下游河谷平原盛产小麦、棉花、水稻等，为新疆重要的农业区。

南天山紧临塔里木盆地，山势最高，不少山峰海拔5000～6000米，天山最高峰托木尔峰就在这里。

南天山在自然景观特征上与北天山有显著差异。由于北天山的阻挡，南天山的干旱程度更加严重。山南的塔里木盆地远比准噶尔盆地干燥，因此荒漠向山地侵入很深，天然植被主要是山地荒漠草原和草原，森林带消失，只在高山阴坡个别阴湿山沟中有小片的雪岭云杉和桦木生长，林相稀疏，林下灌木不多，且多为中旱生多刺灌木，林下缺乏北坡所特有的草本植物。

兹以托木尔峰为例，说明山地垂直带谱的研究在自然地理上的重要意义。

托木尔峰海拔7435.3米，由于构造轴心偏北，山地北陡南缓。托木尔峰现代冰川十分发育，计有829条，总面积达3840余平方公里。

由于山地的屏障作用，托木尔峰南、北坡的气候迥然不同（表34）。北坡年降水量较多，干燥度很小，属半湿润地区，但因年降水量的76%集中于5～9月，干湿季仍很明显。冬季逆温层（海拔650米至2500～3000米）的存在，使山地温带草原至亚高山寒温带草甸带的分布界限上移。南坡干燥度很大，气候大陆性之强为全国之冠。

表35　昭苏（北坡）与拜城（南坡）气候的比较

地点	海拔（米）	年平均气温（℃）	积温（℃）	年降水量（毫米）	干燥度	记录年份
昭苏	1848	2.8	1641	519	0.83	1956～1977
拜城	1229	7.4	3309	96	7.8	1959～1977

托木尔峰南、北坡均可分出7个垂直带（图66）。南坡的垂直带谱属温带大陆性半干旱型，以温带荒漠和草原景观为主要特征。动物种类贫乏，以荒漠和荒漠草原的干旱种类为主。土壤表层腐殖质累积较弱，全剖面均有较高量的碳酸盐。河水矿化度较高（289毫克/升），大多属HCO_3^-、SO_4^{-2}—Ca^{+2}，Na^+型水。北坡的垂直带谱属温带半湿润型，以肥美的草原和带状分布的雪岭云杉林景观为主要特征。动物种类较多，以草原和森林种类为主。土壤表层有机质含量较高，而且表层一般不含碳酸钙。河水矿化度较低（191毫克/升），大多属HCO_3^-、SO_4^{-2}—Ca^{+2}型水。

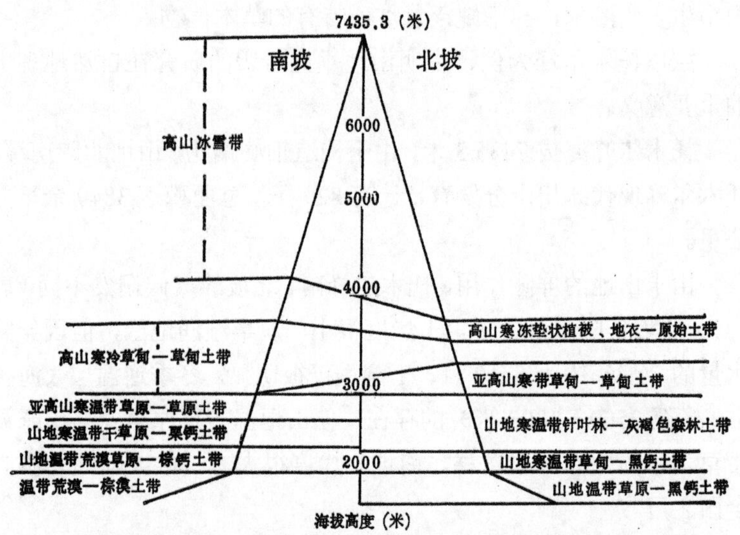

图66　托木尔峰地区南北坡垂直自然带谱示意图

（据彭补拙、倪绍祥："新疆天山托木尔峰地区的垂直自然带"，《南京大学学报（自然科学版）》，1980年第4期，第131～148页）

如将托木尔峰的垂直带谱与纬度相近的我国东部大青山和长白山的垂直带谱相比较，可以看出：（1）垂直带谱的基带不同。托木尔峰南、北坡的基带分别为温带荒漠和山地草原带；大青山为温带山地干草原带；长白山为温带针阔叶混交林带。（2）垂直带谱的结构不同。如垂直带的数量，托木尔峰有 7 个；大青山和长白山仅有 4～5 个。（3）垂直带谱的组成差异也很大。如针阔叶混交林带，托木尔峰南、北坡均缺失；大青山针、阔叶林独立成带；而长白山针阔叶混交林十分发育，带幅宽 1100 米。再如针叶林带，托木尔峰仅表现为雪岭云杉纯林；大青山为油松、杜松、侧柏林；长白山则为鱼鳞云杉、臭冷杉等多种成分的针叶林。（4）南、北坡垂直带谱的差异程度不同。托木尔峰南、北坡差异十分明显；大青山也有类似情况，但程度稍差；长白山南、北坡差异较小、垂直带谱的结构和性质基本一致。（5）垂直带的分布高度不同。托木尔峰南坡干草原带的上限海拔 2600 米；大青山南坡上限 1500～1600 米；到长白山该带已消失。托木尔峰北坡的针叶林带的上限可达海拔 2900 米；而长白山该带的上限已下降到 1800 米。总之，从长白山经大青山到托木尔峰，因距海渐远，大陆性程度渐增，垂直带谱的性质由温带湿润型逐渐过渡到半湿润和半干旱、干旱型，即山地垂直带谱深深地打上了经度地带性的烙印，并与山体的高度有关。

天山自西向东，因降水量渐趋减少，自然景观的结构特征也有变化，这在天山北坡表现得更为明显。例如以托木尔峰北坡和天山东部的博格多山北坡相比，前者存在山地草甸带和亚高山草甸带，后者的草甸和亚高山草甸只以类型形式局部出现于山地寒温带针叶林带的上、下限附近，未构成完整的垂直带。这两个山地南坡的差异则远不如北坡明显。

吐鲁番—哈密盆地和焉耆盆地在构造上亦属天山山地的断陷盆地，但其自然景观已为暖温带极端干旱的荒漠，因此，我们把它划入南疆亚区。

（三）南疆亚区

本亚区是我国暖温带极端干旱的荒漠，年降水量一般<50 毫米，除塔里木盆地外，尚包括河西走廊西端（北山戈壁和安西、敦煌一带）、吐鲁番及焉耆盆地。

1. 塔里木盆地小区

塔里木盆地是我国最大的内陆盆地，为诸大山脉所包围，只有东面有宽约 70 公里的缺口与河西走廊相连。盆地东西长约 1500 公里，南北最宽 600 公里，地势自西南向东北缓斜，西南部的海拔 1400～1500 米，东部罗布泊洼地最低处不到 800 米。塔里木河流于盆地的北缘。

塔里木盆地干燥度 24～64 以上，是我国沙漠分布面积最广的地区。塔克拉玛干沙漠位于盆地中央，向东与库姆塔格沙漠几乎相连，面积 33.76 万平方公里，占全国沙漠（不包括戈壁）总面积的 47%左右，是我国最大的沙漠，也是世界上最著名的大沙漠之一。该沙漠内流动沙丘占绝对优势，沙丘高大，一般高 100～150 米，最高 200～300 米，流沙约占沙漠面积的 85%。在流动沙丘边缘的河、湖附近地下水位较高（2～3 米）的地段，往往出现生长着柽柳的固定小沙丘，高约 2～4 米，叫做“红柳包”，它们是由于盐渍化草甸土上的柽柳在挡风阻沙的过程中，不断被沙掩埋，又不断向上生长而逐渐形成的。

罗布泊是塔里木盆地最低洼的部分，海拔仅 780 米，位于第四纪的构造洼地中。瑞典地理学家斯文赫定曾提出“罗布泊是游移湖”的论点。近年考察证实，罗布泊一直是塔里木盆地的汇水中心，游移说是不切实际的推断。[①]

① 夏训诚：“罗布泊科学考察综述”，《罗布泊科学考案与研究》，科学出版社，1987 年，第 1～5 页。

塔里木河和孔雀河下游和罗布泊一起形成了一个广大的河流冲积及湖积平原。1952 年因塔里木河中游塔里木河大坝的兴建，使塔里木河与孔雀河分离，塔里木河注入台特马湖，孔雀河注入罗布泊。1972 年起，台特马湖与罗布泊渐趋干涸。现在罗布泊已完全干涸，湖面为坚硬的起伏不平的盐壳。疏勒河下游及罗布泊洼地的河、湖相沉积层受风力侵蚀，形成风蚀土墩与风蚀凹地相间的“雅丹”地貌，使地面支离破碎。风蚀土墩一般高 1～5 米，其排列方向与主风向平行，大致作东北—西南方向。其中黏土组成的土墩顶面往往有盐壳层，故又称“白龙堆”。吐鲁番—哈密盆地以南则为噶顺戈壁。

塔克拉玛干沙漠东西长达 1200 公里，在于田的子午线上宽达 430 公里。其形成主要是因第三纪末，特别是中更新世以来青藏高原的不断强烈隆起，使高压反气旋系统的北移和强化，导致塔里木盆地气候变干的结果。塔克拉玛干沙漠最主要的沙漠地貌类型是高大的垂直于风向的新月形沙丘链、复合新月形沙丘和复合型沙丘链。在沙漠中部古河流三角洲地区，则以平行于风向的新月形沙垄、沙垄和复合形沙垄为主。此外，还有金字塔沙丘、穹状沙丘等。

塔克拉玛干沙漠虽以流沙为主，但从昆仑山和天山山脉发源的许多河流，深入到沙漠内部，有的（如和田河）并穿越沙漠而过。这些河流的河谷地带，由于间歇性洪水的补给，冲积层中有着丰富的淡潜水，水分条件较好，生长着密集的胡杨林、灰杨林、柽柳灌丛及芦苇草甸，成为沙漠中的天然绿洲，其中并有固定的居民点。同时，本沙漠的热量资源丰富，积温 4000℃～5000℃，无霜期 180～240 天，日照时数全年有 3000～3500 小时。在河谷水分植被条件较好的地方，有大片荒地可供开发利用。新中国成立后，在塔里木河中下游已建立了不少新绿洲，新开发的耕地达

74 万亩。但是，由于森林的过量采伐和燃料消耗，大河两岸的森林植被遭到严重破坏。以塔里木河两岸的胡杨林为例，最近 30 多年面积减少了一半多。森林的破坏，必然会加重风沙对绿洲的危害。这里的自然环境保护，已提到紧迫的日程上来了。

塔里木盆地边缘的景观分带与准噶尔盆地南缘（天山北麓）大致相似。由于昆仑山近期隆起量较大，故山前洪积—冲积扇平原的范围和坡降都较大，洪积—冲积扇上部坡度一般达 6～8°，冲积扇的范围在皮山地区一直可向北伸展到麻札塔格山（盆地中心的低山）南麓。反之，南天山由于近期上升量较小，洪积—冲积扇平原规模较小，向平原伸入的长度也较短。因此，塔里木盆地南北两侧景观带的宽度是不对称的。

塔里木盆地的地带性土壤是棕漠土。但随着地形、沉积物性质和水文地质条件的变化，土壤类型还是比较复杂的。棕漠土仅见于低山、戈壁和山前洪积扇上。在洪积扇边缘、河旁，地下水深 1～3 米，矿化度 1～3 克/升，分布着盐化草甸土。河岸胡杨、灰杨林下，发育着胡杨林土。在距现代河道较远的古代冲积平原上，由于地下水位迅速下降，原来的乔木、灌丛和草甸植被已经枯萎或死亡，土壤极端干燥，分布着龟裂性土或残余盐土。在滨湖地区，随着地下水矿化度的增高，相应分布有草甸盐土、盐土和滨湖盐土。

盆地南缘的昆仑山北坡，由于位于极端干旱地区，垂直带中已没有森林带。如昆仑山中段赛图拉山区，荒漠植被—山地棕漠土可一直分布到海拔 3500 米，3500～4200 米为山地荒漠草原—山地棕钙土。4200 米以上为高山草甸化草原和干草原—高山草原土（高山巴嘎土），这里，年降水量可达 250～350 毫米左右，植被以固沙草、白草、针茅为主，伴生灌木锦鸡儿、金腊梅等，土壤腐殖质层厚约 10～15 厘米，为高山牧场。

2. 吐鲁番及哈密盆地小区

吐鲁番—哈密盆地（图 67）是天山山地中的一个山间断陷盆地。盆地北侧为博格达山、喀尔力克山，山势高峻，海拔多在 4000 米以上；南侧有觉罗塔格山（海拔 1500 米左右），大部地方和噶顺戈壁相连。加之气候又属暖温带极端干旱类型，自然景观与塔里木盆地完全相同，所以我们把它划入南疆亚区。

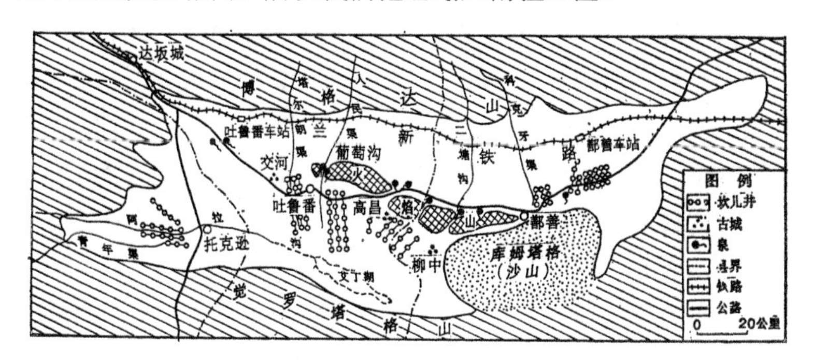

图 67　吐鲁番盆地示意图

（据夏训诚、胡文康：“吐鲁番盆地”，《地理知识》1976 年第 9 期，第 8 页）

吐鲁番和哈密盆地地形上是相连的，中间仅有沙山（库姆塔格）相隔。吐鲁番盆地长 245 公里，宽约 75 公里，地势向南倾斜。盆地南部为广大低地，高程多在海平面以下，最低处艾丁湖，湖底海拔–155 米，是我国最低的地方。哈密盆地的地势自东向西下降，盆地西南部的沙兰湖，海拔仅 81 米。

吐鲁番盆地地势低凹闭塞，西北气流越天山下沉，增温作用强烈，形成焚风，加上地面辐射的热量不易散发，故夏季特别炎热，是全国闻名的“火洲”。吐鲁番夏长约四个半月，大致 5 月初入夏，比长江流域还早一个月。吐鲁番县 7 月平均气温为 32.8℃，比长江沿岸的三大“火炉”——武汉、重庆、南京还高，绝对最高气温达 48.9℃，是全国的最高纪录。夏季地表（沙丘或岩石表面）温度可达 80℃以上，使人难以下步。盆地中部，有一条东西向红色砂岩组成的低山，地面岩石裸露，毫无植被，夏季阳光照射在红色砂岩的地面上，异常酷热，红光反射，犹如阵阵烈焰，这就是著名的火焰山。吐鲁番盆地积温在 5450℃以上，全年日照时数 3000 小时以上，无霜期 220～270 天，热量资源极为丰富，成为我国著名的长绒棉产区和瓜果之乡，作物一年两熟（与塔里木盆地相同）。由于白天日照强，温度高，光合作用强烈，有利于植物体内糖分的积累；夜晚气温降低，呼吸作用减弱，糖分消耗减少，所以瓜果品质特别优良，葡萄干、哈密瓜等闻名全国。

吐鲁番盆地炎热，气压低，热空气迅速上升，北方冷空气急剧南下，故风很大，该盆地有"风库"之称。1977 年 5 月曾有 12 级大风，风速达每秒 32.6 米。

吐鲁番气候极端干旱，降水十分稀少。降水量最低的托克逊县，年降水量仅 3.9 毫米，吐鲁番县为 16.6 毫米，降水量最多的鄯善县也仅 25.5 毫米。但盆地内蒸发却极为强烈，吐鲁番、托克逊、鄯善 3 县蒸发量分别为 3003.1 毫米、3821.5 毫米和 2879.3 毫米，分别为本地降水量的 181 倍、980 倍和 113 倍。因此，农业完全依赖灌溉。现在，除传统的坎儿井外，并发展了井灌、耕地面积比解放初期增长近一倍。[1]此外还大面积灌水种草，植树造林，仅吐鲁番一县就营造了长 1300 公里的防护林带，使 70%的农田实现了林网化。

（四）阿拉善、河西亚区

本亚区包括祁连山以北、贺兰山以西及北山戈壁以东的广大地区，降水量自东向西迅速减少，一般为 150～50 毫米，属温带

---

① 夏训诚、胡文康：《吐鲁番盆地》，新疆人民出版社，1978 年。

干旱荒漠。

1. 河西走廊小区

南侧为祁连山，高峰海拔5000米以上。北侧为龙首山—合黎山—马宗山（当地总称北山），海拔大多2000～2500米，个别高峰达3600米，山地地形起伏平缓，已趋于准平原化。介于祁连山与北山之间，有一条狭长平地，即河西走廊，因其位于黄河以西，故名。河西走廊东西长约1000公里，南北宽数十公里，海拔一般1100～1500米，大部为祁连山的山前缓斜平原。由于北山山势断续，中间有许多宽广的缺口，故河西走廊在一些地方向北与阿拉善高原直接相连。河西走廊的河流全属于发源于祁连山地的内陆水系，51条大小河流汇合为石羊河、弱水（即黑河，下游称额济纳河）和疏勒河三大水系。只有弱水较长，过去能穿过戈壁向北流注于居延海（苏古诺尔和嘎顺诺尔）。河流出山口处总径流量约72亿立方米，为绿洲农业提供了丰富的灌溉水源。现因上游用水增加，河水已不能到达居延海，居延海已渐干涸。

由于走廊内有酒泉黑山与民乐大黄山的横向断块隆起，河西走廊被分隔为三个内陆盆地，即玉门—安西—敦煌平原，属疏勒河水系，是暖温带极端干旱的荒漠，已划入南疆亚区；张掖—高台—酒泉平原，大部属弱水水系；武威—民勤，属石羊河水系。

河西走廊积温约2500℃～3000℃，水源比较充足，故绿洲农业发达，自古为东西交通必经的通道，目前是我国大西北的粮棉基地之一。

河西走廊的景观分带结构，可以祁连山—酒泉—居延海的剖面为例，如图68所示，从山麓至盐湖，随着地貌部位不同，出现不同类型的土壤，风化壳的盐分也按盐类溶解度作有规律的变化，依次为碳酸钙（难溶）、硫酸钙、硫酸钠、氯化钠（易溶）。而地下水的化学成分也相应地发生变化：洪积—冲积扇的地下水矿化度0.2

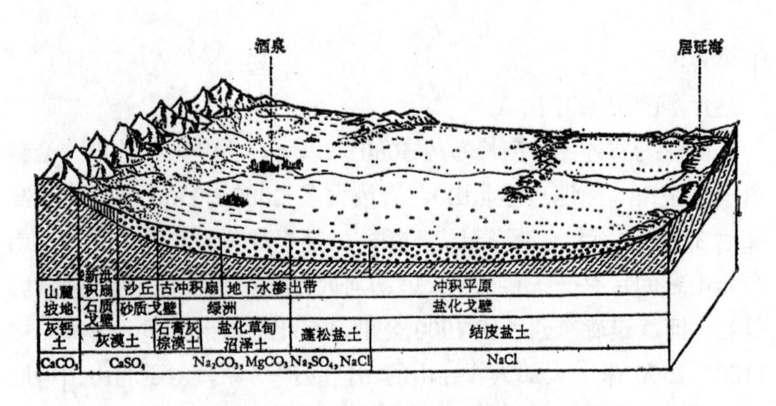

图 66　祁连山—居延海景观分带综合剖面图

（据中国科学院南京土壤研究所主编：《中国土壤》，科学出版社，1978 年，第 453 页）

～1 克/升，主要含重碳酸钙，为淡水；走廊平原的地下水矿化度 1～3 克/升，含重碳酸盐与硫酸盐；河流下游及盐湖附近，地下水矿化度 3～10 克/升，主要含硫酸盐与氯化物。河西走廊自 50 年代以来，由于地表水利用率不断提高，地下水的总补给量由原来的每年 65 亿立方米，减少到 80 年代的 60 亿立方米。其中石羊河流域地下水约削减 40%，使泉水灌区减少 77%，迫使原有的泉灌区改为井灌区，而流入民勤盆地的地表径流量，由原来的每年 4 亿立方米，减至 2 亿立方米。所以，河流、泉水与地下水，必须通盘考虑，统一调配。

河西走廊的绿洲面积较大，沙漠零星分布于绿洲附近和绿洲之中，面积不大，一般都在 1000 平方公里以下。流沙边缘的固定和半固定沙丘，由于水分条件较好，柽柳、白刺、沙蒿、沙拐枣等生长繁茂，为丰富的植物资源和绿洲边缘的天然防护林带。

武威与张掖之间，合黎山与祁连山互相接近，中间为一片海拔 1800～2000 米的低山、丘陵，即大黄山。这里，年降水量约 300 毫米，天然植被为温带荒漠草原和干草原，一向是重要的牧场。

2. 阿拉善高原小区

指河西走廊以北、中蒙国境线以南、弱水以东、贺兰山以西的广大地区，海拔1000～1400米，地势大致自南向北倾斜。高原上仍有一些山地，把高原分隔成若干低地，一些大沙漠即位于低地内。如东北—西南走向的雅布赖山，把沙漠分隔为巴丹吉林与腾格里两大沙漠。

巴丹吉林沙漠是我国第三大沙漠，高大沙山密集分布，一般高200～300米，最高可达500余米，为我国沙丘最高大的沙漠。沙山间有湖泊（海子）交错分布。由于这里降水稍多，沙丘及沙山上仍生长有稀疏的植物，如沙拐枣、籽蒿、沙竹等，有植物的地段约占整个沙山面积的1/3。湖泊周围的自然景观具有同心圆环状分异的特征：湖滨为沼泽化草甸，地下水埋深不到1米，主要为海韭菜、海乳草等；往外为盐生草甸，地下水埋深1米左右，主要为芦苇、芨芨草等；再往外为白刺沙滩，地下水埋深超过3米；最外缘则为固定、半固定沙丘。这些湖盆主要利用作为放牧，沙漠中的固定居民点如巴丹吉林等也位于湖盆中。由此可见，巴丹吉林沙漠并不是全系茫茫流沙、罕无人烟的。

腾格里沙漠位于阿拉善高原东南部，流动沙丘与湖盆草滩交错分布，有大小湖盆422个之多，是沙漠中的主要牧场，也可作为治理沙漠的基地。沙丘上也有稀疏植被。

阿拉善东部水分条件较好，有小面积半荒漠，植物以川青锦鸡儿、驼绒藜为主。固定和半固定沙丘上则广泛生长着油蒿，高约50～70厘米，覆盖度达50%。

（五）祁连山地亚区

祁连山和柴达木盆地位于青藏高原的北部，海拔均在2500米以上，但柴达木具典型荒漠大盆地景观结构特征，祁连山具荒漠区

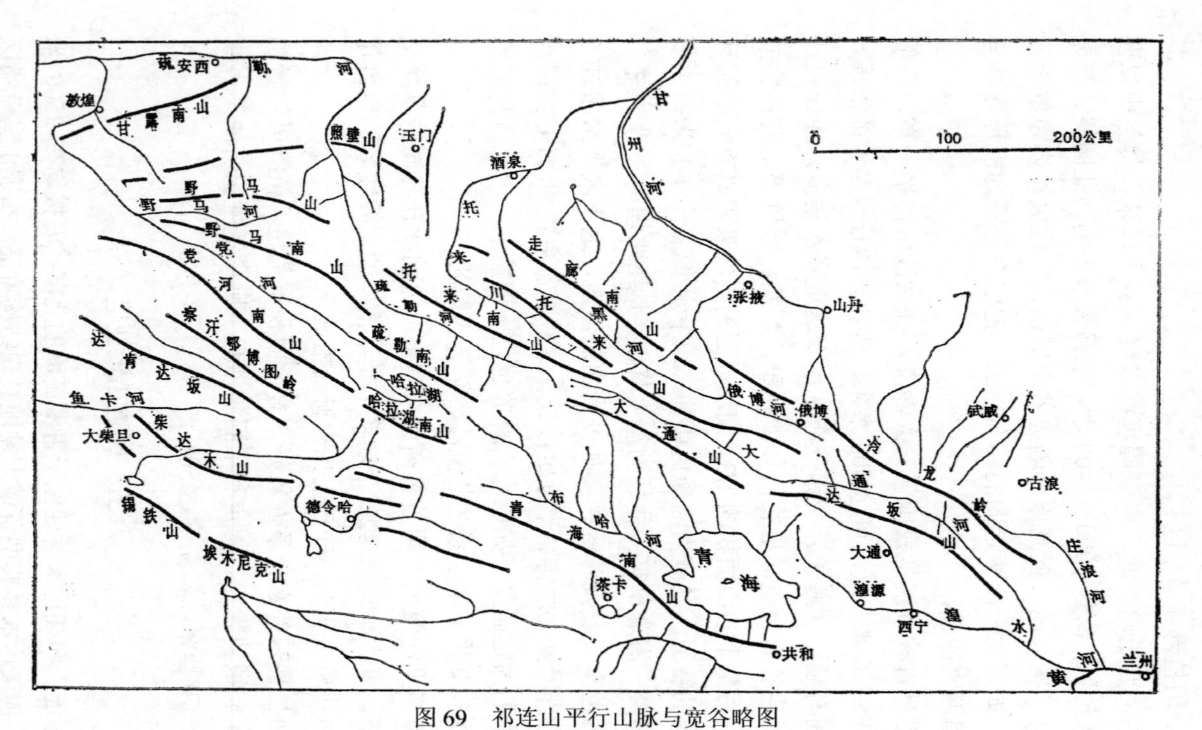

图 69　祁连山平行山脉与宽谷略图

（据中国科学院高山冰雪利用研究队：《祁连山现代冰川考察报告》图 2，科学出版社，1958 年；略有改动）

高山垂直带结构特征，故它们成为我国西北区的组成部分。

祁连山由一系列北西西走向的高山和谷地组成，山系长约1000 公里，西宽东窄，最宽处在酒泉与柴达木之间，约 300 公里。山峰海拔多在 4000 米以上，最高峰疏勒南山团结峰海拔 6305 米。祁连山北侧与南侧分别以显明的断裂降至平原。北坡与河西走廊间相对高度在 2000 米以上，而南坡与柴达木盆地间仅 1000 余米。祁连山 4500 米以上的高山有永久积雪与冰川覆盖，冰雪融水对河西走廊及柴达木盆地农牧业和工业发展有重要意义。

在酒泉与柴达木盆地间，祁连山系从北向南，有 7 条平行排列的山岭，其间则为宽广谷地，海拔一般 3000～3500 米，为辽阔的山地草原，一向是蒙、藏等少数民族的牧区。

祁连山的垂直景观带比较明显，以冷龙岭（祁连山东段）一带为例：2300 米以下为山前荒漠草原—灰钙土带；2300～2600 米，降水量增至 300 毫米以上，为山地草原—栗钙土带；2600～3400 米，降水量 500 多毫米，为森林—灰褐色森林土带。森林多分布于阴坡，生长稀疏，分布不连续，一般为纯林，间或混生有山杨等。在同海拔的阳坡上则分布着方香柏、大果圆柏林和山地禾草草原，土壤主要为山地黑钙土，不同坡向所引起的景观差异特别明显；3400～3900 米，降水量增至 600 毫米以上，为高山草甸带，阴阳坡皆为茂密草被覆盖；4200 米以上为高山冰川积雪区，实测年降水量可达 800 毫米以上。

（六）柴达木盆地亚区

柴达木盆地是由昆仑山、阿尔金山和祁连山所环抱的荒漠大盆地。东西长 850 公里，南北最宽 250 公里，面积约 22 万平方公里。盆地四周的山前洪积平原十分发育，向盆地中心倾斜。盆地海拔 2600～3000 米，在西北区荒漠盆地中是独特的高寒类型。盆地夏季凉爽，冬季严寒，降水稀少，风力强大，1月平均气温低于–10℃，7月大都在15℃以上，并可出现30℃以上高温，如格尔木最高气温曾达33℃（1959年7月），因此气温的绝对年变幅可达60℃。全年生长期约自4月中下旬至9月下旬、10月上旬，活动温度积温自1300℃至2000℃以上，稳定持续约4个月，可满足温带作物生长成熟的需要。

柴达木盆地降水甚为稀少，年降水量分布的总趋势是自东向西急剧减少，如盆地东缘茶卡可达200毫米，至盆地西部则不及20毫米，干燥度在东部为2.0～9.0，向西部增至20以上。由于气候的极端干燥，盆地中无灌溉即无农业。发源于昆仑山和祁连山的内陆河流约40余条，由山区灌注盆地，带来了丰富水源。解放后，沿几条大河如察汗乌苏河、香日德河、格尔木河、巴音河等建立了新的绿洲，牧业也得到很大发展。

盆地东部荒漠草原下发育着淡棕钙土，在西部荒漠地区则广泛分布着灰棕漠土。在盆地西端由于气候极端干燥，石膏多聚积于表层，形成石膏灰棕漠土。

由上述可见，海拔高达2600～3000米、四周为高山所环抱的内陆盆地地形，是柴达木盆地景观的基础，干旱的大陆性气候是其发展演变的主导因素，其中水和风对现代景观发展演变起着重要作用。柴达木盆地的景观特征，可以从戈壁与沙地的广泛分布，盐渍化土壤，具有旱生形态稀疏矮小的植被，以及内陆向心水系等现象充分表现出来。

柴达木盆地四周山地的风化物质，由间歇性的洪水带向盆地，构成广阔的山前洪积平原。洪积物和第三纪疏松岩层的风化产物，在强劲的偏西旱风吹蚀堆积作用下，形成各种风蚀风积地形，沙丘不断向东移动，危害垦地、城市及交通路线。大量盐类自四周高山向盆地中心积聚，尤其是第三纪内陆湖相沉积中的巨厚盐层与石膏层，对盆地内景观的形成也有深刻影响。这些可溶性盐类参加了现代物质的移动，不仅在盆地低洼部分形成盐湖和盐滩，且亦大大地影响了土壤的盐渍化、地下水高度矿质化和盐生荒漠植被的形成。

柴达木盆地具有自山前向盆地中心的景观分带现象，与塔里木盆地、河西走廊完全相似（图 70）。盆地西北部和中部有广大面积的盐滩，完全没有植物生长，为一片盐荒漠。察尔汗盐池等盐湖湖水浓缩，湖面一般结有厚 1 米以上的盐盖。风蚀地广泛发育，主要分布在西北部茫崖、冷湖一带，是我国面积最大的风蚀地区。这里，第三纪疏松的沉积岩受风吹蚀，形成平行的风蚀丘和风蚀劣地，风蚀丘最高可达 50 米。盆地的植被、土壤、动物均属典型的干旱荒漠类型。植被为耐旱、抗盐类型，有西北区荒漠中广泛分布的优若藜、琐琐、红沙、盐爪爪、罗布麻等，而羌塘高原则为耐寒、抗风

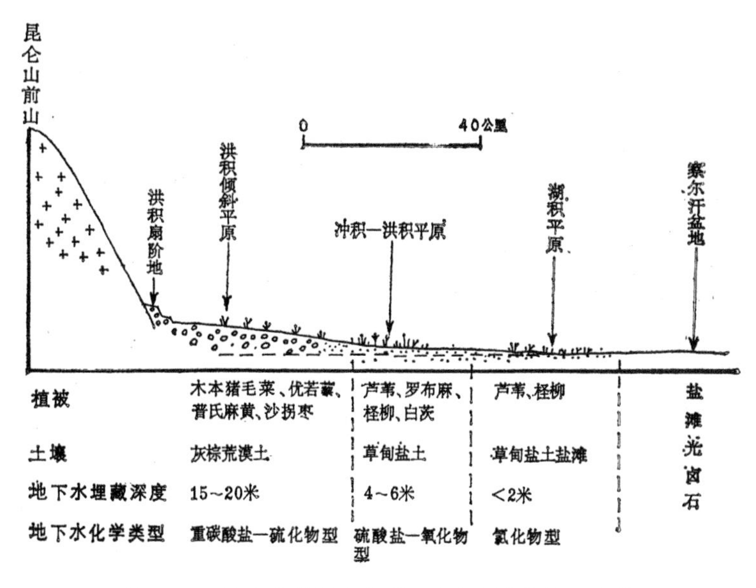

图 70　柴达木盆地昆仑山麓—察尔汗盐池景观分带

的垫状寒漠植被，故柴达木与新疆荒漠的植被非常相似，两者之间的群落相似系数为48.8%，而与羌塘高原之间的群落相似系数则为1.6%。盆地东部曾发现有野骆驼，但青藏高原的代表动物牦牛却不见于此。柴达木盆地现有骆驼牧场三处，这在自然地理上很有意义。骆驼被人们称为“沙漠之舟”，而牦牛则是青藏高寒草原的典型性畜，可称为“青藏高原之舟”。这个事实有力地证明，柴达木盆地应为西北区的一部分。骆驼和牦牛的分布界线，可以作为西北区与青藏区分界的一个重要指标。柴达木盆地干燥度2～20以上，而羌塘高原年降水量虽不足100毫米，但气温低，蒸发弱，干燥度＜1。可见，属于西北区干旱荒漠的柴达木盆地，其自然地理特征与羌塘高原寒漠或青海高原高寒草原显然不同。但柴达木盆地除具有一般干旱荒漠的共性外，还有它自己的特点（个性），如海拔高、积温低、盐滩广等，因而不但在地形上可与塔里木盆地、河西走廊分开来，在自然景观上也是西北区内的一个独特的亚区。

盆地西部的阿尔金山是一条长约750公里的山地，西与昆仑山相接，由一系列雁行状的山岭与谷地组成，平均海拔为3600～4000米。西段最高，山幅也最宽，东段渐低渐狭，如柴达木盆地北部的安极尔山，宽仅20公里。阿尔金山是我国最干燥的山地，完全没有森林，3500米以上才有高山或亚高山草甸草原，5000米以上的山峰出现高山寒漠。因此，将山幅狭窄的阿尔金山东段划入柴达木盆地亚区，并以其明显的北坡与塔里木盆地划开。

三、自然的利用与改造

西北区干旱荒漠除阿拉善为高平原型荒漠外，均为山间盆地型荒漠。盆地周围的高山降水比较丰富，并有大面积冰川积雪，给盆地内荒漠区带来了丰富的地表径流和地下水资源，故山间盆地型荒漠在开发利用上具有比较优越的条件，有大片土地适于农林牧业的发展。估计西北区尚有可垦荒地 2 亿多亩，还有广大优良的山地和平原牧场。这些荒地主要分布在盆地边缘、沙漠中的大河河谷地带及古代和现代湖泊洼地周围，其中尤以在新疆分布最为集中，计有可垦荒地 1.5 亿亩，且大部分土质较好。如塔里木河冲积平原的荒地主要为胡杨林草甸土和草甸土，稍加改良即可种植作物。天山北麓平原荒地的土壤主要为灰钙土，地下水埋深＞5 米，1 米深度以内的土壤含盐量一般为 1%，也可以发展农业。解放后，已在这些地区建立了不少大型农场，把亘古荒漠变成了肥沃绿洲，全疆耕地面积已比新中国成立前增加了 1 倍半以上，使新疆成为我国重要的粮、棉基地。

西北区自然环境利用改造的主要问题有：

（一）水土资源分布不平衡与水资源的开发利用

在无灌溉即无农业的西北荒漠区，充分利用可耕荒地的关键在于获得水源灌溉，即土地资源的开发利用与水资源密切相关。但水土资源在地区上分布不均，大部分地区有土缺水，小部分地区水量丰多而缺乏可耕地。一般而言，山地径流形成区水量充足，但缺乏耕地，气温较低，不适于发展农业。出山口以下的洪积冲积扇地带，往往为砾石或沙砾质戈壁，缺乏可耕之地，水量亦不能就地利用，河水在此大量渗入地下，而潜水则因在流动过程中逐渐增高了矿化度，水质变差。在径流的年内分配上，夏季水量集中，春季播种季节则感不足。汛期洪水骤来急去，洪峰流量往往达到平均流量的数十倍至百余倍，不仅来势猛，危害大，而且洪水漫滩下泄后，灌溉水源不足，限制了绿洲耕地的发展。此外，由于地表组成物质粗而松散，所有河流几乎均有河床渗漏现象，一般渗漏量占流量的 40%～70%左右。较小河流出山以后不远往往就全部断流。如塔里木河中游，由于渗漏及蒸发等原因，从阿拉尔站至卡拉站 489 公里内，径流量损失了近 80%。渠道和水库亦有渗漏现象，降低了利用率。

季节上水量分配不均，需加调节；水土配合不当，应采取修筑渠道、加强防渗等措施或调度水源。在这方面，西北区渠道防渗工作较有成效，其中以卵石干砌，用水泥灌浆或涂以沥青的方法效果最好。干渠输水损失可从 30%～80%降至 5%～30%。渠道防渗还可控制地下水位，减轻土壤盐渍化，如乌鲁木齐河通过渠道防渗后，下游沼泽化严重的青格达湖，地下水位降低 1.0 米左右，垦出耕地 3 万亩。

西北区地下水资源非常丰富，河西走廊地下淡水储量达 50 亿～60 亿立方米，准噶尔和塔里木盆地也是巨大的自流盆地。大力开发地下水，发展井灌井排，对解决春旱、降低地下水位、改良盐渍土及扩大绿洲面积，均有重要作用。

（二）风沙危害与防风固沙

我国沙漠面积 130.8 万平方公里，约 2/3 位于西北区。西北区的沙漠以流沙为主。流动沙丘的移动速度每年约在 5～20 米间，在平坦的风口部位可达 40 米以上。流沙移动危害性极大，埋没城镇，侵吞农田，威胁交通线。如阿拉善旗巴音套海附近村庄为流沙侵袭，几乎每 10 年重建一次。瓜州县在解放前沙埋农田共 5000 余亩，还有 18000 亩农田因受风沙侵袭而不能稳产。有的新垦荒地是由灌丛沙丘平整而成的，开垦后，天然植被被破坏，往往引起风沙危害。如南疆库尔勒一带的某新垦农场，原是一片生长红柳灌丛的沙地，开垦后由于破坏天然植被，仅 10 年时间就形成了新月形沙丘链，每年以 10～15 米的速度向前移动。近年来，西北区人民大规模地封沙育草，营造防护林带，在防风固沙方面已取得巨大成绩。除在绿洲边缘营造防沙林外，并在绿洲内部营造护田林网，对降低风速、减少蒸发、提高土壤湿度、减缓土壤盐渍化等，都起了明显的作用。如甘肃省民勤县过去风沙危害严重，新中国成立后20多年来，已营造防护林带830公里，封沙育草200多万亩，基本上改变了解放前“沙漠压良田，沙进人退”的落后面貌，粮食产量显著增加。新疆天山南北戈壁滩上也建立许多新的绿洲，不少已林带成网，保证了农业的稳产高产。过去被视为畏途的戈壁和沙漠，今天已修建了多条公路和铁路，由于采取了各种防风固沙措施，均能畅通无阻。例如腾格里沙漠东南缘的流动沙地，自设立方格机械沙障以来，有效地阻止了流沙东移，保证了铁路的安全畅通。

（三）土壤盐渍化的防治

西北区大部为封闭的内陆盆地，径流和盐分缺乏出路，气候干旱，蒸发强烈，盆地中长期以来进行着强烈的积盐过程，盐土分布十分广泛，含盐量也很高，盐土表层盐分多在2%～5%以上，南疆和柴达木盆地的盐土含盐量往往达到10%～20%，甚至形成盐壳。盐土除现代仍受地下水影响、不断积盐的活性盐土外，还有过去积盐过程的残余盐土存在。活性盐土主要分布在洪积—冲积扇边缘、干三角洲中下部、河滩地、河间低地及湖滨平原等地貌部位上，其中以盐湖周围积盐过程最为强烈，滨湖盐滩和盐壳广泛分布。残余盐土主要分布于老洪积—冲积扇上，古盐壳集中分布于柴达木盆地西部。西北区盐土多属氯化物、硫酸盐或苏打盐土，对植物有害。但盐类集中的盐盘和盐壳则是化学工业的好原料。

灌溉是干旱地区农业生产的必要条件，但往往由于灌区排水不良或洗盐不彻底，原来的荒地土壤虽然含盐量不太高，开垦后，地下水迅速上升，矿化度增加，土壤中盐分的积聚加速，引起土壤次生盐渍化。这种情况在西北区十分普遍。防止新垦区土壤次生盐渍化的方法主要是全面规划修建排水系统，实行合理灌溉。或采取“干排水”方式进行开垦，即不进行连片开垦，而留出一定土地面积（主要是低地），作为干排积盐区。在南疆还推行种稻改良盐碱土，卓有成效，已出现了大面积丰产田。

总之，引水灌溉、造林治沙、改良土壤及治理盐碱是改造利用沙漠、发展农业的有效途径，这四者是相互联系的，缺一不可，因为自然界是一个整体，改造自然的措施也必须是全面的、综合的。这是我国劳动人民长期以来与干旱荒漠作斗争的经验总结。

第十四章　青藏区

青藏区包括青藏大高原，东西长2500公里以上，南北最宽处有1200公里，总面积达220万平方公里，为我国面积最广的一个自然区，也是世界最高的高原。在行政区域上，它包括西藏自治区全部、青海省的大部、四川省的西北部、甘肃省的西南角及新疆维吾尔自治区的南缘（昆仑山地）。

青藏区北以昆仑山系与西北区相接。东部北起日月山，经夏河、临潭一线与黄土高原分界。向南与四川盆地之间大致以3000米等高线为界，并以康定、稻城、德钦一线之东南与西南区分野，向西至国境。西部至帕米尔、喀喇昆仑山的中国边境，与克什米尔相接。

青藏大高原的自然地理特征，过去了解很少，新中国成立后，国家多次组织大规模的科学考察队进行考察，足迹遍及整个高原，取得了大量第一手的科学资料，对本区自然地理有了比较全面系统的认识，为合理开发利用自然资源，提高生产，发展经济，团结各族人民建设西藏，巩固边疆提供了重要的科学依据。

一、高原寒漠、草甸、草原景观

青藏高原是地球上一块十分独特的自然区域。它的存在不仅对其周围地区和整个亚洲东部的自然环境产生深刻的影响，而且其本身还具有特殊的自然地理特征，即自然综合体的形成、演变和地域分异规律主要决定于海拔高度，及由此而引起的水热差异。

高原地表所显示的地带性特征，主要是由于巨大海拔的影响，与平原低地水平地带有着不同的形成过程。青藏高原位居中纬度西风带与副热带范围内，但并不具有温带或亚热带的景观，而表现为高原寒漠、草甸、草原景观，成为一个特殊的自然区。

（一）最年轻的强烈隆起的高原

青藏高原的特征是高、大、新。高，即高原地面海拔平均在3500～5000米以上。地势大致自西北向东南倾斜，西北部藏北高原海拔4500～5000米左右，阿里地区（面积35万平方公里）谷地更高达5000米以上，故阿里有“高原上的高原”之称。高原中部黄河、长江上源地区海拔约4500米左右，到东南部阿坝（四川）和甘南（甘肃）则降至3500米左右。故青藏高原，被称为“世界屋脊”。高原面起伏微缓，高原面上的山岭除少数比较高峻外，大多形态浑圆，坡度很小，相对高度只有几百米，所谓“远看似山，近看成川（平地）”，是高原地貌的最好写照。耸立在高原边缘的巨大山系，海拔多在6000～7000米以上。位于高原北部的有喀喇昆仑山、昆仑山，南部有喜马拉雅山、冈底斯山、念青唐古拉山系。此外，在高原中部有唐古拉山和昆仑山山系的可可西里山、巴颜喀拉山等。喜马拉雅山是一条多列平行山脉组成的弧形山系，长2400公里，宽200～300公里，地势极为高耸，世界第一高峰珠穆朗玛峰海拔达8848.13米。在其周围5000多平方公里内，7000米以上高峰40多座，8000米以上高峰在我国境内有洛子峰（8516米）、马卡鲁峰（8463米）、卓奥友峰（8201米）和希夏邦马峰（8012米）等四座。这种高峰汇聚的现象为世界其他山区所罕见，故珠峰被称为世界屋脊之巅，地球之“第三极”。

大，就是面积巨大。青藏高原除东南部受河流切割，高原面分散保存于河间山岭顶部外，大部分地区高原面都比较完整，代表白垩纪末至新第三纪长期侵蚀、剥蚀所夷平的准平原。

新，就是青藏高原和高原上的巨大山脉，如喜马拉雅山等，其形成的时代很新，主要是在上新世末至更新世才强烈隆起，达到现在的高度，是世界上最年青的巨地貌单元。[①]根据板块构造学说，青藏高原的抬升和喜马拉雅山系的形成是两个大陆板块，即欧亚板块和印度板块互相碰撞的结果（图71）。印度板块向北俯冲到欧亚板块下面，大洋地壳被挤出，形成了顺雅鲁藏布江河谷出露的超基性岩和混杂岩带，它代表两个大陆板块碰撞的缝合线。这是迄今为止陆地上最清楚的板块边界。重力异常、地壳构造和地震活动的资料也都证明上述板块构造模式能比较圆满地说明本区的地质特征。从喜马拉雅山南麓到它的北麓雅鲁藏布江，是一个重力异常剧变带，重力异常值从南麓的–20毫伽到北麓下降到–510毫伽。喜马拉雅山地区地壳厚度仅48公里左右，而雅鲁藏布江南侧及青藏高原的地壳厚度达70公里左右，约为正常地壳厚度的1倍（图72）。喜马拉雅山地区目前地震活动很强，反映板块边界现在仍在活动。由于高原隆起很晚，所以新构造运动十分活跃，岩浆活动频繁，有丰富的地热资源。地热田主要分布在雅鲁藏布

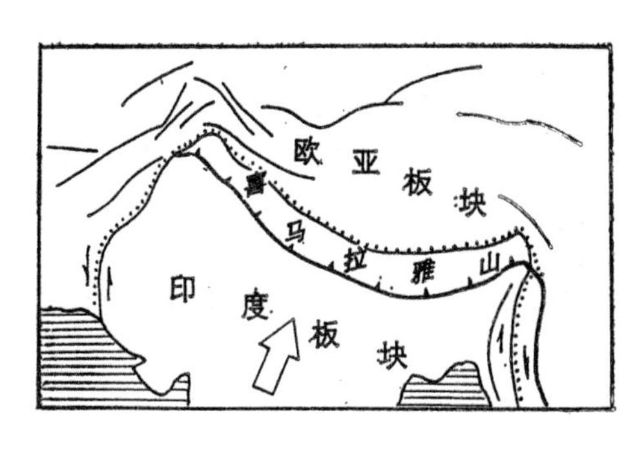

图71　喜马拉雅山地区结构平面示意图

1 板块边界，2 板块俯冲的现代位置，3 断裂，4 板块运动方向

① 据中国科学院青藏高原综合科学考察队：《青藏高原隆起的时代、幅度和形式问题》，科学出版社，1981年。

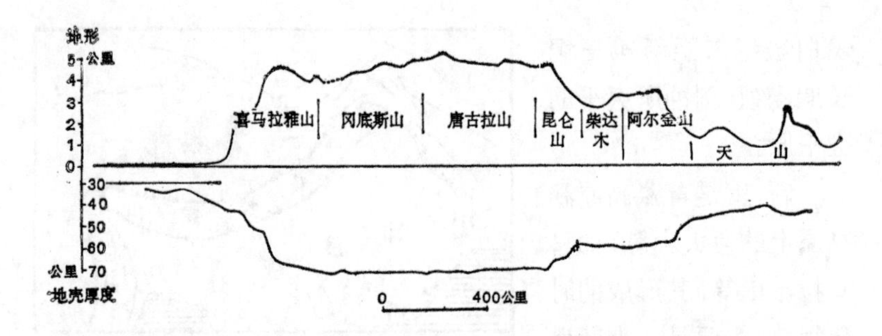

图 72 青藏高原地壳厚度和地形起伏剖面图

（据常承法、郑锡澜："珠穆朗玛峰地区的地质构造特征和关于喜马拉雅山以及青藏高原东西向诸山系形成的探讨"，《珠穆朗玛峰地区科学考察报告（1966～1968）——地质》，科学出版社，1974 年，第 290 页）

江一象泉河谷地，即在板块缝合线上，其中有间歇泉、水热爆炸等我国罕见的类型。板块互撞的压应力波及面积很广，青藏高原的大规模上升以及冈底斯山、唐古拉山、昆仑山的近期断裂隆起，即可能与板块活动有关。

最近，在西藏高原上的比如县（海拔 4500 米）和喜马拉雅山北麓的吉隆县（海拔 4100 米）发现早上新世长颈鹿一三趾马化石群，说明了那个时候的喜马拉雅山还不高，西藏高原气候湿润炎热，属热带森林和稀树草原景观，海拔可能不到 1000 米左右。现在的青藏高原则是上新世以来几百万年期间强烈隆起的结果。由于印度板块每年约以 6 厘米的速度向北移动，使喜马拉雅山受挤压，目前该山每年仍以 5～10 毫米的速度上升，其轴部的上升量很大，晚更新世以来上升量有加速的趋势。古植物学的研究生动地证明了喜马拉雅山和青藏高原的近期上升。如希夏邦马峰海拔 5700～5900 米的地方，在上新世晚期（距今 300 多万年），植被原为暖温带针阔叶混交林（现在分布于喜马拉雅山海拔 2500～3100 米），而现在则已为冰雪所覆盖，即在最近 300 多万年内上升了

3000 米左右。希夏邦马峰南坡的聂拉木县亚里村，海拔 4300 米，在全新世冰后期（距今 1 万多年），植被原为高山灌丛（主要为刺毛忍冬、杜鹃等），现在则为高山草原（苔草、早熟禾等为主），即在全新世 1 万多年内，上升了近 500 米。

青藏高原的隆起，使气候变冷，影响土壤的形成过程和植被的演变，也为第四纪冰川发育提供了条件。同时，高原边缘山系的强烈隆起，有效地阻隔外来的湿润气流，使高原内部变干，湖泊面积减小，形成藏北高原的广大寒漠与高山草原景观。因此，新第三纪以来大面积、大幅度的强烈隆起，是形成青藏区自然地理特征的主导因素。

（二）高原气候特征

高原内部的环流情况大致是：全年大部分时间在高空西风范围内，不断有高低气压系统通过，冷锋也很频繁，有时达到寒潮的强度，地表大量的散热作用，使地面的高压加强，形成一个“冷高压”，空气不断向高原外部输送，高原面上气候极为干燥寒冷。夏季西风带北移，高原地面迅速增温，与其周围自由大气相比成为一个“热源”，气流向高原辐合，降水有所增加，伴有雷暴雨。此时高原上气流的上升作用加强，在其上空则产生巨大的气流辐散，形成一个“高空的热低压”，即青藏高压。这种冬夏气压系统相反的季节性更替现象，与我国东部由海陆势力差异所产生的季风具有类似的效应，但其成因不同，可称为“高原季度”。此外，西南季风的厚度可达 7200 米，夏季可侵入高原上空，在高原东部，西南季风可深入到较北的纬度，与西风带间形成辐合线，是高原东部夏季降水的主要原因。

海拔 4000 米以上的大高原的存在，使本区（除东部和东南部外）具有一些独特的高原气候特点：

1. 西藏高原地面接受强烈辐射，其地面空气温度比同纬度的平原地区上空的同一高度的大气层要高，故西藏高原是一个热源。如以 0.5℃/100 米的气温直减率推算，海拔 3658 米的拉萨的气温折算至海拔 100 米处，其年平均气温约为 26℃，比东部平原纬度相似的九江（海拔 32 米），高出 9℃之多。尤其是冬季显然比较暖和，拉萨最冷月平均气温为–2.3℃，这与东部平原上的山地完全不同。

2. 由于地势高，空气稀薄，海拔 5000 米处大气质量约为海平面的一半，二氧化碳含量不及海平面的 1/2，大气中水汽少，干净清洁，日照百分率高，如拉萨年日照时数 3008 小时，比东部同纬度的宁波（2087 小时）高出近 1000 小时，故拉萨有“日光城”之称。定日更高达 3393 小时，与新疆的哈密相似。太阳辐射值很大，在珠峰北麓绒布寺（北纬 28°13′，海拔 5000 米），年辐射总量达 199.9 千卡/厘米^2，比同纬度东部平原上的长沙要大 75%。这样高的数值，在世界上是罕见的。

3. 高原上大气稀薄清洁，辐射强，日照丰富，且地面多裸露岩石、砂砾，使地面白天吸热多，增温迅速，夜间长波辐射冷却很快，气温迅速下降，故气温日较差大。高原大部分地区日较差高达 16℃～18℃，而东部平原地区的长沙、南昌只有 7℃上下。由于高原年辐射总量高，且冬季多晴天，日照时间较长，白天并不阴冷，故年较差相对较小，大部分地区在 20℃左右，而东部平原地区的长沙为 24.6℃，汉口为 25.8℃。海拔 5000 米以上的阿里地区，夏季 8 月，白天气温可到 10 多度，夜间则小溪和水潭上结了厚达 2 厘米的冰，气温降至零下好几度，日较差可达 20℃左右。这种气温日较差大、年较差小的特点，与我国东部同纬度低地有明显区别（表 36），而与云南高原有一些相似。这表明西藏高原的南部，由于其基带是热带，气候已具有热带山地的某些特征。

表 36 西藏南部与同纬度东部低地的气温年较差、日较差的比较

	纬 度	海拔（米）	年较差（℃）	日较差（℃）
拉 萨	29°42'	3,658	17.7	14.5
成 都	30°40'	506	20.1	7.5
定 日	28°35'	4,300	22.2	18.2
南 昌	28°40'	49	24.6	7.2

4. 高原干季多大风，增强了高原旱季的干旱程度。从 11 月至翌年 5 月，高原为强劲的西风急流所控制，天气寒冷，空气湿度小，地面经常吹偏西大风，各月平均大风（风速≥17 米/秒）日数在 10～20 天以上，藏西北阿里地区大风持续 6 个月，3～5 月尤为强劲。高原多大风的主要原因是，地面海拔接近对流层中部，受高空西风急流影响。其次，地面西高东低，高原上的山脉大都呈东西向伸展，高原地形与西风一致，即地势适应气流方向，故使风速加大，大风次数增多。

5. 由于海拔高，高原上热量条件很差，≥10℃积温远远低于同纬度的亚热带低地，如江孜（北纬 28°55′，海拔 4040 米）的积温仅 1482℃，比寒温带南界 1700℃的指标还要低。可见，约 4000 米的高差就使本区的热量条件好像从它所在的纬度北移了 20 多度，而到了寒温带。但是，高原上日照丰富，气温日较差大，太阳辐射强，且光谱组成中紫外线和红外部分有较大增加，对于植物的生长发育来说，其积温值与高纬度低地上的相同数值具有不同的意义，因而西藏高原的热量带并不是低地纬向地带的简单重复。例如，冬小麦不但已种植在拉萨附近河谷，而且在拉萨以北海拔 4100 米处也有种植；青稞则已种到阿里地区日土县海拔 4900 余米的高处，这是迄今所知的我国以至世界最高的农业种植上限。日照长，辐射强，气温日较差大，均有利于作物碳水化合物的合

成，而夜间气温低又可减少作物养分的消耗量，故西藏冬小麦的千粒重一般达到45克，最高有50多克，比我国其他小麦产区冬小麦的千粒重高15～20克。西藏的蔬菜也长得特别硕大，萝卜20多斤一个，马铃薯1～2斤一个。

青藏高原大致北纬32°以南的地区，天气和气候基本上显示着季风现象，即西风带控制着冬半年（干季），湿润气流影响着夏半年（雨季）。降水主要来自印度洋的西南季风，雨季集中在5～9月，降水量占年降水总量90%左右。降水量大致从东南向西北逐渐减少，川西马尔康—松潘一带约800毫米左右，拉萨—那曲—玉树—夏河一线约400～500毫米，至定日—申扎—班戈湖—玛多（黄河沿）一带减至200～300毫米，更向西北，至阿里地区，降水量一般<100毫米，如噶尔年降水量仅60毫米。喜马拉雅山脉横亘高原南缘，气候屏障作用十分突出，南坡一些海拔较低的谷地（如墨脱、察隅等），暖热湿润，呈现亚热带、准热带风光，年降水量可达2000毫米，与北坡高寒景观完全不同。如南坡曲乡（海拔3200米），年降水量1450毫米，约为北坡日喀则（海拔3850米）的4倍。雨季也是东南部开始较早，结束较迟，故东南部的雨季远较西北部为长。如喜马拉雅山南坡的樟木，在夏季风来到之前的5月，已有较多降水，雨季一直可延续到10月中旬，长5个月以上。川西阿坝藏族自治州全年雨日达150天。而最西面的噶尔不仅降水量少，而且完全集中于夏季，7、8两月的降水约占全年的70%，尤其是8月份的降水几乎占年总降水量的一半。

高原上的降水量虽然较少，但由于气温低，蒸发弱，故以连续≥10℃期间的干燥度的全国标准来衡量，绝大部分地区都<1，属于湿润地区。因此，从水分条件来看，青藏高原与西北区（干燥度在4以上）是有着本质上的差别的。青藏高原大部分地区日平均气温≥10℃的时间很短，若依此计算干燥度，显然不能如实

地反映青藏高原的湿润程度，同时，也往往与当地实际存在的植被、土壤类型相矛盾。例如，按≥10℃积温计算出拉萨的干燥度为0.78，属湿润地区，而当地的天然植被却为灌丛草原。因此，有人提出应以日平均气温≥5℃期间积温来计算本区的干燥度，并以<0.37为湿润地区，0.38～0.75为半湿润地区，0.76～1.50为半干旱地区，>1.50为干旱地区。有人则认为用相对湿度作指标，能比较确切地反映出西藏地区湿润程度与天然植被间的关系，即：年平均相对湿度>70%为潮湿暖热森林区，60%～70%为湿润温凉森林区，50%～60%为半湿润灌丛草甸区，40%～50%为半干旱草原区，<40%为高寒半荒漠、荒漠区。这些意见都比较符合西藏高原自然地理的实际情况。由此可见，应当根据不同地区的具体自然条件，制订不同数值的气候指标供自然区划参考，这样才能比较确切地反映该地区自然景观的特征。在自然区划中，强求全国气候指标的一致（即用“统一”指标），是不符合实际情况的。

高原上辐射强，气流受地形的扰动剧烈，雷暴和冰雹特多，索县附近是雷暴中心，年平均雷暴日数在90天以上，拉萨、日喀则为次中心，在70天以上。那曲是冰雹中心，年平均雹日在30天以上，拉萨为6.2天。此外，高原终年在高空西风流控制下，风大风多，年平均风速高达4米/秒以上，各地大风日数一般超过100天，海拔5000米以上的阿里地区以及唐古拉山温泉、开心岭等地，达到150天以上，噶尔为155天，平均不到3天就刮一次大风。

可见青藏高原的气候特征是冬寒夏凉，年温差小而日温差大，日照丰富而多大风。降水量在东南部较多，出现了亚高山针叶林带，大部分地区形成草甸草原。至大高原西北部则为高寒荒漠或半荒漠。

（三）冰川和多年冻土

青藏高原山岭巍峨，都高于近代雪线之上，许多高山都发育有山谷冰川，仅昆仑山西端的慕士塔格山（7546米），其浑圆的顶部有帽状冰川（即冰帽）。喀喇昆仑山虽然是世界上中、低纬度最大的山岳冰川区（13600平方公里），但冰川大部均在印度和巴基斯坦境内，我国境内仅有3265平方公里。喀喇昆仑山系北支位于我国与克什米尔边界上，主峰乔戈里峰是世界第二高峰，海拔8611米；其北侧有长达41.5公里的音苏盖提山谷冰川，面积329平方公里，是我国已知的最大冰川。珠穆朗玛峰地区共有冰川548条，总面积约1976平方公里，其中在我国境内的冰川有271条，面积约1100平方公里。珠峰地区的冰川主要是中型的山谷冰川，长度超过5公里的山谷冰川共有30余条，约占冰川总面积的60%。北坡最大的冰川是绒布寺冰川，长22公里。

冰川是自然综合体的一个组成部分，其分布和特征深刻地反映当地的气候条件。首先，珠峰地区北麓的一些大型山谷冰川，雪线以下常有奇特的冰塔林，相对高30～50米，状如冰莹白洁的岩溶峰林。冰塔林延长可达3～7公里。这是世界上很独特的现象，只存在于喜马拉雅和喀喇昆仑山区。冰塔的形成是凹凸不平的冰面受热不均，因差别消融强烈发展的结果。珠峰地区纬度较低，夏季中午时的太阳高度角达70°～85°，辐射强烈，且北坡降水少，比较干燥，有利于蒸发和升华。冰塔的塔顶湿度低，盛行蒸发和升华，抑制了消融；塔谷湿度高，在强烈的太阳辐射下，消融快，这样就促进了差别消融的发展，增长少塔的高度。所以，冰塔林是低纬高山区特殊气候条件下的产物。

其次，喜马拉雅山北坡及青藏高原上的高山气温低，降水少，比较干旱；喜马拉雅山南坡比较温暖，降水丰沛，十分湿润，因而，两地所发育的冰川有比较大的差异。前者称为大陆性冰川，后者称为海洋性冰川。大陆性冰川的雪线高，往往高出森林线1000米以上，如珠峰东北坡的东绒布冰川上，雪线高度为海拔6200米，是目前已知的北半球雪线的最高值。由于这里的降水量少，大大限制了冰川发育的规模，而且冰温很低，融水量小，冰川流动慢，年平均运动速度30～100米，冰川的地质地貌作用较弱，粒雪厚度仅1～2米，以下即见附加冰。反之，海洋性冰川则雪线低，较同纬度的大陆内部约低1000米左右，如察隅的阿札冰川，雪线海拔只有4600米，与纬度比它高10°的祁连山中段相似，粒雪层一般厚达20多米，冰温较高（接近0℃），冰内和冰下消融强烈，冰川作用活跃，冰川流动速度大，年流速达300～400米，冰川末端降到海拔2500米左右，冰川下段已穿行于针阔叶混交林带内。阿札冰川所在的纬度为北纬29°，但冰川末端却比北纬近44°的天山博格达山的冰川还要低，这是我国现代冰川的非常特殊的现象，与喜马拉雅山东南段的季风性湿润气候有着密切关系。这两种不同性质的现代冰川的分界线，大致从丁青与索县之间唐古拉山东段开始，向西南经嘉黎、工布江达、措美一线，基本上与高原上森林分布的地理界线相一致。

青藏高原是我国最广大的多年冻土分布区，也是世界上中、低纬度地带海拔最高、面积最大的冻土区，仅唐古拉山与昆仑山间连续分布的冻土宽度就达550公里。多年冻土层分布的最低海拔是随纬度减低而逐渐升高，昆仑山西大滩为4300～4400米，长江河源地区4500米，唐古拉山为4800～4900米，喜马拉雅北坡5000米，横断山脉地区5200～5800米。冻土层厚度可达数十米至百余米。如青藏公路经过的昆仑山垭口附近，冻土层厚度有140～175米，这是我国已知的多年冻土层最厚的地方。唐古拉山口附近的冻土厚度约70～80米。这种深厚的多年冻土推测应为高原大幅度整体抬升后第四纪冰期的产物。

冻土的季节融化深度约1～4米，每年5月上、中旬地表开始融化，至8月下旬或9月上旬达到最大融化深度，9月下旬地表又开始冻结。高原气候严寒，有利于冻土的保存与发展，但短期的气候转暖可使季节融化深度加大和发生局部热融现象。多年冻土的局部融化，常形成特殊的冰缘地貌现象，如冻融滑塌、冻融泥流、冻胀裂缝、多边形土等，对交通工程建设有很大影响。

（四）内陆水系与湖泊

青藏高原是亚洲主要河流的发源地，河流呈放射状分布，如长江、黄河、怒江、澜沧江、雅鲁藏布江等向东或东南流出，印度河、萨特累季河向西南流出，叶尔羌河、玉龙喀什河与喀拉喀什河等则为向北流注荒漠的内陆河流。河流在高原内部常循构造凹地流行，成为宽广纵谷，在切穿山脉注向山前平原时，则形成险陡的峡谷，如藏南雅鲁藏布江河谷宽广，到东经95°附近，折向南流，切断喜马拉雅山，作“之”字形弯曲，即雅鲁藏布江“大拐弯”，这里，两岸高峰与谷底的相对高差达五六千米，江面最窄处不到80米，河床坡降很大，水流湍急，滩礁棋布，有的河段流速达16米/秒以上。黄河和长江等大河上游都有宽广平坦的河谷和大片沮洳地，在流经高原边缘时，则横切山脉而成峡谷。这些河流上游受冰雪融水所补给，地下水补给量也较多，故流量一般稳定，流程中落差巨大，水流湍急，水能蕴藏量极丰。

大致在冈底斯山脉以北，唐古拉山与可可西里山以西的广大高原内部，为许多内流盆地组成的内流区域（图73），面积60多万平方公里。这里河流短而水量少，河水主要由冰雪融水补给，一年中多半时间是冻结的。

青藏大高原上湖泊众多，尤以藏北高原和青海高原最为集中，是世界上最高的高原湖区。据统计，高原上的湖泊有 1500 多个，总面积约 29000 平方公里，占全国湖泊总面积的 36.5%，和长江中下游平原形成我国的两大稠密湖区。高原上的湖泊大部都是内陆湖和咸水湖。如青海湖面积 4583 平方公里，是我国最大的半咸水内陆湖。藏北的纳木湖，湖面海拔 4718 米，面积 1940 平方公里，是我国第二大咸水湖，也是世界海拔最高的大湖，藏语“纳木错”即“天湖”之意（错即湖泊）。

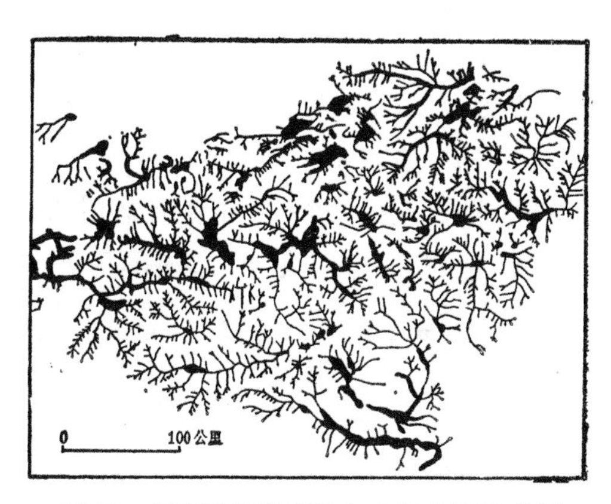

图 73　西藏高原的湖泊与内陆水网示意图

高原上的大中型湖泊，大多是在印度板块与欧亚板块碰撞并使青藏高原隆起的过程中，因构造断陷而形成的构造湖。它们位于构造凹陷或断裂破碎带上，同一方向的数个湖泊常呈带状排列，其间由河谷相连，形成长距离的湖泊河谷带。不同的湖泊河谷带是高原断裂系统在地貌上的表现。在不同断陷带的交汇处往往形成大型湖泊，如纳木湖、色林湖、当惹雍湖等。这些构造湖外形多为长形或狭长形，岸线陡直，多湖岛、温泉及断层三角面等，湖水也较深。地处高原深大断裂带上的班公湖，其长度比宽度约大 40 倍，是地球上最狭长的裂谷湖之一。高原上较小的湖泊，湖水较浅，它们大多是冰川挖蚀而成的冰川湖，或因泥石流、山体崩坍而使河道堵塞而成的堰塞湖，前者多分布于藏东南地区，后者多分布于藏南、藏东南高山冰川和古冰川活动地区。[①]

高原上的湖泊大部是咸水湖，也有少数淡水湖（如札陵湖、鄂陵湖等）。咸水湖在雨季或融雪时盐度减少，秋季时浓度增大，至冬季盐分淀积，故湖泊中常有盐层和硼砂。由于全新世以来高原气候进一步变干、变冷，湖泊面积日趋缩小，湖滨常分布有多级古湖岸线。

（五）高原植被与土壤

高原的海拔高度、冻土及水热条件等对植被与土壤的形成有深刻影响，其中水分状况的差异在很大程度上决定了植被与土壤的水平地带变化。随着整个高原从东南向西北的湿润程度的减少，地带性植被依次为：高山（高寒）草甸、高山草原和高寒荒漠。

羌塘高原西北部海拔 5000 米以上，气温低，年降水量仅 50 毫米左右，加上风力强大，植物稀疏，种类较少，高等种子植物不及 400 种。植物生活型以垫状矮半灌木为主，覆盖度仅 5%～10%，形成匍匐矮半灌木高寒荒漠。植物种类以藜科和菊科为主，如垫状驼绒藜、藏亚菊等，高仅 15～20 厘米。硬叶苔草也是阿里北部高原最普遍的植物。此外，还混生一些伏地水柏枝、麻黄等。这些植物都十分矮小，且多数呈坐垫状，或匍匐在地上生长，这是为了适应阿里北部高原的特殊气候。这里严寒、干旱、大风，植物的生长高度受到强烈抑制，因而它们的茎伏地伸展，由基部大量分枝，形成平贴于地表的或半球形的坐垫，垫内枝叶密实，使植物较少受到寒冻、过度水分消耗及强风的伤害。如伏地水柏枝高仅 1 厘米，而其枝叶平展可达 2 米。

高山草原主要分布在青藏高原中部海拔 4500 米以上的半干旱

---

① 参考陈志明："西藏高原湖泊的成因"，《海洋与湖沼》，第 12 卷第 2 期，1981 年，第 178～187 页。

地区。植物抗寒、耐旱，表现为矮小、密丛生状态，形成了密丛矮禾草高寒草原，禾草高不过20厘米，以紫花针茅和异针茅为主，并混有低温密丛嵩草、杂类草及垫状植物但基本上不见灌木层片。垫状植物最常见的有垫状点地梅、蚤缀等。高山草原由于适应高原的特殊气候条件，其群落结构与内蒙区温带草原有明显的不同：（1）一般缺乏灌木层片；（2）草群主要由耐寒的密丛矮型禾草组成，根基禾草不起大的作用；（3）常伴生有温带草原所没有的耐寒、耐旱的低温密丛嵩草；（4）有温带草原中所不见的高山地带所特有的垫状植物层片。另外，高原上光能充足，空气稀薄，透明度大，紫外线强，有利于光合作用，可促进蛋白质的合成。故高山草原虽然草群低矮，且覆盖度较小，仅 20%～50%，产草量不高，但粗蛋白质含量较高，牧草的营养成分高，加以草原面积辽阔，生产潜力很大，是发展畜牧业的有利条件。

从青藏高原中部向西，降水量逐渐减少，到阿里高原东南部，草群中伴生有矮小灌木蒿类和荒漠化匍匐矮半灌木垫状驼绒藜等，属高寒荒漠草原类型，逐渐向高寒荒漠过渡。

在青海东南部、四川西北部和西藏东南部，以及喜马拉雅山地森林线附近地区，地势和缓，植被以高山灌丛和高山草甸为主。如青海的玉树和果洛地区，分布有较大面积的高山草甸，主要由疏丛禾草、根茎密丛嵩草和杂类草组成。疏丛禾草生长茂密，高达 80～100 厘米，主要有西伯利亚披碱草、草地早熟禾、藏异燕麦、狐茅等。杂草类种类繁多，多属毛茛科、蔷薇科、菊科和豆科等，它们花色艳丽，花期不一，在整个生长期里色彩华丽，季相多变。这类草甸中的禾草比较高大，不仅夏季可作牧场，而且可割贮冬用。在湖边和河漫滩低洼地区，常分布有小面积的沼泽化草甸，以莎草科的西藏嵩草占优势，常形成许多丘状草墩，草墩之间，生长着中生或湿生禾草和杂类草。这种沼泽化草甸产草量较高，是高原上良好的冬季牧场。川西若尔盖高原有大面积低洼积水，且气候阴湿多雨，广泛分布着高寒沼泽，这就是红军长征时所经过的著名的“草地”。建群植物为莎草科的苔草和嵩草，禾草不占优势。随着地表积水深度的不同，植物组成发生有规律的变化。这类高寒沼泽由于环境条件的不同，与温带草本沼泽（如东北区的沼泽）也有一些差异，如没有芦苇等高大的草层，也几乎没有柳、桦等灌木，更没有散生的乔木。

此外，在高原内海拔 4500 米或 5000 米以上的山地上，则分布有高山矮嵩草草甸，建群植物主要是矮嵩草，高约 3～5 厘米，覆盖度可达 90%，种类单纯，群落外貌也很单调。其他植物也都很矮小，甚至呈垫状匍匐，如垫状点地梅、苔状蚤缀、矮火绒草、龙胆等。这类草甸在西藏广泛分布，约占西藏草原的 35%，目前已利用作夏季牧场。

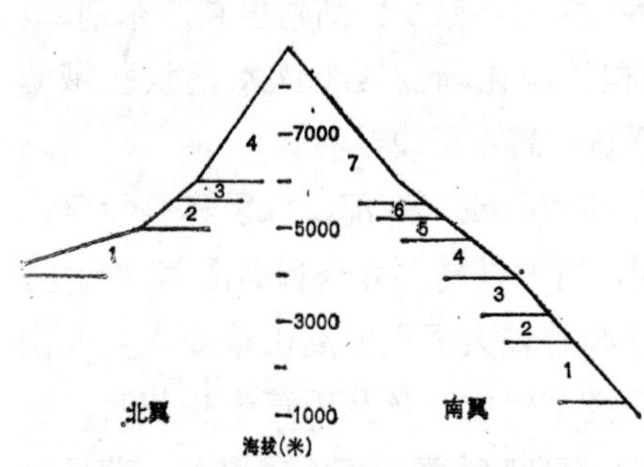

图 74　珠峰地区垂直带谱示意图

南翼自然分带：见表 37

北翼自然分带：1—高山寒冷半旱草原，2—高山寒冻草甸垫状植被，3—高山寒冻冰碛地衣，4—高山冰雪

（据郑度等：“珠穆朗玛峰地区的自然带”，《珠穆朗玛峰地区科学考察报告（1966～1968）——自然地理》，科学出版社，1975 年，第 152 页）

由于喜马拉雅山脉的屏障作用，山脉南翼温暖湿润，出现明显的垂直自然分带（图 74），如珠峰地区南翼从国境内海拔约 1600 米的谷地到高山冰川，可分为 7 个自然分带（表 37）。海拔 1600 米以下属热带季雨林，已在国境以外。

西藏东南角的墨脱一带，谷地海拔不到 800 米，则分布有准热带季雨林，自然景观与云南西双版纳

表 37　珠峰地区南翼（国境内）的自然分带

自然带	海拔（米）	植　被	土　壤
1	1600～2500	山地亚热带常绿阔叶林	山地黄棕壤
2	2500～3100	山地暖温带针阔叶混交林	山地酸性棕壤
3	3100～3900	山地寒温带针叶林	山地漂灰土
4	3900～4700	亚高山寒带灌丛草甸	亚高山灌丛草甸土
5	4700～5200	高山寒冻草甸垫状植被	高山草甸土
6	5200～5500	高山寒冻冰碛地衣	高山寒冻冰碛土
7	5500 以上	高山冰雪	

相似，故有“西藏的西双版纳”之称。

高原的东南部，河谷深切，垂直带也比较显著。这里谷地海拔一般在 2000 米以上，为暖温带、温带针阔叶混交林（山地棕壤），2500～4300 米为亚高山寒温带针叶林（山地暗棕色森林土），3700～4300 米以上为高山灌丛草甸。这些垂直带的上限与下限的高程自高原边缘向高原内部升高，这是与降水量从高原边缘向高原内部逐渐减少相一致的。

在植物区系上，大部分高原上的草甸、草原和寒漠属泛北极植物区中的青藏高原植物亚区，东南边缘的森林植被则属古热带植物区中的中国—喜马拉雅森林植物亚区，两者的分界大致是从拉康，经朗县、嘉黎、强拉日，至青海囊谦一线。此线以南的中国—喜马拉雅森林植物亚区，成分复杂，是现代物种起源的中心之一，也是青藏区植物种类最多的区域，如喜马拉雅山南坡就有 443 个热带属。

与上述植被分布相同，高原土壤在水平分布上也表现出明显的相性差别，自东南向西北，依次为高山草甸土、高山草原土和高山漠土。冈底斯山和念青唐古拉山以南水热条件较好，故山脉以南高山草甸土的腐殖质积累过程和草甸过程比山脉以北地区为强，土壤颜色也较暗；高山草原土也如此，山脉以南高山草原土的腐殖质积累过程和钙化过程都相对增强，故腐殖质层的厚度较大。

高山草甸土是在寒冷、半湿润气候下形成的，土体比较湿润。由于草甸植物覆盖度大，根系分布致密，很有利于土壤腐殖质的积累。因此，高山草甸土的表层有厚 3～10 厘米的草皮，根系交织似毛毡，故称为“高山草毡土”。腐殖质层厚 9～20 厘米，表层有机质含量达 6%左右，土壤是微酸性至中性反应。川西高原和西藏高原东部水热条件稍好，高山草甸土的腐殖化程度略高，腐殖质层厚约 15～30 厘米，有机质含量高达 10%～15%，土壤颜色较暗但仍呈毡状，故称为“高山黑毡土”。高山草原土是在寒冷、半干旱的条件下发育的，土体较干燥。由于植物覆盖度较小（一般 30%～50%），故腐殖质积累过程较高山草甸土为弱，表层草根较少，有机质含量仅 1.5%左右。且出现钙化过程的特征，剖面下部有不大明显的钙积层，全剖面是碱性反应，现改称莎嘎土，意即白色的石灰性沙质土。冈底斯山—念青唐古拉山以南地区的高山草原土，表层有机质含量较高，可达 3%～4%。

高原上土壤除了有明显的有机质积累过程以外，还由于第四纪气候的剧烈变动，近期的高原寒冻风化作用，地表物质移动强烈，河谷和湖盆内堆积旺盛，湖面下降出露的新成地面风化程度更弱，从而发育的土壤具有原始性状，土层分化程度低，粗骨性较强，土体中砾石含量大多在30%以上，粘粒含量一般不超过 15%，粘土胶膜、方向性粘土和各种凝聚体等的发育程度均差。

（六）高原动物

青藏大高原由于气候严寒，草类生长期很短，昆虫也很稀少，故鸟兽较为贫乏，只有适于高原寒漠和高山草原的特殊种类才能生活。高原上特殊动物主要有野牦牛和藏羚羊，它们成群散布于高原上，成为本区景观的特色。野牦牛是西藏高原最典型的动物，分布高度可达6000米，最能适应高原严寒气候。它披有长而厚的毛，下垂，以供卧雪御寒，并防雨雪之用。驯养的牦牛其分布范围均限于3000米以上地方。藏羚羊在高原上分布普遍，雄者有竖立的角，呈竹节状，这就是中药中贵重的羚羊尖。此外，藏驴、岩羊、高原兔也可常见，岩羊有多至50～80头一群的。高原上的猛兽除狼、猞猁外，还有藏豺、藏马熊、雪豹等。啮齿类动物较多，主要有克什米尔鼠兔、柯氏鼠兔、高山田鼠、藏旱獭、灰尾兔、红鼠兔等。它们大都结群穴居，其中鼠兔和旱獭特别多。鸟类中最特殊的要称髭兀鹰和大乌鸦，以死牲畜和死人为食物。鸟类飞翔一般都能超过5000米高度，黄嘴山鸦随登山队员营帐可达海拔7070米，登山队员们还曾看到岩鸽自南向北飞过8300米高的山脊，而秃鹫能在此山脊上空盘旋。

此外，高原东南部边缘的山地及喜马拉雅山南麓，森林茂密，垂直生物气候带显著，为鸟兽的栖息提供了有利条件，故动物种类多而复杂，并有大熊猫、小熊猫、金丝猴等珍稀动物。

西藏高原陆栖脊椎动物已知有684种，其中鸟类占473种，哺乳类动物为118种，爬行和两栖类动物共有93种。青藏高原的动物分属古北界和东洋界两大区系，其分界线大致从喜马拉雅山南翼暗针叶林下限（海拔3000米左右），向东伸延至横断山脉中南部，大体沿巴塘、康定，至黑水、若尔盖一线。此线以北辽阔的青藏高原属古北界地区，动物种类较少，以南的青藏高原东南边缘则属东洋界地区，种类丰富。

二、自然景观的地域分异与自然区划

青藏大高原自然景观形成的历史较晚。它是自上新世以来受强烈构造隆起作用而上升的大高原，随着地面的隆起，气候变冷，第四纪数次冰期中，曾有冰川形成并产生广泛的作用。寒冷的气候和不同程度的冰川作用，改变了地貌形态，原来温暖条件下形成的景观，也大部随之消灭。第四纪以来，高原边缘上升特别强烈，形成巍峨的极高山，阻挡了外来湿润气流的深入，使高原内部逐渐变干，冰川退缩，湖泊变小，形成广大的高山草原和高寒荒漠。

由于青藏高原在第四纪时没有大陆冰盖，故本区现代植被是在第三纪古植被的基础上发展起来的。高原上许多地方在新第三纪时仍为温带阔叶林或针阔叶混交林，在高原隆升过程中，因气候变干变冷，树木逐渐灭绝，但并未全部被消灭，目前高原上有些地方还残留有原来森林成分中矮化了的种类，在海拔 4700 米处还发现有古热带的孑遗植物——铁角蕨。在喜马拉雅山南坡海拔很高的地方，还发现一些热带植物成分，如冷杉林下有蛇根草，铁杉和云杉林下有爵床科的一些属，它们显然是在喜马拉雅山迅速隆升的过程中残留下来的，与上层冷杉、云杉等树种成为极不相称的共存。但青藏高原的有些特有植物种类如垫状驼绒藜，则是在高原隆起后才产生的。由此可见，本区自然景观的发展仍然是有继承性的，因此目前景观的组成成分比较复杂。过去一些外国学者（如 K. Ward 等）认为冰期完全毁灭了本区的植被等自然景观，这种说法是不符合事实的。

总之，现在青藏高原自然地理特征的形成，主要由于其巨大的海拔高度和广阔的面积，它们明显地改变了纬度地带性因素影响的性质，故高原上发育着主要由高山草原、草甸为基带的独特自然分带，很难与我国东部季风区的任何一个热量带相比较，充分显示了非地带性因素的主导作用，因而青藏高原一向被认为是一个独特的自然区域。但高原内部自然区域的分异则深受自然历史发展过程和现在水热条件的影响，特别是水分条件差异的影响。据此，青藏区可初步划分为下列次一级自然区域：

VIII_A 川西、藏东分割高原亚区

VIII_B 东部高原亚区

VIII_C 藏北高原亚区

VIII_D 阿里高原亚区

VIII_E 藏南谷地与喜马拉雅高山亚区

VIII_{E1} 喜马拉雅山南翼小区

VIII_{E2} 藏南谷地小区

（一）川西、藏东分割高原亚区

位于青藏高原东南部，是青藏区向华中区和西南区过渡的地区。本亚区东面约至夹金山和大小相岭，西北可至西藏那曲地区的丁青、索县、嘉黎的林区。青藏高原东南部受金沙江、澜沧江和怒江等河流的切割，高原已较破碎。按照高原被切割破坏的程度及河谷的海拔高度，青藏高原东南部从西北向东南，大致可分为 3 类地貌：（1）西北部丘原，河流切割很浅，谷地平坦宽广，切割深度仅 100～300 米，谷底海拔一般＞3000 米。谷地间则为坡斜平缓的浑圆的丘陵状山地，称为“丘状高原”，简称丘原，大致分布于松潘—炉霍—邓柯—西藏与青海省界一线以北；（2）中部山原，高原已受河流深切，但河间山岭的顶部仍保存有一定面积的高原面（海拔 3500～4500 米）。河流谷底海拔可降至 2500 米左右，自谷底至高原面高差多在 1000～2000 米。山原大致分布于理县（杂谷脑）—九龙—稻城—德钦一线以北，即约介于北纬 28°～

32°间；（3）南部高山峡谷，高原面已受强烈分割，被破坏殆尽，地面主要为高山与深谷（峡谷）相交错，谷底海拔多在2000米以下，甚至不到1000米。中部山原上的山岭大多是连绵的，如沙鲁里山（雀儿山、海子山）、大雪山（折多山、贡嘎山）等，走向西北—东南，绵亘数百公里。南部高山峡谷区的山岭虽然有的海拔也较高（如玉龙山），但都是分散和孤立的。

贡嘎山屹立于大雪山脉的中南段，山体南北向延伸，长90公里，宽60公里，主体山脊海拔均在5000米以上，主峰海拔7556米，是横断山系的第一高峰。贡嘎山由于面对东南季风，降水丰沛，是我国海洋性冰川最发育的山地之一，现代冰川有71条，冰雪覆盖面积约300平方公里。冰川类型多样，其中山谷冰川最为发育，海螺沟冰川长达14.8公里，末端降至海拔2880米，伸入森林带内6公里。海螺沟冰川有高达1080米的大冰瀑，为国内已知最大的冰瀑。贡嘎山东、西坡在自然景观上有明显差异。东坡以深度切割的高山峡谷地形著称，从大渡河谷底到贡嘎山主脊，水平距离仅29公里，相对高差竟达6400米，其比降为20%。东坡从大渡河谷底到山顶可分出8个垂直自然带：河谷亚热带灌丛草地、云南松林带；山地亚热带常绿阔叶林带；山地暖温带针阔叶混交林带；山地寒温带阴暗针叶林带；山地亚寒带灌丛草甸带；山地寒带垫状草甸带；亚高山寒冻荒漠带；高山冰雪带。河谷底部因“焚风”作用影响，热量丰富，盛产柑橘、油桐、油茶、蓖麻等亚热带经济林果木，并可栽种水稻，农作物一年两熟或三熟。贡嘎山西坡则从宽坦平缓的高原面镶嵌着中切割的峡谷为特点。从河谷到山顶只具有从寒温带到寒带的垂直带，降水远较东坡小，气候较干寒，生长着半湿润的亚高山针叶林与灌丛草甸。农业以牧为主，河谷可种植青稞和马铃薯。

由于地貌结构的不同，丘原、山原和高山峡谷地区的基带以及广大面积的自然景观都有明显差异。丘原地区的基带从山地寒温带或亚寒带开始，高山草甸、草原—草毡土占据了最广大面积。山原地区的基带从山地暖温带—温带开始，高山草甸—黑毡土也占据很大面积。高山峡谷地区的基带一般从亚热带开始，由于分水岭非常尖薄，山体支离破碎，高山草甸分布极为零星、狭小。因此，我们把丘原地区划入东部高原亚区，山原地区划入川西、藏东分割高原亚区，也可称为横断山北部残余高原平行岭谷亚区，高山峡谷地区则划入西南区。上述自然环境的差异，在家畜种类上也明显地表现出来，丘原和山原地区的牲畜均以耐高寒的牦牛、犏牛和绵羊为主，高山峡谷地区则以山羊、猪为主。

本亚区由于平均地势较高，积温一般在 1000℃～3000℃。大部分谷地最热月平均气温约 12℃～18℃，无霜期 120～200 天。它的西部夏半年受西南季风影响，东部受东南季风影响。西南季风越过高黎贡山、怒山后，东南季风越过夹金山、小相岭后，势力渐弱，故本亚区降水一般为 600～900 毫米。在深切的狭谷底部，因焚风作用，比较干燥，年降水量不足 500 毫米，如德钦以上的澜沧江河

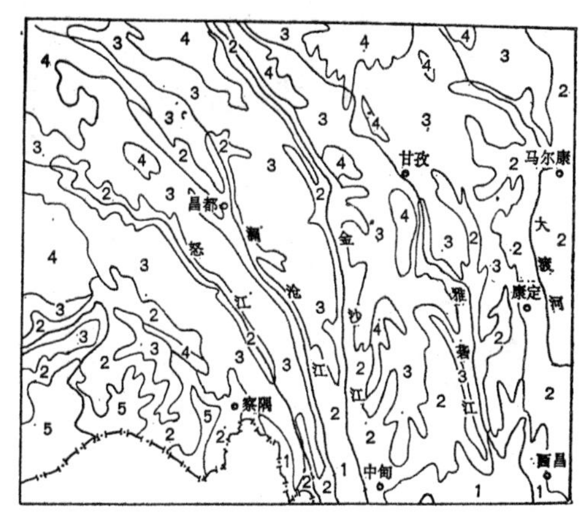

图 75　青藏高原东南部自然景观分布略图

1 干性常绿阔叶林—红壤，2 针阔叶混交林、亚高山针叶林—山地棕壤、褐土、暗棕壤，3 高山灌丛草甸—黑毡土，4 高山草甸、草原—草毡土，5 热带季雨林—砖红壤性红壤、黄壤

（据中国科学院南京土壤研究所主编：《中国土壤》，科学出版社，1978 年；改编）

谷，德荣以上的金沙江河谷以及八宿附近的怒江河谷等，均出现旱生灌丛及山地灰褐土。澜沧江谷地上的昌都，海拔 3240 米，7 月平均气温 16.3℃，积温有 2108℃，年降水量 495 毫米。

本亚区自然环境的垂直变化非常明显，垂直带谱结构比较复杂，其主要特征可归纳为两点：第一，由于残余高原面积较广，垂直带谱具有高原内部深切河谷“下垂谱”性质（图 75），因为这些垂直带是以广大高原面的水平地带为基带，向深切河谷下垂的，故名下垂谱（图 76）。第二，在垂直带谱中，以不同种的云杉、冷杉林组合为特征。因此，本亚区是我国重要的寒、温带林区之一。

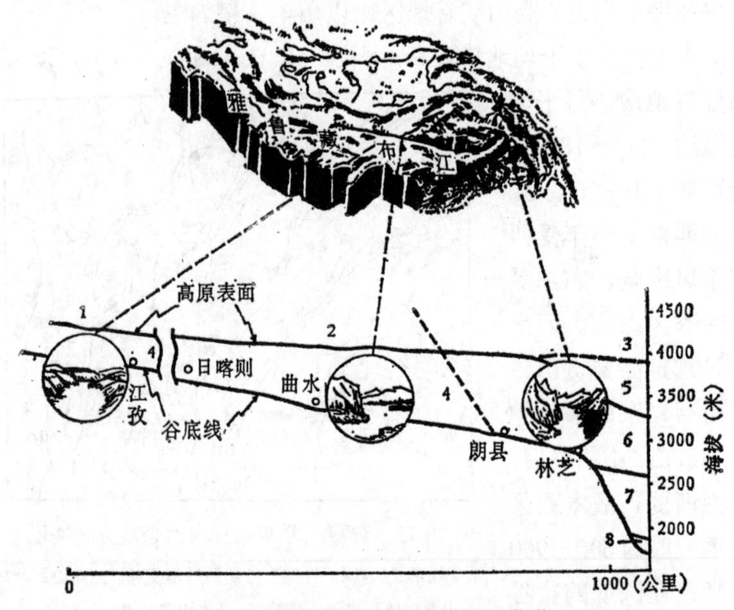

图 76　雅鲁藏布江谷地的下垂带谱

1 高山草原—巴嘎土，2 高山草甸—黑毡土，3 亚高山灌木丛草甸—棕毡土，4 山地灌丛草原—山地灌丛草原土，5 亚高山针叶林—山地暗棕壤和漂灰土，6 山地针阔叶混交林—山地棕壤，7 山地常绿阔叶林—山地黄棕壤，8 准热带季雨林—山地黄壤　（据中国科学院南京土壤研究所主编：《中国土壤》，科学出版社，1978 年，第 459 页）

河谷一段为温带针叶、阔叶混交林，主要成分为铁杉、槭等，但其组成很复杂，既有亚高山阴暗针叶林的冷杉、云杉和红桦，又含有亚热带常绿阔叶林上段的某些成分，如北五味子，落叶樟等。这是与本亚区的东侧和南侧均属亚热带，本亚区具有亚热带山地植被的特点有关。土壤为山地棕壤和褐土。前者中性到微酸性，表层富有机质；后者呈碱性，表层有机质较少，它在垂直分布上位于棕壤带之下。

针阔叶混交林带之上，为亚高山阴暗针叶林带。该带在本亚区非常发达，垂直幅度达1000米左右。由于本亚区从东向西气候愈趋干寒，故亚高山针叶林带的上限也逐渐升高，在杂谷脑为海拔3500米，折多山为4100米，雀儿山为4300米。亚高山针叶林的建群种是冷杉和云杉、云杉分布海拔一般比冷杉低些，且比较耐干寒，冷杉则要求较高的湿度。故本亚区内从东向西，云杉渐占优势，至甘孜以西，林中几乎不见冷杉。针叶林带范围内还有一些特殊的植被类型，如寒温带落叶松林、高山栎矮林（高寒硬叶常绿阔叶矮林）等。东部马尔康一带年降水量达900毫米，林中湿度很大，树干上附生有苔藓、松萝，林下有大片茂密的箭竹。针叶林下的土壤为暗棕壤和棕色针叶林土。暗棕壤主要分布于以云杉为主的针叶林下，湿度较低，或在海拔3500～3700米以下的小叶林（红桦、白桦）下，土壤盐基饱和度较高，呈中性到酸性反应。棕色针叶林土主要发育于杜鹃冷杉林下，气候冷湿，苔藓生长繁茂，土壤终年湿润，淋溶淀积作用强烈，呈强酸性，剖面中不仅有灰化层，而且有腐殖质淀积层。

坡向对本亚区植被分布有明显影响。如大小金川地区海拔2500米以上，阴坡为温带针阔叶混交林、寒温带阴暗针叶林，阳坡则为高山栎和高山松林（图77）。云南松喜干暖环境，分布于九龙一带海拔3200米以下的山地，即分布于西南区内，而在本亚区

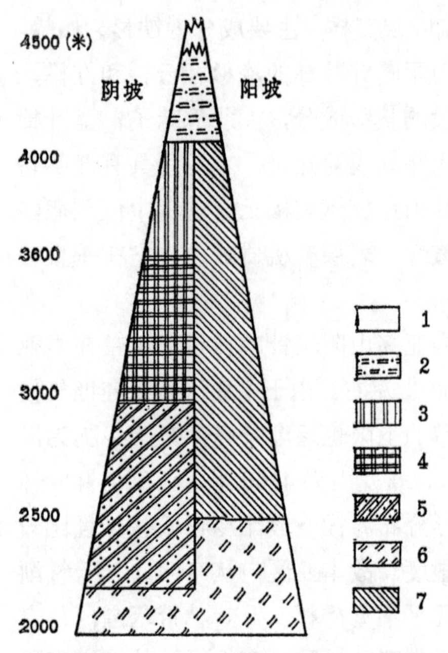

图 77　川西大小金川地区阴阳坡垂直带谱的差异

1 永久积雪，2 高山草甸灌丛—黑毡土，3 寒温带阴暗针叶林—棕色针叶林土、暗棕壤，4 寒温带阴暗针叶林、小叶林—暗棕壤，5 温带针阔叶混交林—棕壤，6 暖温带河谷灌丛—褐土，7 暖温带、温带高山栎、高山松林—褐土、棕壤　（据姜恕："川西滇北地区自然地理垂直分带和水平分异"，《中国地理学会 1962 年自然区划讨论会论文集》，科学出版社，1964 年，第 111 页）

则主要为高山松、油松。所以，本亚区的南界在植被上也是比较明显的。

由于森林茂密，垂直生物气候带显著，故岷山、邛崃山等地（如马尔康、黑水）是我国著名的珍稀动物大熊猫、金丝猴的故乡，大熊猫主要生活在这一带高山箭竹林里。四川平武县西北部的山地（即本亚区的东北边缘）现已划为王朗自然保护区。

森林带以上为亚高山灌丛草甸，广泛分布于海拔 3300～4200 米范围内，群落组成以莎草科的苔草、禾本科的垂穗披碱草、藏异燕麦及杂类草为主。由于杂类草比重较大，且植株较高（40～60 厘米），故草场外貌花色华丽。群落中并夹有稀疏的灌木，如高山绣线菊、忍冬、杜鹃等。

高山草甸位于亚高山灌丛草甸带以上，海拔约 4200～4500 米（如雀儿山等处）。群落组成以苔草、嵩草等小型莎草科植物为主，草丛低矮，一般不到 10 厘米，平铺如毡，没有灌木，杂类草也较少，群落外貌并不华丽，并有一些典型高山植物，如蚤缀、雪莲花等。所以，高山草甸与亚高山灌丛草甸仍有一定的差别。

本亚区的高山草甸下发育的黑毡土，由于气候比较湿润温暖（与青藏高原其他地区比较而言），表层有机质积累多，且有蚯蚓活动，有机质略有分解，土色较暗。亚高山灌丛草甸下有时有棕毡土发育，这是黑毡土与棕色针叶林土之间的过渡型土壤，其特点是剖面中部有棕褐色或浅棕色的淀积层，表层有机质含量也很高，约 14%～22%。全剖面受淋洗较强，呈强酸性。

本亚区的东北部是甘肃、四川两省交界处的岷山山地，主峰雪宝顶（在松潘以北）海拔 5588 米，山顶部分终年积雪，发育有冰斗冰川，在海拔 2000～3200 米处普遍有钙华堆积，形成巨型的钙华堤、钙华滩、边石坝，以及许多不同水色的五彩池塘，构成钙华堤、瀑布与彩池相间的独特景观，尤以九寨沟和黄龙寺沟最为著名，已成为我国著名的旅游区之一，也是我国第一个以保护自然风景为主的自然保护区。岷山北支为洮河和白龙江的分水岭，即迭山。岷山南支绵亘于岷江及白龙江的一些支流之间，大致在朗木寺—班佑—毛尔盖一线以西，即进入丘原。白龙江切割很深，其北岸支流腊子沟崖壁陡峭，形成著名的天险腊子口。越过腊子口，就进入了甘肃中部黄土高原。

本亚区西南部包括雅鲁藏布江中下游及其支流（尼洋河、野贡曲、龙普藏布等）的流域，海洋性冰川发育，波密八玉沟的恰青冰川，长 35 公里，冰川末端下延至海拔 2530 米，是我国第二位的海洋性山谷冰川。由于冰川活动强烈，消融量大，地表坡度陡，并受地震的影响，成为西藏地区最主要的泥石流爆发区。这里，河谷下切较深，谷底海拔 2000～3000 米，印度洋西南季风循河谷向上侵入，至雅鲁藏布江大拐弯处降水向东西两侧减少，如易贡的年平均降水量为 959 毫米，向东至波密降至 850 毫米，向西至林芝仅为 634 毫米，米林为 662 毫米，但由于气温不高，蒸发不强，故气候似比较湿润，属半湿润地区。如最低处通麦（野贡曲与龙普藏布汇流处）一带，年平均气温约 12℃，年降水量 1000 毫米左右（波密、野贡，海拔 2250 米，≥10℃积温有 3110℃）。这一带谷地年平均相对湿度 60%～70%。因此，森林也随之分布于这些河谷两侧的山坡上，这是川西分割高原河谷森林向西藏高原的渗透。如波密地区，自河谷向上分布有山地常绿阔叶林（栎类）—山地黄棕壤（2000～2500 米），山地针阔叶混交林（云杉、高山松、栎）—山地棕壤（2500～3200 米），亚高山针叶林（云杉、冷杉）—山地漂灰土（3200～4000 米），高山灌丛草甸—黑毡土、草毡土（4000～4500 米）。但森林类型和树种组成与本亚区其他地区略有差异，以高山松、黄背栎林带和丽江云杉林带为主。高山栎常在松林与云杉林中混交，或偶尔形成小片纯林。

雅鲁藏布江中下游谷地冬春之际因受沿江而下的干旱西风的影响，至朗县一带，谷地气候已较干旱，大致朗县以东的河谷谷坡基本上是森林，朗县以西则为干旱的草原与灌丛，因此，我们以朗县为本亚区与藏南谷地亚区的分界。朗县以东气候仍较湿润，年降水量 500～600 毫米，谷地海拔 2700～3100 米，下垂谱为高山灌丛草甸、亚高山暗针叶林、山地针叶林。朗县附近为雅鲁藏布江谷地中草原与森林的分界，这里，高山松林等逐渐消失，代之以独特的巨柏疏林，这是一种草原化疏林，群落组成以草原的旱生或中旱生种类占优势。巨柏矮而粗，最高不超过 15 米，它是雅鲁藏布江中游谷地中草原与森林间的过渡类型。

由于上述不同高程的生物气候带组合，故在土地利用上必然形成农、林、牧业的垂直分布。同时，高山草甸—黑毡土带在本亚区所占面积最广，黑毡土潜在肥力较高，历来是优良牧场，草场改良后可大幅度增产饲养，潜力较大。山坡及谷地森林茂密，木材蓄积量很大，其中云杉和冷杉约占 90%左右，木材质量好，如白龙江上游的云杉林，树高有的达 40 多米。因此，本亚区的发展利用方向显然应以牧业和林业为主。本亚区所产贵重的高山药材，如贝母、虫草、大黄等，亦应发展。但由于河流纵向深切，分水岭高耸，木材流放收集不易，运输也较困难，如何合理利用本亚区丰富的森林资源，尚有一些问题需待解决。河谷地区亦可发展农业。

（二）东部高原亚区

包括青海的大部分、西藏那曲（黑河）地区、四川西北部和甘肃西南部，大部海拔 4000～4500 米，四川西北部和甘肃西南部海拔降至 3000～3500 米。地面切割轻微，高原面保存完整，为起伏和缓的高原丘陵，相对高差 300～500 米，其间并有一些宽谷和盆地。这里是黄河、长江及怒江、澜沧江的上源地区。本亚区北以昆仑山为界，南以念青唐古拉山为界，东南面逐渐过渡为黄土高原和川西分割高原，西面逐渐过渡到藏北高原亚区。

本亚区的高原面上也耸立着一些高大山脉，自北而南，有昆仑山、唐古拉山和念青唐古拉山。昆仑山在喀拉米兰山口（约东经 87°）以东，称为东昆仑山。山脉向东分散成为北、中、南 3 支，走向约北西—南东。北支为柴达木盆地南缘的祁漫塔格—布尔汗布达山—积石山，积石山的东端就是著名的阿尼玛卿山（7160 米），兀立于附近的黄河谷地之上。由于该山近期的块断上升，迫使这里的黄河河道大转弯，形成黄河上游的大河曲。中支是阿尔格山—巴颜喀拉山。巴颜喀拉山是长江与黄河间的分水岭，在我国地理上比较著名，但山坡平缓，具有高原特征。南支为可可西里山，从青藏公路附近西眺，该山的山坡也较平缓，相对高度仅 300～400 米。唐古拉山是青藏高原中部的主要山脉之一，呈东西走向，为太平洋与印度洋水系的重要分水岭。南坡受怒江上游支流切割，山体较破碎，山峰海拔约 5500～6000 米，最高峰各拉丹冬雪山，海拔 6621 米，为长江之源。至唐古拉山口附近地势稍低，少数山峰海拔在 6100 米左右，冰川数量众多而缺乏大型山谷冰川。向东至丁青、索县间，降水有所增加，但山势已逐渐降低。处于本亚区南缘的念青唐古拉山脉，走向由北东转向南东，呈向北突出的弧形山脉。西段地势较高，当雄一带海拔在 7000 米以上的山峰有 4 座，东段山峰一般在 5500～6000 米之间，但东段处于西南暖湿气流进入高原的要道上，现代冰川十分发育，成为地球上中低纬度地区最强大的冰川作用中心之一。这些平行山脉之间，则为宽数十公里的浅平开阔的谷地和盆地，如黄河上源谷地和长江上游楚玛尔河谷地，就是昆仑山支脉间的宽谷。在唐古拉山与念青唐古拉山之间为一系列宽谷盆地，地面起伏和缓，湖盆广大，河曲异常发育，沼泽湿地普遍，为藏北高原主要的牧业地带。

气候比较寒冷，最热月气温 6℃～10℃，极端最低气温可达-40℃以下，无霜期仅 20～60 天，许多地区全年几乎没有绝对无霜期，那曲至唐古拉山口之间冻土分布广泛，年降水量约 400～700 毫米，东南部较多可达 800 毫米以上，年平均相对湿度 50%～65%，为寒冷的半湿润地区。由于云量较大，日照百分率一般为 50%～65%，那曲高原地区年日照时数为 2200～2900 小时，是西藏高原上日照最少的地区之一。景观主要为高山草甸—草毡土，只有一些迎夏季风的山坡上有金腊梅、小叶杜鹃、柳树、刺柏等灌丛。一些河漫滩和盆地中地势平坦，排水不畅，有较大面积的苔草、嵩草沼泽，即沮洳地。土地利用以畜牧业为主，主要放牧牦牛、绵羊等，是我国重要的牧区之一。青海湖周围的环海草甸海拔较低，一般在 3000 米左右，气温较高，年平均气温 1℃～3℃，年降水量约 350 毫米，牧草繁茂，以禾本科草类为主，亩产青草 140～440 斤，是青海省的重要牧区。青海草原鼠害比较严重，几乎到处都有害鼠栖息，以高原鼠兔为主，草原破坏率一般在 50%左右，严重的可达 80%。此外，冬季草场缺乏也是一个严重问题。一些较低的谷地和湖盆有一定的农业，但过去因开垦不当，弃耕地不少，今后应农牧结合，扩大牧草种植，积极建立人工饲草饲料基地，以提高草原的生产力。

以青海南部玉树一带为例，玉树在金沙江上游通天河流域，年降水量约 500 毫米，终年有霜，草本植物生长期一般约 100 天。南部河谷中（4200 米以下）有亚高山针叶林，是川西分割高原河谷森林向高原内部的延伸和北界。海拔 4200～4800 米的地面为大片高山草甸，以莎草科的嵩草和苔草，禾本科的羊茅和细柄茅以及蓼科、菊科等占优势，并含有较多的花色鲜艳的杂类草，草层低矮，平均高约 10 厘米，但覆盖度较大，达 80%以上。由于草矮，草场载畜率较低，需 8～15 亩草场才能养活一只绵羊。澜沧江上游札曲河上源，从杂多县向西为辽阔的高山草甸（“大草滩”），有成群的野驴、黄羊，许多地方还是“无人”区。

1. 四川西北部的若尔盖沼泽区

若尔盖、红原、阿坝一带是红军长征时走过的草地，地貌为典型的丘状高原，海拔一般 3400 米左右。丘陵形态浑圆，坡度和缓，丘间谷地宽阔，相对高度仅几十米至百余米。黄河支流黑曲和嘎曲下游比降极小（只有万分之 0.2～0.3），曲流汊发育，沿河两岸牛轭湖星罗棋布。气候寒冷潮湿，年积温只有 600℃～700℃，最热月 7 月平均气温 10.9℃。年降水量 600～800 毫米，从南向北、从东向西递减。降水多为中、小雨，雨日达 150 天，日照少，≥10℃持续期的干燥度仅 0.45～0.70，相对湿度平均在 70%左右。在这种气候和地貌条件下，地表经常过湿或有积水，形成大面积沼泽，总面积约 3000 平方公里。沼泽类型属于低位沼泽，以苔草沼泽面积最广，沼泽间的草丘则生长着以嵩草为主的草甸植物。这里，草本泥炭发育，形成时间亦长，泥炭积累很厚（最厚达 10 米左右，分布面积广，储量大，是重要的自然资源，可作为燃料、肥料和工业原料

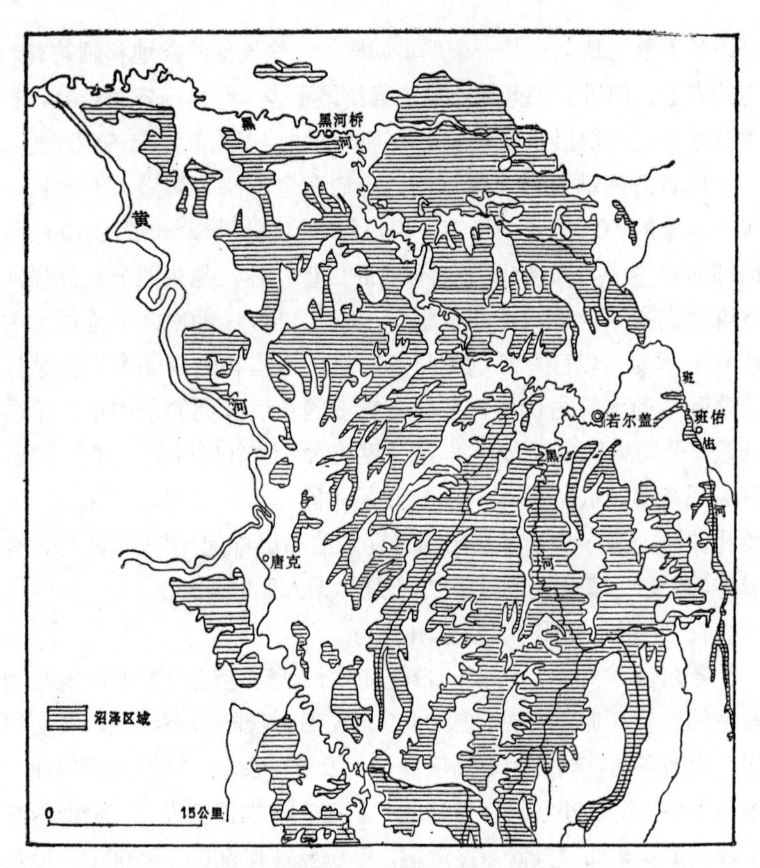

图 78　川西若尔盖地区沼泽分布略图

（据中国科学院《中国自然地理》编辑委员会：《中国自然地理——地表水》图 4.5，科学出版社，1981 年；改编）

（图 78）。近年来，已对沼泽进行排水疏干，改造了沼泽地近 200 万田，扩大了草场。红原等处并建立了大型农场，发展农业。

2. 黄河和长江源地

黄河河源为青海省曲麻莱县境内的卡日曲[①]，海拔约 4400 米。

---

① 见《人民画报》1979 年第 5 期。

卡日曲以南的山岭，即为黄河与长江水系的分水岭，最低处相对高度仅 20 米。卡日曲谷地宽浅，为一片草原和沮洳地。卡日曲由西南流向东北，注入星宿海。星宿海是一个长约二三十公里，宽十几公里的盆地，因排水不畅，形成广阔的沼泽，沼泽草滩上散布着许多大小海子，"若天上列星"，故名星宿海。从星宿海向东，即入札陵湖和鄂陵湖，两湖湖面海拔约 4200 米，是青藏高原上著名的大淡水湖，湖的周围地区也是沼泽化草甸（图 79）。

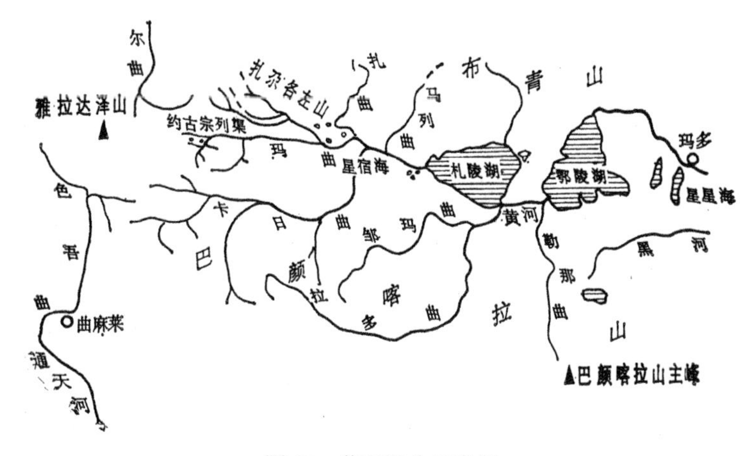

图 79　黄河源头示意图

（据尤联之等："何处黄河源？"《自然杂志》3 卷 2 期，1980 年；略有改动）

长江的正源是沱沱河，发源于唐古拉山主峰各拉丹冬雪山（海拔 6621 米）西南侧的冰川丛中。上游河床中浅滩罗列，枯水时河水分流，成辫状河流。多年冰土层分布广泛，一般深 20～80 米，最深达 120 米。[1]河谷两侧的缓坡上几乎全是沼泽和沼泽化草甸。夏季也有少数藏族牧民到此放牧（图 80）。

---

① 据原更生："大江之水何处来——谈谈近年来对长江源的考察"，《地理知识》，1981 年第 5 期，第 1 页。

图 80　长江源头示意图

（据石铭鼎："长江之源"，《地理知识》，1977 年，第 12 期，第 11 页）

（三）藏北高原亚区

藏北高原包括西藏北部的大部地方及青海省的西部，北以昆仑山、南以冈底斯山为界，东与东部高原亚区约以年降水量 300 毫米等雨线为界，即约自申扎，班戈至各大江河的河源区，西与阿里高原亚区约以年降水量 150 毫米等雨线为界，即大致改则以西属阿里高原亚区。习惯上，本亚区又称羌塘高原，羌塘即"北部旷地"的意思，高原形态相当完整，平均海拔 4500～5000 米，整个地势由北向南倾斜，山地丘陵与宽谷湖盆相间分布。北部的喀喇昆仑山和唐古拉山被众多的湖盆所分隔，山峰部分均有现代冰川发育，规模也较大。高原面在中部的海拔为 4900～5000 米，向外围逐渐降低到 4500～4700 米。众多的湖盆可分南、北两个湖群带，南部湖群带数量多，面积大，例如纳木错（1940 平方公里）、扎日南木错（1000 平方公里）、仁错、错那、色林错等。这些湖盆多数是断陷湖盆，形成于晚第三纪和第四纪初期，目前湖泊已显著退缩，有些湖泊只是季节性积水，趋于干涸。如纳木错湖滨一带留下13级湖岸线，最高的湖岸线高出目前湖面约90米。

本亚区气候寒冷，年平均气温0℃～-3℃，最热月气温10℃～12℃以下，几乎全年属于冬季。年降水量150～300毫米，90%以上集中于6～9月。由于高原上风大，蒸发强，年蒸发量在2000毫米左右，年平均相对湿度40%～50%，属寒冷的半干旱地区。

河流均为内流河，且多数为间隙性河流，各地平均径流深一般在100毫米以下，南部纳木错一带可达200毫米，北部地区大多不足30毫米。河水矿化度多数在300毫克/升以上，少数超过1000毫克/升，河水化学类型以重碳酸盐为主。湖水矿化度也高，一般在20克/升左右，形成各种盐湖。

自然景观主要为比较典型的高山草原—莎嘎土。高山草原多分布在阳坡或宽谷中，植物组成以紫花针茅、异针茅、早熟禾等为主，约占80%，杂类草仅占10%～15%。由于草矮，覆盖度小，产草量较低（每田一般仅40斤左右），但草质良好，为牲畜所喜食。在山坡下部和沙地上，还有以藏芨芨草或固沙草为主的草地。藏芨芨草植株高，茎秆粗，可在夏秋收割，作为冬季饲料。在湖边、河漫滩不易排水的低洼地，则有草甸分布，植物组成中嵩草和杂类草比重较大，覆盖度可达70%～80%，每亩产鲜草500～1000斤。湖盆河谷地势较低，气温稍高，风小雪少，可以用作冬季牧场。

土壤主要为莎嘎土。由于气候较干，草群覆盖度小，故表层不形成草皮，有机质含量也较低（约1.5%），全剖面沙砾含量高，呈碱性反应，并富含碳酸钙，土层浅薄。但它仍具有一般草原土壤的某些特点，如表层沙砾化，有机质含量低，呈碱性，剖面中下部有不显著的钙积层等。

本亚区大部还是没有充分利用的处女地，辽阔草原上奔驰着成群的藏野驴、野牦牛、藏羚羊等。藏北高原草原面积很广，不少地方牧草较好，并不如过去所想象的是大片高寒荒漠，没有开发利用价值。近年来，季节性放牧已扩展到了藏北高原内部。将来应有计划地开发利用，建立畜牧业基地。局部海拔较低、水热条件较好的地方，还可种植青稞、元根等作物。

（四）阿里高原亚区

本亚区位于西藏高原的西端，包括昆仑山西段和中段（在新疆境内）。海拔一般在 4800～5000 米以上，是青藏高原中最高寒的区域。阿里北部高原有一系列大致平行的、东西向的湖盆，它们联结成为宽坦谷地，宽谷之间则为昆仑山，喀喇昆仑山、冈底斯山等。宽谷谷底和湖泊湖面海拔已达 5000 米以上（如雅协错），故一些著名的山系从高原上看来，只不过是低矮的山丘。昆仑山山地总面积超过 50 万平方公里，平均海拔 5500～6000 米，横剖面极不对称，北坡陡峭，降落至海拔 1000 米左右的塔里木盆地，南坡则平缓地与羌塘高原相接，渐成为高原的一部分。靠近塔里木盆地的高山，一般海拔都超过 5500 米，以慕士峰最高，海拔为 6638 米。西藏和新疆交界处玉龙喀什河上源为昆仑山主体，山体高大而宽平，在海拔 6400 米左右的夷平面上孤峰突起，最高峰海拔 7167 米，这里现代冰川发育，冰川面积约 3300 平方公里，大冰川长度均在 20～30 公里，为西藏冰川最集中的地区之一。

气候寒冷干燥，年降水量不到 50～100 毫米，年平均相对湿度 30%～40%，冬春多大风，为高寒荒漠。从干旱情况来说，本亚区类似南疆，但海拔高，气温极低，与南疆又有较大差异，其自然环境基本上仍是青藏高原的景观。植被以稀疏的高寒草原为主，覆盖度不到 30%，生长有垫状优若藜等干寒高原的代表植物，但却没有南疆荒漠的典型植物，如琐琐、白刺、柽柳以及许多盐生种属。这里人迹罕见，故野生动物非常丰富，有大群藏羚、黄羊、野牦牛、野驴等，如拉竹龙（地名）意即谓“多野牦牛之地”，冬季时野牦牛常聚集到湖滨平地，数百头成群。

土壤主要为高山漠土。由于低温和干旱，且植物覆盖度小，生长期又很短，故风化和成土过程都十分微弱，高山漠土剖面发育比较原始，土层薄，粗骨性强。但仍具有漠境土壤的明显特征：如表层有机质含量很低（0.4%～0.6%），呈碱性反应，含石膏、碳酸钙等，砾石表面并常有盐斑。

本亚区草场质量较低，每亩产草不到20斤，但仍可发展畜牧，现在有一些公社的畜群已经深入到过去无人区内的草地，“草库伦”也开始兴建起来。一些自然条件较好的湖盆谷地，已逐步发展农业，如日土县海拔4700米以上的青稞田，在最好的年成亩产可达300多斤，而在另一个海拔4900余米的高处，全年没有无霜期，亦已试种青稞，这是目前所知的我国最高的农业种植上限。

（五）藏南谷地与喜马拉雅高山亚区

喜马拉雅山脉位于我国青藏高原南缘，南侧分别与印度、尼泊尔和不丹邻接。它西起克什米尔的南迦帕尔巴特峰（8126米），东至雅鲁藏布江大拐弯处的南迦巴瓦峰（7756米），长约2400公里，呈向南凸出的弧形，平均海拔6000米以上，世界上8000米以上的高峰大多分布在本山脉内，是地球上最年轻和最高大的山系。

世界最高峰珠穆朗玛峰位于喜马拉雅山脉中段，我国西藏自治区和尼泊尔王国边境上，地质构造上适在向南凸出的山弧的顶端。珠峰附近还有许多8000米以上的高峰，如希夏邦马、洛子、马卡鲁、卓奥友等，现代冰川发育，主要是规模较大的山谷冰川。在北翼，冰川末端一般向下延伸至海拔5200～5000米，在南翼则至海拔4500～3600米，个别冰川甚至下伸到海拔2500米。

珠峰是一座巨大的金字塔状高峰，它的北、东和西南三面均为大型冰斗所围绕，峰顶是一个东南—西北走向的鱼脊形山顶，长10余米，宽仅1米左右。在珠峰北坡，冰雪和岩石的交界线约在海拔7450米，再往上去，由于崖壁陡峭，高空风力强劲，使冰雪无法积存，故珠峰的下部冰雪皑皑，而上部则是岩石裸露。珠峰的上空，白天经常有一种旗状的云，从西向东飘去，好似以珠峰为旗杆飘动着的旗帜，所以叫做“旗云”。旗云是世界最高峰特有的气象现象。它的形成是由于：（1）珠峰在海拔7500米以上主要是岩石表面，白天受高空太阳照射，迅速变热，引起了上升气流的形成，为水汽向上输送创造了条件；（2）珠峰的独特高度使水汽恰好在峰顶附近冷凝成云，并“挂”在峰顶上。而其他高峰由于缺乏这两个条件，无法形成旗云。珠峰的这种旗云有“世界最高风标”之称，从它的位置和形状，可以判断高空风速的大小。

喜马拉雅山主脉主要由前寒武系结晶岩组成，其上覆盖着早古生代及以后的沉积岩。珠峰顶部为结晶灰岩，据绝对年龄测定，年龄为515和410百万年，很可能属奥陶纪早期。

雄伟的喜马拉雅山东西绵延，地形屏障作用十分突出，它阻碍印度洋湿润气流进入山脉北翼，也阻碍北来的冷气团进入山脉南翼。因此，喜马拉雅山南北两翼的自然景观差异极为明显。南翼面向西南季风，温暖湿润，具有海洋性季风气候特征；北翼降水较少，寒冷干燥，具有大陆性高原气候特点。以年降水量为例，南翼的昌利卡尔卡（在尼泊尔，海拔2700米）为2284毫米，而北翼的绒布寺却只有325毫米，两地的水平距离不到60公里，一山之隔年降水量竟相差6倍，可见喜马拉雅山脉屏障作用之显著。因此，从山地垂直带谱的性质来看，南翼发育着海洋性自然带谱，北翼发育着大陆性自然带谱，两者有明显差异。南翼分布着各种类型的森林，自下而上垂直变化明显，且由于气候湿润，高山只有草甸带而缺乏干草原带。北翼由于地面最低海拔高程已在4000米左右，故垂直带谱中缺少各种森林带，而基带就是从高原寒冷半干旱草原带开始的。而且，由于气候比较干燥，高山寒冻草甸垫状植被带、冰碛地衣带和冰雪带的下限高程均较南翼为高，相差约300～500米。这些都是喜马拉雅山脉屏障作用的结果。

1. 喜马拉雅山南翼小区

主要为雅鲁藏布江下游及恒河和布拉马普特拉河的一些支流强烈切割的山地，山高谷深。珠峰地区南翼的谷地海拔可降至1600米左右，墨脱以南的谷地降至海拔500米左右，至国境线巴昔卡海拔仅157米。

墨脱位于雅鲁藏布江下游谷地，河谷海拔仅600米左右，而西北面的南迦巴瓦峰则高达7756米，垂直分带明显。海拔1100米以下的河谷冬天无霜或只有轻霜，热量条件基本上与准热带相符，年降水量2000毫米以上。巴昔卡年降水量达5000毫米以上，年平均气温在20℃以上，完全进入热带。这里，天然植被与云南南部的热带季雨林相似，热带植被循雅鲁藏布江谷地几乎深入到北纬30°左右，是北半球热带向北延伸最远的地域。山地的霜线大致在海拔1000～1100米，故热带森林的上限可达到1100米。500

表38　墨脱的垂直自然带谱

海拔（米）	气　候	植　被	土　壤
1100以下	≥10℃积温＞6500℃，年平均气温＞20℃，最冷月13℃	准热带季雨林、热带雨林	山地砖红壤
1100～2200	≥10℃积温3000～6500℃，年平均气温16℃	山地亚热带常绿阔叶林	山地黄壤与山地黄棕壤
2200～3700	年平均气温3～11℃	亚高山针叶林	山地漂灰土
3700～4700		高山灌丛、草甸	高山棕色灌丛土、高山草甸土

米以下为热带常绿雨林，主要由龙脑香、橄榄、四数木等组成。500～1100 米为准热带季雨林，有高大的热带乔木，如千果榄仁、西南紫薇、藤黄、天料木等，老茎生花、板根，气根等热带森林现象发育。林下还有热带地区常见的野芭蕉、山姜、莲座蕨等植物。森林中有许多大型藤本和附生植物。村落附近种植水稻、香蕉、柠檬等，具有浓郁的热带风光。亚热带常绿阔叶林带的下部（1100～1900 米）主要由栲、桢楠、木兰等组成，并含有芭蕉、桄榔、树蕨等热带成分，已引种茶树，生长良好，还可发展油桐、油茶、柑橘等。亚热带常绿阔叶林带的上部（1900～2200 米）及山地针叶林带的下部（2200～2800 米）（主要为单纯的铁杉林），终年云雾笼罩，林中幽暗潮湿，具有发达的附生植物，树干上长满了苔藓，树枝上挂着松罗。这就是雾林或山地苔藓林，是热带和亚热带山地垂直带谱的一个特殊组成部分，其界线往往与当地的云雾线相一致，代表山地上最大相对湿度的地带。海拔 2800～3700 米为云杉、冷杉林，林下密生箭竹。这里树木生长迅速，林木平均直径 70 厘米左右，树高一般 40 米以上，为西藏东南部的重要森林资源。察隅一带，海拔 1800 米以下的河谷台地可种双季稻，动物也富有热带、亚热带色彩，有猕猴、熊猴、红嘴相思鸟、大绯胸鹦鹉等，2300 米以下的山坡种植茶树，故有“西藏江南”之称。察隅县城附近（海拔 2327 米）并生长着喜暖的云南松林，具有热带高原——云南高原的风光。

珠峰地区南翼的山地，其垂直自然分带的基带也是热带，因为国境外的山麓地带，海拔 1000 米或 1200 米以下，广泛分布有以龙脑香科的娑罗双树为主的热带季雨林—砖红壤，它与我国境内的垂直自然带连在一起，构成一个完整的垂直带谱（图 81）。

山地亚热带（1600～2500 米）气候温暖湿润，年平均气温超过 10℃，最热月平均气温 20℃～16℃，最冷月 10℃～5℃，年降水量樟木（地名）可达 2800 毫米，植被 1600～2000 米间为印栲、木

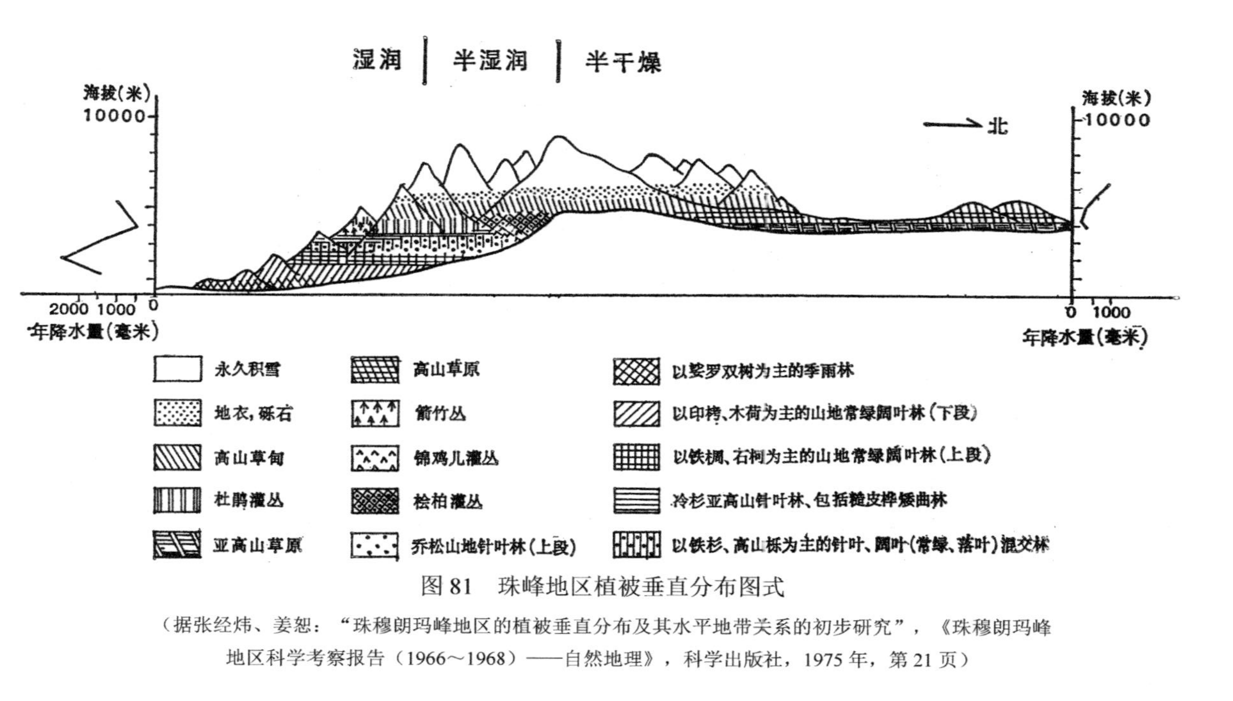

图 81　珠峰地区植被垂直分布图式

（据张经炜、姜恕：“珠穆朗玛峰地区的植被垂直分布及其水平地带关系的初步研究”，《珠穆朗玛峰地区科学考察报告（1966～1968）——自然地理》，科学出版社，1975 年，第 21 页）

荷为主的常绿阔叶林，含一定的樟科、茶科和木兰科种类。2000～2500 米间则以铁稠、穗果柯为主。动物有长尾叶猴、熊猴、小熊猫等，吉隆南部河谷还有独角犀。生物化学风化和物质的淋溶淀积作用比较强烈，发育着山地黄棕壤，它是山地黄壤向山地棕壤过渡的类型。农作一年可以两熟，1900 米以下的地区可种稻。

山地暖温带（2500～3100 米）年平均气温约 10℃～7℃，最热月平均气温 16℃～14℃，最冷月 5℃～0℃。植物为针阔叶混交林，是南翼垂直带谱中幅度较窄的一个带，主要由铁杉和高山栎组成，林下灌木以箭竹为主。土壤为山地酸性棕壤，pH4.5～5.4，有机质含量很高（15%～54%）。农作可以二年三熟，吉隆河谷地冬小麦上限达海拔 3300 米，3000 米以下可种玉米。

山地寒温带（3100～3900 米）年平均气温约 7℃～2℃，最热月平均气温 14℃～10℃，最冷月 0℃～-5℃。本带已处在最大降水带之上，年降水量约 1500～500 毫米。植被为亚高山针叶林，主要为西藏冷杉林，林内藤本植物少，树上附生有很多长松萝，反映冷湿的气候条件。本带的最上部有一条宽约 200 米的糙皮桦矮曲林带，形成森林的上限。这与一般所说的，最热月平均气温 10℃等温线，相当于山地森林的上限，大致相符合。由此可见，热量条件的不同是决定本小区自然带垂直分异的一个主要因素。动物主要是古北界的种类，典型动物有林麝、喜马拉雅鼠兔、柳莺等。在上述生物气候条件下，主要发育着山地漂灰土，其特点主要是有一个淡色漂灰层，酸度较高（pH4.4～4.9），其中二氧化硅明显聚集，氧化铁和氧化铝则遭到淋溶，并在其下的 B 层淀积。

亚高山寒带（3900～4700 米）无霜期不足 90 天，最热月平均气温 10℃～6℃，故森林已不能生长。年降水量约 350～600 毫米。植被在阴坡是小叶矮灌丛，以杜鹃为主，一般高 40～60 厘米，覆盖度 60%～90%。阳坡则分布着亚高山草甸，以嵩草、冰川苔草为主，并含有多种垫状植物。

高山寒冻带(4700～5500米),生长着耐寒的矮小草甸植物(以矮嵩草、冰川黑穗苔草为主)、垫状植物（以金腊梅、多毛蚤缀为主）和多种地衣。

我们比较详细地介绍了喜马拉雅山南翼的垂直带谱，因为它在中国自然地理的理论上具有一定的意义。第一，这种垂直带谱的形成，是与上新世以来喜马拉雅山主脉的强烈隆起分不开的，如果移去喜马拉雅山，不但没有这种垂直带谱，而且西南季风将长驱直达我国西北区，那里的荒漠将会成为草木葱茂的地区，而印度的肥沃地区将变成半荒漠。所以，这种垂直带谱的形成历史很晚，只有几百万年的历史。第二，山地垂直带谱往往具有其所在地区的水平地带的烙印。如上所述，本小区的垂直自然带是以热带为基带的。这里气候具有热带山地气候的特征，日温差大，年温差小，雪季在天文上的夏季，可与热带山原（云南高原）相对比，故其垂直带谱中缺乏温带山地的落叶阔叶林带（被山地针、阔叶混交林所代替），这是世界上许多热带山地植被垂直带谱的特征之一。第三，热带山地的生物气候条件有许多特殊性，故某一个垂直自然带与其相同的水平自然带并不完全相同。一般说来，本小区的山地亚热带、暖温带和寒温带的气温，与我国东部平原相同的水平地带相比较，冬季气温偏高，夏季气温较低。例如，山地亚热带与我国东部低地亚热带相比，无霜期大致相似，最冷季的低温偏高，而热季的气温显著地较低，故山地亚热带的上界（2500米）处，≥10℃持续期间的积温只有2400℃，比我国东部亚热带北界的4500℃相差达2000℃以上（表39)。这是由于本小区深受西南季风的影响，喜马拉雅山及其他东西走向的山脉阻挡了南下寒流，且西藏高原夏季是一个巨大热源，故热量丰富，年平均气温较同纬度、同海拔高度的东部地区高出7℃～9℃之多，如察隅日卡通（海拔1596米）年

表 39 珠峰地区南翼山地亚热带与东部低地亚热带热量条件的对比

	珠峰南翼山地亚热带上界	东部低地亚热带北界
最冷月气温	5℃	0℃
无霜期	240 天	250 天
6～9 月平均气温	15℃	25.4℃（信阳）
积温	2400℃	4500℃

平均气温 15.8℃，比黄山（1840 米）高出 8.1℃，而与海拔仅 11 米的杭州相当。加上冬季日照多，积温的有效性高（华南和华中区的许多地方，极端最高气温往往超过 35℃或 40℃，不利于许多树木和作物的生长，而本小区的极端最高气温一般＜35℃），故热带北界远较华南区向北伸延很多，并达到海拔最高的界限（海拔 1100 米左右）。所以准热带的热量指标可定为≥10℃积温＞6500℃，与云南南部相同。山地温带的≥10℃积温指标也远较东部地区为低，山地温带森林带的上界积温仅为 500℃，较东部地区要低 1100℃。因此，对本小区的开发利用必须注意到地区的特点，做到因地制宜。

2. 藏南谷地小区

藏南谷地为雅鲁藏布江—象泉河的东西向宽谷，介于喜马拉雅山脉与冈底斯山—念青唐古拉山之间，谷地十分宽广，海拔大部在 3500～4000 米以上，实际已为西藏高原的一部分，只是由于冈底斯山—念青唐古拉山的阻隔，才把它与西藏高原分开来，成为一个明显的地貌和自然地理单位。喜马拉雅山脉北麓有一系列湖泊。故本小区实际是高原宽谷与湖盆交错的地区，高原形态保存完整，因此亦称为高原湖盆区。最著名的湖泊是西部的兰戛错和玛法木错，这里是亚洲南部三大河流的源地，马泉河向东南流，为雅鲁藏布江的上源；象泉河向西北流，为印度河支流萨特累季河的上源；孔雀河向东南流，注入恒河。马泉河上游海拔已在4700米以上，为一片高山草原。东部地区的湖泊主要有羊卓雍湖、佩古错等，大部分为内陆湖。羊卓雍湖原是向西北注入雅鲁藏布江的外流湖，其出口处曼曲一带至今保存着40～50米的河流阶地，由于气候逐渐变干燥，湖水面迅速下降。出口河床高于湖面，从而转变成内陆湖，因此湖泊四周湖滨阶地并不发育，反映成湖的时间不长。由于湖泊的集水面积往往为湖泊面积的5～10倍，附近又有冰川融水补给，因此湖水的矿化度不高，一般仅400毫克/升左右，几乎与我国东部湿润地区的淡水湖相近。

由于喜马拉雅山脉的屏障作用，本小区雅鲁藏布江以南、康托山以西的范围内，为一个明显的雨影带，年降水量一般200～300毫米，如定日（海拔4300米）日平均气温≥5℃持续期间的干燥度为0.92，属半干旱地区。本小区东段受印度洋暖湿气流影响较大，降水量自西向东逐渐增加，如拉萨年降水量超过400毫米，逐渐向半湿润地区过渡。

由于气候比较寒冷、干旱，植被以紫花针茅草原分布最广，伴生锦鸡儿、金腊梅等灌木。此外，还有嵩草、固沙草、白草为主的各种草原。土壤主要为高山草原土。由于藏南谷地气候较藏北高原温暖，草原较好，土壤腐殖质层的厚度较莎嘎土为大，厚约10～15厘米，表层有机质含量也稍高，一般可达2%左右。这类土壤称为巴嘎土，以别于莎嘎土，意即有石灰聚积的粘壤土，因为20～30厘米以下的B层和BC层有较明显的钙积层。但巴嘎土的有机质积累比喜马拉雅山南翼相应海拔高度的亚高山草甸土为，表层含量仅2%～2.5%，这显然与南北两翼湿润程度的差异有关。高山草原的分布上界在喜马拉雅山主脉以北山地约为5000米，往北至雅鲁藏布江北岸，可降至4700～4800米以下，这可能与喜马拉雅山主脉不同地区的地形屏障及其所产生的雨影作用的强弱有关。

雅鲁藏布江中游谷地，朗县以西，河谷海拔3100～3600米，年降水量400毫米左右（泽当409毫米），河谷两岸有沙丘，谷底为高山草原、灌丛，以三刺草、固沙草等旱生禾草及蓝芙蓉、西藏狼牙刺等灌木为主，河谷坡地上的青杨、银白杨、柳等均为人工栽植。向上依次有高山草原、高山草甸。至上游马泉河谷地，海拔已在4700米以上，则谷底紫花针茅草原向上直接与冈底斯山上的高山矮嵩草草甸相连。冈底斯山—念青唐古拉山脉是藏北与藏南的分界线，也是西藏内、外流水系的分水岭，它阻挡了北方冷空气的侵袭，使藏南谷地较为温暖，印度洋湿润气流虽受到喜马拉雅山的阻隔，但可沿雅鲁藏布江谷地而上，深入到江孜、日喀则一带，故江孜的年平均气温比藏北的班戈更高出5℃，年降水量有400～500毫米。从水热条件看来，藏南谷地是西藏草原最好的地区，草质优良，西藏闻名的“桑桑酥油、岗巴羊”就产在这里。马泉河谷地虽然高寒，但因有冈底斯山的屏障，谷地中相对低洼的地方，冬季仍比较暖和，有大片冬季牧场。象泉河和孔雀河下游，河谷下切，海拔较低，气候比较干燥温暖，生长有松、忍冬等树木，山坡上有残存的桧柏林，海拔2900米的谷地并栽培着杏树，出产杏干。雅鲁藏布江中下游及其支流的河谷局部平原、阶地和低山坡，则是西藏最重要的农业区，通常在4500米以下种植青稞，均可获得比较稳定的收成，近年种植冬小麦也获得丰产，冬小麦种植上限已达到海拔4200米。

三、自然资源的开发利用

青藏高原土地辽阔，面积达到全国总面积的1/5，自然条件相当复杂，虽有许多不利条件（高、寒、干），但这些不利条件在特定的环境下对某些事物却表现为一定的优点。

首先，青藏高原从东南到西北逐渐变冷和变干，使高原面上出现和垂直地带性相结合的水平地带性分异，分布有大面积的各类森林、草甸和草原，自然资源丰富，给林业和牧业的发展带来广阔前途。估计青藏高原寒、温带森林面积仅次于东北，如包括南部的热带森林，则面积更大，而且用材树种很多，保存得也最好，松、云杉、冷杉等直径往往可达 2 米，铁杉、高山栎等木材也有较大蕴藏。草原、草甸的面积不但大于内蒙古、新疆，而且草场质量并不差，可以开发利用。

第二，气候条件虽然大部比较干燥、寒冷，冬长无夏，植物生长季节短，霜、雪、雹等自然灾害多，但阳光强，日照长，昼夜温差大，有利于植物积累干物质，降低消耗。故西藏小麦和青稞单位面积产量都很高，小麦大面积单产达 1000～1500 斤以上，江孜农业试验场 1975 年并创小麦单产 1610 斤的纪录，青稞亩产达 1000 多斤。树木的生长也很快。高原牧草植株短小，单位面积产草量虽然较低，如一些嵩草、早熟禾只能供牦牛舔食，但其营养成分高，牛奶和酥油质量都很好。

第三，青藏高原大多数地区虽然土层较薄，沙砾较多，但一些宽谷、湖盆和阶地上，土层还是比较深厚肥沃的。特别是青藏高原东部广大地区的黑毡土和草毡土，草皮层厚，腐殖质积累多，矿质营养流失少，土壤湿度由于高寒气候较易保存，潜在肥力较高。

此外，本区因海拔高，辐射强，太阳能的开发利用有着广阔的前景。

目前，青藏高原地广人稀，绝大部分还处于半开发或未开发状态，今后开发利用方向主要是发展畜牧业和林业。牧业方面主要是建立合理的放牧制度，防止草场退化，加强冬季牧场建设。

现在许多地方放牧制度不合理，放牧强度过大，引起草皮层的破坏，使鼠类和毒草侵入，造成草场退化。青藏高原冬春草场缺乏，必须加强基本草场的建设，目前当雄等地的群众将大片嵩草沼泽草甸在夏季围圈起来，封滩育草，以供冬春饲料缺乏时放牧，这种经验可以推广。同时，可在一部分农田中实行草田轮作，逐步建立一些饲料基地。林业方面，应加强管理，及时抚育更新，以充分利用和保护本区丰富的森林资源。农业也可适当发展，争取粮食自给。雅鲁藏布江中下游气候比较温和，尚有大量未垦荒地，今后主要是注意早熟、抗寒、抗旱品种的选育和推广，适当发展水利灌溉，以提高单位面积产量。雅鲁藏布江中下游谷地的一些地方，冬小麦能正常发育、收获，今后可适当推广一年两熟制，提高复种指数。

第十五章　小结

我国地域辽阔，自然条件复杂，有世界上独一无二的青藏大高原和黄土高原，有广大的内陆荒漠和草原，还有东部型与西部型的热带季风气候。研究中国自然地理和自然区划，不但对于认识中国各地区自然条件，因地制宜地制订农业布局和发展规划，有其现实意义，而且对于发展自然地理学理论也极为重要。

在进行这项具有深远意义的工作中，应该注意些什么呢？我们认为：

1. 研究中国自然地理，必须与世界自然地理相比较，才能更深刻地了解中国自然地理特征，这便是地理学上常用的行之有效的方法——地理比较法。我国位于亚欧大陆东岸，是世界著名的季风气候区。因此，我国东部的温带、亚热带和大陆西岸的温带、亚热带，有本质上的区别，我国东部的热带与世界其他热带地区，也有明显的差异。例如，亚欧大陆西岸的地中海地区是世界典型的亚热带，冬季温暖，日光明媚，为欧洲避寒胜地，而大陆东岸的我国亚热带，因冬季北方冷空气极为强大，在亚热带最南部的福州、桂林等处，仍有 0℃以下的低温和霜冻，亚热带北部的苏北和安徽淮南，则严冬时往往积雪遍野，河流封冻，与欧洲地中海地区完全不同。也由于我国冬季风特别强劲，亚热带的北界比理论上的界线约南移 4～5 个纬度。我国东部热带，如海南岛北部，极端最低气温仍可降至 0℃以下，也与世界地理学上一般热带地区的定义不符。因此，机械地把世界一般的情况应用到中国，必将导致错误的结论。必须全面分析各种自然要素（如气候、水文、土壤、农业植被等），认识中国自然环境的特殊性，并与世界相比较，而不照抄外国，自然区划才能比较符合客观实际。冬干冷、夏湿热是我国东部温带和亚热带的特征，不同于西欧的温带和南欧的亚热带，因而它们的自然景观在大同中也有小异，特别是农业植被有明显的不同，喜热的稻米在我国可种植到黑龙江北部，而在西欧则不能。

2. 由于我国各地区自然条件差异较大，一个气候指标往往不能适用于全国，要作具体的分析。关于热量的有效性问题以及同样积温数值在不同地区具有不同的意义，本书前面几章已作了讨论。在干燥度方面，过去用Г. Т. 谢良尼诺夫的公式计算干燥度，仅限于日平均气温≥10℃持续期间的数值，对我国东部尚比较合适，但青藏高原大部分地区日平均气温≥10℃的时间很短，上述公式所算出的干燥度就不符合当地的自然地理情况。如卢其尧等对照植被与土壤分布，认为青藏高原干湿的气候分界大体相当于干燥度等于0.75，而不是东部地区的1.0。中国科学院西藏科学考察队则以日平均气温≥5℃期间来计算干燥度，作为划分干湿类型的指标。这就表明：自然区划与物理学或数学不同，一个数值、一种指标并不是放之四海而皆准的，区划界线的指标也要考虑到因地制宜的原则。

此外，谢良尼诺夫的公式本质上还是一个经验公式，本身还有许多不完善的地方。钱纪良等利用 H·L·Penman 公式计算干燥度，所得结果与自然景观及农业现况一般比较符合[①]。朱炳海指出，气候区划的界线（气候函数）最后要用自然景观加以验证[②]。我们完全同意这个意见。实践是检验真理的唯一标准，任何气候数值

① 钱纪良等：“关于中国干湿气候区划的初步研究”，《地理学报》，第31卷，1965年，第1～13页。

② 朱炳海：《中国气候》，科学出版社，1962年，第153页。

或指标必须与当地客观存在的自然景观相符合，才具有科学意义。我们应继续研究，探索更好的计算公式或气候函数，作为今后中国自然区划的依据。

3. 我国山地和高原面积广大，山地和高原的自然区划是一个十分复杂的问题，有待进一步研究。在高原保存完好的地区如青藏高原，高原的自然景观代表当地景观的主要内容，自然区划应以高原景观为依据。在高原被河流切割的局部地区，垂直带谱属于“下垂谱”性质，即应以高原面作为垂直带谱的基带，而不是以河谷作为基带。反之，如云南南部，高原已被分割为无数山岭，高原面只余下小块保存于山顶，河谷盆地（坝子）则比较宽广，很明显，这里的自然景观应以河谷盆地为代表。一般的基带概念是符合这里的实际情况的，即以河谷盆地为垂直带谱的基带。这种垂直带谱称为“上升谱”，以区别于青藏高原的下垂谱。

山地的从属，我们一般按照基带和地形两个原则来处理。许多山系，南北两坡的坡度极不对称，如新疆南缘的昆仑山，陕西的秦岭，都是北坡陡峭，南坡平缓，占据较大面积，因此，面积较大的南坡的景观显然代表该山脉的主要景观。所以，我们在区划中，把新疆南缘的昆仑山划入青藏区，陕西的秦岭划入华中区。

有些山地两侧基带相同，则该山地自应划入该基带所在的自然区，如天山、南岭等，前者作为西北区内的一个亚区，后者作为华中区内的一个小区，视具体情况决定。祁连山地西段和中段南北两侧的基带均为干旱区，但其东段的北侧基带为河西走廊干旱区，南侧为青海高寒草原，我们也按照较大面积为主的原则，将祁连山地划入西北区，作为一个亚区。

4. 地面上出露的岩石和第四纪沉积物，是自然景观发育的固体物质基础，它们所含的元素参与生态系统的物质交换，因此，对于自然景观特征的形成，具有深刻的影响。例如，我国碳酸盐岩分布面积约占全国总面积的1/7，黄土和红色粘土分布面积也极为广大，这些都是世界其他国家所罕见，而构成我国自然地理的明显特色。碳酸盐岩出露地区所形成的独特的石山景观，与周围非碳酸盐岩地区的土山景观有明显差异。黄土和红色粘土上不但所发育的土壤具有母质的一些特征，而且水土流失和农业利用都有其特殊问题，也可以说，它们构成了比较特殊的黄土景观和红色粘土景观。四川盆地的紫红色岩层也是如此。深入地进行这方面的研究，不仅将有助于进一步认识中国自然地理特征和分异规律，而且将可为世界地理科学提供石山、黄土等典型景观类型的富有中国特色的资料，对地理科学发展作出较大的贡献。

5. 我国自然资源比较丰富，如何因地制宜、合理利用自然资源，获得长期的、最大的经济效益、社会效益和生态效益，促进四个现代化，而不是滥用自然资源，破坏自然界的平衡，导致环境恶化，使国家和人民遭受损失，这是当前急需研究的课题。自然环境（即自然综合体）是一个有机联系的生态系统，各自然要素之间通常处于生态平衡之中，我们利用自然环境发展农业生产，必须遵循自然界的生态平衡，使自然环境向着更有利于人类的方向发展。这就是自然界的客观规律，如果违背客观规律，就会受到客观规律的惩罚。因此，我们考虑农业生产，应当强调因地制宜的原则，特别要注意研究各自然区之间的边缘地带。例如，半干旱的草原地区——内蒙古东南部，一向是农耕与畜牧之间的过渡地带。过去，美国、苏联不适当地开垦草原，曾使环境恶化，造成巨大损失。我们今后利用东北和内蒙古草原，不能再蹈此覆辙，半干旱草原在没有充分灌溉水源的条件下，一般应以牧为主，不宜片面地强调开垦荒地或粮食自给，毁草种粮，否则，其结果不免是草原既被破坏，粮食也没有上去。草原被破坏，就使原来自然界的生态平衡遭到破坏，不但草原恶化，而且还将危及周围广大农区、引起严重的沙漠化问题。陕北及山西黄土高原，气候上也属半干旱地区，山地开荒，如不修梯田和其他水土保持措施，极易造成严重水土流失，产生“山上开荒、山下遭殃”的现象。在历史上，自东汉到隋唐，黄河所以能安然无事，没有溃决，主要由于那时黄土高原属于兄弟游牧民族管辖，把已垦土地恢复为草原之故①。现在，黄土高原仍是我国水土流失最严重的地区，从自然因素看，造成这种状况的一个重要原因，是植被和森林的破坏。因此，黄土高原的利用也必须农、林、牧结合，综合考虑，避免单纯开垦种地，广种薄收。最近，国家已经决定在西北、华北、东北风沙危害和水土流失严重的广大地区建设 8000 万亩防护林体系，其中水土保持林达 4900 多万亩，建成以后，将明显地改善这些地区自然界的生态平衡，大大促进农林牧业的发展。此外，在亚热带北部向亚热带南部过渡的地区，如上海市郊区，热量条件虽然勉强可以种植双季稻，但因积温总量不够，春温偏低，困难较多，对这类地区的农作制度也应本着实事求是的态度，根据当地自然环境的特征，加以研究改进。复种指数高，并不能表明已经做到了最充分、合理地利用了当地的自然环境。

6. 近年来，世界上十分重视环境科学的研究。环境科学研究人类与环境的相互关系，实质上就是自然地理学的核心部分。人类影响环境或环境影响人类，都通过环境系统中物质、能量的交换和转化来进行。认识和掌握自然地理系统中物质、能量的交换和转化规律，就能进一步了解各类自然环境的内在实质。但我国目前这一方面的详细工作还比较少，因此本书还不能用这种观点来阐述我国各自然区的自然景观。所谓环境污染，主要就是研究

① 谭其骧：“何以黄河在东汉以后会出现一个长期安流的局面”，《学术月刊》，1962 年第 2 期。

污染物质的各种化学元素在环境系统中的运动变化规律。不同自然环境能容纳污染物质的数量（环境容纳量）是不同的，对污染物质的自净能力（即环境本身将污染物质稀释、扩散、分解，降低其浓度）是不同的。例如，我国华南湿润热带地区，生物、化学作用较强，污染物质的分解、扩散作用也较强，因而环境容纳量较大。反之，西北寒冷干旱地区，物理风化作用较强，生物、化学过程较弱，污染物质较易富集，故环境容纳量较小。长江大部流经亚热带地区，降水丰沛，流量大，含沙量小，对污染物质的扩散、稀释能力较强，污染物质比较不易富集。黄河则反之，它大部流经半干旱和干旱地区，中游且有广大的黄土高原，故流量小，含沙量大，污染物质易于随泥沙淤积而在河床上沉淀下来。因此，同一数量的污染物质在黄河下游和长江下游的危害性可能是很不相同的。可见，环境科学是一门区域性（地理性）较强的科学，比较详细地认识我国各地区的自然地理特征，必将有助于对环境问题的研究。

主要参考文献

〔1〕中国科学院《中国自然地理》编辑委员会：《中国自然地理——总论》，科学出版社，1985年。

〔2〕张家诚，林之光：《中国气候》，上海科学技术出版社，1985年。

〔3〕中国科学院《中国自然地理》编辑委员会：《中国自然地理——地貌》，科学出版社，1980年。

〔4〕中国科学院《中国自然地理》编辑委员会：《中国自然地理——地表水》，科学出版社，1981年。

〔5〕中国科学院《中国自然地理》编辑委员会：《中国自然地理——动物地理》，科学出版社，1979年。

〔6〕中国科学院南京土壤研究所主编：《中国土壤》，科学出版社，1978年。

〔7〕《中国植被》编辑委员会：《中国植被》，科学出版社，1980年。

〔8〕杨森楠、杨巍然主编：《中国区域大地构造学》，地质出版社，1985年。

〔9〕中国地质科学院地质力学研究所编图组：《中国主要构造体系（1∶400万中华人民共和国构造体系图说明书）》，地质出版社，1978年。

〔10〕中国科学院西藏科学考察队：《珠穆朗玛峰地区科学考察报告（1966～1968）——自然地理》，科学出版社，1975年。

〔11〕中国科学院西藏科学考察队：《珠穆朗玛峰地区科学考察报告（1966～1968）——现代冰川与地貌》，科学出版社，1975年。

〔12〕《中国自然地理》编写组：《中国自然地理（第二版）》，高等教育出版社，1984年。

〔13〕北京大学地球物理系气象教研室：《天气分析和预报》，科学出版社，1976年。

〔14〕李四光：《地质力学概论》，科学出版社，1973年。

〔15〕竺可桢、宛敏渭:《物候学》(修订本),科学出版社,1980 年。
〔16〕刘东生等著:《黄土与环境》,科学出版社,1985 年。
〔17〕叶笃正、高由禧等:《青藏高原气象学》,科学出版社,1979 年。
〔18〕侯学煜:《中国植被地理及其化学成分》,科学出版社,1980 年。
〔19〕朱震达等:《中国沙漠概论》(修订版),科学出版社,1980 年。
〔20〕中国科学院青藏高原综合科学考察队:《西藏自然地理》,科学出版社,1982 年。
〔21〕郑度等:《中国的青藏高原》,科学出版社,1985 年。